普通高等教育“十五”国家级规划教材

北京市高等教育精品教材立项项目

“十二五”普通高等教育本科国家级规划教材

北京高等教育精品教材

BEIJING GAODENG JIAOYU JINGPIN JIAOCAI

地貌学原理

（第4版）

杨景春　李有利　编著

图书在版编目(CIP)数据

地貌学原理/杨景春,李有利编著.—4版.—北京:北京大学出版社,2017.7
ISBN 978-7-301-28547-3

Ⅰ.①地… Ⅱ.①杨… ②李… Ⅲ.①地貌学—高等学校—教材 Ⅳ.①P931

中国版本图书馆CIP数据核字(2017)第167812号

书　　名	地貌学原理(第4版) Di Mao Xue Yuanli (Di Si Ban)
著作责任者	杨景春　李有利　编著
责任编辑	王树通
标准书号	ISBN 978-7-301-28547-3
审 图 号	GS (2021) 525号
出版发行	北京大学出版社
地　　址	北京市海淀区成府路205号　100871
网　　址	http://www.pup.cn　　新浪微博:@北京大学出版社
电子邮箱	编辑部 lk2@pup.cn　总编室 zpup@pup.cn
电　　话	邮购部 010-62752015　发行部 010-62750672　编辑部 010-62764976
印 刷 者	北京鑫海金澳胶印有限公司
经 销 者	新华书店
	787毫米×1092毫米　16开本　16.25印张　彩插40页　450千字
	2001年8月第1版　2005年10月第2版
	2012年9月第3版
	2017年7月第4版　2024年7月第16次印刷(总第34次印刷)
印　　数	121001 — 131000册
定　　价	59.00元

◎ 本书修订版被评为普通高等教育“十五”国家级规划教材

◎ 本书第 3 版被评为北京高等教育精品教材

◎ 本书第 3 版被评为“十二五”普通高等教育本科国家级规划教材

内容简介

修订后的《地貌学原理》被评为普通高等教育"十五"国家级规划教材。它较系统地介绍了地貌学的基础知识、基本理论和基本研究方法。地貌是内外营力共同作用于地表的结果,本书以地貌营力系统为纲进行章节划分。以外营力作用为主形成的地貌有坡地地貌、河流地貌、岩溶地貌、冰川地貌、冻土地貌、荒漠地貌、黄土地貌和海岸地貌;以内营力作用为主形成的地貌如大地构造地貌、褶皱地貌、断层地貌和火山地貌等。地貌与环境、灾害是当前人类面临的重要问题,本书专门列了两章进行介绍。本书对各种类型地貌的特征、成因和种种变异都能从构造、气候、人类活动和岩性等诸多方面进行评述和解释,使教材内容更加丰富,体系更加严谨。构造地貌部分,立足于动态分析,具有一定深度。对于国内外地貌学的经典的和现代的理论,以及各种典型地貌实例,采用融会于全书之中的方法加以介绍。全书各章还精选了一些典型地貌照片。本书结构严谨、文理通顺、图文并茂,注意理论联系实际,并提出一些有关地貌学发展的问题,有利于对学生创新能力的培养。

本书为大学地学及相关专业地貌学教学用书,同时也是研究生参考书,亦可作为有关科技人员的参考书。

前　言

地表形态有不同的特征和规模。形态各异和规模不等的各种地貌的形成有些与地球内营力作用（构造运动和岩浆活动）有关，有些是地表外营力作用（流水、波浪、冰川和风的侵蚀搬运和堆积）的产物，但总的来看，地貌是内外营力共同作用于地表的结果。地貌是三维空间的实体，随着时间的推移，它在不断变化发展，形成三维空间和时间组成的四维空间的总体。地貌形成发展过程也是地表物质的运移过程，地貌发育处在不同的侵蚀或堆积阶段，其内部结构也有所不同。不同气候区作用营力不同，形成地貌类型也不同，各种地貌有各自的分布规律：在湿润气候地区，流水作用为主，形成河流地貌；在寒冷气候区，以冰川作用为主，形成冰川地貌和冻土地貌；在干旱气候区，以风的作用为主，形成各种风沙地貌。不同构造区，由于应力作用方式不同，形成以拉张作用为主的构造地貌、挤压作用为主的构造地貌或剪切作用为主的构造地貌。上述不同营力作用形成的地貌，其分布具有气候地带性规律和构造地带性规律。

地貌学是大学地学及相关专业的一门基础课，需要一本适合中国学生阅读的教材。作者曾于20世纪60年代初组织并参与编写了一本地貌学教材，由北京大学出版。由于众所周知的原因，该书出版不久，未能与更多读者见面就被打入“冷宫”。20年后，作者于1985年编写了一本新的《地貌学教程》，由高等教育出版社出版，这本教材使用了十多年。由于教学改革和知识更新，教学内容需要调整，遂重新编写了《地貌学原理》，由北京大学出版社出版。在此基础上，又进行了多次修订和补充，出版了这本新教材，以适应当前教学需要。

新教材有以下一些特点：

（1）更加注重对基础理论、基本知识和基本方法的解释和介绍，为学生学习专业课打下扎实的基础；

（2）从教材的科学性、系统性、逻辑性和实用性等方面考虑，本教材的编排以各种营力系统所形成的地貌类型为纲来分章叙述，并从构造背景、形成过程与发育阶段三方面来解释地貌的总体特征和种种变异，突出地貌四维理念，启发和培养学生科学思维和创新能力；

（3）对当前人们关注的人类活动与环境地貌、地貌灾害和资源等问题在新教材中作了补充，增添了“人类活动形成的地貌”和“地貌灾害及其评价”等章节，删减了一些描述部分和静态构造地貌等内容，使教材更加精练，内容也更加符合当前地貌学发展趋势；

（4）新修订的教材补充了国内外一些典型地貌实例和新的研究成果以及地貌学在生产应用中的实例，便于学生加强对理论的理解，提高实际应用能力；

（5）增添了一些典型地貌照片，便于读者领略秀美和雄伟的地貌景观。

本书封面照片是杨逸畴教授拍摄的雅鲁藏布江大拐弯峡谷。

杨景春　李有利

于北京大学

2017年6月

目　　录

第一章　绪论…………………………………………………………………………（1）
第一节　地貌学的研究内容……………………………………………………（1）
第二节　地貌学的学科分类……………………………………………………（3）
第三节　地貌学的发展简史……………………………………………………（4）
第二章　坡地地貌……………………………………………………………………（6）
第一节　风化作用…………………………………………………………………（6）
一、物理风化　……………………………………………………………………（6）
二、化学风化　……………………………………………………………………（7）
三、生物风化　……………………………………………………………………（7）
第二节　崩塌………………………………………………………………………（8）
一、崩塌作用方式…………………………………………………………………（8）
二、崩塌的分类……………………………………………………………………（8）
三、崩塌形成的条件　……………………………………………………………（9）
四、崩塌堆积地貌和结构…………………………………………………………（10）
第三节　滑坡　……………………………………………………………………（12）
一、滑坡体的运动　………………………………………………………………（12）
二、影响滑坡的各种因素…………………………………………………………（12）
三、滑坡的地貌特征　……………………………………………………………（13）
四、滑坡的类型和发展……………………………………………………………（15）
第四节　土屑蠕动　………………………………………………………………（15）
第五节　坡面侵蚀和坡积裙　……………………………………………………（17）
一、坡面流水侵蚀　………………………………………………………………（17）
二、坡积裙…………………………………………………………………………（18）
第六节　坡地发育与山麓剥蚀面　………………………………………………（19）
第三章　河流地貌　…………………………………………………………………（20）
第一节　河流流水作用　…………………………………………………………（20）
一、横向环流和漩涡流……………………………………………………………（21）
二、河流的侵蚀作用　……………………………………………………………（22）
三、河流的搬运作用　……………………………………………………………（22）
四、河流的堆积作用　……………………………………………………………（23）
第二节　河床　……………………………………………………………………（23）
一、河床纵剖面的形成与发展　…………………………………………………（23）

二、影响河床纵剖面发展的因素 …… (24)
三、河床中的地形 …… (26)
四、河床平面形态 …… (28)
第三节 河漫滩 …… (30)
一、河漫滩的形成与发展 …… (30)
二、河漫滩的沉积结构 …… (31)
三、河漫滩的形态特征 …… (31)
四、自然地理条件对河漫滩发育的影响 …… (33)
第四节 泥石流 …… (34)
一、泥石流的形成条件 …… (34)
二、泥石流的类型 …… (34)
三、泥石流的地貌作用 …… (36)
第五节 洪(冲)积扇 …… (37)
一、洪(冲)积扇的成因与形态特征 …… (37)
二、洪(冲)积扇的沉积结构 …… (38)
三、气候变化、构造运动与洪积扇形态变异 …… (39)
第六节 冲积平原 …… (41)
一、冲积平原形成过程与地貌特征 …… (41)
二、冲积平原的沉积结构 …… (41)
第七节 河口区地貌 …… (43)
一、河口区地貌分段和动力作用 …… (43)
二、三角湾(三角港) …… (44)
三、三角洲 …… (44)
第八节 河流阶地 …… (48)
一、河流阶地的成因 …… (49)
二、河流阶地的类型 …… (52)
第九节 河流地貌的发育 …… (54)
一、水系的形式 …… (54)
二、水系的发展 …… (56)
三、分水岭迁移和河流袭夺 …… (56)
四、河流地貌的发育 …… (57)
第四章 岩溶地貌 …… (60)
第一节 岩溶作用 …… (60)
一、岩溶的化学作用过程 …… (60)
二、影响岩溶作用的因素 …… (61)
第二节 岩溶水 …… (63)
一、岩溶水的分布特征 …… (63)
二、岩溶水的运动特征 …… (64)
三、岩溶水的分带 …… (64)

第三节　地表岩溶地貌 …… (65)
一、溶沟和石芽 …… (66)
二、落水洞 …… (66)
三、漏斗 …… (66)
四、溶蚀洼地 …… (67)
五、岩溶盆地 …… (68)
六、干谷、盲谷和伏流 …… (69)
七、峰丛、峰林和孤峰 …… (69)
八、钙华堆积地貌 …… (71)
第四节　地下岩溶地貌 …… (72)
一、溶洞 …… (72)
二、地下河和岩溶泉 …… (73)
第五节　岩溶地貌发育和地貌组合 …… (74)
一、岩溶地貌的地带性特征 …… (74)
二、岩溶地貌发育的阶段性 …… (75)
三、岩溶地貌发育的变异 …… (76)
第五章　冰川地貌 …… (78)
第一节　冰川和冰川作用 …… (78)
一、雪线 …… (78)
二、冰川形成过程 …… (79)
三、冰川的类型 …… (80)
四、冰川的运动 …… (83)
五、冰川的侵蚀、搬运和堆积作用 …… (85)
第二节　冰川地貌 …… (87)
一、冰川侵蚀地貌 …… (87)
二、冰川堆积地貌 …… (89)
三、冰水堆积地貌 …… (90)
第三节　冰川地貌的组合与发育 …… (93)
一、冰川地貌的组合 …… (93)
二、第四纪冰期及其对地貌发育的影响 …… (95)
三、冰川地貌的发育 …… (96)
第六章　冻土地貌 …… (98)
第一节　冻土 …… (98)
一、冻土的分布 …… (98)
二、冻土的厚度 …… (98)
三、冻土的结构 …… (101)
四、冻土的温度状态 …… (103)
五、冻土的成因 …… (103)

第二节 冻土地貌……(103)
一、石海、石河和石冰川……(104)
二、多边形构造土……(105)
三、石环、石圈和石带……(106)
四、冰核丘……(108)
五、土溜阶坎……(109)
六、热融塌陷洼地……(110)
第三节 冻土地貌的发育……(110)
一、冻土地貌发育的时间差异……(110)
二、冻土地貌发育的空间差异……(110)
三、冻土地貌的组合……(111)
第七章 荒漠地貌……(112)
第一节 荒漠区的自然特征……(112)
第二节 风力作用……(114)
一、风蚀作用……(114)
二、风的搬运作用……(114)
三、风积作用……(116)
第三节 风成地貌……(116)
一、风蚀地貌……(116)
二、风积地貌……(118)
第四节 影响风成地貌的各种因素……(123)
一、地面特征对风成地貌的影响……(123)
二、气流特征对风成地貌的影响……(125)
三、人类经济活动对风成地貌的影响……(126)
第五节 干旱区荒漠的类型……(126)
一、岩漠……(126)
二、砾漠……(127)
三、沙漠……(127)
四、泥漠……(128)
第八章 黄土地貌……(129)
第一节 黄土的分布和性质……(129)
一、黄土的分布……(129)
二、黄土的成分、厚度和物理性质……(129)
第二节 黄土地貌类型……(130)
一、黄土沟谷地貌……(131)
二、黄土沟(谷)间地地貌……(132)
三、黄土谷坡地貌……(132)
四、黄土潜蚀地貌……(133)
第三节 黄土地貌发育……(133)

第九章　海岸地貌……（136）
第一节　海岸动力作用……（136）
一、波浪作用……（137）
二、潮汐作用……（139）
三、海流作用……（139）
四、海啸作用……（140）
五、河流作用……（140）
第二节　海岸地貌……（141）
一、海岸侵蚀地貌……（141）
二、海岸堆积地貌……（141）
第三节　海岸类型与演化……（148）
一、基岩海岸类型与演化……（148）
二、沙质海岸类型与演化……（149）
三、粉砂淤泥质海岸类型与演化……（150）
四、生物海岸类型与演化……（152）
第四节　第四纪海面变化与海岸地貌发育……（153）
一、第四纪海面变化……（153）
二、海面下降的海岸地貌表现……（155）
三、海面上升的海岸地貌表现……（155）
四、海面升降变化与海岸带河流地貌发育……（155）
第十章　大地构造地貌……（158）
第一节　大陆和海洋……（158）
一、大陆和海洋的地貌基本特征……（158）
二、地壳均衡与地形起伏……（159）
三、大陆漂移与海陆分布……（160）
四、板块构造与地貌……（162）
第二节　构造山系和大陆裂谷……（163）
一、构造山系……（163）
二、大陆裂谷……（165）
第三节　大陆架和大陆坡……（168）
一、大陆架……（168）
二、大陆坡……（171）
第四节　岛弧、海沟和边缘海盆地……（172）
一、岛弧、海沟和边缘海盆地的形态和构造……（172）
二、岛弧、海沟和边缘海盆地的成因……（173）
第五节　大洋盆地和大洋中脊……（174）
一、大洋盆地……（174）
二、大洋中脊……（174）

第十一章 断层构造地貌 ……(176)

第一节 断块山地……(176)

一、断块山地的一般特征 ……(176)

二、断块山地的河流发育 ……(176)

三、断块山地的山麓阶梯和夷平面……(178)

四、断块山地与火山活动 ……(178)

第二节 断陷盆地……(179)

一、断陷盆地的地貌特征 ……(179)

二、断陷盆地的成因 ……(180)

三、断陷盆地之间的隆起高地 ……(180)

四、断陷盆地的沉积结构 ……(181)

第三节 断层崖……(183)

一、断层崖的排列形式 ……(183)

二、断层崖的坡面发育与断层崩积楔 ……(183)

三、断层三角面和断层线崖 ……(184)

四、断层崖的活动次数、幅度和时间 ……(185)

第四节 断裂谷……(186)

一、断裂谷的地貌特征 ……(186)

二、断裂谷中的高位古河道 ……(186)

第五节 断层错断地貌……(187)

一、沟谷错断变形 ……(188)

二、河流阶地错断变形 ……(189)

三、山地流水地貌系统的构造变异……(190)

第六节 断层水平运动派生的隆起、凹陷和地裂缝 ……(193)

一、断层弯曲段的隆起与凹陷 ……(193)

二、斜列断层首尾相接处的隆起与凹陷 ……(194)

三、断层端点两侧的隆起与凹陷……(194)

四、分支断层收敛和撒开部位的隆起与凹陷 ……(196)

五、基底断裂活动盖层形成的地裂缝 ……(196)

第十二章 褶曲构造地貌……(198)

第一节 原生褶曲构造地貌……(198)

一、活动褶曲构造山地 ……(198)

二、活动褶曲构造盆地 ……(200)

三、拱曲升降与阶地变形 ……(202)

第二节 次生褶曲构造地貌……(204)

一、向斜山和背斜谷 ……(204)

二、单面山和猪背脊 ……(205)

三、褶曲构造控制的河流发育 ……(205)

第三节 穹隆构造地貌……(206)

一、穹隆构造的地貌发育 ……(206)

二、盐丘 …… (207)
第十三章　火山和熔岩地貌 …… (210)
第一节　火山 …… (210)
一、火山的成因 …… (210)
二、火山的结构 …… (211)
三、火山的类型 …… (213)
四、活火山、休眠火山和死火山 …… (214)
第二节　熔岩地貌 …… (215)
一、熔岩丘 …… (215)
二、熔岩垄岗和熔岩盖 …… (216)
三、熔岩隧道 …… (216)
四、熔岩堰塞湖 …… (216)
五、熔岩湖 …… (216)
第十四章　人类活动形成的地貌 …… (217)
第一节　人类活动直接地貌过程 …… (217)
一、挖掘过程 …… (217)
二、堆积过程 …… (218)
第二节　人类活动间接地貌过程 …… (219)
一、风化作用 …… (219)
二、土壤侵蚀 …… (219)
三、坡地过程 …… (220)
四、河流过程 …… (221)
五、风沙过程 …… (224)
六、海岸过程 …… (224)
七、地基沉陷 …… (227)
第十五章　地貌灾害及其评价 …… (230)
第一节　影响地貌灾害的因素 …… (230)
第二节　河流地貌灾害评价 …… (232)
第三节　坡地地貌灾害评价 …… (234)
第四节　泥石流灾害评价 …… (236)
一、泥石流危险度判定 …… (236)
二、泥石流危险范围预测 …… (237)
三、泥石流危险区划 …… (238)
第五节　活动构造地貌灾害评价 …… (239)
一、活动构造地貌的性状评价 …… (239)
二、活动构造地貌研究与工程地基稳定性 …… (241)
三、活动构造地貌研究与城市规划 …… (241)
四、活动构造地貌研究与地震复发周期的估算 …… (242)
主要参考文献 …… (244)

第一章　绪　　论

第一节　地貌学的研究内容

地貌学是研究地表形态特征及其成因、演化、内部结构和分布规律的科学。

地表形态有不同规模和各种特征。最大规模的地表形态是陆地和海洋，陆地面积为14 950 万平方千米，占地球总面积的29%；海洋面积为36 106 万平方千米，占地球总面积的71%。陆地上有高大山脉和高原，数千千米长的河流，面积达数百万平方千米的平原和盆地，还有长度和高度不及1 km的各种沟谷和沙丘等；海洋中有大洋盆地、大洋中脊和海沟。这些规模不同、形态各异的地形，成因也不相同。大陆和海洋的成因与地球内部的物质运动有关；山地和平原的成因则和不同大地构造区的地壳运动有联系，世界上高大的山地和高原位于新生代地壳强烈上升区，大平原多位于地壳下降区；各种沟谷和沙丘是由流水和风的作用塑造而成，它们的成因主要受气候条件控制，所以它们的分布又和一定的气候带有关。因此，形态各异和规模不等的各种地貌，其成因有的与地壳构造运动和岩浆活动等地球内营力作用有关，有的是流水、波浪、冰川和风等地球外营力作用的产物。但是，地表形态在形成与演化过程中并不只是由一种内营力或外营力塑造而成，例如构造运动上升形成的山地，它们同时又受流水作用的雕塑，形成一些高岭深谷；在构造运动下沉地区，由于流水搬运的泥沙在这里堆积，形成广阔的平原和盆地。总体来说，地貌是内营力和外营力共同作用于地表的结果。

地貌是在不断变化发展的。地貌的变化发展受构造运动、外营力作用和时间三个因素的影响。以河流地貌为例，假定某一准平原地区，地壳抬升后趋于稳定状态，气候不变，随着时间的推移，地貌将按下列模式发展：首先，河流在被抬升的地面上下切侵蚀，这时河网还很稀疏，河谷之间有宽广平坦的河间地，河流纵比降较大，跌水瀑布很多，河谷横剖面多呈"V"字形，谷坡陡峭，崩塌、滑坡等作用较强烈，谷坡与河间地之间有明显的坡折，处于这种状况，称为河流发育的初期阶段，或称幼年期河流；随后河道逐渐增多，地面分割加剧，河谷横剖面加宽，河流纵剖面趋于平缓，谷坡也变缓加长，河间地形呈浑圆状的山岭，处于这种状况，称为河流地貌发育的中期阶段，或称壮年期河流；再进一步发展，河流下切侵蚀逐渐减弱而趋于停止，分水岭降低，河流的侧蚀作用加强，河谷展宽而蜿蜒，这时称为河流地貌发育的晚期阶段，或称老年期河流。可以看出，地貌发育的不同阶段，地貌特征和地貌组合都是不同的。作为三维空间的地貌体，随着时间的推移而不断变化，形成三维空间和时间组成的四维空间的地貌总体。用四维空间思维来研究地貌，不仅可以了解现今地貌所处的发育阶段和重建地貌演变过程，还可预测地貌发展方向。

地貌在演变过程中并不总是向一个方向发展。例如，某一地区地壳构造运动常有升降变化，使地貌发育的方向发生改变，形成侵蚀地貌和堆积地貌的交替出现。又如，第四纪冰期和间冰期的气候变化引起外营力改变，地貌发育过程也将发生变异，冰川地貌发育过程将转换为流水地貌发育过程，在同一地区会出现两种不同外营力作用的地貌特征。

各种地貌有不同的内部结构。按地貌形成的侵蚀作用和堆积作用，可划分为切割型、叠置型、切割-叠置型和叠置-切割型等四种地貌结构类型。在侵蚀作用占主导的地区，切割新生代以前的岩层所形成的地貌，称为切割型地貌；在堆积作用占主导的地区，地面发生大量堆积，沉积物一层叠加在另一层之上，由这种叠加结构组成的地貌，称为叠置型地貌；如果切割型地貌形成后，由于构造运动方向改变，或者由于气候的冷暖或干湿的变化，由侵蚀作用转变为堆积作用，在被切割的部位发生堆积，就形成切割-叠置型地貌；如果由堆积作用转变为侵蚀作用，在叠置型地貌基础上发生侵蚀，就形成叠置-切割型地貌。

各种类型和成因的地貌都有一定的分布规律。以内营力作用为主的地貌来说，地貌的分布与大地构造单元、地壳运动方向以及构造线的走向都有一定的联系。例如，我国地势自西向东呈明显的梯级下降，西南部最高的一级阶梯是青藏高原，高原面平均海拔为 4000～5000 m；从高原往北和往东地势急剧下降，往北到国境线，往东到大兴安岭、太行山、伏牛山、武当山、武陵山一线等广大地区，除少数山地外，地势降到 3000 m 以下，一些盆地高度只有 1000 m 左右；再往东地势更低，形成一些低山丘陵，除沿海山地与台湾山地一些高峰外，海拔多在 1500 m 以下，东部的大平原高度不到 200 m，向海延伸到浅海大陆架。这种地貌分布特征除与青藏高原在新生代强烈隆升有关外，每个地貌阶梯的边坡常是一些新构造断裂分布位置，许多绵延千里的高大山脉的走向受断裂构造线的控制。

以外营力作用为主形成的地貌，则有呈纬度水平分布和沿山地垂直分布的规律。这种分布与气候条件有联系，决定气候条件的主要要素是温度和降水。一般来说，温度从赤道向两极和随地势增高而递减，降水则取决于大气环流和海陆分布。全球可划分不同的气候带或气候区，各个气候带或气候区的外营力作用有其独特的方式和不同的强度，从而形成不同的地貌分布规律与地貌组合。从地球两极向赤道方向可分为寒冷气候地貌带、温湿气候地貌带、干旱半干旱气候地貌带和湿热气候地貌带。寒冷气候地貌带位于高纬地区，年平均温度在 0 ℃以下，大部分地区终年冰雪覆盖，发育冰川地貌，在无冰雪覆盖地区则是冻土区，由于冻土表层的冬夏周期性的冻融作用，形成各种冻土地貌。温湿气候地貌带位于中纬地区，年平均温度在 10 ℃左右，降水量在 600～800 mm，流水是地貌形成的主导因素。干旱气候地貌带位于副热带高压带和欧亚大陆内部，气候干旱，年降水量在 250 mm 以下，温差变化大，物理风化强盛，地表植被稀疏，风力作用强烈，形成广大的荒漠，发育各种沙丘地貌，夏季集中降雨时，也能形成暂时性洪流，在山麓地带形成规模很大的洪(冲)积扇。在干旱气候地貌带与温湿气候地貌带之间称为半干旱气候地貌带，年降水量在 400 mm 左右，多集中在夏季，流水的侵蚀作用强，造成严重的水土流失，尤其在黄土地区，地表物质松散，流水侵蚀形成千沟万壑，地面被切割得支离破碎。湿热气候地貌带位于低纬地区，高温多雨，植被茂密，化学风化和生物风化作用强，发育厚层砖红土风化壳，物理风化相对较弱，因而河流中粗颗粒碎屑含量相对较少，流水的侵蚀作用反而不及温湿气候地貌区和半干旱气候地貌区那样强烈。地貌的垂直带则是以不同高度的地貌营力和特征来划分的。在高山雪线以上，终年积雪，发育冰川，形成各种冰川地貌。在冰川外围的冰缘地区，除了冰融水的作用形成一些冰水堆积地貌外，由于冬夏的冻融作用，常形成一些冻土地貌。随着高度降低，温度升高，则发育以流水作用为主的地貌。

第二节　地貌学的学科分类

地貌学是介于自然地理学和地质学之间的一门边缘科学。由于地貌学的这一特点，各个国家的地貌学分属于不同的学科。美国的地貌学是地质科学的一个分支，欧洲一些国家的地貌学则属于自然地理学的范畴，还有一些国家的地貌学则同属地理学和地质学两门科学之中。我国的地貌学在地理学界和地质学界都得到一定的重视，也可以说，我国的地貌学是随着地理科学和地质科学的发展而成长起来的。近一个世纪以来，随着各门自然科学和技术科学的发展以及各学科的互相渗透，产生许多新的分支学科。地貌学也不例外，它的研究内容和研究方法更加丰富和日益完善，出现并发展了许多新的分支学科。

气候地貌学和构造地貌学是地貌学中的两大分支学科。气候地貌学研究地球上不同气候区的地貌形成、演变规律和地貌组合特征，随着不同气候区自然特征的研究深入和资料积累，气候地貌学得到进一步发展，从研究某一气候区的地貌成因和演变，进而把气候地貌学的研究与第四纪古气候变迁研究相结合，大大丰富了气候地貌学的内容。构造地貌学一是研究地质构造受外力剥蚀后形成的地貌，如背斜山、向斜山、单斜山、背斜谷和向斜谷等，称为静态构造地貌学，或称次生构造地貌学；另一是研究地壳构造运动形成的地貌，它们的形成和分布与地壳构造运动的作用方向、受力方式有关，如构造运动隆起形成的山地、台地和构造运动拗陷形成的平原、盆地等，或者构造运动错断各种地貌和断层两侧块体受断层活动影响而派生的各种地貌等，称为动态构造地貌学，或称活动构造地貌学。

近几十年来，地貌学加强了现代地貌形成的定量分析和动力研究，运用河流动力学、海洋动力学、冰川动力学和风沙动力学的原理来研究河流地貌的演变过程、海岸地貌的动态变化、冰川地貌的成因以及沙丘的形成和移动规律等。把动力学和地貌学结合起来，产生了动力地貌学。动力地貌学不仅把地貌学向定量化推进一步，而且促进了地貌学的模拟实验研究。因此，在地貌学中又形成了另一分支——实验地貌学的发展。

岩石地貌学是研究不同类型的岩石在外力剥蚀下形成的各种地貌。不同类型的岩石具有不同的矿物成分、结构和构造，各种不同性质的岩石在同一外营力作用下，有不同的抵御风化剥蚀能力，因而形成不同的地貌特征，或者同一类型的岩石在不同的外营力条件下也可形成不同的地貌特征。例如，在湿热条件下，水的化学溶蚀力增强，茂盛的植物通过根部分解出酸促进了化学溶蚀作用，雨量丰沛增进了地下水的循环，化学成分以 $CaCO_3$ 为主的石灰岩受到溶蚀和侵蚀，形成大规模的峰林和峰林间的宽阔洼地以及地下溶洞，其他岩石就不可能形成这种地形。石灰岩在干旱气候条件下，也不会形成像在湿热气候条件下那样高大的峰林和宽阔的洼地。

从地貌形成过程来讲，有侵蚀作用形成的地貌和堆积作用形成的地貌。堆积地貌的形成过程也是组成堆积地貌的沉积物形成过程，各种沉积物在形成过程中，其特征既表现在沉积物的结构中，也表现在沉积物所组成的地貌上。例如，平原区的河流，有分汊的辫状河流，有弯曲的曲流，也有较平直的河流。辫状河流的沉积结构是一系列透镜状砂体的叠加，每一透镜状砂体代表一个汊河河道。曲流沉积则常表现为河床侧方移动和枯水、洪水交替形成的河床相与河漫滩相二元结构特征，如果曲流截弯取直，沉积结构中常出现牛轭湖沉积物。平直的河道常形成较大的砂体，河道两侧有天然堤和泛滥平原沉积以及积水洼地形成的沼泽沉积。根据沉积物的成因和结构来研究地貌的形成和发展，称为沉积地貌学。

应用地貌学分为工程地貌学、砂矿地貌学、石油天然气地貌学、灾害地貌学和旅游地貌学等。工程地貌包括道路工程地貌、水利工程地貌和海港工程地貌等。在修建铁路和公路时，必须考虑到路基和边坡的稳定性，这就需要进行构造地貌、岩溶地貌、坡地地貌的研究；在水利工程建设中，坝址的选择要考虑地貌条件和地基稳定性，需要进行构造地貌和河流地貌的研究；在海港建设中，更需要进行海岸动态地貌研究。砂矿地貌学是研究不同成因砂矿的分布富集规律，这就要进行沉积地貌的研究，石油天然气地貌学是研究石油、天然气的形成条件和赋存条件，这往往与地貌的形成和发展有关，所以在石油和天然气的勘探过程中，常进行构造地貌和沉积地貌的研究。灾害地貌学包括滑坡、崩塌和泥石流等，在制定区域发展规划时，需要进行地貌研究，预测地貌灾害可能发生的地区和规模，从而进行有效预防和治理。地貌是旅游资源的重要组成部分，也是各种旅游资源开发的基础条件，在旅游规划与开发中，地貌学研究具有重要意义。

除了上述地貌学的各个分支外，还有地貌年代学、遥感地貌学和地貌制图学。近几十年来，随着新技术、新方法在地貌学研究中的应用，如 ^{14}C、铀系、钾-氩裂变径迹、光释光、宇宙成因核素和古地磁等测年方法，对地貌年龄的研究愈来愈精确，地貌学中的一个新的分支——地貌年代学业已形成。遥感和地理信息系统技术在地貌学中的应用日益广泛，尤其为宏观地貌和地貌动态变化等方面的研究提供了新的手段，为地貌研究开拓了新的方向——遥感地貌学。

第三节　地貌学的发展简史

地貌学主要是从 19 世纪中叶以后才逐渐发展成为一门独立的科学。当时正值资本主义经济发展时期，需要对自然资源进行广泛的调查，因而收集和积累了大量的地貌资料。由于每个国家的具体情况不同，地貌学的发展道路也不一样。

美国地貌学是在美国资本主义上升时期，随着对美国西部地区进行自然资源调查和开发而发展起来的。美国西部的地质构造在地貌上表现明显，在进行地质调查时常采用地貌分析方法。美国地貌学派的代表人物戴维斯(W. M. Davis)提出的“解释性的地貌描述法”“侵蚀轮回”以及“地貌是构造、营力和发育阶段的函数”等理论推动了现代地貌学的发展。

欧洲地貌学是从中世纪文艺复兴时期以前的水工学中发展起来的，特别是围绕阿尔卑斯山的一些欧洲国家，如德国、法国、奥地利和意大利等，在进行水利建设的同时，研究了河流和冰川。欧洲地貌学的发展还和整个 19 世纪期间大规模的地形测量有联系，由于有了大量的地形图，地貌学的计量研究得到发展。此外，由于当时资本主义的发展，需要调查矿产资源，对广大地区进行了地貌调查，对一些地貌发育的理论问题，如地貌是内外营力相互作用的结果、侵蚀地貌和沉积物的相关性、地貌发育与构造运动的关系、山坡阶梯学说、地貌的地带性问题和地貌年龄等，都进行了系统研究和总结。德国地貌学家彭克(W. Penck)的《地貌分析》一书就是这个时期的代表作。

20 世纪 50 年代以来，国外地貌学的发展与数学、力学、物理学和化学等结合愈来愈多，许多分支地貌学，如海岸动力地貌学、河流地貌学、冰川地貌学、风沙地貌学、构造地貌学等的研究有较快的发展，使研究内容更为扩大和深入，并逐步向定量和预测地貌的方向发展。另外，由于板块构造理论的建立，海底地貌和构造地貌研究也有突飞猛进的进展。生产建设推动科学发展。20 世纪 60 年代开始，石油和其他沉积矿产勘探的需要，推动了沉积地貌学的发展。新技术、新方法在地貌学的应用日益广泛，遥感技术、地理信息系统和地貌年代测定技术的应用，大大提高了地貌学的研究精度，使研究内容在宏观和微观两方面均有重大进展。

我国现代地貌学是在 19 世纪至 20 世纪初发展起来的。但是，地貌学的思想和一般地貌描述很早以前在我国许多古典文献中就有记载。例如，公元 5 世纪郦道元的《水经注》、公元 11 世纪沈括的《梦溪笔谈》、公元 17 世纪的《徐霞客游记》以及近十万卷的地方志等著作中，都有地貌的描述和地貌成因变化规律的探讨。19 世纪以后，特别是鸦片战争之后，帝国主义的侵略使我国沦为半封建和半殖民地国家，一些外国地质学家和地理学家纷纷趁机来我国“调查”和收集各种资料，对我国的黄土、冰川、荒漠、河流和海岸等地貌问题进行了一些研究。我国科学家在当时极端困难条件下也作了一些地貌研究，并取得了一定的成绩。例如，我国的第四纪古冰川研究，黄河河谷发育的研究，华北地文期的研究等。此外，关于黄土和黄土地貌、中国海岸、中国喀斯特、中国山地和平原，也都有不同程度的研究。新中国成立以来，随着社会主义建设的需要，我国地貌学得到很快的发展，在研究地貌过程、地貌发育规律和运用新技术新方法方面都取得许多成绩，并且还填补了地貌学中的一些空白，为国家建设和科学发展作出了一定的贡献。例如，对黄河河床演变特点的研究、长江三峡的河流地貌研究等为水利建设提供了许多重要资料；研究活动构造地貌为中、长期地震预测和划分地震烈度以及确定地基稳定性提供了科学依据。在海港整治和港址选址方面，对海岸地貌进行了较深入的研究，为我国海港建设作出了一定贡献。此外，在黄土地貌、岩溶地貌、冰川地貌、沙漠、泥石流等方面都取得了许多突出的成果，并结合道路工程和农业区划开展了许多有意义的研究；同时，还开展了黄土高原水土保持的地貌调查，新疆、黑龙江地区的地貌调查，以及青藏高原的地貌调查等。近 40 年来，遥感、地理信息系统和地貌年龄测定技术在地貌学研究中得到广泛应用，使地貌学的定量研究更前进一步。

第二章　坡地地貌

坡地上的风化岩块或土体在重力和流水作用下发生崩塌、滑动或蠕动形成的地貌，称为坡地地貌。坡地地貌的形成与发展大致可分成两个阶段：先是坡地物质风化和岩石破裂并具备大量松散物质；其后是坡地上的不稳定块体或风化碎屑在重力和流水作用下，发生迁移而形成各种坡地地貌（图 2-1）。因此，风化作用在坡地地貌形成发展过程中起着重要的作用。

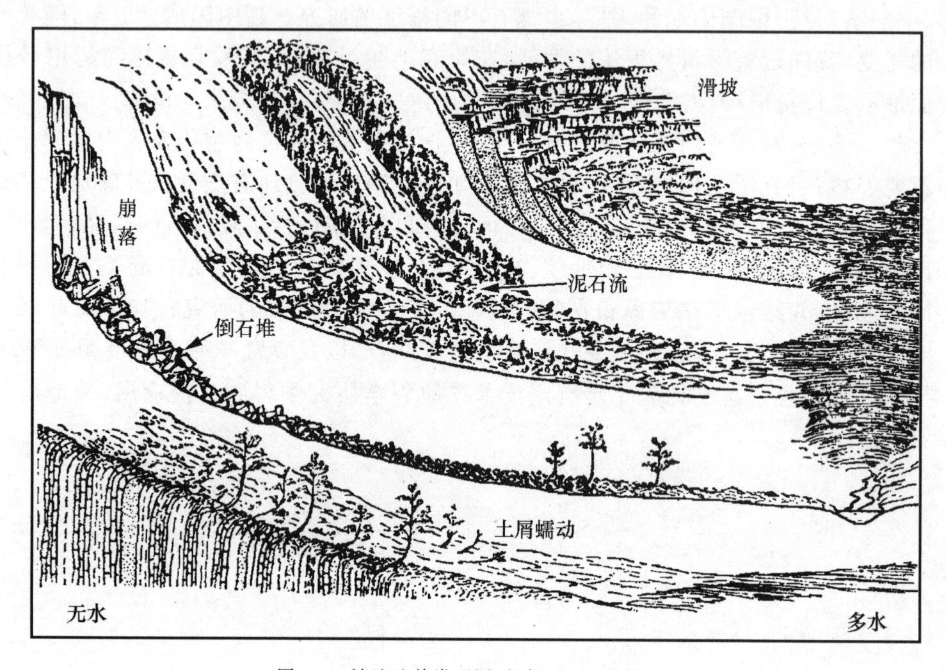

图 2-1　坡地地貌类型图（根据 A. K. 洛贝克）

第一节　风化作用

出露地表的岩石，受日光照射、温度变化、水的作用和生物作用等，发生破碎和分解，形成大小不等的岩屑、砂粒和黏土以及新矿物，这种作用称为风化作用。风化作用可分为物理风化、化学风化和生物风化三种。

一、物理风化

岩石因温度变化而产生热胀冷缩、孔隙水的冻胀过程对岩石的挤压、干湿变化使岩石盐类的重结晶，都可使岩石崩裂破碎，称物理风化。

岩石表面温度变化是由于季节变化和昼夜交替而引起的。岩石是不良导体，因而岩石温度变化只发生在表层，当岩石温度变化时，使岩石的表层热胀冷缩，因而产生剥落。岩石是各种矿物的集合体，各种矿物的颗粒大小、颜色深浅和晶体结构都不相同，膨胀系数也不一样，在受热或变冷时，各矿物之间就会分裂而形成分散的颗粒。

岩石中有许多孔隙，孔隙中常聚集水分，当温度降低到 0 ℃时便冻结，体积膨胀，对围限它的岩石裂隙壁产生很大的压力，岩石发生挤裂而逐渐成碎屑。

在干旱区，岩石中盐类的重结晶作用也能破坏岩石。夜间，岩石从空气中吸收一部分水汽，水汽顺着毛细管渗透到岩石内部，溶解一些盐类；白天，在烈日烤晒下，水汽从岩石中蒸发，溶解的盐类在岩石表层将重结晶，所形成的结晶体对岩石产生一种撑胀作用，使岩石崩裂破碎。

二、化学风化

化学风化是水溶液以及空气中的氧和二氧化碳等对岩石的作用，使岩石的化学成分发生变化而分解的过程。化学风化通过水化作用、水解作用、碳酸化作用和氧化作用等一系列化学变化来进行。

水化作用是水分子与一些不含水的矿物相结合，改变原来矿物的分子结构，形成新矿物的过程，如硬石膏经水化作用形成石膏。水化作用可使矿物的硬度变小、密度减小或体积膨胀。硬石膏变成石膏后，体积膨胀 60%，加速了岩石的分解。

水解作用是化合物与水反应而起的分解作用。由于水中有一部分水分子离解成 H^+ 和 OH^- 离子，一些矿物溶于水后，其离子能和水中的 H^+ 和 OH^- 离子结合而形成新的矿物，如正长石水解成为高岭土。高岭土在热带、亚热带气候条件下，将进一步风化，SiO_2 析出形成铝土矿。

碳酸化作用是指含有 CO_2 的水溶液对矿物的分解过程。石灰岩地区的碳酸化作用最为明显，石灰岩的主要矿物是方解石（$CaCO_3$），它在纯水中溶解速度很慢，但在含碳酸的水溶液中能很快发生化学反应，生成溶于水的碳酸氢钙。碳酸氢钙的溶解度是碳酸钙的 30 倍，所以能在水中快速分解。

氧化作用是矿物与氧化合的反应过程。空气和水中或地下一定深度都有大量的游离氧，它与岩石发生氧化作用后，可使其中低价元素矿物转变为高价元素矿物，如黄铁矿经氧化后成为褐铁矿。在这一化学反应过程中，一部分硫酸盐随水流失，另外产生的硫酸可进一步促进岩石的风化作用。

三、生物风化

生物在生长过程中，对岩石所起的物理的和化学的破坏作用，叫做生物风化作用。

在自然界，岩石的风化作用，实际上只有物理风化和化学风化两大类。生物风化也是通过物理风化和化学风化进行的，因此，生物风化又称为生物物理风化和生物化学风化。

生物的物理风化作用是植物的根系起楔子作用对岩石挤胀而使岩石崩解，或是动物的挖掘和穿凿活动进一步加速岩石破碎。

生物的化学风化作用是生物在新陈代谢过程中分泌出各种有机酸对岩石所起的强烈腐蚀作用。植物从土壤中吸收养分，分泌出来的各种酸是很好的溶剂，可以溶解某些矿物，对岩石起着破坏作用。微生物作用和动植物遗体腐烂后分泌的各种酸也能腐蚀和分解岩石。

自然界的各种风化作用是相互紧密联系的，通常是同时进行，也是相互促进。未经搬运的不同风化作用形成的碎屑物，统称残积物。花岗岩沿节理风化常形成大型球形风化岩块（照片 2-1）。正是由于地表的风化作用，使坡地上形成大量碎屑物，才发育了各种坡地地貌。

第二节 崩 塌

一、崩塌作用方式

斜坡上的岩屑或块体，在重力作用下，快速向下坡移动，称为崩塌。崩塌按发生的地貌部位和方式又可分为山崩、塌岸和散落。

山崩是山岳区常发生的一种大规模崩塌现象。山崩时，大块崩落石块和小颗粒散落岩屑同时进行，崩塌体能达数十万立方米。山崩常阻塞河流、毁坏森林和村镇。

河岸、湖岸（库岸）或海岸的陡坡，由于河水、湖水或海水的冲蚀，或地下水的潜蚀作用以及冰冻作用，在岸坡的水面位置常被掏蚀，使岸坡上部物体失去支持而发生崩塌，称为塌岸。

散落是岩屑沿斜坡向下作滚动或跳跃式地连续运动，其特点是散落的岩屑连续地撞击斜坡坡面，并具有跳动和向下旋转运动。跳动是岩屑从某一高度崩落到下坡形成反跳，也可能是快速滚动的岩屑撞击坡面的碎屑而使其跳起。

二、崩塌的分类

崩塌的分类可按不同的原则来考虑：一是根据坡地的物质组成分类，二是根据崩塌的移动形式分类。

1. 根据坡地的物质组成划分

（1）崩积物崩塌是山坡上已有的崩塌岩屑和砂土等物质，由于它们的质地很松散，当有雨水浸湿或受地震震动时，再一次形成的崩塌。

（2）表层风化物崩塌是在地下水沿风化层下部的基岩面流动时，引起风化层沿基岩面的崩塌。

（3）沉积物崩塌发生在厚层冰积物、冲积物或火山碎屑物组成的陡坡，由于结构松散，形成崩塌。

（4）基岩崩塌常在基岩山坡上，沿岩石节理面、地层面或断层面发生崩塌。

2. 根据崩塌体的移动形式划分

（1）散落型崩塌是在节理或断层发育的陡坡，或软硬岩层相间的陡坡和松散沉积物组成的陡坡，常常形成散落型崩塌。

（2）滑动型崩塌沿一滑动面发生，有时崩塌体保持了整体形态，这种类型的崩塌和滑坡很相似。

（3）流动型崩塌发生在降雨时，斜坡上的松散岩屑、砂和黏土，受水浸湿后产生流动崩塌。这种类型的崩塌和泥石流很近似，实际上，这是坡地上崩塌型泥石流。北京西山一带称这种崩塌泥石流为龙扒。

上述各种类型崩塌并不是孤立发生的，在一次崩塌中，可以有几种形式的崩塌同时出现，或者由一种崩塌形式转变为另一种崩塌形式。

三、崩塌形成的条件

崩塌常和地形、地质和气候等自然条件有关，地震和人为作用也可触发崩塌的发生。

1. 地形条件

地形条件包括坡度和坡地相对高度。坡度对崩塌的影响最为明显，当山坡坡度达到一定角度时，岩屑重力的沿斜坡方向分力克服摩擦阻力而向下移动，一般大于33°的山坡不论岩屑大小，都将有可能发生移动。在无水情况下，一般岩屑坡的坡度休止角是30°～35°，干沙的休止角为35°～40°，黏土的休止角可达40°左右。如果同一种岩性但结构不同，它们的休止角也不同，例如原生黄土的结构较致密，超过50°的坡地才会发生崩塌，而次生黄土的结构较松散，30°左右就发生崩塌。坡地的相对高度和崩塌的规模有关，当坡地相对高度超过50 m时，就可能出现大型崩塌。

2. 地质条件

岩石中的节理、断层、地层产状和岩性等都对崩塌有直接影响。在节理和断层发育的坡地上，岩石破碎，很容易发生崩塌(照片2-2)。当地层倾向和山坡坡向一致，常沿地层层面发生崩塌。软硬岩性的地层相叠时，较软岩层易风化，形成凹坡，坚硬岩层形成陡壁或突出成悬崖，也易发生崩塌。

3. 气候条件

气候可使岩石风化破碎，加快坡地崩塌，在日温差和年温差较大的干旱半干旱地区，物理风化作用较强，短时间内岩石就会风化破碎。例如，兰新铁路一些新开挖的花岗岩路堑，仅四五年的时间，路堑边坡岩石就遭到强烈风化，形成崩塌。崩塌通常发生在降雨季节。根据日本1949—1959年的崩塌资料分析，绝大多数的崩塌发生在6—7月的雨季和9月的台风雨期(图2-2)。

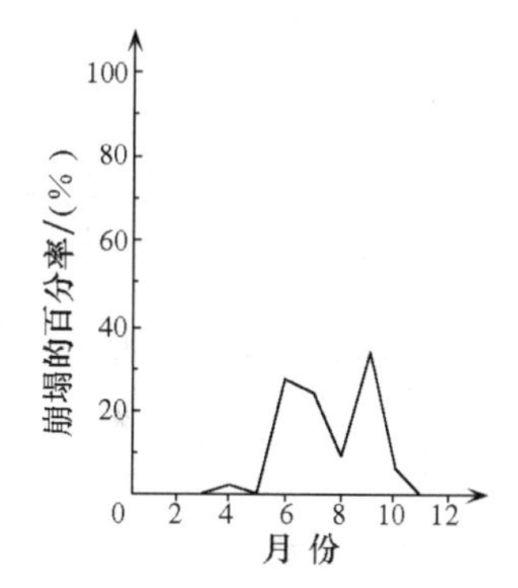

图2-2　日本(北海道除外)各个月份崩塌的百分率(根据山田刚二等)

4. 地震因素

地震是崩塌的触发因素，形成数量多而规模很大的崩塌体或单个的巨大石块(照片2-3)。例如，1920年宁夏海原8.5级地震，仅在极震区就有650多处发生大规模的崩塌(其中有一部分是滑坡)，地震形成的崩塌分布在上万平方千米范围内，大规模的崩塌常形成天然堤坝，阻塞河流而成湖泊，仅西吉县境内这次地震造成的崩塌就形成41个堰塞湖。2008年5月12日，四川汶川8级地震时，在汶川县境内形成数百处崩塌和滑坡，其中草坡乡的崩塌面积占该乡坡地总面积的35%。北川县的唐家山崩滑体阻塞湔江形成面积达3.3 km^2 的堰塞湖(照片2-4)。1970年秘鲁境内的安第斯山附近发生一次大地震，当时从5000～6000 m高山上倾泻下来的岩块和冰块等崩塌体，连滚带跳，推送到10多千米以外。1974年7月8日在昭通地震区的老寨堡附近一次巨大的崩塌，是在一次2.6级小余震的触发作用下发生的，大规模崩塌前，山崖上有小石块崩落，随即开始大规模的崩塌，转瞬间巨大的石块从山坡上倾泻而下，击毁了山下原有的老崩塌体，新、老崩塌体一起往山下移动，形成长约1.5 km、宽150～200 m的崩塌体(图2-3)，由于当时下着小雨，崩塌体往下形成滑坡和泥石流。

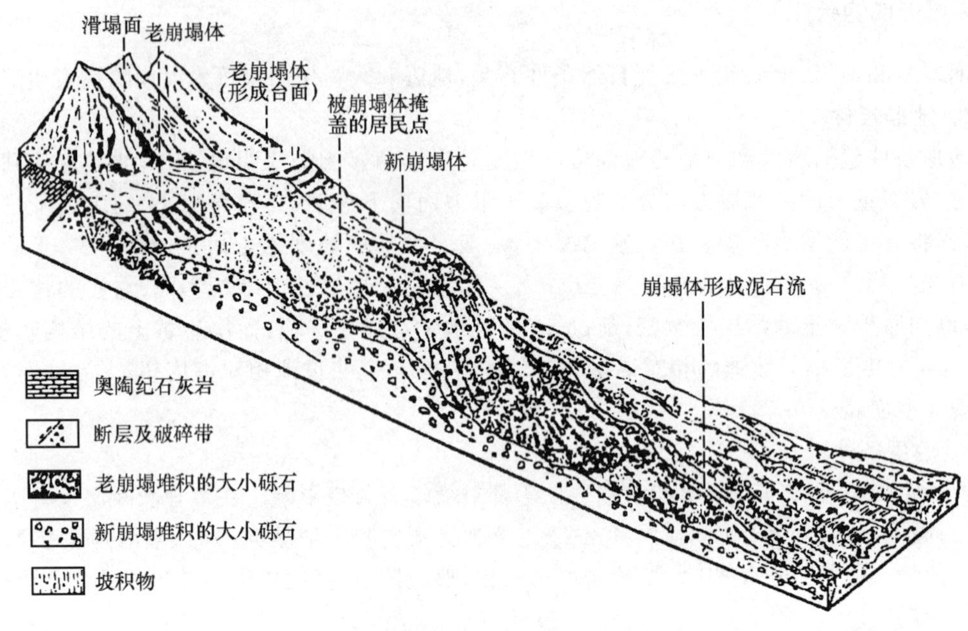

图 2-3 云南昭通地震区老寨堡大崩塌立体图(根据朱海之)

5. 人为因素

在山区进行各种工程建设时,如不顾及地形条件任意开挖,常使山坡平衡遭到破坏而发生崩塌。另外,任意砍伐森林和在陡坡上开垦荒地也常引起崩塌。

四、崩塌堆积地貌和结构

1. 崩塌堆积地貌

沿斜坡崩塌的物体在坡度较平缓的坡麓地带,堆积成半锥形体,称倒石堆(岩屑堆)。它的规模大小不等,一般不超过几百平方米,有时也能形成面积达 10 万平方米以上的巨大倒石堆。倒石堆的平面形状大多呈半圆形或三角形,有时好几个倒石堆连接在一起则呈带状。倒石堆的表面纵剖面坡度除与岩屑本身的休止角有关外,与岩屑下部基坡的坡度大小也有一定关系,基坡缓,倒石堆的坡度也缓。倒石堆下部基岩一般是由不同角度线段组成的斜坡。在坡脚处,地面近于水平,崩塌的岩屑停积在这里,这段近于水平的地面称为倒石堆的基底。往上部去,由于基岩斜坡逐渐增大,倒石堆开始发育的时候,岩屑不会在这里堆积,常是崩落岩屑发源地,称为基坡(图 2-4(a))。随着基坡上的岩屑崩塌,基坡不断后退,原来陡峭的基坡坡度变缓,倒石堆不断增长,其顶点逐渐向上移动,被倒石堆埋藏的下部不再被破坏(图 2-4(b))。如上部基坡仍不断崩塌,则坡度进一步变缓(图 2-4(c))。按此方式发展,基坡坡度从下往上就逐渐变小,呈一上凸形的剖面线(图 2-4(d))。

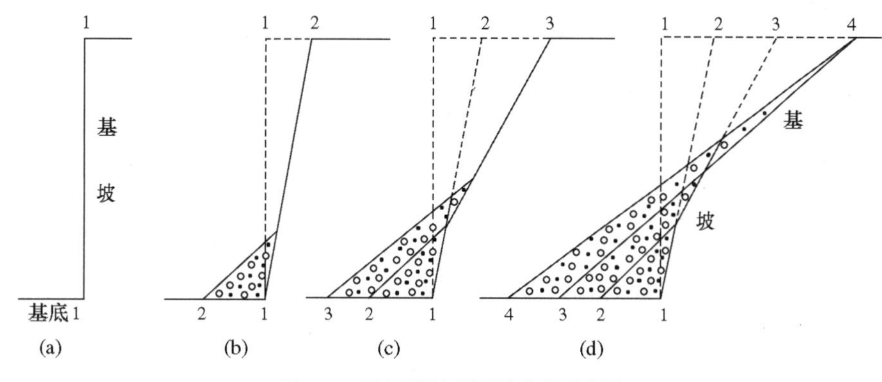

图 2-4　基坡后退与倒石堆发育示意图

2. 崩塌的物质结构

组成倒石堆的物质多为大小不一、棱角明显的碎石。碎石的岩性和机械组成与基坡岩性有关。如基坡的岩石为砂岩时，组成倒石堆的物质大多是各种大小不同的岩块，黏土含量很少；如基坡的岩石为页岩时，倒石堆的物质则是片状岩屑，大块岩块很少；花岗岩地区，由于沿节理风化，大岩块向下崩塌，倒石堆的物质多为大的岩块，岩块之间常充填着由花岗岩风化而成的砂粒；石灰岩地区的倒石堆的物质组成多是一些较小的碎石，其中夹杂着一些黏土。

倒石堆碎屑颗粒大小混杂，没有明显的层理。总的来说，一般较大的岩块可以滚落到倒石堆的边缘部位才停积下来，而一些较小的碎屑多堆积在倒石堆的顶部。这是因为大的岩块较重，沿山坡向下崩塌时产生很大动能，克服各种障碍而滚得更远。当倒石堆进一步发展时，随着山坡坡度愈益变得平缓，崩塌作用也逐渐减弱，崩塌的碎屑也变小。所以倒石堆发育的后期，其表面堆积的则是比较小的岩屑。从垂直剖面上看，较粗大的岩屑分布在倒石堆的下部，向上逐渐变细(图 2-5)。

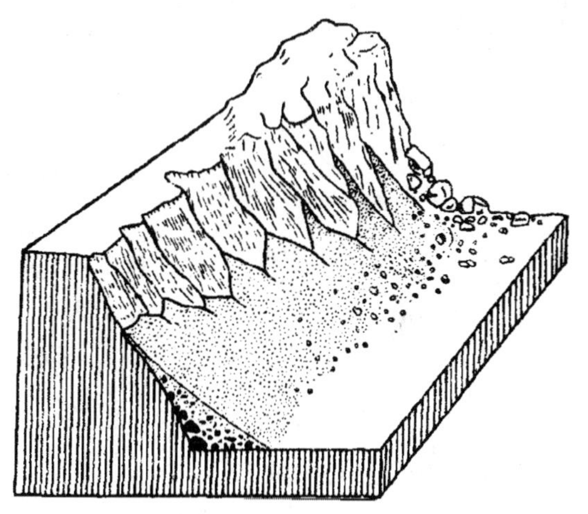

图 2-5　倒石堆的结构(根据 E. B. 桑采尔)

在山区经常发生崩塌，使村庄、道路和渠道遭受破坏，因而需查明倒石堆可能发生地段。如果组成倒石堆的岩屑是大块碎石，而且山坡很陡，说明倒石堆正在发育，修筑道路或渠道时，需将山坡上的风化岩屑清除或固定，村舍应尽量避开；如果倒石堆表面大多为细小岩屑，并有植物生长，甚至发育了土壤，而且山坡也较平缓(小于 30°)，说明倒石堆不再发育，山坡停止崩塌，对道路和渠道已无危害。

第三节　滑　　坡

斜坡上的大块岩(土)体,由于地下水和地表水的影响,在重力作用下,沿着滑动面整体向下滑动,称为滑坡。

滑坡常发生在松散土层中,或沿松散土层和基岩接触面滑动,也有沿岩层层面或断层面滑动。滑坡体的滑动速度一般很缓慢,一昼夜只有几厘米,甚至几个月才移动几厘米,但在一些特殊情况下,如暴雨或大地震时,滑坡速度可以很快。例如,1955 年 8 月 18 日晨,宝鸡附近倾盆大雨,陇海铁路发生大滑坡,半小时内把铁路推移了 110 m。

一、滑坡体的运动

假定斜坡上块体以 O 为中心,R 为半径的圆弧沿 $ABEC$ 滑动(图 2-6),通过 O 作垂线 OE,将滑坡体分为两部分:右边是滑坡体的滑动部分,又称主动部分;左边为滑坡体的随动部分,又称被动部分。当滑坡体处于极限平衡状态时,滑坡作用力的方程为

$$Pa-Qb-fR=0,$$

其中,P 为 $DGAE$ 块体受到的重力(着力点 O_1 为 $DGAE$ 块体之重心),Q 为 DEC 块体受到的重力(着力点 O_2 为 DEC 块体之重心),f 为滑动面上的摩擦力,a 为 O_1 到 OE 的距离,b 为 O_2 到 OE 的距离。

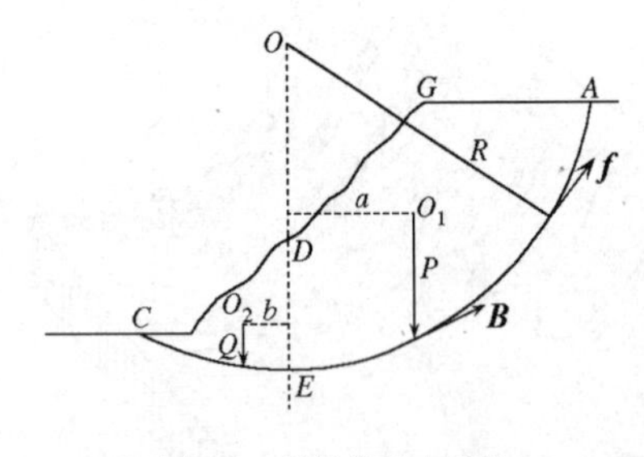

图 2-6　滑坡作用力图解

如主动部分作用力增大或被动部分作用力减小,将使滑坡体失去平衡而发生滑坡。反之,如被动部分作用加大或主动部分作用减小,滑坡稳定性增强,不易发生滑动。

大多数滑动面都是圆弧形,由于不同部位滑动面的倾角不同,靠近滑坡体上部滑动面倾角较大,向下滑动的动力大于阻力,是形成滑坡的动力,滑坡体下部滑动面的倾角较小,甚至倾角向斜坡内部方向倾斜,这一部分滑坡体的阻力大于动力,对滑坡体起了阻力作用。

二、影响滑坡的各种因素

1. 地下水

地下水可使土(岩)体发生复杂的物理化学过程而失去稳定,产生滑坡。例如:① 土(岩)体颗粒间的孔隙水将降低细颗粒间的吸附力;② 地下水能溶解土体中的胶结物,如黄土中的碳酸钙,使土体失去黏结力;③ 饱含水分的土(岩)体,增加土体单位体积的重量,因而加大平行滑动面的重力分力;④ 地下水运动时,产生动压力,能使土体发生滑动;⑤ 地下水沿滑动面运动,使摩擦系数减小,阻力降低。

2. 地表水

地表水对滑坡的影响可表现为:① 河水的侵蚀或海浪、湖浪的冲击,在河岸、海岸和湖岸(库岸)的坡脚水面附近进行掏蚀,使岸坡物体失去支持而产生滑坡;② 降雨或融雪时,将有一部分水分渗透到土壤中,将其浸润而使之滑动。

3. 斜坡岩石结构和岩性

岩石结构和滑坡的关系表现在滑坡常沿断层面、节理面、岩层不整合面或岩层层面滑动，尤其在岩层倾向与斜坡倾向一致而岩层倾角小于斜坡倾角时，最易沿层面形成滑坡(照片 2-5)。松散沉积层中发生的滑坡，多与黏土夹层有关或沿松散沉积物和基岩面之间滑动；基岩中的滑坡多发生在千枚岩、页岩、泥灰岩和各种片岩等地区，因为这些岩石遇水容易软化，在斜坡上失去稳定，产生滑坡。

4. 地震

地震对滑坡起触发作用，一次大地震，常形成许多规模巨大的滑坡。1960 年智利 8.5 级大震时，形成了数以千计的滑坡，在莱尼赫湖发生的三次大滑坡，分别有 300 万立方米、600 万立方米和 3000 万立方米的滑坡体进入湖中，使湖水上涨 24 m，湖水溢出淹没了湖西 65 km 的瓦尔迪维亚城，水深达 2 m。1933 年 8 月 25 日四川岷江上游叠溪地震，在数分钟内发生巨大滑坡(伴随崩塌)，约有 1 亿立方米的土石滑动，形成 100 多米高的滑坡壁，滑坡体将岷江堵塞，有三处因堵塞积水成湖，湖面高出原河床 160 m 之多。地震 20 天后(9 月 14 日)，最上一个湖泊的湖水盈溢，注入下游湖中，至 10 月 7 日，又将下游湖注满，水溢堤而出，至 10 月 9 日下午 7 时左右，堤坝崩溃，湖水倾出，犹如一道水墙直冲而下，岷江两岸凡水流经过处，村庄和农田一扫而光。西藏易贡地区 2000 年地震，形成大规模滑坡，阻塞河谷形成堰塞湖(照片 2-6)。

5. 人为因素

人为因素大多是人工挖土，破坏斜坡稳定而发生滑坡。如在可能发生滑坡的斜坡下部或在稳定的古滑坡体的下方开挖土体，降低了支持上部土体的阻力都将引起滑动。此外，人工在坡顶堆积土体或矿渣，加大坡顶载荷而引发滑坡，人工爆破或将水排进滑坡裂缝中，也将促使土体产生滑动。

三、滑坡的地貌特征

滑坡有许多地貌特征，如滑坡体、滑动面、滑坡壁、滑坡裂隙、滑坡阶地和滑坡鼓丘等(图 2-7)。

1. 滑坡体

滑坡体是斜坡上沿弧面滑动的块体。滑坡体的平面呈舌状，它的体积不一，最大可达数立方千米。滑坡体上的树木，因滑坡体旋转滑动而歪斜，这种歪斜的树木称为醉汉树。如果滑坡形成已有相当长的一段时间，歪斜的树干又会慢慢长成弯曲形，叫做马刀树。

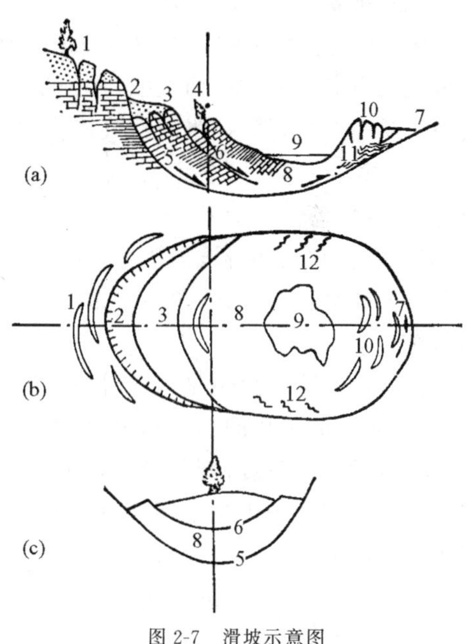

图 2-7 滑坡示意图

(a) 纵剖面；(b) 平面；(c) 横剖面

1. 环状张裂隙；2. 滑坡陡壁；3. 滑坡阶地；4. 醉汉树；5. 滑动面；6. 分支滑动面；7. 挤压裂隙；8. 滑坡体；9. 滑坡洼地或水池；10. 滑坡鼓丘或张裂隙；11. 滑坡微褶皱；12. 平行羽状拉张裂隙

2. 滑动面

滑动面是滑坡体与斜坡主体之间的滑动界面。滑动面大多是弧形，滑动面上往往有滑坡滑动时留下的磨光面和擦痕，在紧邻滑动面两侧土体中可见到拖曳构造现象。在滑坡体下滑时，因各段滑动速度不同，滑坡体内常形成次一级的滑动面，称为分支滑动面。

3. 滑坡壁

滑坡壁是滑坡体向下滑动时，在斜坡顶部形成的陡壁。滑坡壁又称破裂壁，它的相对高度表示垂直下滑的距离。滑坡壁平面呈弧形线。

4. 滑坡阶地

滑坡阶地是滑坡体下滑时在斜坡上形成的阶梯状地形。如果有好几个滑动面，则可形成多级滑坡阶地。滑坡阶地面经常是向内坡倾斜，有些规模较大的滑坡，在向内坡方向倾斜的滑坡阶地面上常形成小湖。例如，宝鸡附近的卧龙寺滑坡，由于含水层被滑坡错断出露，地下水流出，在滑坡阶地上形成一个 10 m 深的小湖泊。

5. 滑坡鼓丘

滑坡鼓丘是滑坡滑动过程中滑坡体的前端受到阻碍而鼓起的小丘。其内部常见到由滑坡推挤而成的一些小型褶皱或挤压裂隙。在鼓丘顶部常形成张裂隙。由于在滑坡体的前端形成了突起的小丘，滑坡体的中部相对低洼的部位，能积水成池。

6. 滑坡裂隙

滑坡裂隙是滑坡即将滑动时或滑动过程中形成的。根据裂隙的分布部位和力学性质可分为：

(1) 环状拉张裂隙。它们分布在滑坡壁的后缘，裂隙的走向与滑坡壁的方向大致相同。这种裂隙多是因滑坡体将要下滑或在下滑过程中的拉张作用形成的，故斜坡上环状拉张裂隙的出现是将要形成滑坡的预兆。

(2) 平行剪切裂隙。滑坡体在滑动时，由于滑坡体不同部位的滑动速度不同，形成一些和滑坡运动方向一致的剪切裂隙，常分布在滑坡体的中部和两侧。在滑坡体的两侧边缘，由剪切裂隙派生一些平行的拉张裂隙或挤压裂隙，它们与剪切裂隙斜交，形如羽状的称羽状裂隙。

(3) 滑坡鼓丘部位的拉张裂隙和挤压裂隙。当滑坡鼓丘隆起时，顶部拉张作用形成拉张裂隙；如滑坡体前端受阻，滑坡鼓丘部位便形成一些挤压裂隙。这些拉张裂隙和挤压裂隙的方向是一致的，它们和滑坡的滑动方向垂直。

(4) 滑坡前端放射状裂隙。滑坡前端因滑坡体向外围扩散而形成一些张性或张剪性放射状裂隙。

上述各种滑坡地貌是识别滑坡和研究滑坡发展的重要标志。根据滑坡壁的分布和滑坡体的范围，可判断滑坡的存在和规模，滑坡壁的坡度越大，滑动面的深度也大。又可根据滑坡壁的后期侵蚀破坏程度，判断滑坡发生的时间长短。研究滑坡裂隙的性质和产状可以确定滑坡发生阶段。当斜坡上出现环状拉张裂隙时，这可能是滑坡发展的初期阶段，1967 年雅砻江大滑坡，早在 1960 年就发现山体变形，山坡出现裂隙。如能对滑坡裂隙进行连续观测，还可了解滑坡体的受力性质、运动方向和运动速率。此外，在一些古滑坡体上，常见到一些树干弯曲的树木，弯曲树干处的树木年轮，靠中心部位宽度相等，这是滑坡发生前树木直立时生长的，而外圈年轮往往宽度不等，一侧宽一侧窄，这是滑坡发生后树木弯曲时生长的。从这些年轮变化特征的数目，可以推算滑坡滑动时距今的年数。

四、滑坡的类型和发展

1. 滑坡的类型

滑坡类型的划分可根据不同的原则，常见的有以下几种：

（1）根据滑坡的物质可划分为黄土滑坡、黏土滑坡、碎屑滑坡和基岩滑坡。

（2）根据滑坡和岩层产状与构造等，可划分为顺层滑坡、构造面滑坡和不整合面滑坡等。

（3）根据滑坡体的厚度可划分为浅层滑坡（数米）、中层滑坡（数米至 20 m）和深层滑坡（数十米以上）。

（4）根据滑坡的触发原因可划分为人工切坡滑坡、冲刷滑坡、超载滑坡、饱水滑坡、潜水滑坡和地震滑坡等。

（5）按滑坡形成年代可划分为新滑坡、老滑坡和古滑坡。

（6）按滑坡驱动形式可划分为牵引滑坡和推动滑坡。

上述各种滑坡类型的划分都是根据某一单项指标来考虑的，实际上自然界滑坡的形成是多因素的，例如由于地震触发的滑坡，可以在同一土层中形成滑坡，也可沿层面或断层面形成滑坡，因而只考虑一种因素来划分滑坡类型是不完全的。

2. 滑坡的发展

滑坡的发展大致可分为三个阶段，即蠕动变形阶段、滑动阶段和停息阶段。

（1）蠕动变形阶段是斜坡上岩（土）体的平衡状况受到破坏后，产生塑性变形，有些部位因滑坡阻力小于滑坡动力而产生微小滑动。随着变形的发展，斜坡上开始出现拉张裂隙。裂隙形成后，地表水下渗加强，变形进一步发展，滑坡两侧相继出现剪切裂隙，滑动面逐渐形成。

（2）滑动阶段是滑坡体沿滑动面向下滑动，滑坡前缘形成滑坡鼓丘，一些滑坡裂隙也相继出现，裂隙错距不断加大，在滑动面的下方，常有浑浊的地下水流出。

（3）停息阶段是滑坡体不断受阻，滑坡体趋于稳定。滑坡停息以后，滑坡体在自重作用下，一些曾滑动的松散土石块逐渐压实，地表裂隙逐渐闭合，滑坡壁因崩塌而变缓，甚至生长植物，滑动时一些东倒西歪的树木又恢复正常生长，形成许多弯曲的马刀树。

滑坡稳定后，如再遇到特强的触发因素，又能重新滑动。地震触发的滑坡在较短时期可以形成较大的滑坡体，没有蠕动阶段。

第四节　土屑蠕动

斜坡上的碎屑或土壤颗粒在重力作用下缓慢向下坡运动，称为土屑蠕动。由于颗粒或岩屑之间的相对位移小，运动过程缓慢，不易一下觉察出来，时间久了，斜坡上各种物体就会显出变形。例如，电线杆歪斜、树干弯曲、土墙或篱笆向斜坡下方倾斜和斜坡草皮向下坡移动等（图 2-8）。

土屑蠕动不论是在寒带地区、温带地区或热带地区都可发生，它的形成主要是由于温度变化或湿度变化而引起斜坡碎屑和土壤颗粒的物理性质改变所致。另外，植物根的生长和动物的践踏也会使斜坡上的土屑蠕动。

在寒冷地区，斜坡上冬天地面冻结而膨胀隆起从 AB 到 CD（图 2-9），土壤中的颗粒或碎屑

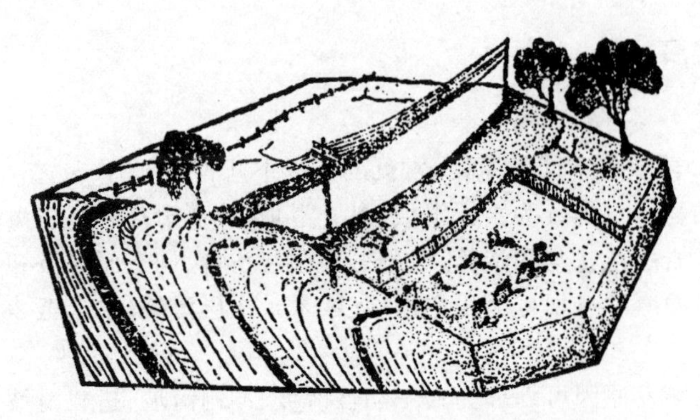

图 2-8 土屑蠕动形成的各种现象(根据 H.B.裴纪)

M 随着地面膨胀沿垂直坡面方向上升到 M′;解冻时,地面恢复到原来位置 AB,但颗粒或碎屑受重力作用则由 M′移到 M″。经过这样一次冻融作用之后,土壤颗粒或碎屑由 M 移到 M″,如此年复一年地反复进行,土壤颗粒或碎屑将不断向下坡移动。斜坡上的碎屑或土壤颗粒因日温差或干湿变化而发生胀缩,也可造成向下坡蠕动。温带地区,温差变化可使硅酸盐岩块的体积有 0.1%的变化量,干旱气候温差变化大,硅酸盐岩块的体积变化可达 1%。干湿变化对黏土体积变化的影响也特别显著,当碎屑颗粒受湿或增温时,体积膨胀,颗粒相互挤压,碎屑被挤出原来位置而向下坡移动(图 2-10(a));碎屑变干或降温时,体积缩小,其间形成空隙,使上部碎屑失去支持引起下移(图 2-10(b))。

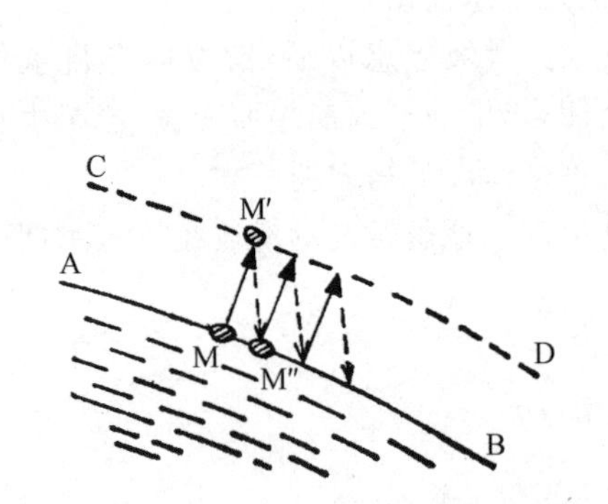

图 2-9 地面冻结、解冻时土壤颗粒移动示意图

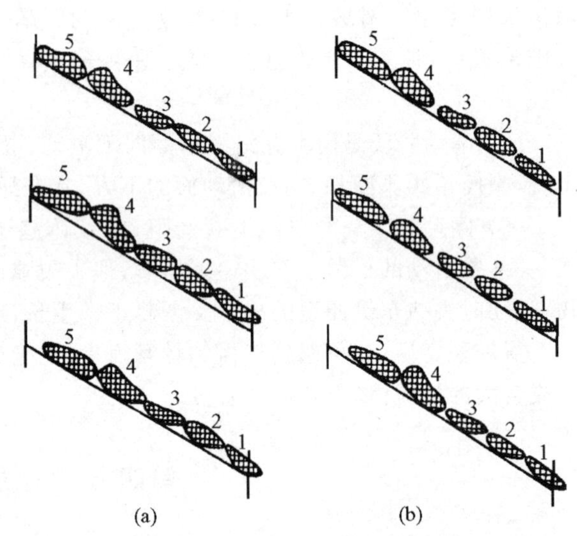

图 2-10 斜坡碎屑胀缩时移动示意图
(a) 膨胀时移动过程;(b) 收缩时移动过程

斜坡上的裂隙、动物洞穴或植物根系腐烂留下的空洞,都可使上坡物质失去稳定而向下移动。其他如树木摇摆和动物践踏也有助于斜坡物质向下移动。

坡地上发生崩塌、滑坡和土屑蠕动造成的坡面侵蚀,称坡面重力侵蚀。由此形成的堆积物称重力堆积物。

照片 2-1　花岗岩球形风化（浙江舟山）（武弘麟）

照片 2-2　沿桑干河河岸玄武岩垂直节理形成的地裂缝即将发生崩塌（山西大同）（李有利）

照片 2-3　汶川地震崩塌的巨大石块（李有利）

照片 2-4　2008 年，汶川地震唐家山崩塌滑坡形成的堰塞湖（中国地质环境监测院）①唐家山滑坡体，②堰塞湖

照片 2-5　顺层滑坡的滑动面（北京门头沟）（李有利）

照片 2-6　上图为 1999 年 12 月 20 日西藏易贡地区卫星影像，见宽阔河谷中发育辫流。2000 年 4 月 9 日晚发生滑坡，下图为 2000 年 5 月 2 日卫星影像，见滑坡体堵塞河道形成堰塞湖（根据中国遥感卫星地面站）

第五节　坡面侵蚀和坡积裙

大气降雨或冰雪融化后，在倾斜的坡地上，形成面(片)状水流。面状水流是由许多细小股流组成，无固定流路，在这种水流作用下，坡面物质被侵蚀搬运使坡面降低，称为坡面流水侵蚀。被侵蚀的物质堆积在坡脚处，称为坡积物，它们围绕坡地边缘分布，形似衣裙，称坡积裙。

坡面侵蚀作用范围广，侵蚀量大，尤其在由松散细粒沉积物组成的裸露斜坡上更为明显，常造成严重的水土流失。

一、坡面流水侵蚀

坡面流水侵蚀只出现在降雨或融雪时期，故雨滴冲击作用和坡面径流侵蚀作用是坡面流水侵蚀的两种主要作用。

1. 雨滴冲击作用

降雨时，雨滴降落的最高速度可达 7～9 m/s，对地面产生巨大的冲击力。据测定，雨滴降落能使粒径小于 0.5 mm 的土粒离开原位被激溅到离地面 60 cm 以上的高度，水平方向激溅的距离可超过 1.5 m。倾斜坡面上的土壤颗粒受到雨滴冲击后，向下坡激溅的距离和数量大于向上坡激溅的距离和数量，在 10%坡度的坡面上土粒受到雨滴冲击后，约有 60%～70%向下坡移动，只有 25%～40%向上坡溅移。土粒向上坡、下坡溅移距离和数量的差异，随着地形坡度加大而增加。雨滴冲击坡面的能量在整个斜坡上大致相等，随着降雨时间的延长，由上坡激溅来的土粒被搬运到下坡，这时雨滴冲击的能量有一部分需消耗在再激溅由上坡溅来的土粒上，于是雨滴对下坡坡面的冲击作用相对减小。此外，下坡的坡面水层逐渐加厚，对坡面土粒起了保护作用，雨滴对坡面的冲击作用也愈来愈小，甚至完全消失。因此，从整个坡面来说，上坡受到雨滴的冲击作用强，侵蚀强度大，下坡冲击作用弱，侵蚀强度小。

2. 坡面径流侵蚀

坡面径流侵蚀力大小与地形、土壤和植被等因素有关。地形(坡长、坡度和坡形)控制坡面流水冲刷速度和冲刷量。从理论上说，坡面愈长，愈到下坡水量愈多，水流的能量也愈强。但是，随着坡面的增长，水流挟带的泥沙量也随之增多，需要消耗一部分能量，使水流侵蚀能力减小。因此，坡面径流侵蚀能力并不是随坡长增加而加大。坡度加大可使坡面径流速度加快，冲刷加强；坡度加大却又使径流量减小，因为在降雨强度不变的情况下，坡度加大，坡面单位面积接受的雨量减少(图 2-11)。坡度和坡长变化与坡面侵蚀强度之间的关系非常复杂，F. G. 伦勒和 R. E. 霍顿对坡面侵蚀强度和坡度关系试验研究认为在 20°～60°之间坡面侵蚀强度最大(图 2-12)。

自然界的坡地形状是各式各样的，有凸形坡、凹形坡和平直坡等。各种不同坡形的坡面径流速度和径流量不同，这也影响到坡面侵蚀强度。

土壤结构对坡面侵蚀也有很大影响。土壤团粒结构好，可以吸收一部分雨水，使地表径流量减少；土层厚，吸水较多，也可减少地表径流量，使侵蚀减弱。

植被可以防止雨滴对坡面的冲击和减少坡面径流冲刷，表现在三方面：① 植被可以减少坡面径流量，② 植被可控制坡面径流速度，③ 植被可阻挡雨滴直接冲击地面。在其他条件相同的情况下，植被好坏对坡面侵蚀作用有显著差别。可见，植树造林是防止水土流失的有效方法之一。

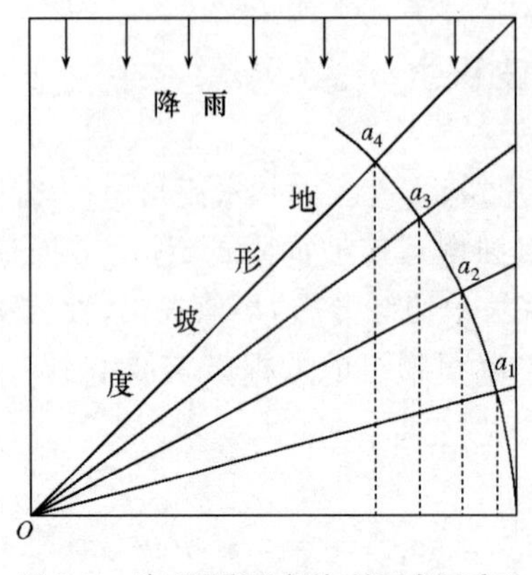

图 2-11 降雨强度不变时，坡面实际受雨面积和坡度的关系

oa_1, oa_2, oa_3, oa_4——不同坡度的相同坡长

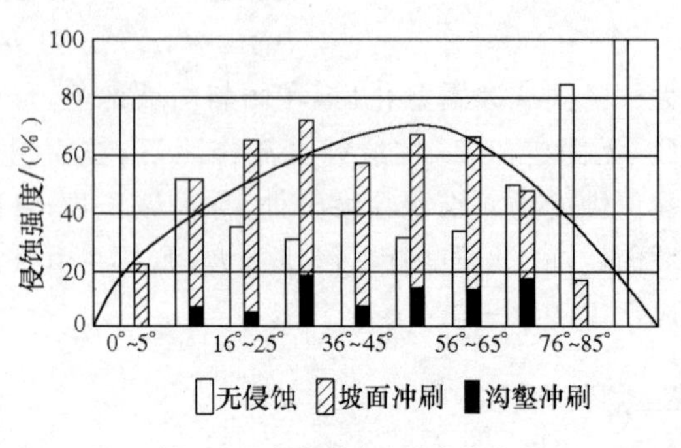

图 2-12 侵蚀强度和坡度的关系

（根据 F. G. 伦勒）

二、坡积裙

坡积裙堆积在山麓平原或山间盆地的边缘，或是在河谷底部，其纵向地形线呈微下凹的曲线，坡度一般为 7°～10°，边缘逐渐变缓。

坡积裙的碎屑物质的岩性成分取决于坡地的基岩成分。碎屑物的机械组分是亚砂土、亚黏土和石块。因这些物质搬运距离不远，碎屑物的磨圆度很差。有时，坡地是由砾岩组成，或坡地上部有河流阶地发育，因而在坡积裙的碎屑物中也能见到磨圆很好的砾石。

组成坡积裙的物质有粗略分选和微具层理结构。自坡积裙的顶部到边缘，颗粒由粗变细，由碎石、粗砂逐渐变成细砂、粉砂直至黏土。由于每次降雨强度不等，坡面径流量和侵蚀强度的不同，各种粒径碎屑物的堆积范围也不同。当坡面径流量小或坡面侵蚀强度弱时，一些细粒物就分布在前期堆积的较粗物质之上，剖面中可见到粗粒物质中夹砂土层；当某一次坡面径流量特大，或坡面侵蚀强度剧增时，粗大颗粒物质就被带到坡积裙的前缘部分，叠压在前一时期沉积的较细颗粒之上，在剖面中就可看到在较细粒物质中夹粗颗粒碎屑层。在坡积裙边缘，坡积物与其他成因类型的沉积物相互穿插（图 2-13）。

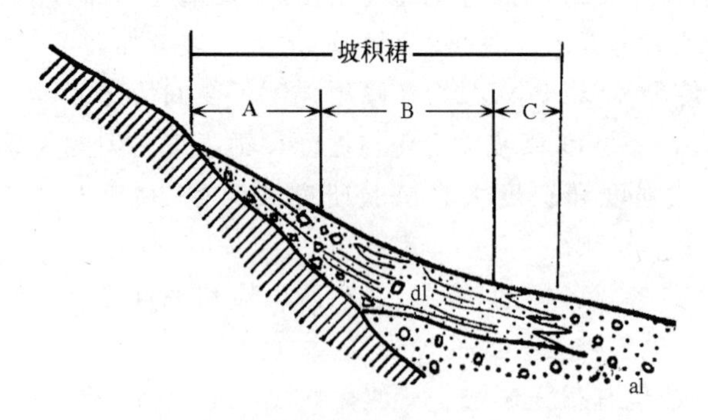

图 2-13 坡积裙的结构

A. 上缘部；B. 前缘部；C. 边缘部（dl. 坡积物，al. 冲积物）

第六节 坡地发育与山麓剥蚀面

坡地形状是各式各样的，有直线坡、凸形坡、凹形坡和各种形状组成的复式斜坡。它们的形成发展和岩性、构造运动以及自然地理等因素有关，各种不同成因和不同发育阶段的坡地，其表现形式也不一样。因此，坡地的形态特征包含着坡地成因和时代的许多信息。构造运动形成的断层陡坎或称断层坡、地震震动形成的裂隙坡和火山活动在地表堆积的斜坡都属于内营力作用形成的坡地；前面提到的山崩、滑坡和一些由海洋、湖泊、河流、冰川等崩塌和侵蚀形成的坡地属外营力作用形成的坡地；人类活动也可形成各种坡地。实际上，自然界的坡地往往是多种营力作用形成的，例如内力作用的断层坡形成之后，随之受坡面流水和重力等外力作用，使断层坡不断变缓后退，时间愈长，坡度愈缓，高度愈低。

坡地发育有两种基本模式。一种模式是谷坡受剥蚀并保持与原先坡地的坡度一致而后退，称为坡地平行后退。随着时间的推移，新形成的坡地只能在上部段与原始坡平行，长度愈来愈短；下部坡段因接近剥蚀基准面，坡度变小，长度加大。从整个坡地的纵剖面形态看，呈一下凹的坡形。分水高地的面积也随坡地后退而不断减少，但高度尚未降低，直到不同方向坡地后退到分水高地相交时，分水高地才开始降低(图 2-14(a))。在干旱区，由于山坡的不断后退，停积在坡麓的风化碎屑被洪流冲走，使山麓基岩裸露，形成平缓的基岩坡面，称为山麓剥蚀面(图 2-15)。如果地壳长期稳定，山麓剥蚀面将扩大联合而成广阔的剥蚀平原。一些尚未完全剥蚀夷平的残留高地，称为岛状山(图 2-15)。

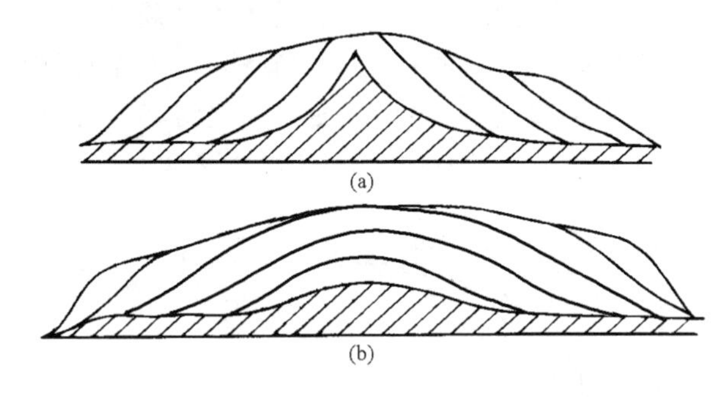

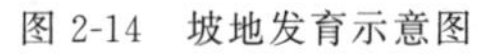
图 2-14 坡地发育示意图

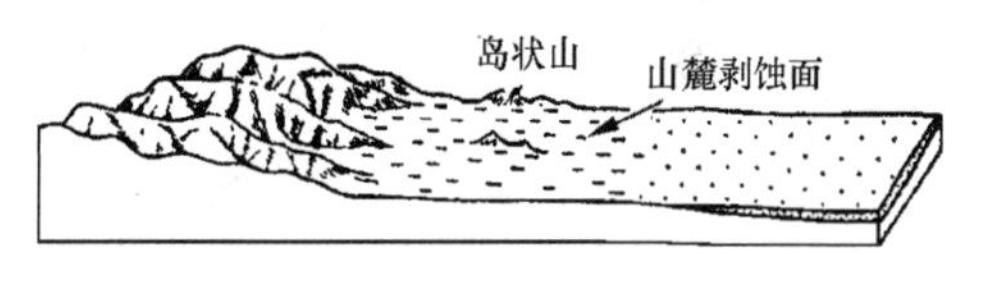

图 2-15 山麓剥蚀面(根据邦达楚克)

另一种坡地发育模式是假定一些较陡直的坡地形成后，坡地上部与分水高地之间有一明显的坡折，此坡折在很短时间内就会在风化作用、重力作用或片流作用下而变成浑圆状，坡面的坡度逐渐变缓，形成凸形坡，坡地的下坡段将发育一个凹形剖面，整个坡地形成上凸下凹的坡形。如果地壳长期处于稳定状态，坡地受剥蚀变缓，分水高地也同时降低，逐渐趋于夷平，最后形成相对高度很小的微起伏平原，戴维斯称其为准平原(图 2-14(b))。

第三章　河流地貌

河流的水流在流动过程中进行侵蚀，形成各种沟谷地貌，被侵蚀的物质沿沟谷向下游搬运并堆积，形成河漫滩、冲积扇和三角洲等堆积地貌。凡由河流作用形成的地貌，称河流地貌。

河流水流来自大气降水。雨水降落到地表之后，一部分蒸发返回大气层，一部分被植物吸收，一部分渗透到土壤孔隙中或岩石裂隙中成为地下水，剩下的沿地表流动，通过河流，最后汇入海洋。有时地下水流出地表，补给河流，在高山高纬地区，融化的雪水也补给河流。河流中的水流是地表水流最主要的形式。

河流水流受气候控制。湿润气候区，河流终年保持一定流量，称为经常性流水的河流；干旱区或半干旱区，年降雨量少，蒸发量大，沟谷中大部分时间无水，只在雨季时才有水流，称为暂时性流水的河流。不论是经常性流水的河流，或是暂时性流水的河流，都能进行侵蚀、搬运和堆积，只是它们的作用方式和强度不同而已。因此，河流作用是塑造地貌最普遍、最活跃的外营力之一。

河谷形态极其多样。从河谷横剖面看，可分为谷底和谷坡两部分(图 3-1)：谷底包括河床和河漫滩，谷坡是河谷两侧的岸坡，常有阶地发育。谷坡与谷底的交界处，称为谷坡麓，谷坡与原始山坡或地面的交界处，称为谷肩，也称谷缘。从河流纵剖面看，上游河谷狭窄，多瀑布，中游河谷较宽，发育河漫滩和阶地，下游河床坡度较小，河谷宽浅，多形成曲流和汊河，河口段形成三角洲和三角湾(图 3-2)。

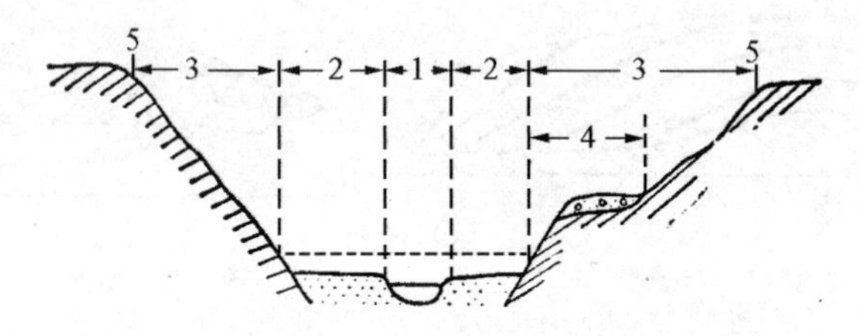

图 3-1　河谷横剖面结构图

1. 河床；2. 河漫滩；3. 谷坡；4. 阶地；5. 谷肩(谷缘)；

——枯水位；----洪水位

第一节　河流流水作用

河流流水沿沟谷流动，水量增加或流速加大，流水作用能力加强，进行侵蚀，并将侵蚀产物向下游搬运；反之，流水作用能力减弱，便发生堆积。流水作用总是以侵蚀、搬运和堆积三种方式进行，并形成相应的河流地貌。河流水流作用还和水流结构有关，河流水流流束线呈螺旋状运动，形成环流和漩涡流，它们对河流地貌的形成有着重要意义。

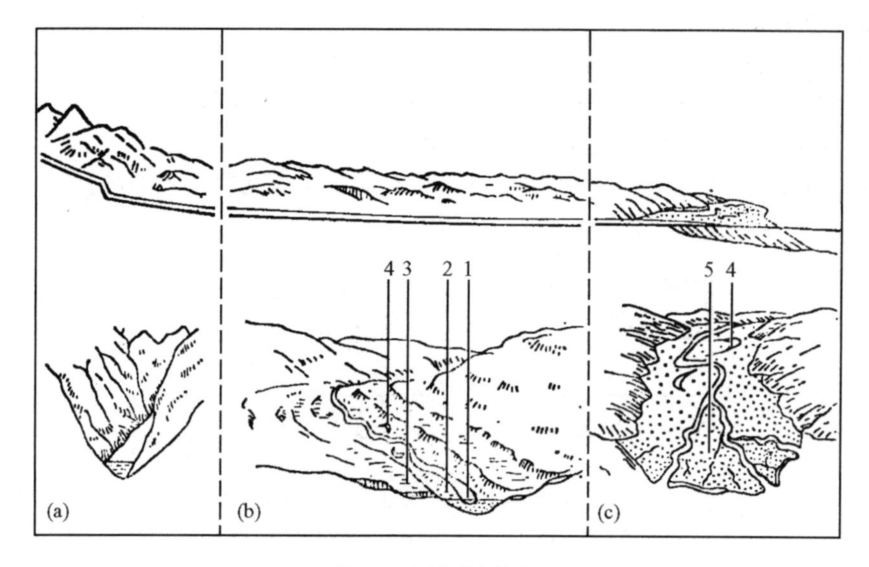

图 3-2　河谷形态特征

(a) 上游段；(b) 中游段；(c) 下游段；

1. 河床；2. 河漫滩；3. 阶地；4. 牛轭湖；5. 三角洲

一、横向环流和漩涡流

1. 横向环流

在弯曲河道中，从凸岸由水面流向凹岸的水流(表流)和从凹岸由河底流向凸岸的水流(底流)构成一个连续的螺旋形向前移动的水流，称横向环流(图 3-3)。横向环流的形成主要是由弯道水流离心力的影响所致。离心力 $F=mv^2/r$，m 为水量，v 为流速，r 为弯道半径。因水流流速随水深增大而减小，离心力也随水深加大而减弱。另外，在弯道不同部位的水面流速也不一致，靠近凹岸处流速大，凸岸处流速小，因而在弯道靠近河面水流则由凸岸流向凹岸，凹岸水流沿河床底部向凸岸排挤，以维持水流的连续性，这样才使整个河床内的水流构成连续的螺旋状前进的横向环流系统。

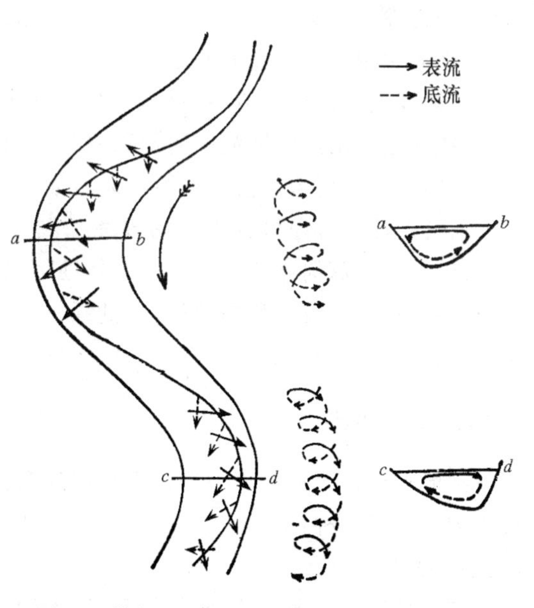

图 3-3　横向环流示意图(根据 B. Г. 列别杰夫改编)

不同形状的河床断面，形成不同的环流系统，可分为以下四种(图 3-4)：

(1) 单向横向环流(图 3-4(a))。多在弯曲河段发生，因这里水流受离心力作用较强向一岸偏移形成单向环流。

(2) 底部汇合型双向横向环流(图 3-4 (b))。洪水时，平直河道河床中部的水量比靠近两岸的增加快一些，因此洪水期河床横向水面呈上凸形，表层水流从河床中部流向两岸构成两个横向环流系统。这种类型的横向环流系统可掏蚀两岸，在河床中部发生堆积。

(3) 底部辐散型双向横向环流(图 3-4 (c))。枯水位时，平直河段河床中部流速较大，水面呈微微下凹形，两岸表层水流流向河床中部，构成表层汇聚、底部辐散型的横向环流。这种环流能够进一步侵蚀河床中部，在两岸形成浅滩堆积。

(4) 复合型环流(图 3-4(d))。在平原分汊河流或河床底部起伏不平的地方，形成多股主流线，各自构成一横向环流，组合成复合型环流系统。

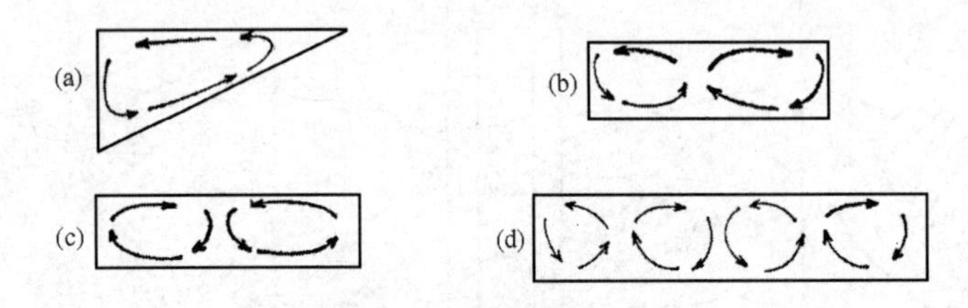

图 3-4 水流横向环流的类型(根据 A. И. 洛夫雅夫斯基)

(a) 单向环流；(b) 底部汇合型双向环流；(c) 底部辐散型双向环流；(d) 复合型环流

2. 漩涡流

当水流绕过障碍物，如沙波的脊部、河床基岩岩坎以及各种人工建筑物等，都会产生漩涡流。一种漩涡流是垂直于河床底面旋转，因而掏蚀河岸和床底；另一种漩涡流是河床底部水流翻过沙波脊形成的，它的轴线方向与河床底面平行，漩涡流平行河床底面旋转，这种漩涡流能使从沙波迎水面带来的物质搬到背水面堆积下来，使沙波向前移动。

二、河流的侵蚀作用

河流水流破坏地表并掀起地表物质的作用，称为河流的侵蚀作用。河流侵蚀作用有三种方式，即冲蚀作用、磨蚀作用和溶蚀作用。

水流流过沙粒时，其上部流速快，压力小，通过沙粒下部的水流，受到较大阻力，流速小，压力大，因而在泥沙颗粒上下产生压力差，使泥沙颗粒获得了上升力，掀起河底表层松散颗粒。另外，水流对泥沙还有迎面冲击力，使被掀起的泥沙向下游移动，形成侵蚀。

在坡度大的山地河流中，流水速度快可推动很大的砾石使其移动，这些砾石在移动过程中，还能互相撞击或磨蚀河床底部而进行侵蚀。

溶蚀作用是河流水流对可溶性岩石如石灰岩进行溶解所产生的一种侵蚀现象。

河流侵蚀按方向可分为下切侵蚀和侧方侵蚀两种。下切侵蚀是水流垂直地面向下的侵蚀，其效果是加深河床或沟床。下切侵蚀可以沿较长的河段同时进行，称沿程侵蚀；从源头、河口或瀑布向上游侵蚀，称向源侵蚀(溯源侵蚀)。侧方侵蚀也称旁蚀，是河流侧向侵蚀的一种现象。这种侵蚀使河岸后退，沟谷展宽，或者形成曲流。

三、河流的搬运作用

河流水流在流动过程中携带大量泥沙和推动河底砾石移动，叫河流搬运作用。河流水流搬运的方式有三种：

1. 推移

推移是流水使泥沙或砾石沿河床底面滚动或滑动，主要是泥沙或砾石受水流的迎面压力作用所致。在床底移动的砂砾重量与它的起动水流速度的六次方成正比($M=cv^6$),所以山区河流在山洪暴发时可以推动巨大的石块向下游移动。

2. 跃移

跃移是床底泥沙呈跳跃式向前搬运。流水中的床底砂粒上下部产生压力差,上升力相对增大,泥沙颗粒跃起,被水流挟带前进,泥沙颗粒离开底床后,颗粒上下部的水流流速相等,压力差消失,泥沙颗粒又沉降到床底。如此反复进行,泥沙则呈跳跃式前进。有时,沙粒以较快的速度下落,对床面泥沙产生冲击作用,沙粒会微微反跳起来再随水流一起向前搬运。

3. 悬移

悬移是较细小颗粒在流水中呈悬浮状态搬运。悬浮的泥沙受三种力的作用,一是纵向水流的作用力使泥沙前进,二是向上水流的作用使泥沙抬升,三是泥沙受本身重力影响而下沉。当河流中泥沙颗粒受到的上升作用力大于或等于下降作用力时,泥沙被带到距底床一定高度位置而呈悬浮状态,并由水流向下游搬运。

四、河流的堆积作用

河流流水挟带的泥沙,由于河床坡度减小、水流流速变慢、水量减少和泥沙增多等都可引起搬运能力减弱而发生堆积。由河流流水堆积在沟谷中的沉积物称为冲积物。

河流的侵蚀、搬运和堆积三种作用是经常发生变化和更替的。对一条河流来说,在正常情况下,上游多以侵蚀作用,下游以堆积作用为主。如果海面下降,下游地段可转化为侵蚀作用为主,当河流水量减少,泥沙增多,在河流上游的某一地段也可能出现堆积作用。另外,在同一河段,侵蚀、搬运和堆积可同时进行,例如弯曲河段在凹岸侵蚀,同时在凸岸就发生堆积。

第二节　河　　床

河谷中枯水期水流所占据的谷底部分称为河床。从源头到河口的河床最低点连线称为河床纵剖面,它呈一不规则的下凹曲线。山区河床纵剖面较陡,浅滩和深槽彼此交替,且多跌水和瀑布,横剖面较狭窄,两岸常有许多山嘴突出,使河床岸线犬牙交错。平原地区河床横剖面较宽浅,纵剖面坡度较缓,有微微起伏。

一、河床纵剖面的形成与发展

河床纵剖面是河流作用形成的,每条河流下切侵蚀的最大深度并不是无止境的,往往受某一高度基面控制,河流下切到接近这一基面后即失去侵蚀能力,不再向下侵蚀,这一基面称为河流侵蚀基准面。究竟以什么面为河流的侵蚀基准面,还没有一致的看法。最先,J. W. 鲍威尔(1875)提出这一概念时把海面当做侵蚀基准面。后来,W. 彭克(1924)把海底当做侵蚀基准面,因为发现在河口地段河流可下切到海面以下。还有一些学者,如 R. 格洛齐尔(1938)建议把入海河流在河流作用停息、并为海浪作用所代替的那一点的海底高度叫做侵蚀基准面。也有一些学者反对侵蚀基准面的概念(巴津,1919)。由此可见,侵蚀基准面是一个很不固定的面。尽管如此,控制河流下切侵蚀的最低基准面对任一条河流来说都是存在的。就各个河段而言,一些坚硬岩坎、湖泊洼地或支流汇入主流的汇口处等,它们都起着控制上游河段下切的作用。因此,坚硬岩坎、湖泊洼地或支流汇口处可称为地方侵蚀基准面;对控制一条河流下切最深的一点高度，称为终极侵蚀基准面。

侵蚀基准面的变化影响河床纵剖面的发展。当侵蚀基准面下降时，如果出露的河床坡度较大，则流速加大，侵蚀作用加强，开始在河流的下游发生侵蚀，然后逐渐向上游扩展，即向(溯)源侵蚀(图 3-5)，河床纵向坡度变大。当侵蚀基准面上升时，水流搬运泥沙能力减弱，河流发生堆积，河床纵向坡度变小。

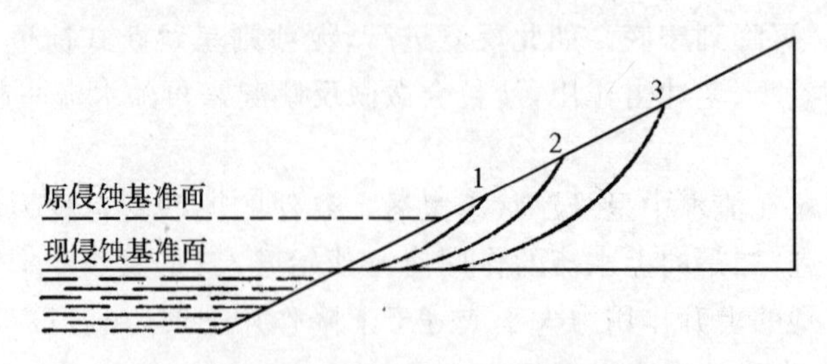

图 3-5 侵蚀基准面下降发生向源侵蚀示意图
1，2，3——河流不断向源侵蚀的各个阶段

河流在每一时刻任一河段不仅进行侵蚀，同时也发生堆积。正因为这些作用的结果，使得河流发展到一定阶段后，河床的侵蚀和堆积达到了平衡状态，水流动力正好消耗在搬运水中泥沙和克服水流内外摩擦方面，在地质构造相同、岩性均一和气候不变等条件下，这时河床纵剖面将呈现一条圆滑的曲线，称为河流平衡剖面(均衡剖面)。绝对的平衡剖面在自然界的河床中是难以见到的。因为水流的侵蚀是不会停止，如果流速不足以移动固体颗粒，但溶蚀仍在进行。通常自然界的任何一条河流流经地区的岩石性质不可能是相同的，构造状况也不一样，所以河床纵剖面总是呈波折状，水流将在各个坡度增大段加剧侵蚀，坡度变小段发生堆积。再者，季节变化影响河流水量和含沙量的变化，而支流的来水和来沙也将影响到主河的水量和含沙量的变化。因此，不能把河床发展的最终剖面看成是一个绝对的平衡剖面。虽然自然界的河流不可能达到绝对的平衡剖面状态，但是任何一条河流，无论它的情况怎样复杂，影响它的因素如何之多，总有一些河段在某一段时间内，可以达到相对的平衡状态。河流为了适应外在条件的变化，有着自动调节侵蚀和堆积的能力，这就是河流向着动态平衡剖面方向发展的表现。

二、影响河床纵剖面发展的因素

影响河床纵剖面发展的因素很多，如水文状况的改变、构造运动和岩性的差异以及长期的气候变化等。

1. 水文状况的改变

水文状况的改变可使河流中水量、水流流速和含沙量发生变化，使河床发生侵蚀或堆积。在季风气候区的河流，雨季时河水位上涨，称为洪水期。洪水期的河流通常发生侵蚀，但水面比降在不同河段不同，狭窄河段由于过水断面较小，洪水到来时，水面上涨高度较大，对其上游段形成壅水现象，水面比降减小，流速变慢，河床中发生堆积(图 3-6(a))。从山地到平原的河段，河谷展宽，洪水扩散，水面比降急剧变大，流速加快，河床中将发生侵蚀(图 3-6(b))。

2. 构造运动

构造运动可使整个流域发生升降，或者使流域内局部地区发生高差变化，不论是哪种情况，河流纵剖面都将发生改变。如果整个流域抬升，其效果等于侵蚀基准面下降，向源侵蚀将自河口向上游发展。如果流域内局部地区发生差异运动，上升地段河床坡度将比原先坡度加大，因而发生侵蚀，下沉地段就发生堆积。在河流发育过程中如发生断层，断层与河流相交且下降盘位于下游，河床中将形成裂点（瀑布）并从此处向源侵蚀，使裂点不断上移，时间愈久，上移距离愈远。从理论上推断，裂点上移可直至河源，但由于裂点的高度、裂点向上游移动速度以及裂点形成的时间等因素，裂点经常出现在某一河段。壶口是黄河的著名瀑布（照片 3-1），它最先位于下游约 65 km 的韩城断裂处，韩城断裂是活动断裂，由于它的活动，形成裂点并不断向源侵蚀。据史料记载，自公元前 770 年以来的 2700 余年间黄河壶口瀑布从下游 3 km 处后退至现今位置。按此计算，壶口裂点向上游移动的速度为每年约 1.07 m，假定黄河水量不变，则壶口裂点是韩城断裂在晚更新世中早期的一次活动使黄河溯源侵蚀形成的。

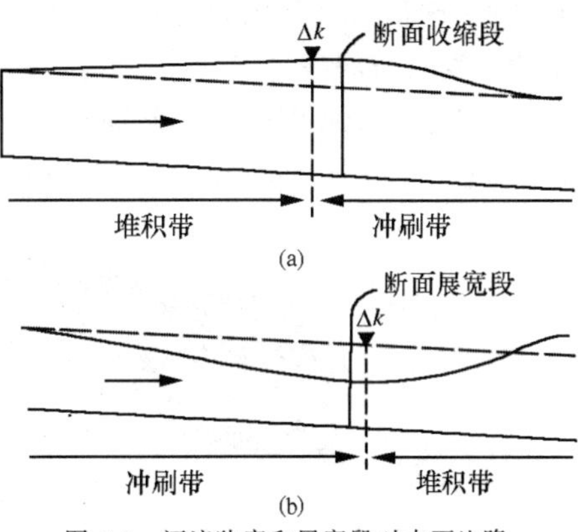

图 3-6　河流狭窄和展宽段对水面比降的影响以及对冲刷带和堆积带的分布（根据 Н. И. 马克维也夫）

3. 岩性的差异

岩性对河床纵剖面的影响是由于不同岩石抵御侵蚀能力的差异而造成差别侵蚀，在坚硬岩层段形成岩坎。在河流侵蚀作用下，岩坎下部不断受冲蚀而成深穴，上部崩落，河床降低，岩坎向上游方向移动。

4. 气候变化

气候变化使自然环境发生改变，从而影响到河流的侵蚀、堆积和基准面的升降，使河床纵剖面发生变化。气候变干，地表径流减少，地面植被稀疏，河流中的相对含沙量增多，发生堆积，形成加积型河床。气候变干，也可使海面降低，侵蚀基准面下降，在河流的下游段可能发生侵蚀。另外，气候冷暖变化也影响到河床纵剖面形态变化。周期性的气候冷暖变化在地球上出现冰期和间冰期的交替，冰期时冻融作用增强，进入河床中碎屑物增多，大量地表水变为冰而停留在陆地上，这时河床中水量大大减少，侵蚀基准面也降低。因此，冰期时河流上游段因风化碎屑增多呈加积型河床，下游段由于侵蚀基准面下降形成侵蚀型河床。间冰期时，将出现相反的情况，陆地表面的冰融化成水使河流水量增多，海水面上升，侵蚀基准面相对上升。在河流中上游段将在冰期加积的河床中出现下切侵蚀，在河流下游段因侵蚀基准面上升而堆积（图 3-7）。

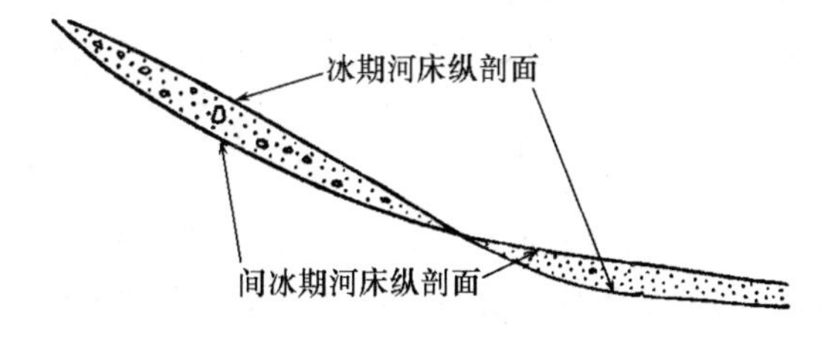

图 3-7　冰期和间冰期河床纵剖面

三、河床中的地形

河床发展过程中，由于不同因素影响侵蚀和堆积作用，在河床中形成各种地形，如河床中的浅滩与深槽、沙波，山地基岩河床中的壶穴和岩坎等。

1. 浅滩与深槽

浅滩是河床底部的一些不同规模的冲积物堆积体，它们有的分布在岸边，称边滩，有的分布在河心，称心滩。浅滩与浅滩之间较深的河段，称深槽(图 3-8)。

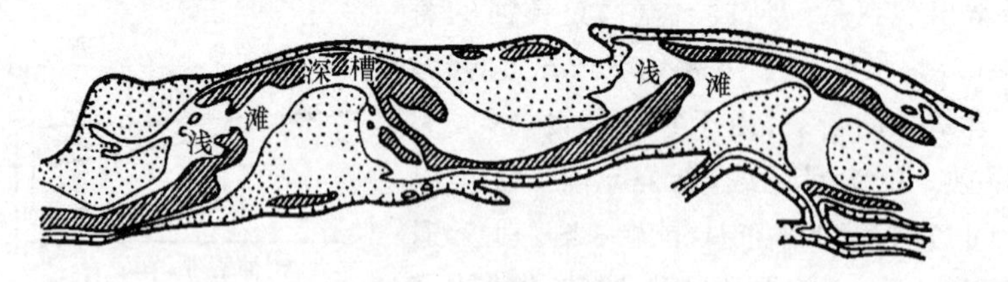

图 3-8 浅滩与深槽

浅滩与深槽的成因有以下几种：

(1) 在弯曲河道中，由于横向环流作用，凹岸侵蚀形成深槽，凸岸堆积形成浅滩(边滩)。在相邻两个弯道，横向环流方向相反，两弯道之间的河段，环流消失，水流搬运能力相对减弱，泥沙发生堆积也能形成浅滩。此外，如果河床底部呈汇合型横向环流，形成河心浅滩(图 3-9(b))；如果是辐散型横向环流，河床将侵蚀形成深槽(图 3-9(a))。

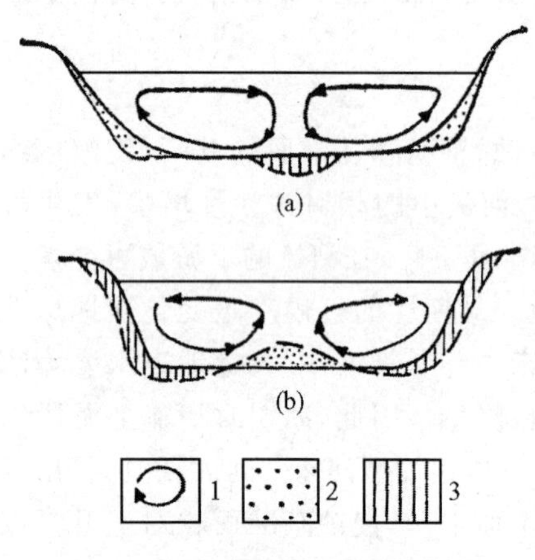

图 3-9 底部辐散型环流(a)和底部汇合型环流(b)形成的河心深槽和浅滩

1. 横向环流；2. 堆积部分；3. 侵蚀部分

(2) 洪水期的洪水波在较狭窄河段传播速度慢，产生壅水，水面比降小，水流搬运能力减弱，发生堆积而形成浅滩；在展宽的河段，洪水波传播快，水面比降大，水流侵蚀搬运能力强，发生侵蚀而形成深槽。

(3) 主支流交汇处，有两种情况可形成浅滩：洪水期主河先涨水，使支流河口以上河段产生壅水而堆积，形成浅滩，或者支流带来大量泥沙堆积在主支流汇合处形成浅滩。

(4) 人工建筑物、河床中修建渡桥、挡水坝等，都会使上游河床水位增高，搬运能力减弱而使泥沙堆积，形成浅滩；不适当的截弯取直河道，流速增大，河床强烈冲刷，下泄泥沙过多，也能在取直河道出口的下游形成浅滩。

河床中深槽与浅滩的形态和位置，随着河床中洪水期和枯水期水文状况的改变和横向环流的变化将产生变化和迁移。

2. 沙波

沙波是河床中由沙粒堆积形成的地形(图 3-10)。它为平行状排列，或呈鳞片状分布。沙波的两侧斜坡不对称，陡坡朝向河流的下游，达 30°左右，迎水坡较缓。水流不断搬运沙波迎水坡上的沙粒，在背水坡堆积下来，沙波便不断向下游移动。沙波的脊线走向与河床中水流方向垂直，与河岸线斜交，使枯水期河床的凸岸边线形成许多小沙嘴，它们略向下游斜伸，沙嘴之间成为小河湾(图 3-11)。

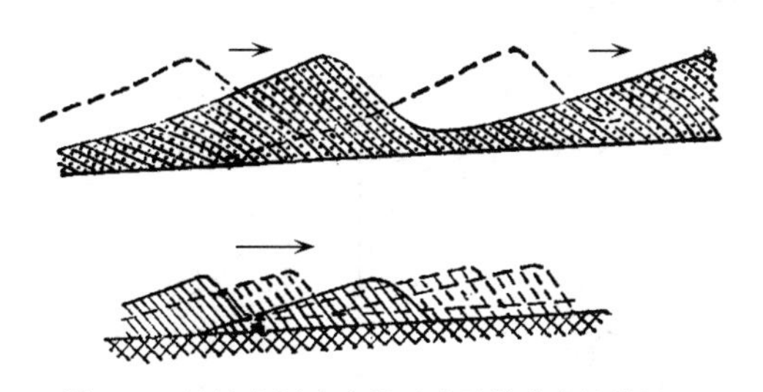

图 3-10　沙波在河床底部运动及其形成的斜层理

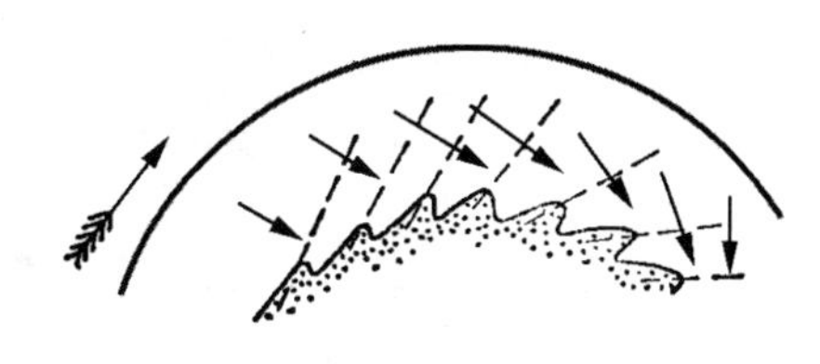

图 3-11　滨河床小河湾和沙嘴(根据 B. Г. 列别杰夫)

沙波的形成是河床泥沙粒径不均匀与水流不稳定的综合作用的结果。在一定流速下,某一粒级的泥沙被掀起搬运,使原先平整的河床变得凹凸不平,这种微小的起伏一旦产生之后,就会使接近床面水流发生扰动,形成漩涡流,加大床底起伏,形成沙波并不断增长。沙波形成后,向下游方向移动,称顺行沙波;如沙波体向河流上游方向移动,称逆行沙波(图 3-12)。逆行沙波多发生在浅水区,由于水浅的缘故,水面受床底起伏影响而呈波形,水流在上坡的时候,流速减慢,而且泥沙又受重力影响,有一部分沙粒在迎水坡沉积;沙波的背水坡,水面向下游方向倾斜,与沙波倾向一致,水流速度加快,冲刷床面,把沙粒搬运到下一个沙波的迎水坡堆积下来。逆行沙波的沙粒虽然沿水流向下游搬运,但作为沙粒堆积体的沙波,却呈现徐徐向上游方向移动的现象。

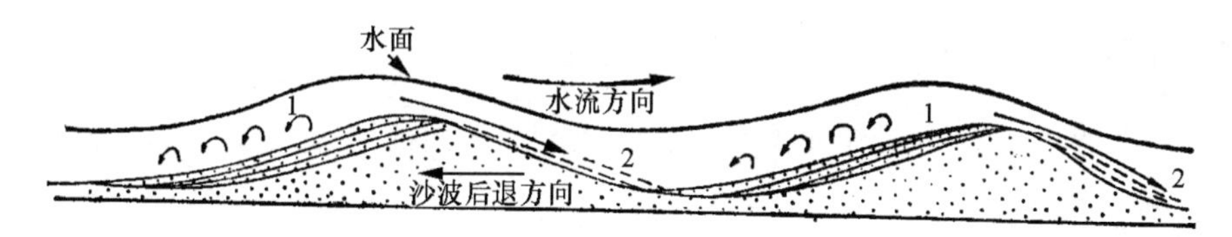

图 3-12　逆行沙波示意图

1. 堆积坡;2. 侵蚀坡

顺行沙波的沙粒在平缓的迎水坡上被侵蚀,沉积在较陡的背水坡,形成向下游方倾斜的斜层理,逆行沙波的斜层理则向水流的上游方向倾斜。下一次洪水时,沙波的脊部被水流削平,在它的上部再形成新的沙波,沉积新的沙粒斜层理。当多层沙波沉积层叠压时,每层沙波脊线走向如有偏转,则在同一剖面的不同层中的斜层理倾角也不相同,形成斜交层理。

3. 壶穴与岩坎

壶穴是基岩河床中被水流冲磨的深穴(图 3-13),其深度可达数米到几十米。壶穴多是在瀑布下方,由湍急水流冲击河床基岩而成。如果河床基岩节理发育,或是构造破碎带,水流则往往沿岩石节理面或破碎带冲击和掏蚀河床。一旦河床被掏蚀成穴后,就在壶穴处形成漩涡流,一些砾石随着漩涡流一起运移,对河床进行磨蚀加深河床,在河床两侧或床底形成很光滑的磨光面。

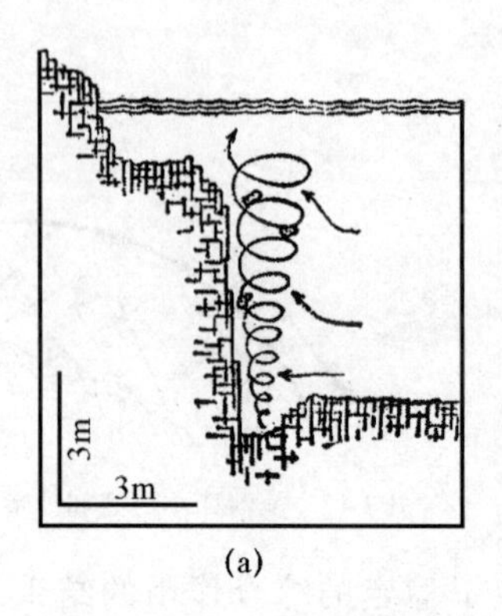

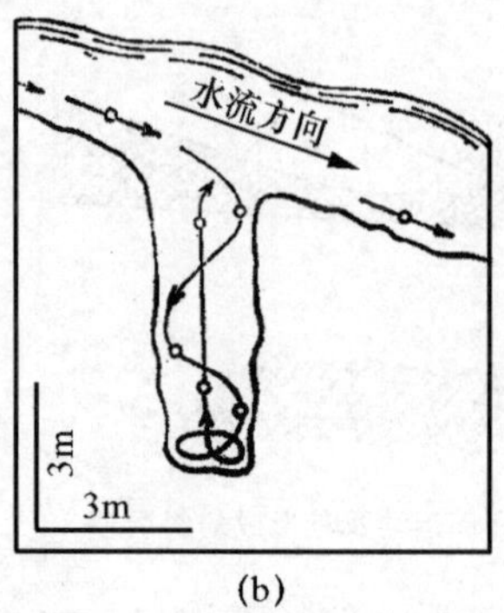

图 3-13 垂直漩涡流侵蚀基岩河床形成的壶穴(根据 C. R. 诺维尔)

(a) 向上运动的漩涡流对裂隙基岩的冲击,岩块被水流上举起来;(b) 下降漩涡流所钻凿而成的深壶穴,漩涡流搬运砾石的螺旋轨迹是根据实验室河槽模型试验观测所推论的

岩坎是基岩河床中较坚硬岩石横亘于河床底部形成的瀑布或跌水,并构成上游河段的地方侵蚀基准面。岩坎的形成与构造或岩性有关,有些活动断层可直接形成岩坎,岩坎位置和断层位置一致;有时岩坎位于活动断层上游方一定距离,这是因岩坎向源后退之故。前者表明断层活动时期很近,后者说明断层活动已有相当长时期。穿插在基岩中的岩脉,也常形成岩坎。

四、河床平面形态

河床平面形态有平直的、弯曲的和分汊的等类型。弯曲的河床又称曲流,分汊的河床也称辫流。

1. 平直型河床

平直型河床的弯曲系数①小于 1.2,一般长度不大,在平原区和山地区都有发育。平原区平直型河床由冲积物组成,常受基底构造活动形成的地形控制,或是沿沉积物堆积形成的最大倾斜面发育,河床两侧形成小型浅滩,河床中发育深槽。山区平直型河床多沿活动断裂带或岩层走向发育,河谷狭窄,谷坡陡峭,常成深切峡谷,河床多跌水。

2. 弯曲型河床

弯曲型河床形成的原因很多,归纳起来大致有以下几种:① 环流作用使河流一岸受冲刷,另一岸堆积,形成曲流;② 河床底部泥沙堆积形成障碍,使水流向一岸偏转,形成曲流;③ 由于河床两岸岩性不一致或构造运动造成两岸差异侵蚀而形成曲流。

曲流形成后,不断侧蚀,同时还不断向下游迁移,在其迂回范围内,形成曲流带(图 3-14)。当河床弯曲愈来愈大时,这条河流的上下河段愈来愈接近,形成狭窄的曲流颈。洪水时,曲流颈可能被冲开,河道取直称为截弯取直。截弯取直后,河床平直,弯曲河床段形成牛轭湖(照片 3-2)。

① 河床弯曲系数是河床上下游两点实际长度与其直线长度的比值。

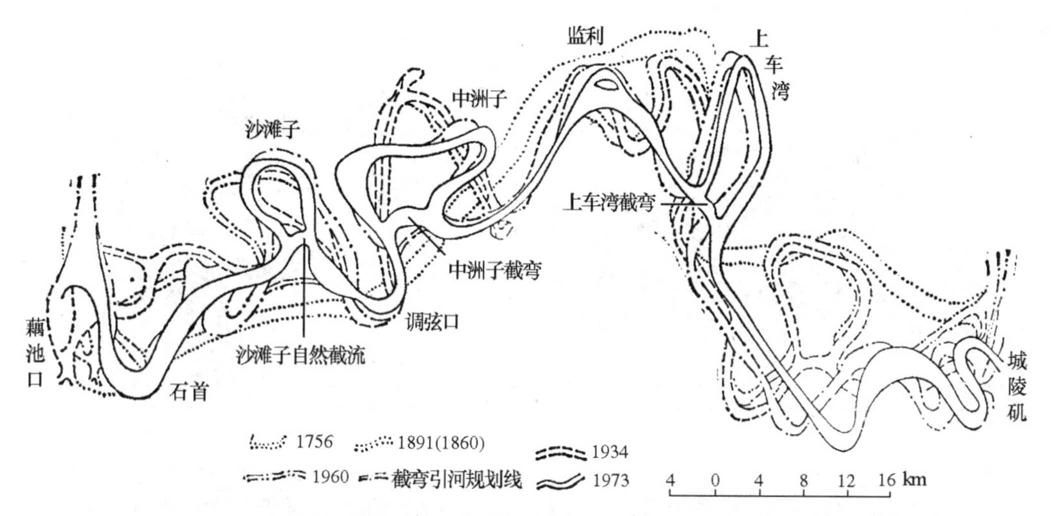

图 3-14　下荆江河道变迁图(根据陈钦銮等)(注意曲流颈部位的截弯取直现象)

根据地质条件和曲流发育状况，将曲流划分为自由曲流和深切曲流两种类型。自由曲流又称迂回曲流，它常形成在地壳下沉的宽广的冲积平原地区，河床纵比降小，河谷宽阔，河床不受河谷的约束，能较自由地迂回摆动，常形成牛轭湖(图 3-15(a))。曲流形成后，由于地壳抬升，曲流深切到基岩中，称为深切曲流。深切曲流发育在山地，根据它下切和侧蚀的情况，又可分为嵌入曲流和内生曲流。嵌入曲流是在地壳急剧抬升时，曲流保持原形切入基岩中形成的(图 3-15(b))。内生曲流是当构造上升速度较慢，曲流在下切过程中，并继续进行侧蚀，曲流更加弯曲，曲流颈也愈来愈窄，洪水期水流漫溢而截弯取直，原来的弯曲河道被废弃。被废弃的曲流所环绕的孤立小丘，称为离堆山(图 3-15(c))。如果地壳继续抬升，取直后的河床则继续下切加深，被废弃的曲流位置相对抬高，洪水期水流已不能淹没，形成高位废弃曲流。

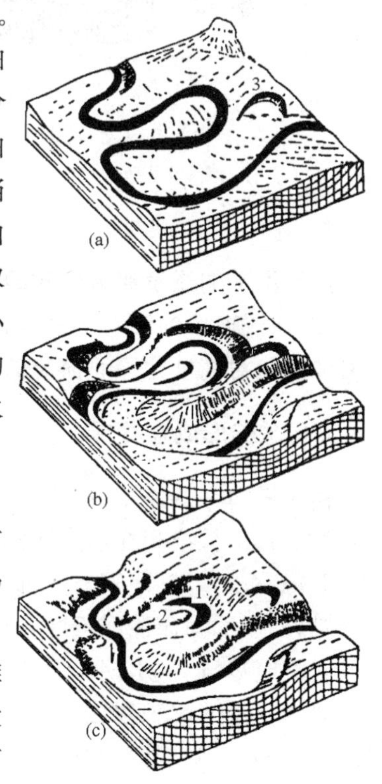

图 3-15　自由曲流、深切曲流及离堆山形成示意图

(a) 自由曲流；(b) 嵌入曲流；(c) 内生曲流

1. 高位废弃曲流；2. 离堆山；3. 牛轭湖

3. 分汊型河床

有些河流的河床分成许多汊，宽窄相间，称为汊河。如有两个汊河段相连，形似发辫，又称辫流。辫流的成因可归纳为以下几种：

① 由于河床中形成心滩，使河床分汊，这种汊河随心滩的发展而变化；② 位于河漫滩边缘的沙嘴，当水位上涨淹没沙嘴时，沙嘴被切割成沟槽，河床便发生分汊，形成汊河(图 3-16(a))；③ 曲流截弯取直后形成汊河(图 3-16(b))；④ 靠近岸坡基部常形成狭窄的小河，长可达数千米，它的上游和下游都和主河相连，形成汊河(图 3-16(c))；⑤ 在河口三角洲地区或冲积平原地区，由于地势平缓，河流经常改道，常形成许多汊河，但各汊河的流量和水位高度都不相同，各汊河

之间，很容易被冲溃连通，形成辫流(图 3-16(d))。

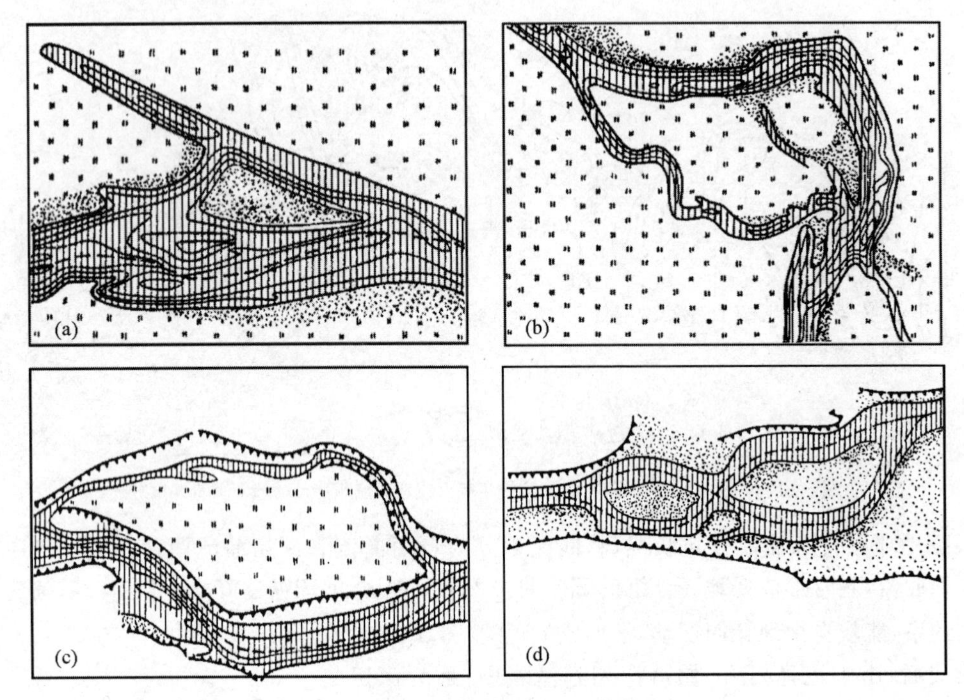

图 3-16 汊河的形态(根据 H. И. 马克维也夫)

第三节 河 漫 滩

河流洪水期淹没河床两侧的谷底部分，称为河漫滩。平原河流河漫滩较宽广，常在河床两侧分布，曲流河段的河漫滩只分布在河流的凸岸。山地河谷比较狭窄，洪水期水位高度较大，河漫滩的相对高度比平原河流的河漫滩要高，宽度较小。

一、河漫滩的形成与发展

由于横向环流作用，河床一岸侵蚀，谷坡不断后退，原先的"V"形河谷则逐渐展宽，被侵蚀的物质有一部分堆积在河床底部，另一部分较细小的颗粒被环流带到另一岸堆积，形成河床浅滩(图 3-17(a))。枯水期有一部分河床浅滩露出水面，河床开始弯曲，如果河床继续向凹岸方向移动，凸岸的河床浅滩不断堆积展宽，以至枯水期露出水面，形成雏形河漫滩(图 3-17(b))。河谷再继续展宽，洪水期水流淹没雏形河漫滩，将细砂或黏土物质搬运到这里堆积，因而在较粗粒雏形河漫滩沉积物之上覆盖了一层薄薄的细粒物质，这时雏形河漫滩就转化为河漫滩(图 3-17(c))。随着河床弯曲度的增大，河流截弯取直，弯曲的老河道则完全断流，形成牛轭湖(图 3-17(d))。

在宽阔的河床中，水流常分汊，于是出现两股相对的横向环流，河床中部便发生底沙堆积，形成水下浅滩。随着水下浅滩的冲淤变化，浅滩会扩大或缩小，也会增高，如高出枯水位以上就成心滩，称心滩式河漫滩。

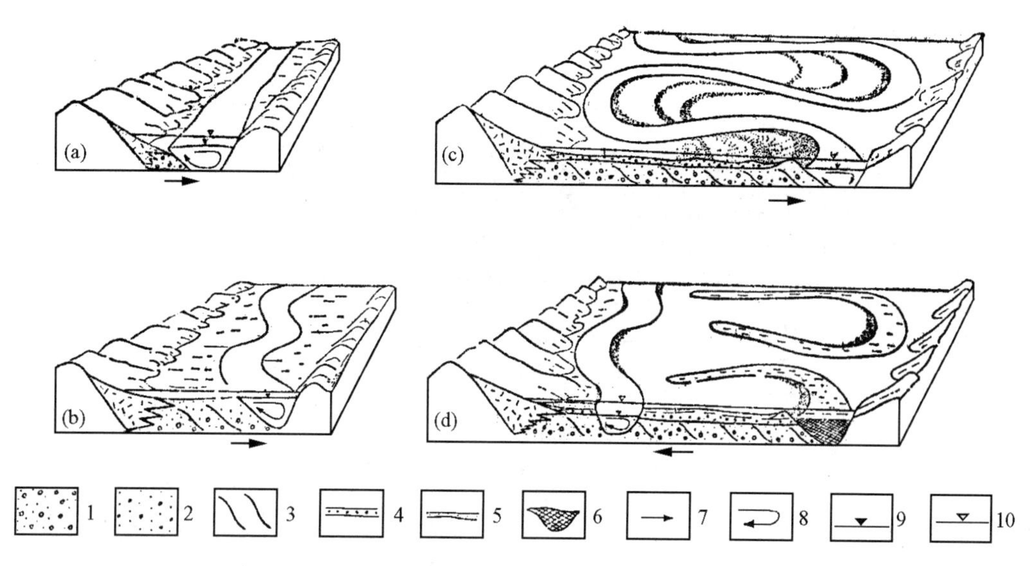

图 3-17 河漫滩的形成与发展

1～3. 河床冲积物(1. 砾石，2. 砂和小砾，3. 淤泥夹层)；4. 早期河漫滩沉积细砂；5. 晚期河漫滩沉积细砂；6. 牛轭湖淤泥沉积；7. 河床移动方向；8. 横向环流；9. 枯水位；10. 洪水位

二、河漫滩的沉积结构

洪水期河漫滩上水流流速较小，横向环流从河床中带到河漫滩上的物质主要是细砂和黏土，称为河漫滩相冲积物；下层是由河床侧方移动沉积的粗砂和砾石，称为河床相冲积物。这样就形成了河漫滩的二元沉积结构。

河床相冲积物中，靠近下部的物质较粗大，上部的较细小。下部粗大颗粒是洪水期河床水流最强部分(偏于凹岸主流线附近)堆积的，称蚀余堆积；在河床凸岸的浅滩部位，水流速度相对减慢，沉积较细颗粒的浅滩堆积。随着河床的侧移，蚀余堆积逐渐被河床浅滩堆积物覆盖而形成河床相物质上细下粗的沉积特征，并且有向河床方向倾斜的斜层理。

河漫滩相冲积物是洪水期在河床相冲积物之上堆积的具有水平层理的细砂和黏土。河漫滩相冲积物和河床相冲积物是河流发育同一阶段形成的冲积物的两个不同沉积相。

河漫滩沉积结构中还常出现透镜体状的牛轭湖沉积物，它是由淤泥夹腐殖质层沉积构成，牛轭湖沉积的出现，说明河流发生过截弯取直。

三、河漫滩的形态特征

河漫滩在形成过程中，不仅在沉积物上有所反映，而且还留下明显的地形。

1. 滨河床沙坝

滨河床沙坝分布在河床凸岸边缘，其两坡不对称，朝向河床的一坡是缓坡，向岸的一坡是陡坡，高度可达数米。滨河床沙坝的形成过程是由于洪水期河流横向环流作用加强，从河床底部流向河漫滩的水流可带动大量沙粒，在河漫滩边缘，水流流速急剧降低，沙粒便在河床与河漫滩交界处堆积。洪水退后，这些堆积物出露在水面以上，形成一条沿河床凸岸分布的长垅，这就是滨河床沙坝。如果河床向凹岸移动速度较慢，并有多次洪水淹没，滨河床沙坝不断增高。当河床连续向凹岸移动,凸岸不断增长,即形成新的滨河床沙坝(图 3-18)。

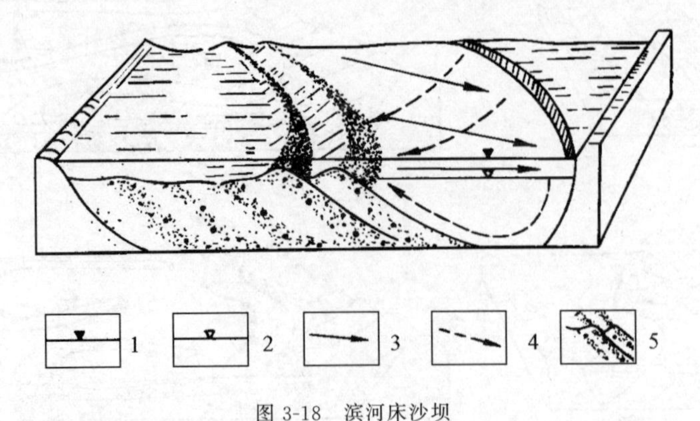

图 3-18　滨河床沙坝

1. 洪水位;2. 枯水位;3. 表流;4. 底流;5. 滨河床沙坝

2. 迂回扇

河床侧方移动常常是多次进行的,在每次侧方移动中都能形成曲度略微增大的新滨河床沙坝,它们组合成扇形,称为迂回扇(图 3-19)。迂回扇的上游端常被侵蚀而呈辐散状分布,下游继续堆积则呈汇聚状分布。

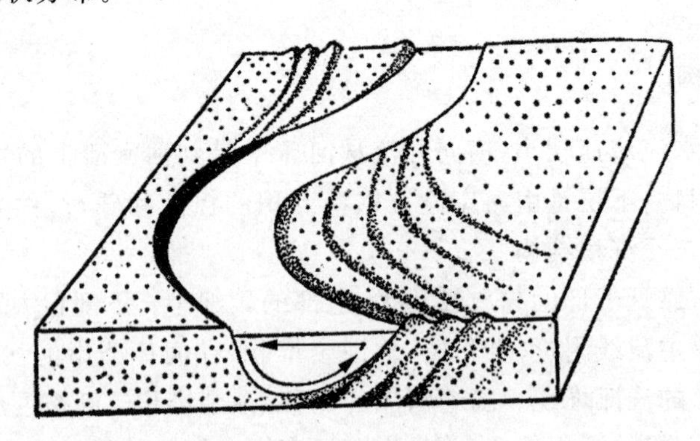

图 3-19　迂回扇示意图

3. 心滩沙堤

在平原汊河的心滩边缘,洪水期水流流速低,水流搬运能力减弱,泥沙沿心滩两侧沉积,形成沿心滩两侧分布的沙堤,称为心滩沙堤。同一时期形成的心滩沙堤,在迎水的上游端较高,向下游去高度逐渐降低。心滩沙堤分布形状与心滩演变有关,当心滩向下游移动时,心滩的上游一端受冲刷,老沙堤被破坏,下游一端堆积,心滩增长,形成新的心滩沙堤,在新心滩的两侧还保留老沙堤尾端的残留部分(图 3-20(a))。当心滩向上游方增长,在新沙堤的内部保留有弧顶指向上游的老沙堤(图 3-20(b))。如果心滩向河床两侧扩张,沙堤分布在心滩两侧,内侧常保留有老沙堤的残留部分(图 3-20(c))。心滩向一侧增长,则在心滩增长的一侧,分布着弧形沙堤(图 3-20(d))。

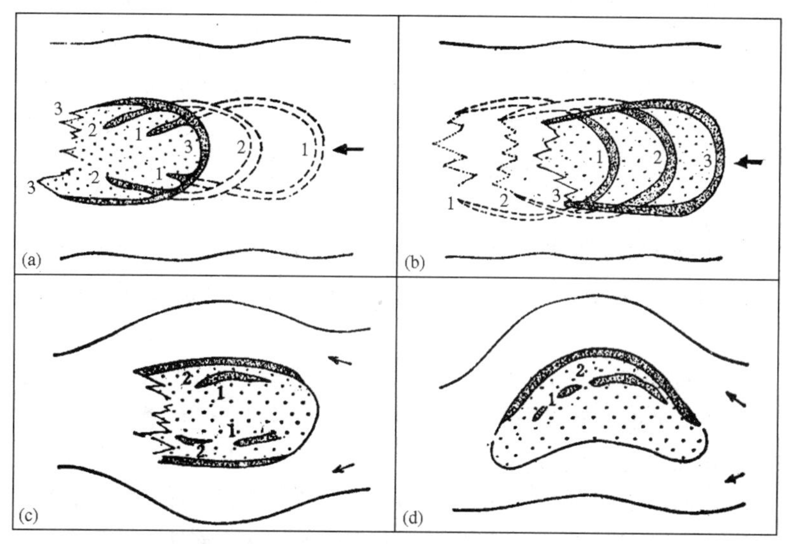

图 3-20 心滩沙堤(1,2,3 为不同时期的心滩沙堤)

(a) 向下游移动的心滩,心滩中有斜列的老沙堤分布;(b) 向上游移动的心滩,新沙堤内有弧形的老沙堤分布;(c) 向两侧增长的心滩,老沙堤在新沙堤内部两侧分布;(d) 向一侧增长的心滩,沙堤分布在心滩凸岸一侧

四、自然地理条件对河漫滩发育的影响

河漫滩的发育取决于许多条件,如水文、植被、气候、地质和地形等。

水文条件的影响主要表现为洪水的上涨高度、持续时间和涨落水的速度。每次洪水上涨高度很大,持续时间较长,有利于河漫滩堆积。洪水上涨速度很快,流速也快,在河漫滩上的低洼地形中可能形成局部环流系统,低地内的物质被带到洼地两侧,加大河漫滩上的地形起伏。洪水上涨速度很慢,河漫滩上水流速度很小,横向环流作用非常微弱,悬浮物则在低洼处堆积,使地形变得更加和缓,尤其在洪水退落时,持续时间长,可形成较多的堆积。

流域范围内的地面植被好坏影响地面侵蚀强度,从而影响河流的含沙量。植被茂密的地区,坡面水流侵蚀程度微弱,带入河流中的泥沙较少,河漫滩堆积作用弱;反之,地面植被稀疏,坡面侵蚀程度强,水土流失严重,带入河流中的泥沙增多,洪水期河漫滩的堆积作用加强。

不同气候区的河水水文状况和含沙量的变化都不相同而影响河漫滩的发育。在高山高纬度地区,河流的洪水期往往与春夏的融雪有关,如果有高山森林的保护,则一部分融雪水会暂停在枯枝落叶层中,慢慢地进入河流,河流中的洪水位低,河漫滩沉积物不多。在湿热地区,降雨量大而且较集中,在较短时期内河流中能形成很高的洪水位,此外,这里化学风化作用很强盛,有大量的风化黏土物质被带到河流中,如果地面植被被破坏,河流中的洪水就十分混浊,河漫滩堆积层就很厚。半干旱气候区,虽然年降雨量不多,但非常集中,所以河流中能在较短期内水位迅速上升,堆积厚层的河漫滩沉积物。温带季风气候区,一年中有明显的雨季,河流中的水位迅速上升,在河漫滩上能形成比较固定的河漫滩相沉积物。

地质地形因素对河漫滩发育的影响主要表现在流域范围内地面结构和物质组成的差异。流域内的土质结构松散,易被侵蚀,河流中的泥沙含量高,每次洪水带来大量泥沙堆积在河漫滩上,河漫滩相堆积物厚度就大;如在流域内基岩裸露,在同样条件下,河水中的含沙量比土质结构松软地区的河流含沙量少得多,河漫滩相堆积物不发育。地形控制地面的切割深度和切割密度,流域内地表起伏和缓,切割程度差,则进入河流中的泥沙就少,河漫滩相沉积速度慢;如地形起伏较大,切割很强,进入到河流中的泥沙量则多,就有利于河漫滩相沉积。

第四节 泥 石 流

泥石流是山地沟谷中含大量松散碎屑的洪流,它常在暴雨或融雪时期突然暴发,运动速度很快(每秒数米),历时短暂(数小时),在它的源头常有滑坡或崩塌,在下游出山口堆积成泥石流堆积扇。

泥石流是一种严重的自然灾害,对工农业生产、交通运输、城市建设和人民生命财产等带来很大危害。例如,1964 年云南省东川市石羊沟暴发一次泥石流,就冲毁了汽车停车场和十几辆汽车。东川市蒋家沟泥石流曾三次阻断江河,1968 年 8 月 10 日暴发的一次泥石流,堵江长达 6 个月,水位升高 10 m,中断交通达 3 个月之久。2010 年甘肃泥石流,舟曲市区遭到严重破坏(照片 3-3)。因此,泥石流的研究与防治工作,受到人们的重视。

一、泥石流的形成条件

泥石流的形成和地质、地形、气象、水文等因素有密切关系,因为这些因素直接影响到泥石流的固体物质的补给、泥石流水体补给和泥石流沟谷等条件。

泥石流固体物质可来自以下几个方面:① 构造破碎带为泥石流提供大量的碎屑物质来源;② 岩石风化形成的大量碎屑物质;③ 高山地区的厚层冰碛物,如西藏东南的晚更新世冰碛物厚达 100～200 m,成为当地泥石流固体物质的主要来源;④ 强烈地震造成山崩滑坡,使土石体汇集于山谷,导致泥石流形成;⑤ 在斜坡地由于人工堆积矿渣和垃圾,受雨水浸透而形成泥石流。

泥石流水体来自集中降雨、快速冰雪融化和冰湖溃决等。1972 年 7 月 27 日夜,北京市怀柔区山区发生一次泥石流就和集中降雨有关,泥石流发生区从 26 日 20 点开始降雨,27 日夜最大降雨强度达 114 mm/h,随后立即发生泥石流。快速冰雪融化与气温有密切关系,是现代冰川和季节积雪地区形成泥石流的主要水源,西藏地区的高山积雪,每当夏季气温骤增,冰川和积雪大量消融,冰层最大年消融深度可达 3 m,常引起泥石流的暴发。

泥石流形成的沟谷坡度。根据西藏 150 条泥石流沟统计结果,泥石流形成的沟谷比降为 10%～30%,只有少数泥石流的沟谷比降较小,仅为 3.8%。云南东川蒋家沟泥石流的沟谷比降,上游大都大于 35%。

泥石流的形成不仅受当地自然地理条件的控制,还受人类经济活动的影响。除开矿弃渣外,修路切坡、砍伐森林、陡坡开荒和过度放牧等都可使山体失去稳定,雨季时可能发生泥石流。

二、泥石流的类型

根据泥石流的固体物质含量、诱发因素和流体性质,可划分为以下几种不同类型:

1. 根据泥石流固体物质的质地和含量划分为泥流、泥石流和水石流三种

(1) 泥流的固体物质多为细小的粉砂和黏土,一般只夹有少量的岩屑,所以泥流的黏度大，容重[1]高，呈稠泥状，有时有许多泥球。据研究，当泥沙含量小于 810 kg/m^3 时，是一种浑水流，当泥沙含量超过 810 kg/m^3，容重大于 1.5 t/m^3 时，就成了一种泥浆流，具有相当大的悬浮力。泥流运动时，流体表面漂浮大块土体，泥流向两侧扩散能力较弱，停积时泥流体呈舌状，表面较平整。

(2) 泥石流是由大量的泥沙和石块等固体物质和水组成的混合流体，固体物质的体积含量一般都超过 15%，最多达 80%以上，容重通常大于 1.3 t/m^3，最高可达到 2.3 t/m^3。泥石流的侵蚀、搬运和堆积过程均极为迅速，往往在很短时间内(几分钟至几小时)将数十万至数百万立方米甚至上千万立方米的固体物质，从山里搬到山外，被搬运的巨砾的直径可达数米至一二十米，重量达数百吨至上千吨。

(3) 水石流是水和石块混合的一种泥石流，粉砂、黏土等细粒物质含量很少，没有黏性。

2. 根据泥石流形成的诱发因素划分为降雨型泥石流、融雪型泥石流、暴雨和融雪混合型泥石流、溃决型泥石流和地震型泥石流等

(1) 降雨型泥石流是以降雨为水源形成的泥石流，在西藏东南部山区的河谷，当年降雨量超过 1000 mm，日降雨量达 10 mm，1 小时降雨约 3 mm 左右，即可暴发泥石流。另外，暴雨常能形成泥石流，像前面提到的北京市怀柔山区的泥石流。2004 年夏，云南、浙江等地由于强降雨形成强度很大的泥石流，造成生命财产的很大损失。

(2) 融雪型泥石流是现代冰川(积雪)沟谷区在夏秋季节，由于久晴高温，冰雪快速融化而突然暴发的泥石流，或者是高山冰崩或雪崩物质堵塞沟谷或覆盖坡地，冰雪消融而形成的泥石流。

(3) 暴雨和融雪混合型泥石流是以两者为水源形成的泥石流。

(4) 溃决型泥石流是指高山冰川地带，冰湖湖堤被湖水冲溃而形成的一种突然暴发的泥石流。

(5) 地震型泥石流除由地震直接诱发形成泥石流外，还有由地震形成山崩和滑坡为泥石流提供松散固体物质，同时地震破坏水坝，为泥石流提供水源，或者因地震山崩堵塞河谷，形成堤坝并阻水成湖，一旦堤坝溃决便形成泥石流。地震泥石流多发生在地震高烈度区(图 3-21)。

3. 根据泥石流流体性质划分为稀性泥石流(紊流性泥石流)、黏性泥石流(层流性泥石流)和过渡性泥石流三种

(1) 稀性泥石流的特点是：① 流体内水含量多于固体颗粒含量，固体颗粒含量占总体积的 10%～40%，容重为 1.3～1.8 t/m^3；② 运动中浆体是搬运介质，浆体流速较固体颗粒流速为快，呈紊动状态，所以又称紊流型泥石流；③ 有冲、有淤以冲刷为主，堆积扇上表现为大冲大淤，或集中冲，分散淤；④ 不易造成堵塞和阵流现象，亦无明显"龙头"，泥石流体在沟谷出口处停积后，水与泥浆慢慢流失，形成表面比较平整的扇形体，称泥石流堆积扇(照片 3-4)。它有洪积扇的许多特征，甚至许多泥石流在形成过程中和洪积扇的作用十分相似。

---

① 容重是指单位体积的土体和水体的总重量。

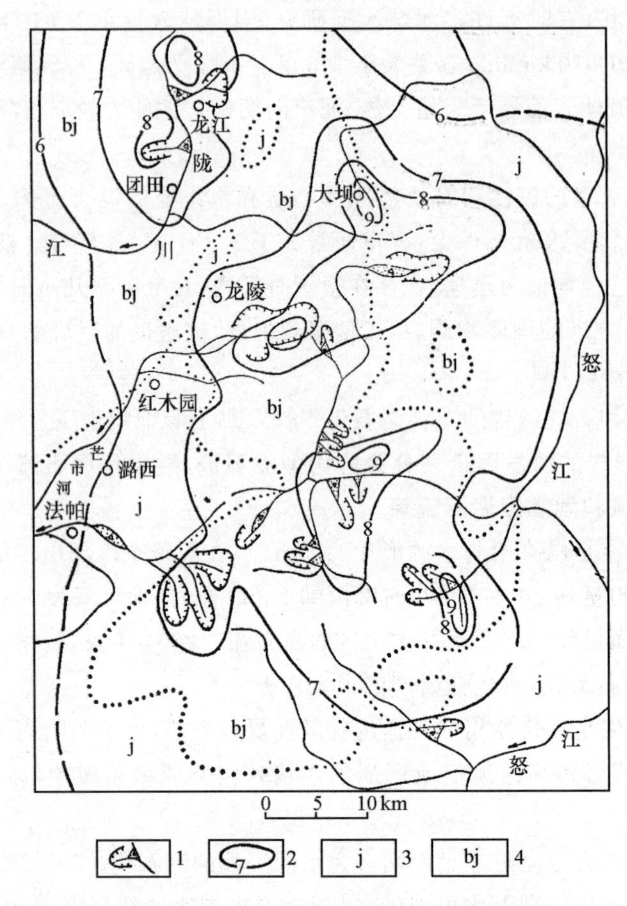

图 3-21 1976 年云南龙陵地震泥石流沟分布图(根据钟敦伦)

1. 泥石流流域；2. 地震烈度等震线；3. 坚硬岩石；4. 半坚硬岩石(泥石流固体物质主要补给源)

(2) 黏性泥石流的特点是：① 流体内的固体物质含量很高，最高可达 80%以上，容重为 2.0～2.2 t/m³；② 流体内含大量黏土和粉砂，形成黏稠的泥浆；③ 流动时有明显的阵流，每次阵流时间只有几分钟，但有很大的能量，在泥石流的前端，被推挤成高耸的“龙头”(照片 3-5)；④ 侵蚀能力和搬运能力都很强，常侵蚀岸坡和铲刮谷底，龙头能推动巨大石块向前移动，泥浆可顶托石块浮移；⑤ 在均匀顺直的河道中具有层流特征，运动中泥石流的结构不变。这种泥石流又称层流性泥石流。

(3) 过渡性泥石流是介于稀性泥石流和黏性泥石流之间的一种，它的容重为 1.8～2.0 t/m³。

三、泥石流的地貌作用

泥石流沟流域，上游以侵蚀为主，中游以搬运为主，下游以堆积为主。

泥石流沟谷的源头和上游是泥石流固体物质的供给地，也是水流汇集的区域。斜坡上的大量风化碎屑或其他成因的松散堆积物，很容易被冲刷到沟谷中，被沟谷中的流水搬运到下游。上游沟谷泥石流的侵蚀速度很快，如云南东川蒋家沟上游沟谷每年平均蚀深 2～3 m，最大可达 8 m；西藏古乡沟上游发育在古冰碛层中的泥石流，仅 10 年时间，上游沟谷溯源推进了 500 m 以上，下切深度达 140～180 m。

泥石流通过的沟谷中游段，常是峡谷。峡谷谷床顺直，谷壁陡而平滑，其上常有被泥石流磨蚀的磨光面和撞击的条痕，有时还保留着泥石流发生时的泥迹。在黏性泥石流中，接近沟床底部的泥浆均匀地黏附在沟床上，而使原先粗糙的沟床变得平滑。如峡谷的岩性软硬不同，则谷形呈宽窄相间，弯曲多折，并有跌水发育，在窄口或弯道的谷坡上，残留有少量的泥石流物质。

泥石流的下游是山麓平原或大河谷底，这里是泥石流的停积场所。由于泥石流的性质不同，其地貌特征也不一致。一般来说，黏性层流泥石流的堆积地貌表现为由粗大砾石组成的泥石流堆积扇，扇面坎坷不平，岗丘起伏。这些岗丘是泥石流堆积的一道道平行于水流方向的条状垄岗和由龙头堆积而成的分散孤立的垄岗。垄岗两侧边坡较陡，前缘呈舌状，巨大的石块集中在堆积体的顶部、前缘或两侧。黏性层流泥石流的堆积物结构表现为大小石块混杂，层次不清楚，颗粒分选差，大石块有时成堆集结，堆积物中常出现"泥球""碎屑球"或"泥包砾"。

稀性紊流泥石流堆积扇上，巨大石块较少，丘岗状堆积物也比较少见，扇面较平整，倾斜度小。由于稀性紊流泥石流出山后有一定的冲刷能力，堆积扇上的沟槽不固定，堆积物有一定分选。

多数泥石流堆积扇是上述两种泥石流交替作用的产物，当紊流性泥石流堆积物受洪水冲刷后，细粒物质被冲走，留下粗大石块和巨砾，被冲走的细粒物质，再次沉积在沟槽中，在剖面中就往往形成一层或几层细砂黏土层。

泥石流堆积物对主河河谷的发育有明显影响，主要表现在两方面：

(1) 改变主河河流作用过程。一条山区河流，如两岸发育多条泥石流沟，将有大量泥石流堆积物拥进主河，迫使河流左右摆荡，侧蚀加强，形成弯曲迂回的曲流，凸岸是泥石流堆积扇，凹岸是河流侧蚀的峭壁。

(2) 河谷形态发生变化。有些河段，由于两岸泥石流堆积扇的迎面对峙，迫使河道收缩变窄，河流从两扇之间穿过之后，河面再行展宽，河道平面呈葫芦状。规模较大的泥石流，拥进江河时，河床填高，形成急流险滩，甚至造成拦河坝，阻塞河道，导致下游河水断流，上游出现长达几千米的湖泊。如果湖水位不断升高，能冲开堤坝，形成深切的谷槽。这些现象在西藏东南部山区、川滇地区和陇南山区的江河中经常见到，表明这些地区的泥石流作用对河流发育有着重要的影响。

第五节　洪（冲）积扇

一、洪(冲)积扇的成因与形态特征

山麓带常处于构造下沉状态，地形坡度急剧变缓，河流水流分散，流速减慢，一部分水流渗漏地下，因而山地河流带来的大量砾石和泥沙在山麓带发生堆积，形成一个半锥形的堆积体，平面呈扇形，称洪（冲）积扇（图 3-22）（照片 3-6）。它的规模大小不一，面积自数百平方米到数十平方千米不等，干旱区发育的洪积扇的面积比半干旱和半湿润地区发育的洪积扇的面积要大得多。洪积扇出山口部位叫扇顶，扇的外围边缘部分叫扇缘，从扇顶到扇缘之间的地带叫扇中，它们之间没有明显的界线。由扇顶到扇缘的地形剖面线呈一下凹形，坡度一般小于 10°。

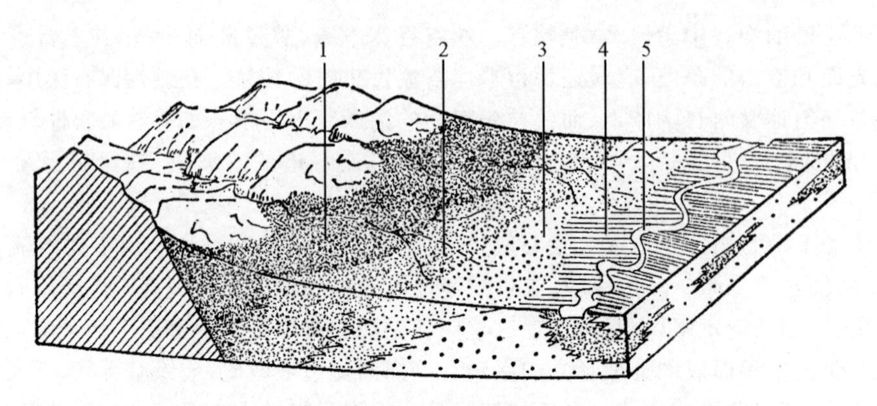

图 3-22　洪积扇结构图

1. 洪积扇顶部粗砾石沉积；2. 洪积扇过渡区的砂砾沉积；3. 洪积扇边缘细砂黏土沉积；4. 河漫滩细砂沉积或冲积平原砂黏土沉积；5. 河床沉积

洪积扇的表面有许多由暂时性洪流冲蚀而成的沟槽，它是洪水期的主要排泄通道，当洪水退水时这些沟槽中沉积一些砾石，称为槽洪沉积。洪水水量较大时，沟槽中的水流可漫溢到洪积扇面上形成大片漫流，漫流的深度和流速都相对较小，只能将砂和黏土带到扇面上沉积下来，形成一层具有水平层理或斜交层理的砂黏沉积物，称漫洪沉积。扇顶部位大多由砾石构成，孔隙度大，透水性好，洪水时一部分水流渗入地下，大量砾石便在扇顶部位堆积下来，形成由砾石组成的舌状堆积体，这种沉积称筛滤沉积。如果洪水量大，这种舌状堆积体可伸入到扇中部位。

二、洪(冲)积扇的沉积结构

从平面看，洪积扇扇顶堆积的是粗大的砾石，由扇顶向扇缘的堆积物颗粒逐渐变细(图 3-23(a))。从剖面上看(图 3-23(b)，(c))，洪积扇的底部主要是由黏土或亚黏土物质组成，垂直向上物质逐渐变粗，由砂砾石组成，这是当洪积扇发育时，每次洪水水量增大，带来砂砾物质增多，后一次堆积超覆前一次堆积时才能形成。实际上，洪积扇的结构多是砂砾互层和砾石层中夹砂透镜体或砂层中夹砾石透镜体，因为每次洪水量不同，带来的砂砾量不等，颗粒大小不一样，堆积的范围也不同。另外，洪水时沟槽中堆积的槽洪沉积物是粗砂砾石，而扇面上堆积的漫洪沉积物是一些细砂和黏土，由于洪积扇上的沟槽很不稳定，每次洪水都可能形成新的沟槽。老沟槽沉积物如被压在新的沉积物之下，在剖面中出现槽洪堆积的砂砾被漫洪堆积的砂黏所覆盖，并呈透镜体状分布。筛滤沉积物如被后期洪积扇堆积物覆盖，在剖面中也能出现砾石透镜体结构。总体上看，洪积扇上层砂砾含量多，孔隙大，透水性强；下层黏土含量多，孔隙小，透水性弱。当地表水下渗转为地下水时，遇到黏土层，垂直下渗的水流流速变慢，地下水转为水平流动，到了洪积扇的边缘，地下水位接近地面，成泉水溢出。因此，洪积扇的边缘地带常是人类经济活动场所，居民点和农田大多分布在这些地方，即干旱区的绿洲。

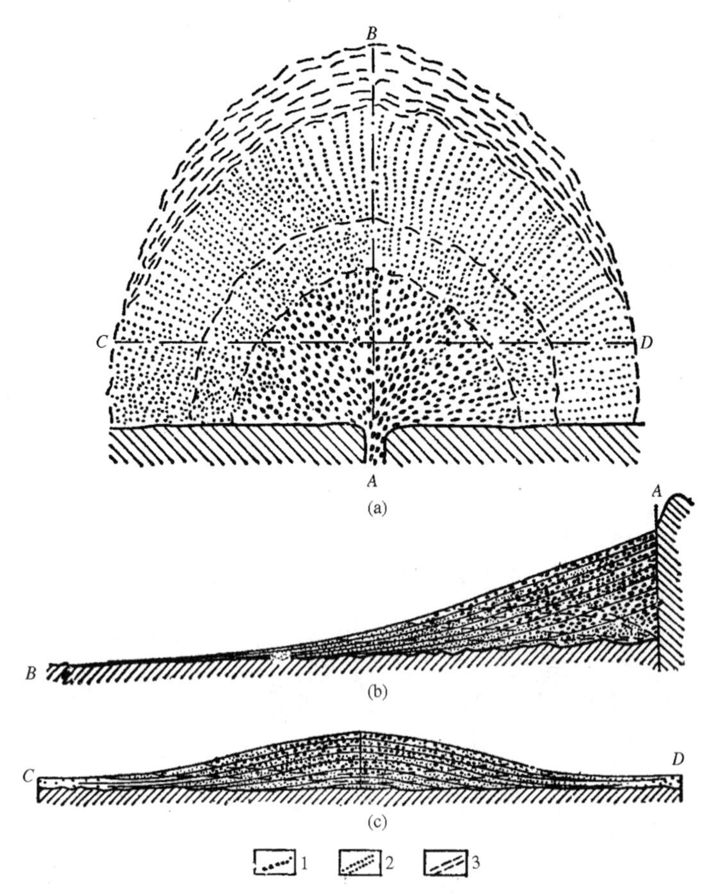

图 3-23　洪积扇的平面图和剖面图(根据库尔居科夫)

(a) 平面图；(b) 纵剖面图；(c) 横剖面图

1. 砾石；2. 黏土与砂；3. 盐渍化淤泥质黏土

三、气候变化、构造运动与洪积扇形态变异

气候变化主要表现在河水流量的变化、含沙量的增减及所搬运颗粒大小等方面。如气候向湿润转变，而植被尚未完全恢复，河流流量增加，带来的沉积物数量也会增多，水流可以流到离山较远的地方，沉积物堆积的范围扩大，洪积扇面积变大，较粗大的物质可能堆积在前一时期较细粒扇缘物质之上，且洪积扇的纵向坡度变缓。当气候变干时，河流水量减少，带来的物质只能堆积在洪积扇的扇顶和扇中部位，洪积扇的范围缩小，坡度变陡。

构造运动对洪积扇的发育有直接影响和间接影响两种情况。如果在洪积扇范围内发生构造运动，洪积扇的平面形态和内部结构将直接受到影响。例如，在洪积扇范围内发生构造拗陷，而洪积扇的堆积速度和基底下沉速度一致时，洪积扇的平面形态和剖面结构按正常状态发展(图 3-24(a))；当洪积扇基底发生褶皱运动时，在相对下降地段，堆积较厚，洪积扇面展宽，相对上升地段堆积较薄，扇面收缩变窄(图 3-24(b))。洪积扇基底断层活动，在洪积扇上形成陡坎，洪积扇的扇顶将往断层线方向迁移，新洪积扇嵌入在老洪积扇之内，老洪积扇被切割成洪积阶地；下降地段，堆积作用加强，老洪积扇面被新洪积扇所覆盖(图 3-24(c))。如洪积扇的堆积速度和断层错幅相当，断层陡坎在地表不显，但洪积扇的扇顶将移到断层位置(图 3-24(d))。

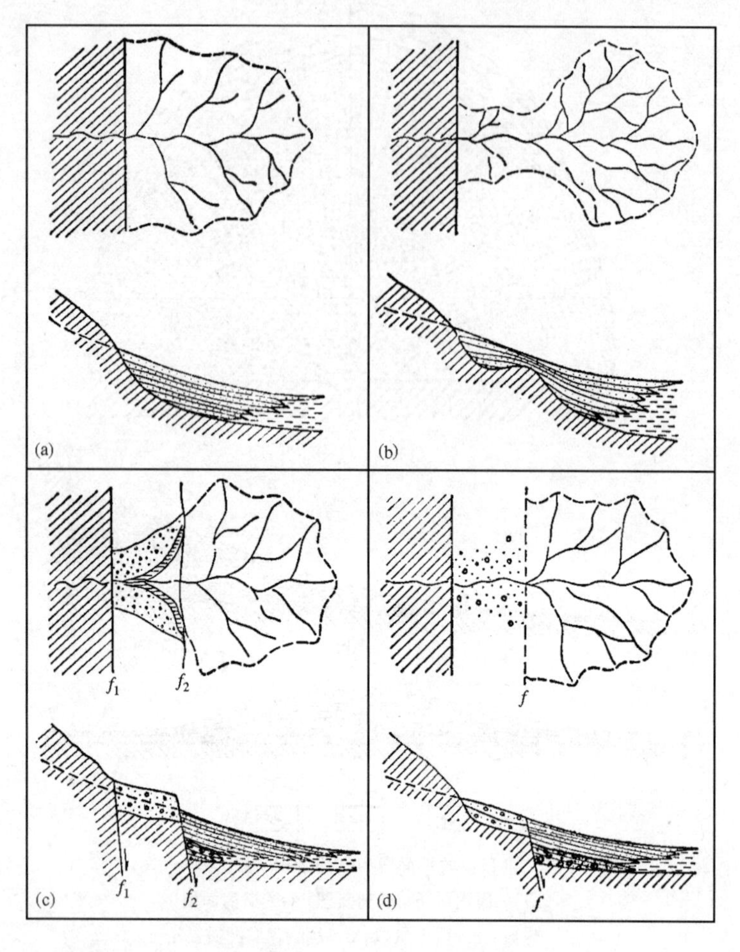

图 3-24 洪积扇的发育和构造运动的关系

(a) 山前坳陷，洪积扇不断地向平原方向伸展，沉积物增厚；(b) 洪积扇基底发生褶皱，洪积扇向坳陷部分伸展，沉积增厚，隆起部分沉积物变薄，扇面收缩；(c) 山前洪积扇上发生断层(f_2)活动，老洪积扇被抬升，新洪积扇嵌入在老洪积扇内，老洪积扇形成洪积阶地，洪积扇上形成断层陡坎；(d) 山前洪积扇上发生断层活动，新洪积扇向平原断层方向迁移

在洪积扇上游流域山地的构造运动性质发生变化，侵蚀作用可能增强，亦可能减弱，使供给洪积扇的物质增多或减少，从而间接影响洪积扇的发育。当山地上升很快，河流侵蚀加强，带到洪积扇上的物质增多，颗粒也较大，使洪积扇面积扩大并超覆以前的洪积扇，剖面中从下往上沉积物颗粒变粗。当山地停止上升之后，河流逐渐塑造一愈益平缓的纵剖面，搬运物质量相应减少，颗粒也变细小，洪积扇面积缩小，剖面中从下往上颗粒变细。

山前平原下降幅度往往是不等的，有些地方相对下降幅度大，有些地方下降幅度小，则洪积扇将向下降幅度大的一侧偏移，形成向侧方伸长的斜长形洪积扇，或由几个不同时期洪积扇连接而成的串珠状洪积扇。

第六节 冲积平原

一、冲积平原形成过程与地貌特征

冲积平原是在构造沉降区由河流带来大量冲积物堆积而成的平原。冲积平原能堆积很厚的冲积物,华北大平原自新生代以来的沉积物厚度达 5000 m 以上,最浅地区也有 1500 m 左右。冲积平原的基底起伏不平,大多是由构造断裂形成的隆起与断陷。冲积平原上的河流,河道宽浅,两岸泛滥堆积带常高于河间地,形成天然堤,天然堤溃决后使河流改道,在低洼地又常积水成湖或为沼泽。冲积平原根据地貌部位和作用营力可分为山前平原、中部平原和滨海平原三部分(图 3-25)。

山前平原位于山前地带,由于河流出山入平原,河流比降急剧减小而发生大量堆积,形成洪(冲)积扇,各条河流的洪(冲)积扇连接而成洪积-冲积倾斜平原(图 3-25(a)),例如黄河出孟津后和其他河流出山后在山麓带共同形成的平原。如果山地与平原之间有大面积丘陵,从山区流出的河流,流经丘陵区时河谷受到约束,不能形成大规模的散流,沉积物不能快速堆积,则洪积-冲积倾斜平原不发育,如大别山的山前地区。

中部平原是冲积平原的主体,组成中部平原的沉积物主要是冲积物,其中常夹有湖积物、风积物甚至海相堆积物。中部平原坡度较缓,河流分汊,水流流速小,带来的物质较细。洪水时期,河水往往溢出河谷,大量悬浮物也随洪水一起溢出,首先在河谷两侧堆积成天然堤(图 3-25(b))。天然堤随每次洪水上涨而不断增高。如果天然堤不被破坏,河床也将继续淤高,最后甚至高于河道之间的冲积平原,形成地上河。在河道之间的低地,常形成湖泊或沼泽。有时,天然堤被洪水冲溃,河流沿决口处改道,形成很大范围的决口扇(图 3-25(c))。洪水退后,决口扇上的沙粒被风吹扬,形成风成沙丘和沙地,我国豫东地区的大面积沙地和沙丘就是黄河南岸多次决口带来的沙粒再经风的作用形成的。冲积平原上的河流经常改道,在平原上留下许多古河道的遗迹,并常保留一些沙堤、沙坝、迂回扇、牛轭湖、决口扇和洼地等地貌。由于地壳不断沉降,被埋藏的古河道中储存丰富的地下水,是浅层地下水的主要含水层。因此,研究冲积平原古河道的分布规律对开发地下水资源具有重要意义。

滨海平原是由河流和海洋共同作用形成的,其沉积物颗粒很细。因有周期性的海潮侵入陆地,形成海积层和冲积层的相互叠压现象。在滨海平原常有大面积湖沼和海岸沙堤或贝壳堤、潟湖、沙嘴等地貌(图 3-25(c))。

上述堆积平原多在沉降区形成,在相对稳定区,河谷不断摆动展宽,形成侵蚀型的冲积平原。侵蚀型的冲积平原沉积物较薄,主要由河床相和河漫滩相沉积物组成。

二、冲积平原的沉积结构

冲积平原的结构和不同地貌部位的河流发育过程有关。山前平原主要是较粗颗粒的洪积物和河流冲积物。中部平原以河流堆积物为主,由于中部平原的河流常有变化,故在结构上较为复杂,当构造下沉而且河流摆动范围不大时,河流沉积的砂层叠加起来,形成厚层河床沉积砂体,横向过渡为河间地湖沼沉积(图 3-25)。如果河流改道,放弃原来河床,在地势较低的河间地形成新河床,剖面中就形成一些孤立分散的河床沙体沉积。决口扇在平面上成舌状分布,在剖面中呈透镜体状。中部平原沉积层中常有海相夹层,这是短期海侵作用形成的。滨海平原是由海相和河流相共同组成,不同类型的沉积物呈水平相变。如果陆源物质增多或海面下降,陆地向海方向增长,河流相沉积在海相之上;如果陆源物质减少或海面上升,海水伸入陆地,海相沉积又超覆在河流相沉积之上。

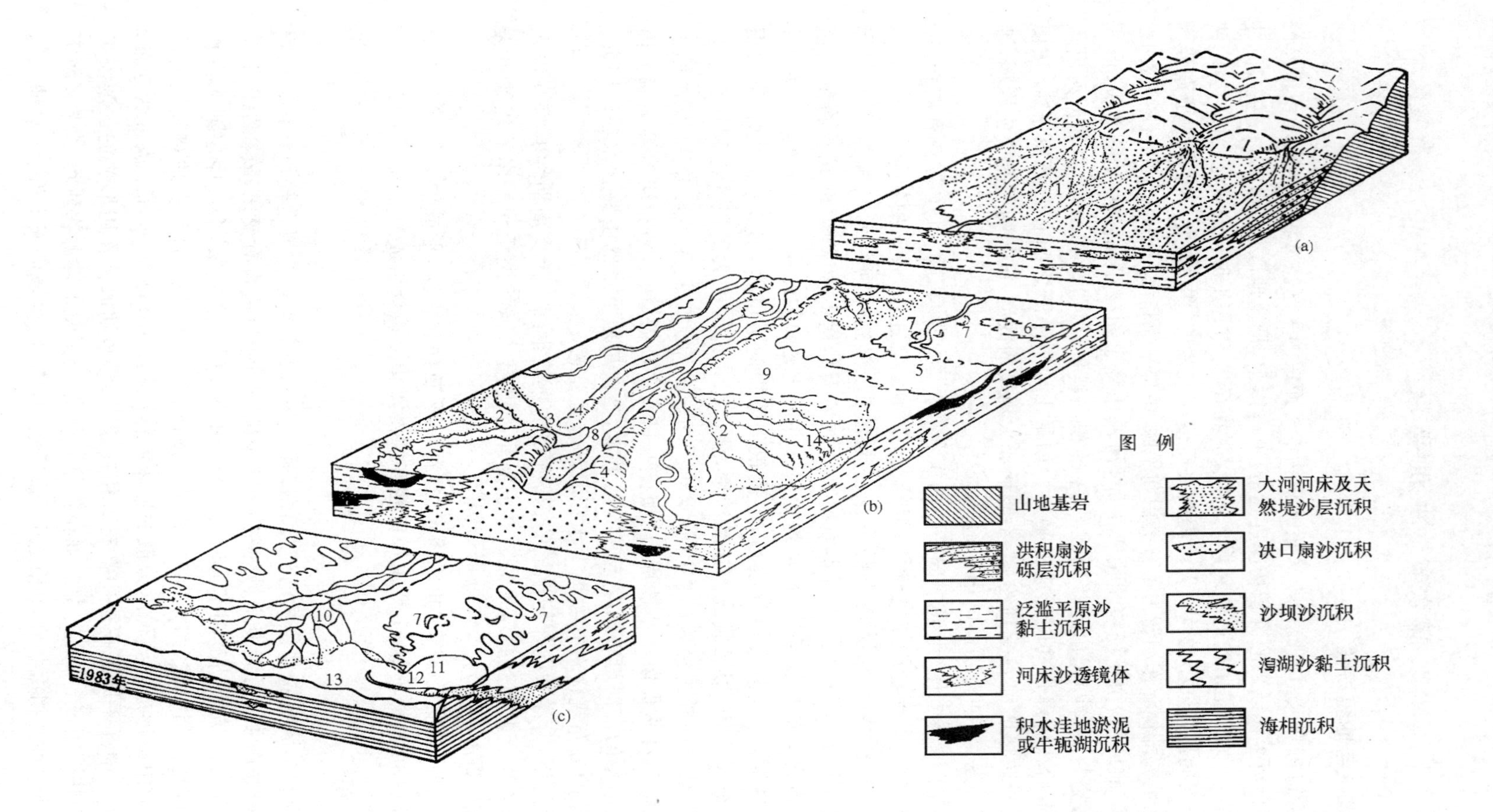

图3-25 冲积平原地貌和沉积特征示意图

(a) 山前平原；(b) 中部平原；(c) 滨海平原

1. 洪积扇；2. 决口扇；3. 天然堤决口；4. 天然堤；5. 河间地积水洼地；6. 沼泽；7. 牛轭湖；8. 河床；9. 河间地泛滥平原；10. 三角洲；11. 潟湖；12. 沙坝；13. 海洋；14. 风成沙丘

第七节　河口区地貌

河流入海或入湖的地段是河流和海洋或湖泊相互作用的区域,称为河口区。如果河流带来的泥沙超过海洋或湖泊的搬运能力,则形成向海或向湖突出的堆积体,平面形态像一个尖顶向陆的三角形,称为三角洲。如果河流、海洋或湖泊的侵蚀作用大于河口区的堆积作用,就形成一个喇叭形的河口,称为三角湾或三角港。

一、河口区地貌分段和动力作用

1. 河口区地貌分段

河口区可划分为近河口段、河口段和前河口段(口外海滨段)(图 3-26)。

河口区河流与海水的相互作用,并不限于河流入海处,在潮汐河口,受潮汐影响的河段,海水可沿河上溯数十千米甚至上百千米。上溯的潮流停止上涌处称潮流界。潮流界以上的河段,河水受潮流顶托的影响,有定期水位涨落和流速增减变化,在顶托作用消失的位置是潮区界。从潮区界到潮流界的河段,称近河口段。潮流界以下到三角洲海陆交界线(口门界)之间叫河口段,这里有河流径流的下泄,还有潮流的上涌,两者在此相互接触,水流变化比较复杂,河床不稳定,形成许多汊河,河面展宽,出现河口沙岛。口门向外至水下三角洲前缘坡折处,叫前河口段(口外海滨段),这里是河流、潮汐、海流和波浪的共同作用区,形成水下三角洲、水下沙堆或沙岛。

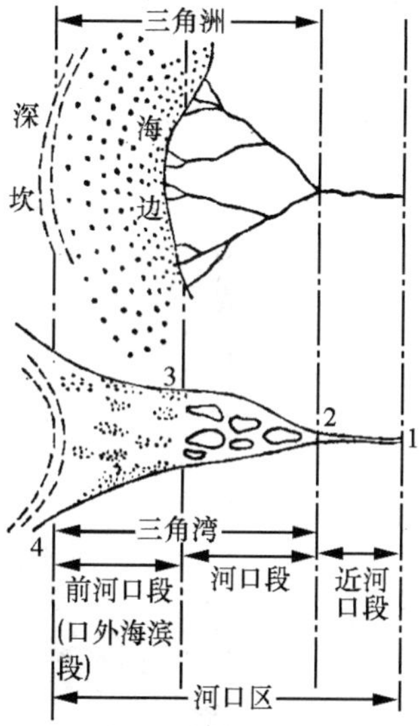

图 3-26　河口区地貌分段
(根据 И. В. 萨莫依洛夫)
1. 潮区界; 2. 潮流界; 3. 口门界; 4. 水下三角洲前缘界

河口区的分段界线并不是固定的,它随着潮汐和河流水文状况的改变而变化。以长江河口为例,在枯水涨潮时期,潮区界可达离口门 616 km 的安徽大通,潮流界在江苏镇江、扬州一带;洪水期,河流作用加强,潮区界下移到距口门 500 km 的芜湖,潮流界下移到江阴以下。

2. 河口区动力作用

河口区有河流作用,又有海洋作用,这些作用随时间、空间的不同而有差异。河流是单方向水流,洪、枯季节水量有变化,潮流为往返方向水流,昼夜有流向变化。河口区河流径流和潮流互相接触,彼此交替,形成不同的情况。涨潮时,潮流方向与河流水流方向相反,潮流流速和河流水流流速有一定程度的抵消而减小;落潮时,潮流方向和河流水流方向一致,加速潮流和河流水流的流速,特别是洪水期,这种现象更为显著。因此,河口区的侵蚀作用和堆积作用也比较复杂,有时泥沙被带进河口段淤积,有时河口受到冲刷,大量泥沙又向外搬运。

河口区除上述作用外,由于河口水的含盐度不同,咸淡水混合后也影响到河口动力状况和沉积状况的变化。海水的密度比河水大,涨潮时沿河底侵入,形成楔形,称河口咸水楔,楔顶处常是河口区淤积严重地带。咸水伸入河流的位置随径流量和潮流量的变化而上下移动。在径流量大的河流,淡水可扩展到口外海滨很远的海域,例如亚马孙河流出的淡水舌伸展到河口以外数百千米,长江在洪水期小潮时,淡水向东北扩散,一直影响到朝鲜半岛南边的济州岛,向南进入杭州湾。

波浪作用对河口区的地貌发育也有很大影响,泥沙的侵蚀、搬运和堆积过程取决于波浪作用方向和泥沙量等因素(参看第九章)。

二、三角湾(三角港)

在潮流作用很强和河流挟沙量少的河口,涨潮时潮流以很快的速度溯河而上,形成强烈侵蚀,退潮时积蓄的河水和潮流一起沿河而下,加强了退潮流的力量,强烈冲刷河道,形成喇叭形的河口湾,称三角湾。我国钱塘江河口就是典型的喇叭形河口三角湾。钱塘江包括曹娥江在内,每年输出泥沙只有 890 万吨,涨潮流很强,最大潮差可达 8.93 m,形成很强的侵蚀,在杭州湾北侧的海底有巨大的冲刷坑,最深的地方比一般湾底要深 40 m。三角湾北岸受潮汐的冲蚀,4 世纪的海岸线已向陆后退约 30 km,原先在陆地上的王盘山、滩浒山和大金山今已沦入海中成为岛屿(图 3-27)。

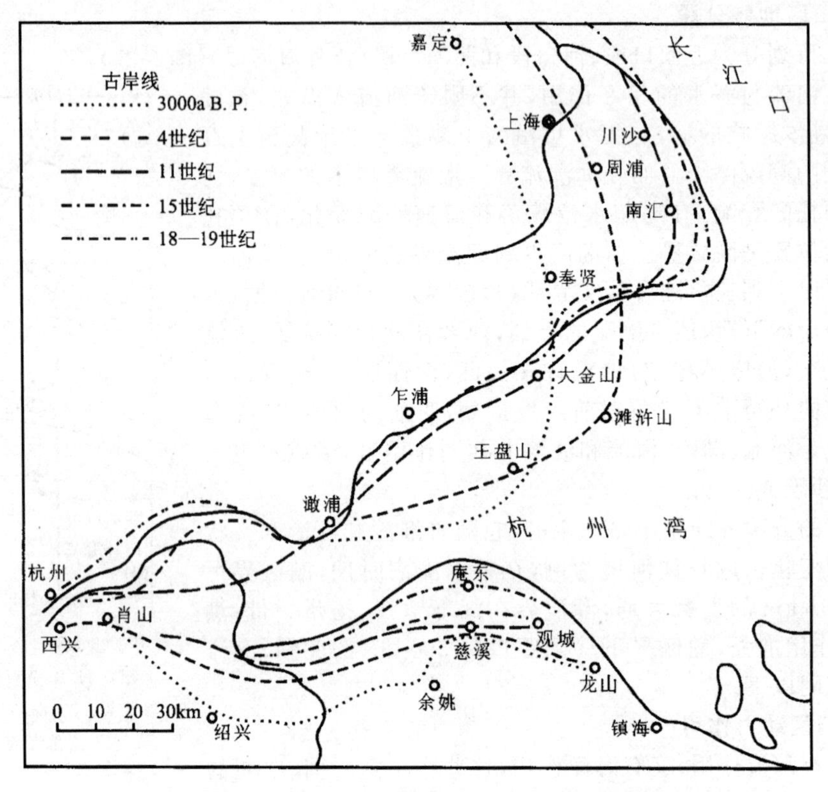

图 3-27 钱塘江河口杭州湾岸线变迁图(根据刘苍宇)

除喇叭形河口三角湾外,还有沙坝阻挡三角湾。在三角湾以外有坝滩分布,起了分隔河流和海洋的作用,这里的潮汐作用减弱,河流泥沙一直搬运到河口以外。如果湾口沙坝封闭了河口湾,就往往形成潟湖。

此外,在构造下沉地区或间冰期海面上涨,海水淹没陆地河流或冰川谷,形成溺谷和峡湾,河口则能形成溺谷三角湾和峡湾三角湾。

三、三角洲

1. 三角洲的形成条件

三角洲是由于河口区的堆积作用超过侵蚀作用而形成的,其形成需要以下几个条件:

(1) 含沙量高的河流在河口地区易于发生堆积;

(2) 河口附近的海洋侵蚀搬运能力较小,河流带来的泥沙将沉积下来,有利于三角洲的形成;

(3) 口外海滨区水深较浅,坡度平缓,对波浪起消能作用,另一方面浅滩出露水面,也有利于河流泥沙堆积。

2. 三角洲的发育过程

当河流进入广阔的海洋时,河水很快分散,形成较大的水面比降,尤其在洪水期这种现象更为明显,因而在河口前方发生强烈冲刷,形成深坑,并把冲刷的物质带到浅海,形成心滩(图 3-28)。如果河流入海处的水下坡度平缓,流速很慢,河流所携带的一部分冲积物便发生沉积,河口两侧形成沙嘴,河口的前方水下斜坡上形成沙坝(图 3-29)。沙坝和心滩发展成堆积沙岛,使河床分汊,三角洲进一步增长。在此过程中,三角洲外缘不断向海伸展,在三角洲内部则形成许多小海湾和潟湖。潟湖因植物繁殖而成沼泽,或因泥沙填充而成低地,最后与河口沙嘴和堆积岛一起形成三角洲平原。

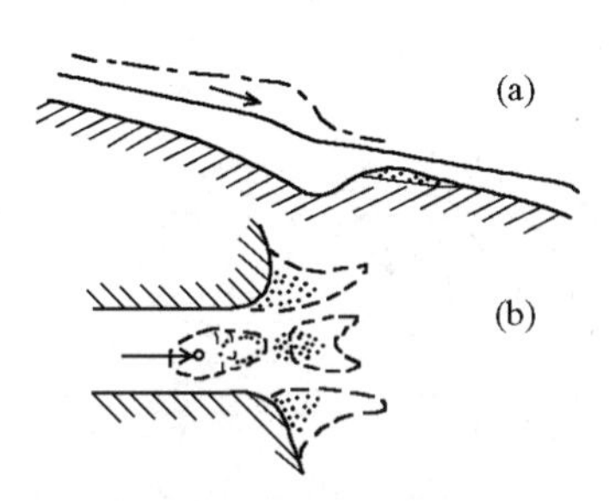

图 3-28　河口洼坑和心滩形成示意图
(根据 И. В. 萨莫依洛夫)
(a) 剖面图;(b) 平面图

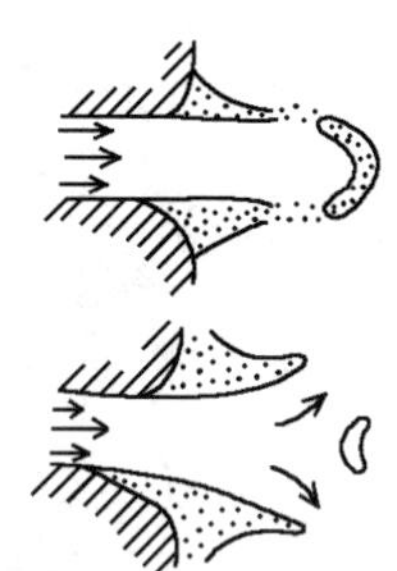

图 3-29　河口沙坝形成示意图
(根据 И. В. 萨莫依洛夫)

三角洲岸线向海伸展的速度各个时期不同,甚至在同一时期,某些地段淤积,而另一些地段侵蚀。长江三角洲从全新世中期以来逐年向海推进,在距今 6000 年至 3000 年这段时间内三角洲岸线伸长速度较慢,以后外伸速度加快,3000 年以来每年平均以 1.3 m 的速度向海伸长(图 3-30),但靠杭州湾一段岸线由于受潮流和波浪的侵蚀而不断后退。如河流带来的泥沙

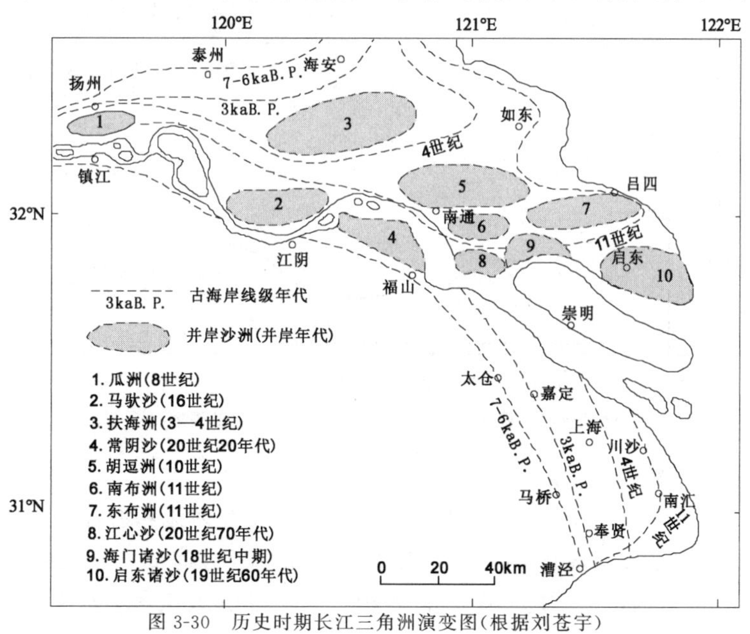

图 3-30　历史时期长江三角洲演变图(根据刘苍宇)

量多，径流量较小，潮流和海浪作用很弱，三角洲增长速度就快，我国的黄河三角洲即属于这种情况。黄河是一条多沙河，中上游每年输出泥沙达 16 亿吨，经河口入海的约有 12 亿吨。黄河年均径流量为 $398.7\times10^{8}m^{3}$，仅相当长江径流量的 4%。这里的潮汐作用很弱，河口潮差通常只有 0.8～1.0 m，潮区界距河口不过 20～30 km，潮流界在口门附近，入海的泥沙约有 40%在口门附近淤积，河口沙嘴每年以 2～3 km 的速度向海伸展。1855 年黄河三角洲已向海增长了约 50 km(图 3-31)，近 40 年，由于人工改道，形成一些新的小三角洲(照片 3-7)。

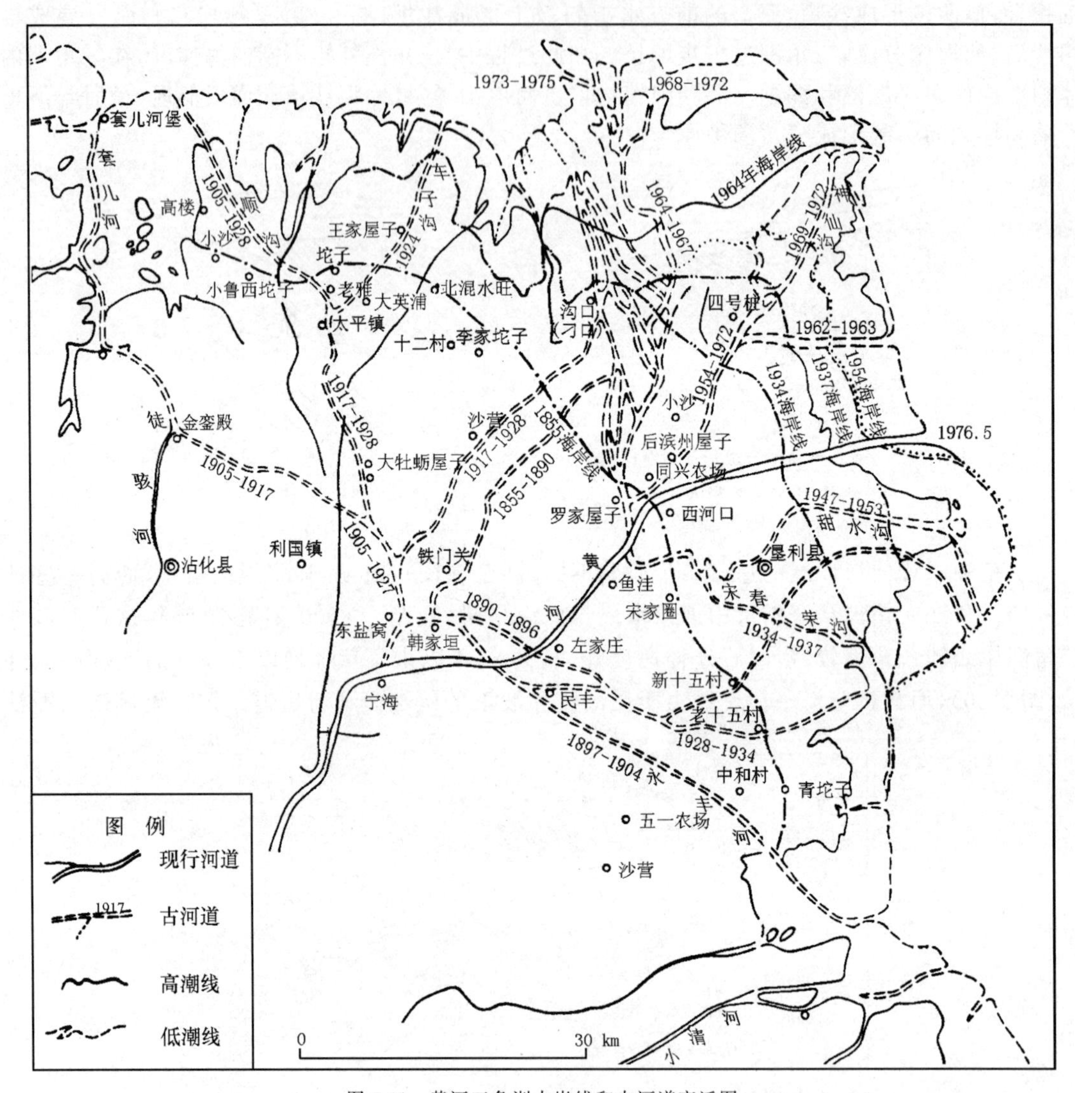

图 3-31　黄河三角洲古岸线和古河道变迁图

(转引自《中国自然地理、地貌》，中国科学院《中国自然地理》编辑委员会，科学出版社)

3. 三角洲的沉积结构

如前所述，三角洲是河流入海形成的泥沙堆积体，它是在河流和海洋共同作用下形成和发展的。三角洲可划分为三角洲平原、三角洲前坡和三角洲外缘海底三个地貌单元。三角洲的结构按地貌特征也可相应地划分出三个沉积单元，即顶组沉积、前组沉积和底组沉积(图 3-32)。

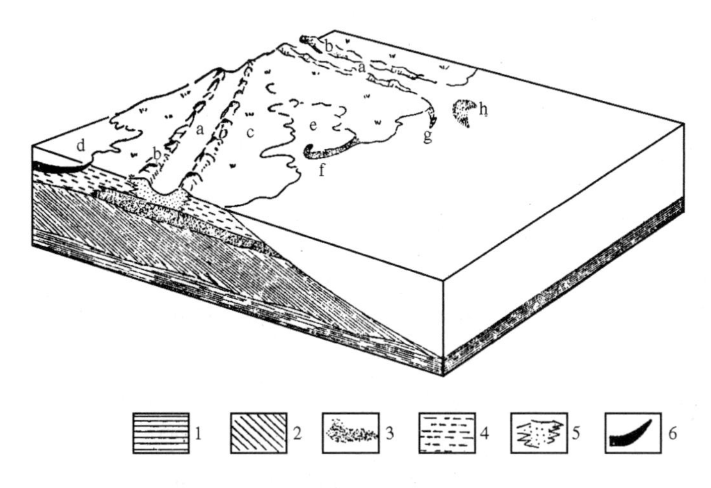

图 3-32　三角洲地貌特征和沉积结构

1. 三角洲底组海洋沉积；2. 三角洲前组沉积；3. 水下三角洲顶组沉积；4. 水上三角洲沼泽和泛滥平原沉积；5. 水上三角洲河流沉积；6. 水上三角洲湖泊沉积

a. 汊河道；b. 天然堤；c. 河间地沼泽和泛滥平原；d. 小湖泊；e. 海湾；f. 沙嘴；g. 汊河口水下沙嘴；h. 汊河口水下沙坝

(1) 顶组沉积层。顶组沉积层是由水上三角洲平原沉积和水下三角洲平原沉积共同组成。水上三角洲平原发育汊河道及其间的湖泊与沼泽，因而有汊河道沉积、湖沼沉积和洪水期的泛滥平原沉积等。水下三角洲平原是三角洲的前缘部分，三角洲向海增长过程中，有一部分汊河道延伸到水下，还发育一些沙嘴和沙坝，汊河道之间有海湾，因而水下三角洲沉积除汊河道及沙坝、沙嘴沉积外，还有海湾沉积。汊河道、沙嘴、沙坝和海湾沉积物在剖面中常呈透镜体。

(2) 前组沉积层。前组沉积层主要是入海河流的悬浮物质被带到水下三角洲的前坡沉积，多为粉砂和黏土，沉积物含水分较多，常呈塑性状态，故能在其自身重力影响下发生顺坡滑动，沉积层中常形成各种弯曲和揉皱。

(3) 底组沉积层。底组沉积层主要是三角洲外缘的海洋沉积，沉积物为粒度很细的黏土，具水平层理，含有孔虫等海洋生物化石。

以上不同沉积层之间界线是不规则的，这是三角洲在形成过程中的河流与海洋作用变化所致。有时河流作用占优势，陆源物质可以伸入海中较远的地方，有时海洋作用占优势，海洋沉积物又可超覆于河流沉积之上。

在三角洲形成过程中，由于沉积了许多有机质物质，经过长期的地质作用能形成石油和天然气，所以三角洲往往成为石油和天然气的产地。例如意大利的波河三角洲和美国的密西西比河三角洲都产石油，里海西岸巴库油田中的阿普歇伦油层是上新世的古伏尔加河三角洲沉积，我国也发现了相当规模的三角洲相油气田。

4. 三角洲的类型

根据三角洲的形态特征和形成过程，可分为以下几种类型(图 3-33)：

(1) 扇形三角洲。在入海河流含沙量高、河道分汊并经常改道、口外海水较浅等条件下，大量泥沙通过各条汊河带到河口堆积，使整个三角洲岸线大致均匀地向海增长，形成扇形三角洲。这类三角洲比较多见，如我国黄河三角洲(图 3-33(b))、俄罗斯的伏尔加河三角洲和埃及尼罗河三角洲等。

(2) 鸟爪形三角洲。在潮流作用、沿岸的海流和波浪作用都很微弱的河口区，河流挟沙量较高并分成几股汊河入海，各汊河口泥沙迅速堆积，构成向海伸展较长的沙嘴，平面形态很像鸟足，故而得名。这种类型的三角洲以美国的密西西比河三角洲最为典型(图 3-33(d))。

(3) 尖头形三角洲。河流流入海洋或湖泊时，只有一条主河道，没有汊流或者虽有汊流但规模较小，因而在主河道河口两侧堆积成沙嘴，向海中突出形成尖头形三角洲。意大利的台伯河三角洲(图 3-33(c_1))和西班牙的埃布罗河三角洲都是这种类型。如果波浪作用方向与海岸斜交而河流泥沙较少，或者岸边海水较深，则形成掩闭的三角洲，如非洲南部的奥兰治河三角洲(图 3-33(c_2))。

(4) 河口岛屿形三角洲。河流含沙量和流量随季节变化而又有潮汐作用的河口区，泥沙堆积成许多向海伸延的沙岛、沙滩和沙坝，沙坝之间为冲蚀的潮汐水道。由沙洲和沙岛以及汊河构成的三角洲，称河口岛屿形三角洲。长江三角洲从镇江以下，北岸的一些沙岛与岸合并，南岸的潮滩不断向海伸长，在崇明岛附近河口，发育一些沙岛和浅滩，使河流分汊，形成河口岛屿形三角洲(图 3-33(a))。

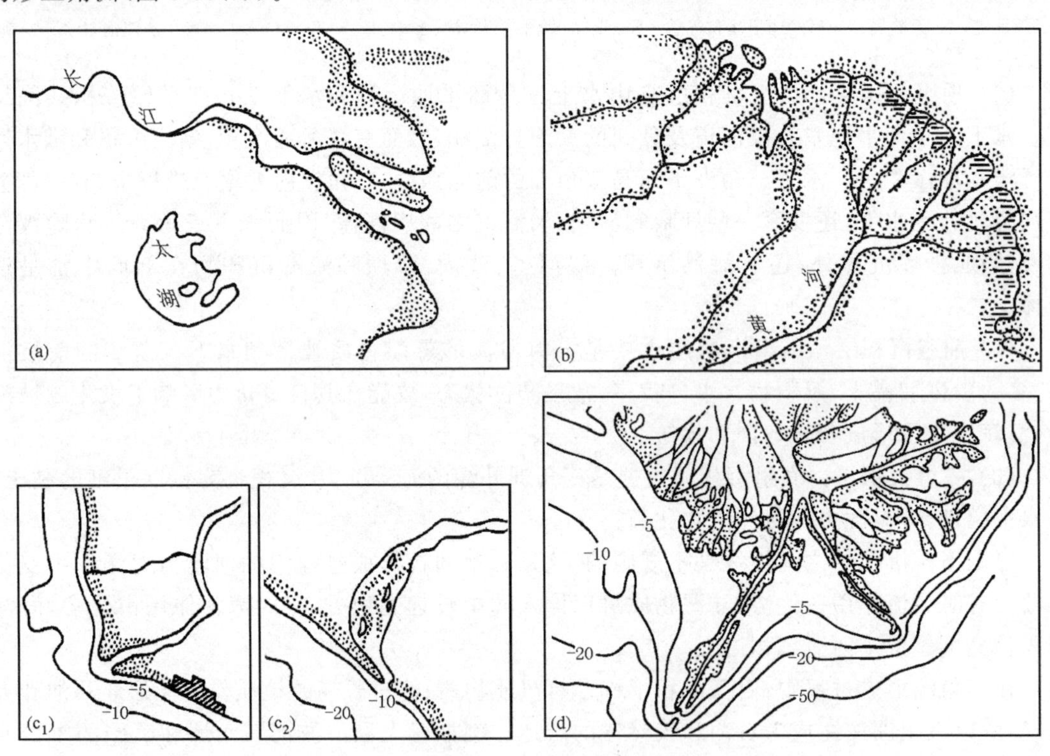

图 3-33 三角洲的类型

(a) 长江三角洲；(b) 黄河三角洲；(c_1) 台伯河三角洲；(c_2) 奥兰治河三角洲；(d) 密西西比河三角洲

第八节 河流阶地

河流下切侵蚀，原先的河谷底部(河漫滩或河床)超出一般洪水位以上，呈阶梯状分布在河流谷坡上，这种地形称为河流阶地(照片 3-8)。

照片 3-1　黄河壶口瀑布（张长江）

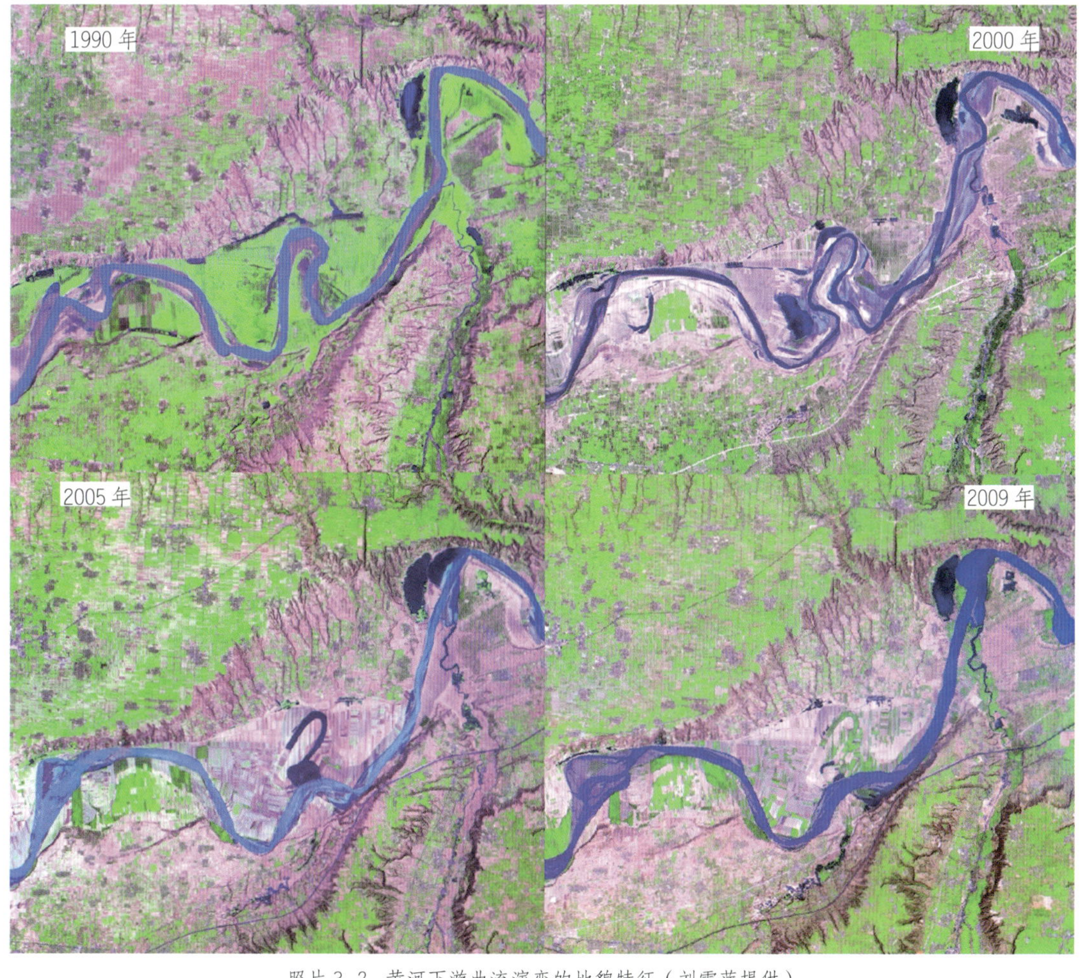

照片 3-2　黄河下游曲流演变的地貌特征（刘雪萍提供）

照片 3-3　甘肃舟曲 2010 年泥石流（左图为泥石流发生前，右图为泥石流发生后）
月园村、城关一小等市区街道和房屋遭到严重破坏

照片 3-4　泥石流堆积扇（四川汶川）（李有利）

照片 3-5　泥石流爆发时的龙头（云南东川蒋家沟）（陈顺理）

照片 3-6　张掖盆地洪积扇（李有利）

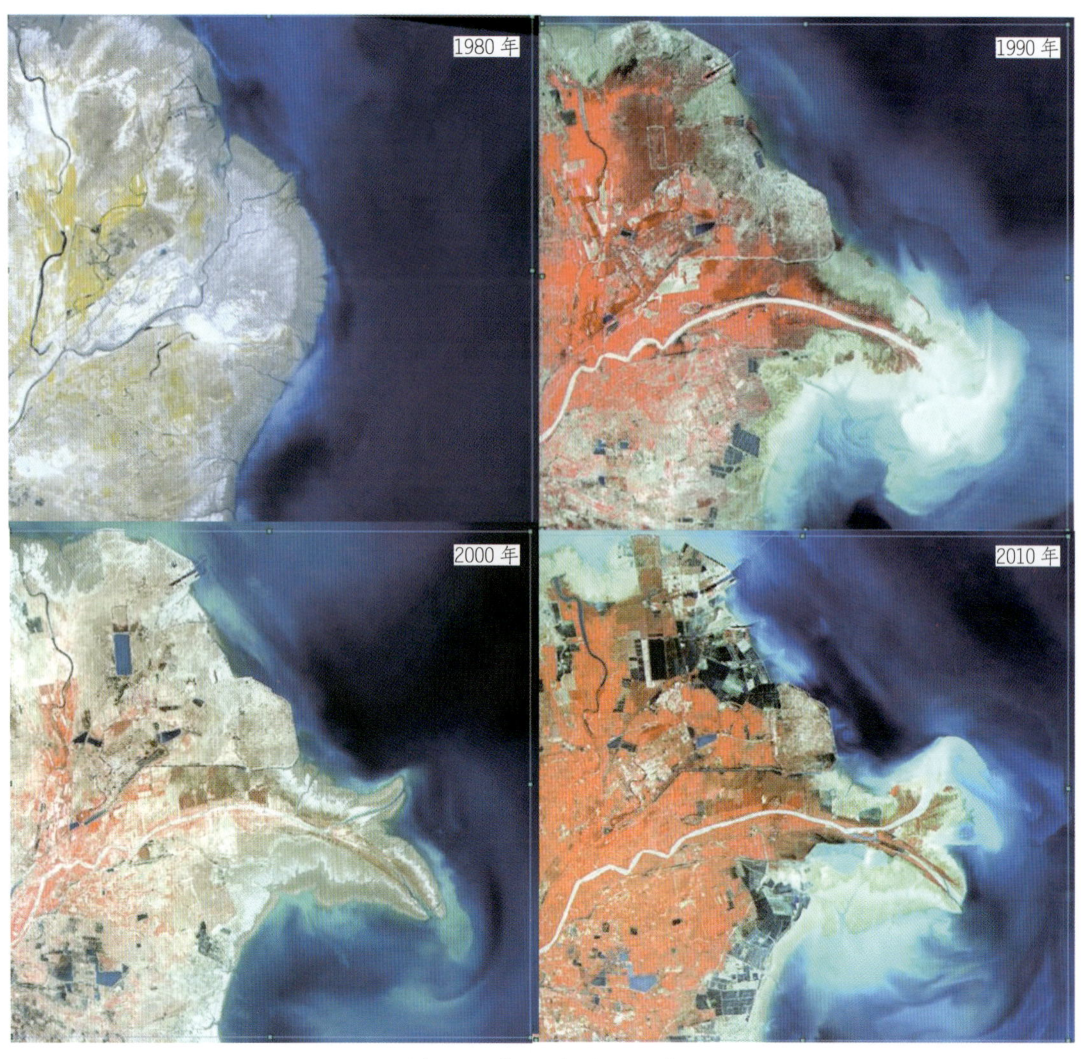

照片 3-7　黄河三角洲卫星影像
（黄河从 1976 年 5 月 27 日起人工改道从清水沟入海，形成新三角洲和汊河）（刘雪萍提供）

照片 3-8　新疆玛纳斯河在山前地带发育辫流，河流两岸为河流阶地（李有利）

阶地按地形单元划分为阶地面、阶地陡坎、阶地前缘和阶地后缘(图 3-34)。阶地高度是从河床水面起算,阶地宽度指阶地前缘到阶地后缘间的距离,阶地级数从下往上依次排列。

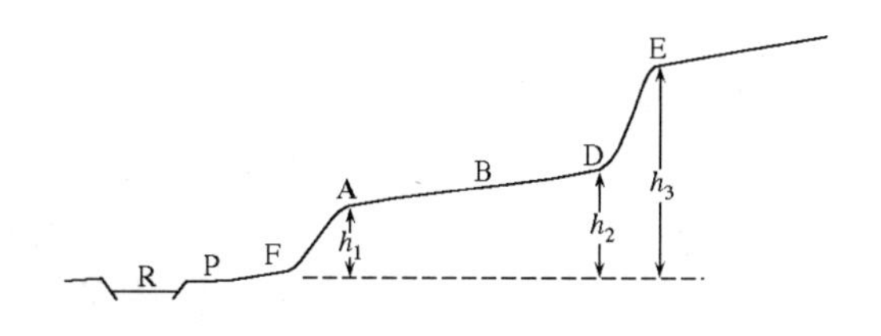

图 3-34 河流阶地形态要素图

R. 河床;P. 河漫滩;A. 阶地前缘;D. 阶地后缘;ABD. 阶地面;AF,ED. 阶地陡坎;h_1. 阶地前缘高度;h_2. 阶地后缘高度;h_3. 第二级阶地前缘高度

河流阶地沿河分布并不是连续的,多保留在河流的凸岸,阶地在两岸也不是完全对称分布(图 3-35)。由于构造运动、气候变化和支流注入等因素影响,同一级阶地的相对高度在不同河段也有所不同。

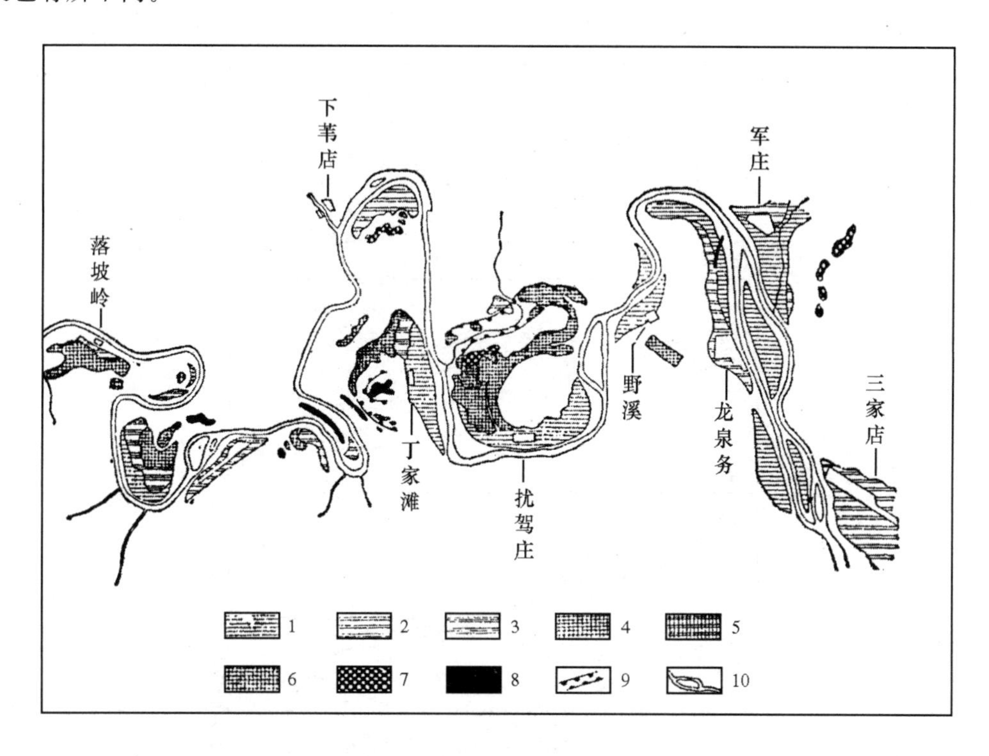

图 3-35 永定河落坡岭-三家店段河流阶地平面图

1. 第一级阶地 Q_{IV};2. 第二级阶地 Q_{III};3. 第三级阶地 Q_{II-2};4. 第四级阶地 Q_{II-1};5. 第五级阶地 Q_I;6. 第六级阶地 $N_{II}\sim Q_I$;7. 第七级阶地 N_{II-2};8. 第八级阶地 N_{II-1};9. 古河道;10. 河流

一、河流阶地的成因

河流发育到一定阶段,河床侧蚀迂回,展宽河谷,河流暂时接近相对平衡状态,这时进入河流的物质和河流搬运的物质近似相等,两者之比(相对负载)接近于 1。如果相对负载发生变化,河流的动力状态也将随之改变,相对负载大于 1 时,河流将发生堆积,相对负载小于 1 时,

河流将加强侵蚀。在后一种情况下,河床下切侵蚀形成阶地。由此可见,形成河流阶地必须具有两个条件,具有较宽阔的谷底和河流下切侵蚀。

河流下切侵蚀是由构造运动、气候变化和侵蚀基准面下降等原因造成。由于河流下切侵蚀的原因不同,阶地的形态和结构也不一致。

1. 构造升降运动

当地壳上升时,河床纵剖面的位置相对抬高,水流下切侵蚀,力图使新河床达到原先位置,靠近谷坡两侧的谷底就能形成阶地。地壳运动不是连续上升,而是呈间歇性,在每一次地壳上升时期,河流以下切为主,当地壳相对稳定时,河流就以侧蚀和堆积为主,这样就能形成多级阶地。由于构造运动性状不同,阶地的形态表现也有差异,大面积均匀上升地区,河流普遍下切侵蚀,整个流域河流都将形成阶地。如在同一时期内,上游地壳上升幅度大,而下游上升幅度小,则在上升幅度大的地区,阶地高度将比上升幅度小的地区要大(图 3-36(a))。如河流某一河段上升幅度比相邻的上下游幅度大,则在此河段阶地呈上拱状(图 3-36(b))。如果在同一时期内不同地段构造运动方向不一,上升地区形成阶地,下降地区发生堆积,形成埋藏阶地(图 3-36(c))。

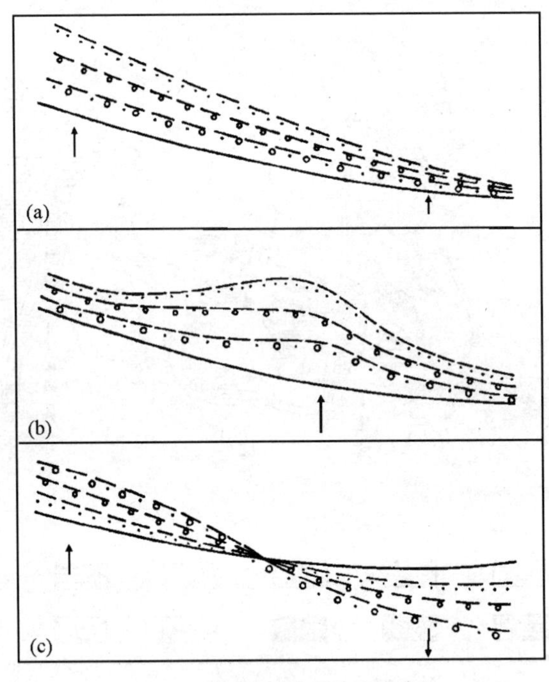

图 3-36 构造运动和阶地高度变化

(a) 掀斜上升;(b) 局部隆起;(c) 差异升降

2. 气候变化

气候变化对阶地形成的影响主要反映在河流中水量和含沙量的变化。气候变干,河流水量少,地面植被也少,坡面侵蚀加强,带到河流中的泥沙量增多,河流发生堆积;反之,气候变湿,河流中水量增多,含沙量相对减少,发生侵蚀。由于气候干湿变化引起堆积作用和侵蚀作用的交替,就形成河流阶地。华北晚更新世的马兰阶地就是由气候干湿变化形成的阶地,它是由砾石和黄土组成,在晚更新世时期气候干冷,机械风化作用很强,带入到河流中的大量碎屑物质，形成加积，全新世以来，气候变为湿润，河水量增多，下切形成阶地(图 3-37)。

图 3-37　北京西山板桥沟中的马兰阶地

冰期与间冰期的交替出现使温度发生变化，也可形成阶地。冰期时，寒冻风化作用较强，河流中水量少，大量风化物质被带到河流中，在河流的中上游发生堆积，下游段由于海面下降发生侵蚀；间冰期时，河流水量增多，河流中上游发生下切侵蚀形成阶地，下游段由于海面上升发生堆积。冰期和间冰期交替形成的阶地，多分布在河流的中上游，其纵剖面呈微微上凸形，组成阶地的物质分选不好，砾石磨圆度较差，这是因为河水量较少，河流中的碎屑物质搬运距离不远的缘故。

凡是由气候变化形成的阶地，称为气候阶地。气候阶地多为堆积阶地。

3. 侵蚀基准面下降

侵蚀基准面下降是构造运动或气候变化引起的，具有独特的地貌特征。侵蚀基准面下降引起河流下切侵蚀，最先发生在河口段，然后不断向源侵蚀，在向源侵蚀所能达到的范围，一般都会形成阶地。阶地的相对高度从下游向上游逐渐减小，在向源侵蚀所达到的裂点处消失。如果侵蚀基准面多次下降，则能在纵剖面上出现好几个裂点(图 3-38)(a_1，a_2)，每一个裂点的上游将比裂点下游少一级阶地。由于侵蚀基准面下降形成的阶地是从下游不断向上游扩展，因而同一级阶地下游段的形成时代比上游的时代要早。

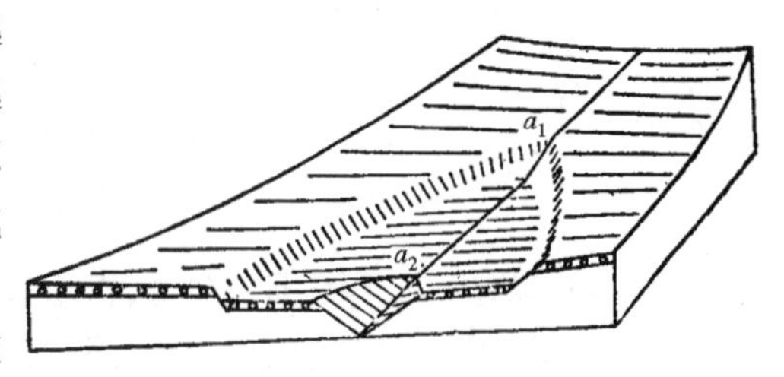

图 3-38　侵蚀基准面下降，河流溯源侵蚀形成的裂点和阶地
(注意裂点(a_1，a_2)和阶地的关系)
(根据 W. M. 戴维斯)

4. 河流袭夺

河流袭夺也可形成局部阶地。一条河流向源侵蚀较快，因而袭夺了另外一条河流的上游河段，在袭夺处以上和以下都能形成阶地(详见本章第九节)。

二、河流阶地的类型

根据不同原则,河流阶地可分为不同类型。

1. 根据阶地结构和形态特征划分的阶地类型

(1) 侵蚀阶地。侵蚀阶地是由基岩组成,在阶地面上没有或只有零散冲积物,所以又称基岩阶地。侵蚀阶地发育在构造抬升的山区河谷中,因为这里水流流速较大,侵蚀作用较强,河床中的沉积物很薄,有时甚至基岩裸露。有些基岩阶地形成时代较早,阶地面上少量冲积物很难保存。

因侵蚀阶地上没有冲积物,在野外往往很难辨别是河流阶地还是由于岩性不同而引起差别侵蚀所致,或者是断层和滑坡形成阶梯状地形。只有沿河作较长距离的调查,确定谷坡上普遍分布的阶梯状地形而又不是由岩性、断层和滑坡形成的,才可认为是河流侵蚀阶地。

(2) 基座阶地。基座阶地是由两层不同物质组成,上层为河流冲积物,下层为基岩或其他成因类型的沉积物(图 3-39)。基座阶地是由地壳抬升,河流下切侵蚀而成,在形成过程中侵蚀切割的深度超过冲积物的厚度。如果基座阶地形成以后,由于气候的或构造的原因,在新一轮的河流侵蚀-堆积过程中,河谷中堆积较厚的冲积物,超过阶地基座高度并把基座覆盖起来,称覆盖基座阶地(图 3-39 中的 T_4 和 T_5)。

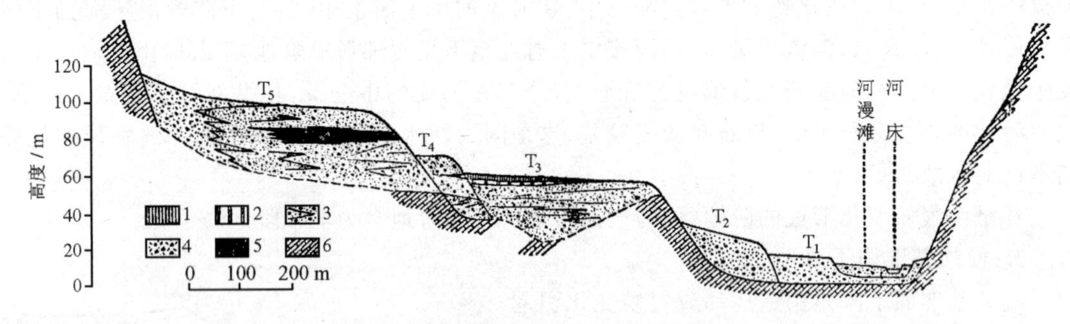

图 3-39 河流阶地的类型(永定河沿河城附近)

T_1:上叠阶地;T_2:内叠阶地;T_3:基座阶地;T_4,T_5:覆盖基座阶地

1. 黄土;2. 红色土;3. 冲积砂砾石;4. 坡积碎屑;5. 静水堆积黏土层;6. 基岩

(3) 堆积阶地。堆积阶地由冲积物组成,在河流下游最常见,而且多是时代较新的低阶地。根据阶地形成时河流下切深度不同,又可分为上叠阶地和内叠阶地两种(图 3-39 中的 T_1 和 T_2)。上叠阶地是阶地形成时河流下切深度较前一周期下切深度小,没有切穿冲积物,河谷底部仍保留有一定厚度的早期冲积物;内叠阶地是在阶地形成时的下切侵蚀深度正好达到阶地前一周期的谷底。内叠阶地和上叠阶地多是气候变化形成的阶地,或是河流下切侵蚀过程中的初始阶段的产物。如河流连续下切侵蚀,上叠阶地可转换为内叠阶地,之后再转换为基座阶地,如上叠阶地或内叠阶地形成后,河流停止下切侵蚀,则上叠阶地和内叠阶地将被保留下来。

(4) 埋藏阶地。埋藏阶地可分为两种:① 早期地壳上升,或侵蚀基准面下降,形成多级阶地,而后地壳下降或侵蚀基准面上升,发生堆积,把早期形成的阶地全部埋没形成埋藏阶地(图 3-40(a))。南京附近长江段就有三级这样的埋藏阶地,它们的埋藏深度分别为 36~43 m,20 m 和 3 m(图 3-41)。② 地壳长期下降,不同时期的冲积物一层叠加在一层之上,没有阶梯状地形特征，形成一种假埋藏阶地(图 3-40(b))。

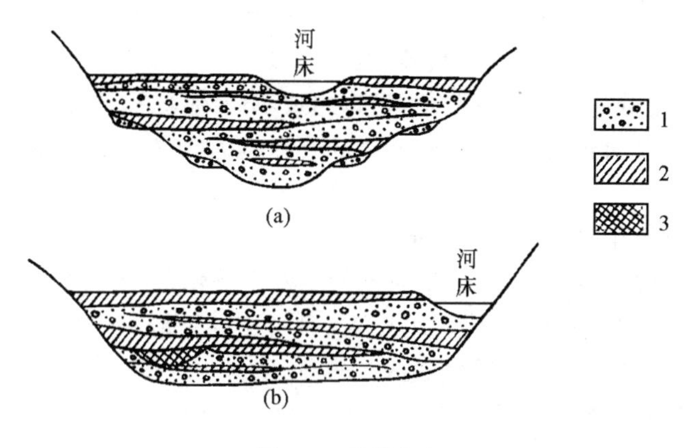

图 3-40　埋藏阶地

1. 河床相砾石；2. 河漫滩相粉砂和黏土；3. 牛轭湖相黏土

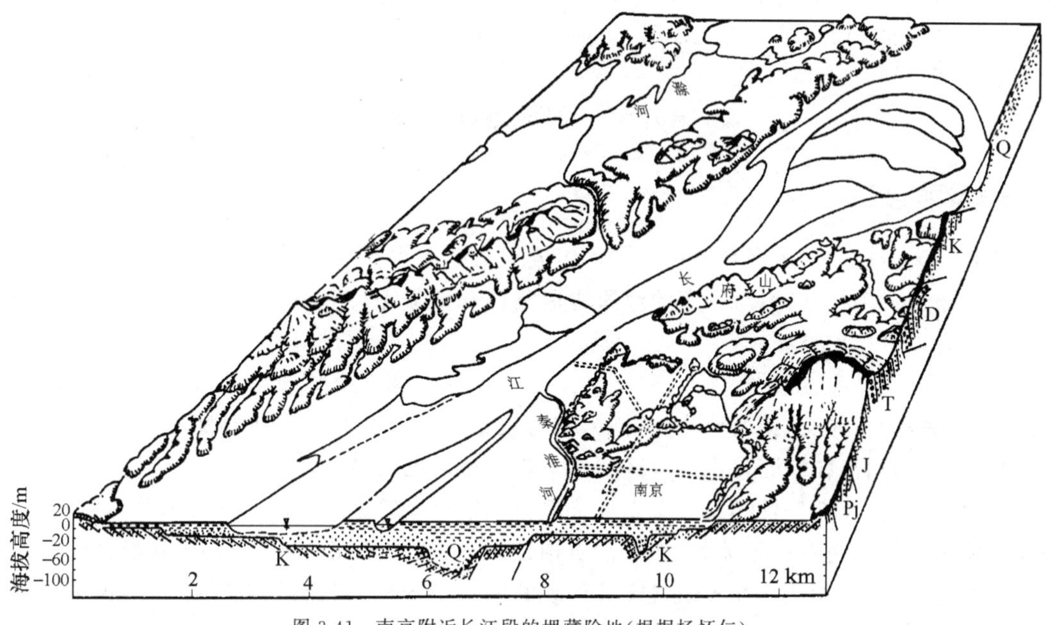

图 3-41　南京附近长江段的埋藏阶地(根据杨怀仁)

2. 根据阶地面形成时的水动力状态划分的类型

(1) 侵蚀状态阶地。阶地面形成时期水动力状态以侵蚀为主，冲积物厚度很薄，沉积物主要是河床相，河漫滩相不发育，砾石分选和磨圆都较差。在这种状态下，河流下切形成的阶地纵向坡度较大，这种类型阶地叫侵蚀状态阶地。

(2) 均衡状态阶地。阶地面形成时期，河流的侵蚀和堆积处于相对均衡状态，河床相和河漫滩相沉积物都很发育，冲积砾石的分选和磨圆都较好。均衡状态阶地纵向坡度比侵蚀状态阶地要缓。

(3) 加积状态阶地。阶地面形成时期，河流以堆积作用为主，阶地冲积物厚度大，冲积物呈成层结构，其中河床相沉积物厚度较大，河漫滩相和牛轭湖相沉积物也很发育，甚至在阶地沉积物剖面中看到分布于不同高度的牛轭湖沉积物。加积状态阶地的砾石磨圆和分选不及均衡状态阶地的好,因为这时水流动力较弱,大部分砾石被带到河床中很快堆积下来,没有经过长距离搬运。阶地纵剖面坡度较上述两种阶地的要缓。

根据水动力状态划分的上述三种阶地,可以组成不同结构类型的阶地。例如,加积状况阶地既可组成堆积阶地,也可组成基座阶地;侵蚀状态阶地常组成侵蚀阶地,有时也能组成基座阶地。

3. 根据河谷发展的轮回划分的阶地类型

(1) 贯通阶地(轮回阶地)。它是由于河流状态发生变化,进入新的轮回阶段而成,并贯通全河或大部分河段。在研究阶地时要特别注意这种类型的阶地,因为它分布较广,可以进行对比。它的成因可能是构造的也可能是气候的。

(2) 局部阶地(轮回内阶地或地方阶地)。它是在一个侵蚀轮回期间河流下切侵蚀并伴有河床摆动,在河流凸岸形成的局部阶地。由于曲流来回摆动,在下一阶段凸岸变成凹岸时,早一时期的阶地部分或全部被侵蚀,因而阶地分布不连续且两岸也不对称,这种阶地又称轮回内阶地或地方阶地。由于它们在河谷中局部分布,不连续,不能进行对比。如果河流摆动所达宽度等于或超过前一时期的河谷宽度时,阶地就不会保存。

第九节 河流地貌的发育

一、水系的形式

地表径流所构成的水网系统称水系。组成水系的水体有河流、湖泊、水库和沼泽等。水系的排列分布形式多样,它们与一定的地质构造条件和地貌条件有密切关系。通常按水系的排列形式分为以下几种类型:

(1) 树枝状水系(图 3-42(a))。树枝状水系是由主流及其各级支流组成,支流与主流以及各级支流都呈锐角相交,排列形式如树枝,称树枝状水系。这类水系在岩性均一、地形微微倾斜的地区最为发育,在地壳较稳定地区和水平岩层地区也较多见。

(2) 格状水系(图 3-42(b))。支流与主流呈直角相交或近于直角相交的水系称格状水系。格状水系和地质构造有一定关系,如在褶皱构造区,主河发育在向斜轴部,支流来自向斜的两翼,它们往往以直角相交。在多组直交节理或断层构造地区,河流沿构造线发育,也可形成格状水系。

(3) 放射状水系(图 3-42(c))。在穹隆构造地区或火山锥上,各河流顺坡向四周呈放射状外流,形成放射状水系。

(4) 平行状水系(图 3-42(d))。各条河流平行排列,在地貌上呈平行的岭谷,它们往往受区域大构造或山岭走向和地面倾向控制。如果在单斜岩层或掀斜构造上升的地区,主流的流向与岩层走向一致或与构造的轴向一致时,则在主流的顺岩层倾向的一侧或沿掀斜地面形成很多平行的支流。支流大多与主流直角相交,这种水系又称梳状水系。

(5) 环状水系(图 3-42(e))。穹隆构造山被侵蚀破坏后,沿穹隆山周围发育的河流,形成环状,称环状水系。

(6) 向心状水系(图 3-42(f))。在盆地或沉陷区,河流由四周山岭流向盆地中心,集中到主流,形成向心状水系。

(7) 倒钩状水系(图 3-42(g))。在支流汇入主流附近或在支流的上游呈多次 90°的大转弯形成倒钩状。这种水系多是由于新构造运动而迫使河流改道或流向改变造成的。

(8) 网状水系(图 3-42(h))。三角洲地区河道交错,形成网状水系。

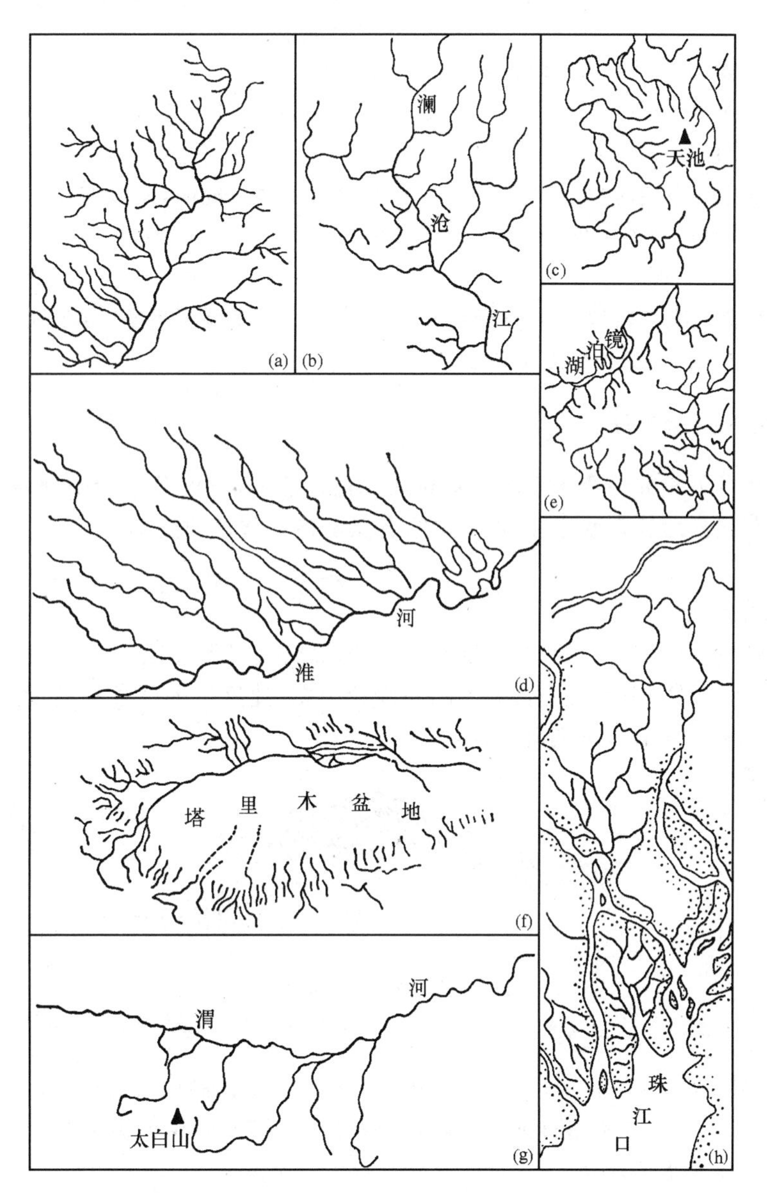

图 3-42　水系的类型

(a) 树枝状水系；(b) 格状水系；(c) 放射状水系；(d) 平行状水系；(e) 环状水系；(f) 向心状水系；(g) 倒钩状水系；(h) 网状水系

二、水系的发展

一个流域的水系,由干流和各级支流组成。直接流入干流的支流称一级支流,流入一级支流的支流称二级支流,依次类推。也有把最小的支流叫一级支流,一级支流注入的河流叫二级支流,随着汇流的增加,支流的级别增多。不同水系的支流级别多少是不同的,这和水系的发展阶段有关。

水系发展大体上可分为三个阶段:

(1) 水系发育的初期阶段。此时河网密度(单位面积的水系总长度)很小,地面切割深度不大,支流短小而且数量很少。

(2) 水系发育的中期阶段。随着河流的下切侵蚀和溯源侵蚀,流域的集水面积扩大,地面切割深度也进一步增大,河道伸长,形成许多新的支流,水系发育系数(各级支流的长度与干流长度之比)增大。

(3) 水系发育的晚期阶段。在同一流域内的各条河流发展不平衡,发生相互袭夺和改道,改变原来水系的形状,重新组成新的水系。

三、分水岭迁移和河流袭夺

分水岭是指分隔相邻两个水系的河间高地。在自然界,有的分水岭是山岭,有的是高原,也有的是微微起伏的缓丘。水系发育过程中,各条河流的侵蚀速度不同,可使分水岭迁移和河流袭夺。

1. 分水岭的迁移

有些分水岭的两侧坡度不等,在坡度较大一侧的河流,溯源侵蚀力强,速度快,河流先伸入分水岭地区进行侵蚀,使分水岭降低并不断向侵蚀力弱、速度慢的一坡移动,称为分水岭迁移(图 3-43)。分水岭迁移有以下两种原因:

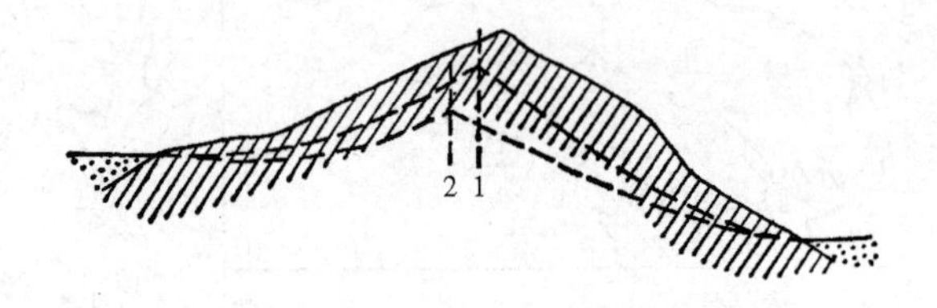

图 3-43　分水岭的迁移

1. 原先的分水岭;2. 迁移后的分水岭

(1) 岩性和构造因素的影响。在山区,岩性和构造常常控制山坡的坡度,尤其是一些新生代以来构造活动的山区,如不对称的褶皱两翼、岩性的差别或断层的影响等,都可使分水岭两侧地形不对称而使分水岭迁移。

(2) 相邻两流域的侵蚀基准面的位置高低不同,或分水岭到侵蚀基准面的距离不等,使两坡坡度不同,两侧河流的溯源侵蚀速度不一致,形成分水岭迁移。

2. 河流袭夺

相邻两个水系的河流,由于一条河流下切侵蚀快或位置较低,导致分水岭一坡的河流夺取另一坡河流的上游段,这种水系演变现象称河流袭夺(图 3-44)。

河流袭夺的原因有两种：一是因为分水岭两坡河流的侵蚀基准面高度不等而使基准面低的河流溯源侵蚀快，河流发生袭夺；另一种原因是某一流域范围内发生局部新构造隆起，河流不能保持原来流路，于是河流上游段被迫改道，流到另外河流中去。

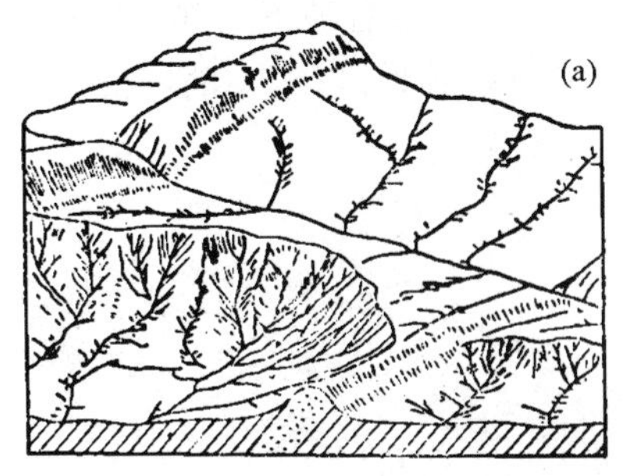

图 3-44　河流袭夺(根据 W. M. 戴维斯)

(a) 河流袭夺前；(b) 河流袭夺后

河流袭夺后，夺水的河流称袭夺河，被夺水的河流称被夺河，被夺河的下游因上游改道而源头截断，称断头河(图 3-45)。在发生河流袭夺的地方，河道往往形成突然转弯，称为袭夺弯。袭夺弯附近有时形成跌水，这是袭夺河的河床位置低于被夺河造成的。跌水随时间推移而不断向被夺河上游移动，并下切形成阶地，这种阶地只分布在从袭夺弯到跌水之间。当袭夺河伸长到被夺河的主河时，被夺河上游河段的河水就全部流入袭夺河，重新组成两个新的水系。断头河与被夺河之间，在河流发生袭夺之前原是一条连通的河谷，河流袭夺后，它成为新水系的分水岭，但仍保存河谷形状，称为风口。风口内可以找到过去河谷的冲积物。断头河的上游因被截断而河中的水量很少，宽阔的谷地中只有涓涓细流，与袭夺前形成的河谷很不相称。由于断头河中水量减少，两岸支流带来的泥沙都将堆积在断头河中，形成局部的堆积，阻挡水流而形成一些小的湖泊或沼泽。在断头河中，一些冲积砾石是在河流被袭夺前由较远的上游带来的，岩性较复杂，与断头河流域范围内的基岩不一致。

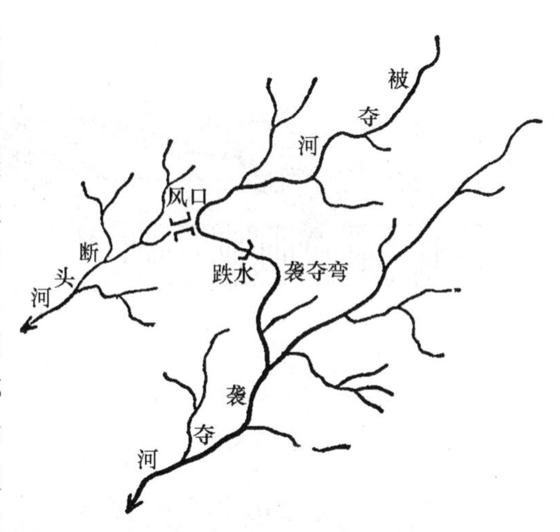

图 3-45　河流袭夺后的地貌特征

四、河流地貌的发育

假定某一地区的原始地貌是一个平原，经地壳运动而被抬升，到一定的高度后抬升停止，河流将按以下模式发展：

(1) 河流地貌发育的初始阶段，称幼年期阶段。河流沿被抬升的原始倾斜地面发育，水文网稀疏，在河谷之间存在着宽广平坦的分水地(图 3-46(a))。随着河流的下切侵蚀加强，河流纵比降开始加大，形成跌水，横剖面呈狭窄的“V”字形，谷坡变陡，坡顶与分水地面有一明显的坡折(图 3-46(b))，河道也渐渐增多，地面分割加剧，河谷加深，谷坡的剥蚀速度相对大于河流的下切速度，河谷不断展宽，较大的河流逐渐趋于均衡状态(图 3-46(b)，(c))。

(2) 河流地貌发育的均衡阶段，又称壮年期阶段。谷坡不断后退，使分水岭两侧的谷坡日益接近，终于相交，原来宽平的分水地面最后变成狭窄的岭脊(图 3-46(d))。随着谷坡侵蚀作用的不断进行，谷坡渐渐减缓，山脊变得浑圆，谷坡上岩屑增多，谷坡上部的岩屑通过土壤蠕动向下搬运，下坡的岩屑主要是受片状流水冲刷和谷坡侵蚀，这时在谷坡下半部常形成凹形坡。

壮年期阶段的主河一般都已接近均衡状态。到壮年期最后阶段，较小的支流也渐渐达到均衡状态，这时的河谷比较开阔，山脊也浑圆低矮(图 3-46(e))。

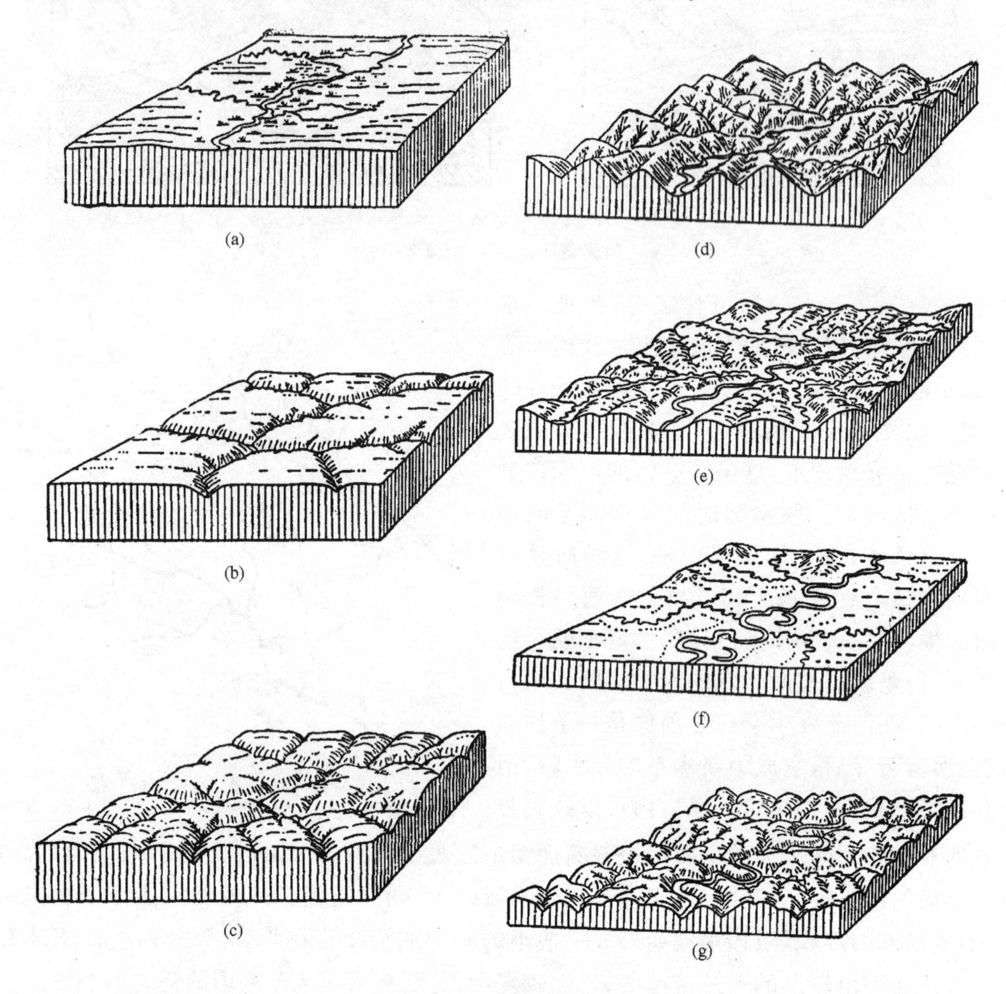

图 3-46 河流地貌发育阶段(根据 A. N. 斯特拉特)
(a) 原始缓倾斜地面；(b) 幼年早期；(c) 幼年晚期；(d) 壮年早期；(e) 壮年晚期；(f) 老年期；(g) 侵蚀回春，进入下一阶段的幼年期

(3) 河流地貌发育的终极阶段，又称老年期阶段。河流停止下切侵蚀，分水岭将渐渐下降，地面呈微微起伏的波状地形，河谷展宽，蜿蜒曲折，形成曲流或截弯取直形成牛轭湖。如果在局部坚硬岩石地区，因抗侵蚀能力强尚未被完全侵蚀殆尽而成突出的山丘。整个地面称为准平原，它代表河流地貌发育的终极阶段(图 3-46(f))。如果地壳再次抬升，河流下切将形成新的侵蚀阶段(图 3-46(g))。

戴维斯曾用图示表示河流地貌发育阶段，称为侵蚀轮回(图 3-47)。图中两条曲线左端的虚线部分代表地壳短暂而迅速上升时期，a 代表上升终止时原始地面上最低点，b 代表同一地区最高点，a、b 两点代表原始地面上的起伏。在侵蚀开始的初期，谷底迅速深切，分水岭几乎没有下降。当地形进入壮年期时，主谷底由 a 点降到 c 点，而分水岭只由 b 点降到 d 点，这时地面的地方高差最大，即 c、d 两点高差。以后，主谷高度接近侵蚀基准面，下切侵蚀愈来愈慢，分水岭则相对降低较快，所以地形起伏愈来愈小。至 e、f 以后，分水岭降低也极为缓慢，地形起伏更小，地貌发育进入老年期。就理论上说，以后的地貌发展仍然是降低地面的相对起伏程度，但其进展速度极为缓慢。

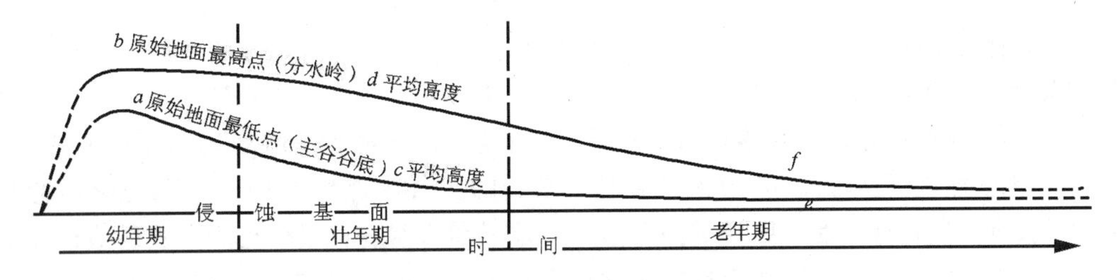

图 3-47 戴维斯河流地貌发育图示

从河谷横剖面发育来看，虽然谷底与谷坡都在缓缓降低，但早期谷底侵蚀的速度很快，形成 V 形谷(图 3-48a)，随后，谷底降低速度减慢，谷坡高度降低相对加快，而且谷坡坡度愈来愈小，谷形宽浅(图 3-48b)。

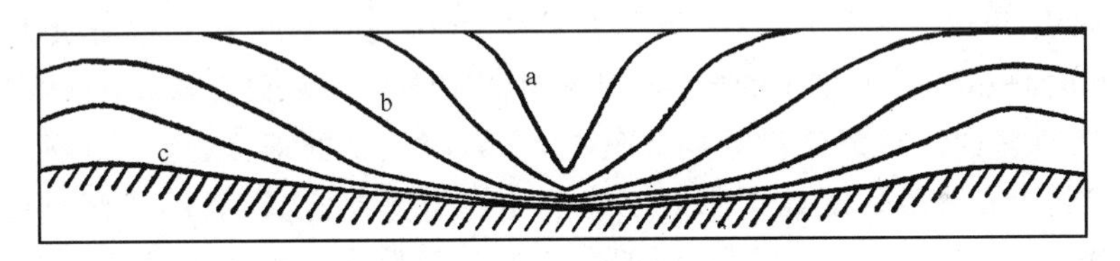

图 3-48 戴维斯关于侵蚀轮回中坡地发育概念示意图

a：幼年期阶段；b：壮年期阶段；c：老年期阶段

上述河流地貌发育是一个理想模式。我们在分析河流地貌发育时，还要考虑到以下几点：① 地壳上升是一个长期过程，与地壳上升的同时，河流开始下切，② 地壳运动的方向和强度是经常变化的，③ 河流地貌在长期形成发展过程中的自然地理条件的变化，④ 河流侵蚀作用和堆积作用的统一性，⑤ 地貌发育的长期发展趋势和短期发展的变异等。

第四章 岩溶地貌

岩溶是指地表水和地下水对可溶性岩石的化学作用和物理作用及其形成的水文现象和地貌现象。

岩溶地貌又称喀斯特(Karst)地貌。喀斯特原是亚得里亚海北端东海岸石灰岩高原的地名,那里发育着各种奇特的石灰岩地形。19 世纪末,J. 司威治(Cvijic)研究了喀斯特高原的各种石灰岩地形,并把这种地貌叫喀斯特。以后,喀斯特一词便成为世界各国通用的专业术语。在我国,以前也称作喀斯特,1966 年在广西桂林召开的全国喀斯特学术会议上,将喀斯特改为岩溶。我国的许多典籍和地方志中都曾对石灰岩地形和岩洞进行过描述和记载。值得提出的是,在距今 300 多年前,我国明代地理学家徐霞客(1587—1641)考察了广西、贵州和云南一带的石灰岩地形,探寻了许多地下溶洞,详细记述了各种石灰岩地形的景观。

岩溶地貌不仅在碳酸盐岩石地区发育,而且在硫酸盐和卤化物的盐类岩石分布地区也可见到,但这些地区岩溶的发育规模和分布范围不及碳酸盐岩石地区那样壮观和广泛。大陆壳的 75%地区是沉积岩,沉积岩的 15%则是由碳酸盐组成。岩溶地貌在我国分布非常广泛,全国碳酸盐类岩石分布面积(出露地表的)约 125 万平方千米,西南几省石灰岩分布面积达 55 万平方千米,约占全国分布面积的一半。那里的岩溶非常发育,广西桂林山水和云南路南石林皆闻名于世。

岩溶地区有许多国民经济建设问题。例如,在岩溶发育的地区,地下蕴藏着丰富的水资源,合理开采和利用岩溶地区的地下水对工农业生产有重要意义;岩溶地区有许多溶洞和暗河,因此在岩溶区修建水库时要注意漏水问题,在修筑道路和桥梁时要注意地基的塌陷问题。岩溶还与一些矿产的生成和富集有密切关系,例如,溶蚀残留的铝土可以富集成铝土矿,地下溶洞往往是蕴藏砂矿和储存石油、天然气的良好场所。此外,岩溶地貌也是重要的旅游资源。

第一节 岩溶作用

地表水和地下水的化学作用过程(分解和化合)和物理作用过程(流水的侵蚀和沉积、重力崩塌和堆积)对可溶性岩石的破坏和改造作用,叫岩溶作用。流水和重力的物理作用过程,在前两章中已介绍,下面着重介绍岩溶的化学作用过程。

一、岩溶的化学作用过程

碳酸盐在纯水中的溶蚀速度是很微弱的,只有当水中含有 CO_2 时,碳酸盐的溶蚀速度才显著增大。含有 CO_2 的水对碳酸盐的作用过程如下:

CO_2 与 H_2O 化合成碳酸:

$$CO_2 + H_2O \rightleftharpoons H_2CO_3$$

碳酸电离为 H^+ 与 HCO_3^-:

$$H_2CO_3 \rightleftharpoons H^+ + HCO_3^-$$

水中的 CO_2 含量越高，H^+ 也越多，当含多量 H^+ 的水对石灰岩作用时，H^+ 就会与从 $CaCO_3$ 中离解出的 CO_3^{2-} 结合成 HCO_3^-，分离出 Ca^{2+}：

$$H^+ + CaCO_3 \rightleftharpoons HCO_3^- + Ca^{2+}$$

所以含有 CO_2 的水对碳酸盐的作用可用下列化学反应式表示：

$$CO_2 + H_2O + CaCO_3 \rightleftharpoons Ca^{2+} + 2(HCO_3)^-$$

上述化学反应是可逆的。假如水中 CO_2 含量增多，化学反应向右进行，$CaCO_3$ 分解；当化学反应进行到一定程度，水中的 CO_2 与离子状态的 Ca^{2+} 和 HCO_3^- 达到平衡，化学作用不再进行。假如压力降低或温度升高，水中 CO_2 逸出，化学反应向左进行，$CaCO_3$ 沉淀。只有当水处于流动状态时，被分解的 $CaCO_3$ 以 Ca^{2+} 和 HCO_3^- 形态随水流走，被消耗的 CO_2 又不断得到补充，上述反应才能继续向右进行，岩溶作用不断发展。

二、影响岩溶作用的因素

碳酸钙在水中的溶解度和水中的 CO_2 含量有关，水中 CO_2 含量又受温度、气压以及土壤中有机质的氧化和分解等因素控制；另一方面，碳酸钙在水中的溶解度还受岩石的成分、结构和构造的影响。因此，影响岩溶作用的有气候因素、生物因素和地质因素。

1. 气候因素

气候因素对岩溶作用的影响主要表现在温度、降水和气压等方面。一般来说，温度高，水的电离度大，水中 H^+ 和 OH^- 增多，溶蚀力增强。但温度对岩溶作用的影响比较复杂，温度高，水中 CO_2 含量少，溶蚀作用减弱。降水量多的地区，地表径流量大，地表水和地下水交替条件好，水的溶蚀力强。降水对岩溶的作用比温度的影响更为显著，如我国从南到北气温逐渐降低，东北的伊春和长春的石灰岩溶蚀速度远远超过北京和济南的溶蚀速度（表 4-1）。气压和水中 CO_2 含量成正比，一般大气中 CO_2 的含量约为空气体积的 0.03%，在自由大气下，空气中的 CO_2 的分压力 $p_{CO_2}=0.0003$ 个大气压（1 大气压$=1.01\times10^5$ Pa）。在空气中，p_{CO_2} 条件相同，温度越高，$CaCO_3$ 在水中的溶解度就越小；当温度相同时，p_{CO_2} 越高，$CaCO_3$ 在水中的溶解度越大（图 4-1）。

表 4-1　我国各地石灰岩溶蚀速度（根据袁道先）

观测站	平均百日溶蚀量/(10^2mg·d^{-1})				观测期间年雨量/mm	年平均温度/℃	干燥度	合作观测者
	空中距地面 150 cm	地面	土层中（埋深 20 cm）	土层中（埋深 50 cm）				
伊春（黑龙江）	44.39	46.25	37.19	46.86	892.3	0.4	0.75	乔喜祥、马福山
长春	13.26	3.20	22.63	44.27	821.9	4.8	0.75	曹玉清、曹以临
北京	9.07	4.14	0.52	0.44	383.6	12.0	1.50	何德春
济南	17.58	1.04	0.94	0.79	561.0	13.0	1.50	黄春海
彬县（陕西）	13.38	5.23	0.34	0.53	666.5	10.7	1.70	黄春长
格尔木	0.15	+1.16	+0.67	+0.22	16.1	9	4.00	蔡石泉
桂林	39.56	15.33	70.60	91.12	1865.1	19.7	0.65	袁道先
广州	18.62	6.29	3.17	4.33	1374.8	23.4	0.65	陈华堂
柳州	38.44	2.35	2.54	23.55	1400	20.0	0.65	唐民一
环江		6.29	24.75	39.73	1773.25		0.65	袁道先
贵阳	22.68	13.90	9.05	7.67	1034	15.2	0.65	宋世雄
昆明	16.42	14.46	33.96	32.05	1100	12.7	0.75	石希三

注：表 4-1 中数字前有＋号者表示质量增加，其余均为溶蚀量。

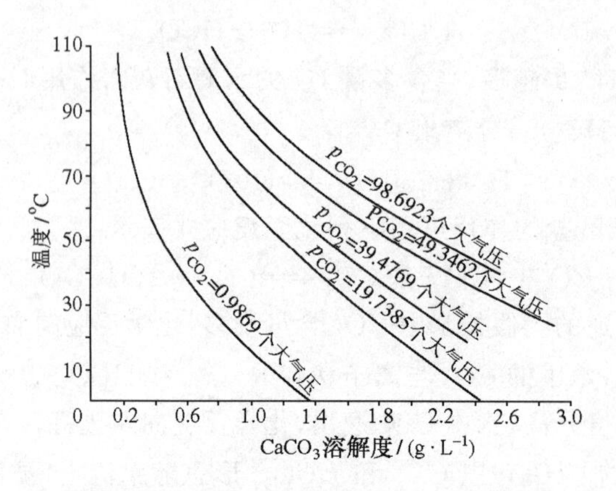

图 4-1 不同的 CO_2 分压下方解石在水中的溶解度和温度的关系(根据米勒,转引自《中国岩溶研究》)

2. 生物因素

动植物的生长和活动对岩溶作用也有很大的影响。动植物可供给土壤大量有机质,土壤中有机质的氧化和分解可产生许多 CO_2,土壤中的 CO_2 的含量常可达 1%~2%,最高达 6%(表 4-2)。在高温地区,通过有机质氧化作用,CO_2 将大量增加,对促进 $CaCO_3$ 的分解起着重要的作用。藻类的生长能分泌许多溶蚀性酸,对可溶性岩石也有一定的溶蚀作用。在溶洞中,常积累大量有机质,如蝙蝠和鸟类的粪,能强烈地腐蚀石灰岩。珊瑚岛上也常出现类似作用,那里有许多海鸟栖息,鸟粪和 $CaCO_3$ 反应产生磷酸盐沉积。

表 4-2 西双版纳不同植被下土壤中 CO_2 的含量(%)(转引自《中国岩溶研究》)

土层深度/cm	热带雨林	竹林	开阔地的草本植被
0	0.60	1.00	0.80
20	0.80	2.60	1.50
40	1.40	2.80	1.40
60	1.90	1.80	2.10
100	2.02	3.40	1.40
150	3.40	4.60	3.15
200	4.00	6.00	2.40

3. 地质因素

影响岩溶作用的地质因素包括岩石成分、岩石结构和地质构造等三方面。

岩石成分是指岩石的化学成分和矿物成分。可溶性岩石大致分为三大类:(1) 碳酸盐类岩石,如石灰岩、白云岩、硅质灰岩和泥灰岩等,(2) 硫酸盐类岩石,如石膏、硬石膏和芒硝等,(3) 卤盐类岩石,如岩盐和钾盐。

实验表明,在 25 ℃的水中,NaCl 的溶解度为 320 g/L,$CaSO_4$ 为 2.1 g/L,$CaCO_3$ 为 0.015 g/L。虽然卤盐类岩石和硫酸盐类岩石的溶解度比碳酸盐类岩石要高得多,但它们分布不广,岩溶地貌仍然是在碳酸盐类岩石中发育最为广泛。

构成石灰岩的矿物以方解石为主,主要成分是 $CaCO_3$。白云岩以白云石为主,主要成分是 $CaMg(CO_3)_2$。硅质灰岩是含有燧石结核或条带的石灰岩,主要成分是 $CaCO_3 \cdot SiO_2$。泥灰岩是黏土岩与石灰岩的混合性岩石,主要成分是 $CaCO_3 \cdot Al_2O_3 \cdot SiO_2$。一般来说,石灰岩比白云岩易受溶蚀,白云岩比硅质灰岩易受溶蚀,硅质灰岩又比泥灰岩易受溶蚀,其溶蚀程度依次递减。在含 CO_2 的水溶液中,若令纯方解石的溶解度为 1,随着 CaO/MgO 值的增加,相对溶解度也增加(图 4-2)。当 CaO/MgO 值在 1.2～2.2(相当于白云岩)时,相对溶解度变化最大,由 0.35 增为 0.82;当 CaO/MgO 值在 2.2～10.0(相当于白云质灰岩)时,相对溶解度介于 0.80～0.99 之间;当 CaO/MgO 值大于 10.0(相当于石灰岩)时,相对溶解度趋近 1。

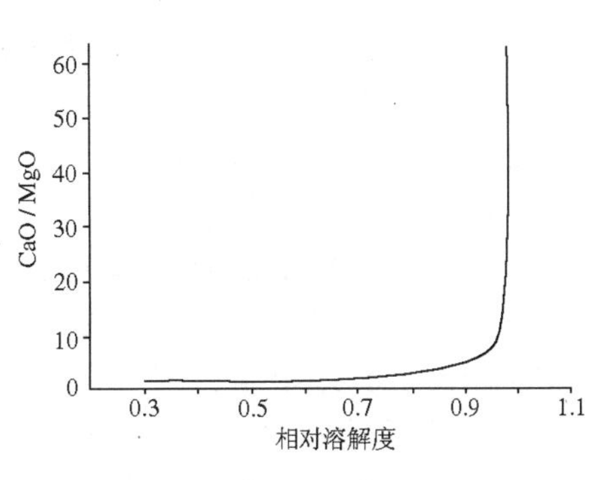

图 4-2 CaO/MgO 值与相对溶解度的关系曲线(根据李粹中等)

岩石的组织结构和岩石的相对溶解度有密切关系。根据广西的碳酸岩试验表明,结晶质岩石的晶粒愈小,相对溶解度愈大,结晶石灰岩中以隐晶质微粒结构的石灰岩相对溶解度最大(表 4-3)。不等粒结构的石灰岩比等粒结构石灰岩的相对溶解度要大。

表 4-3 广西不同结构的碳酸盐类岩石的相对溶解度(根据金玉璋)

石灰岩类型			白云岩类型		
结构特征	CaO/MgO	相对溶解度	结构特征	CaO/MgO	相对溶解度
隐晶质微粒结构	18.99	1.12	细晶质生物微粒结构	2.13	1.09
细晶质微粒结构	27.03	1.06	隐晶质向镶嵌结构过渡	1.44	0.88
鲕状结构	21.04	1.04	细晶及隐晶质镶嵌结构	1.65	0.85
微粒、细粒及中粒结构	21.43	0.99	中晶及细晶质镶嵌结构	1.53	0.71
中晶质镶嵌结构	25.01	0.56	中晶质镶嵌结构	1.36	0.66
中粒、粗粒结构	14.97	0.32	中粗粒镶嵌结构具溶孔	1.73	0.65

碳酸盐类岩石中还有许多孔隙,它们或是颗粒之间的孔隙,或是生物骨架间、生物体腔内的孔隙,或是晶粒之间的孔隙。孔隙度的大小影响碳酸盐类岩石的透水性能,从而影响相对溶解度。

岩层的产状和破裂可控制岩溶作用的方向和程度。在褶皱背斜轴部,纵张节理发育,有利于水的垂直流动,常形成开口的竖向溶洞。在两组节理交叉部位,也有利于岩溶作用。在近于水平的或缓倾斜的岩层,如有隔水层的阻挡,地下水常沿岩层层面流动,发生近于水平方向的溶蚀。在断层发育的地方,特别是张性断裂发育的部位,结构松散,孔隙大,有利于岩溶作用的增强,常沿这些断裂发育溶洞。

上述各种条件对岩溶发育是综合影响。如从岩性条件来看,石灰岩地区的岩溶发育要比白云岩地区强烈,如果白云岩的孔隙度大,张性构造断裂发育,反而比石灰岩的岩溶化更强烈。

第二节 岩 溶 水

在岩溶地区,雨水降到地表汇集,通过落水洞、漏斗流入地下,所以地表水比较缺乏,有雨过不见水的情况。但是,地下水极为丰富,地下河特别发育。因此,岩溶水主要分布在岩溶化岩体中。

一、岩溶水的分布特征

在裂隙含水的岩体中,水的储存和运动受裂隙系统控制,水的分布有明显的不均匀性。在细小裂隙中,水量少,水流慢,溶蚀作用弱;在宽大裂隙中,水量大,水流快,溶蚀作用强。经过长期的这种差异溶蚀,细小的裂隙改变不大,而宽大的裂隙经溶蚀,最后形成地下河道系统,即地下岩溶水系。这时,地下岩溶水就具有一定的汇水区域和集中排泄的河道,地下水互相连通,有统一的地下水面,这种现象常在岩溶发育较为成熟的地区,或纯石灰岩地区最为多见。

如在石灰岩体中有页岩夹层形成隔水层，岩溶水被分隔而成孤立分布，在石灰岩不同岩层中各自成为一个循环系统。孤立的岩溶水的运动缺乏统一的水力联系。

二、岩溶水的运动特征

岩溶水运动最明显的特征是速度和流态的多变。在可溶性岩体中，由于差异溶蚀，形成各种规模的通道、洞穴和裂隙。这些大小不等的“水道”使岩溶水的运动条件发生变化，在大的洞穴中呈现无压水流，在规模较小的管道和裂隙中，则形成有压水流。因此，同一含水岩溶系统中，无压水流和有压水流同时并存。在同一管道中的有压水流流速又随断面不同而不同，断面大的地段流速减慢，断面小的地段流速加快。

岩溶水中紊流和层流流态常有变化，这种变化与石灰岩体的岩溶化程度和岩溶的演化阶段有关。当灰岩体溶蚀微弱时属于裂隙水，地下水以层流运动为主，随着岩溶进一步发育，裂隙进一步扩大，地下水以紊流为主。岩溶发育进入晚期阶段，随着地下水面坡度及流速的减小，有些地段开始出现层流，在其他地段仍以紊流为主，这时层流与紊流交替出现。

三、岩溶水的分带

在岩溶地区，由于河流下切侵蚀达到地下水位时，地表河流常成为岩溶水的主要排水道，水流流入地下。根据岩溶水的流动方向和不同深度，大致可分为四个带(图 4-3)：

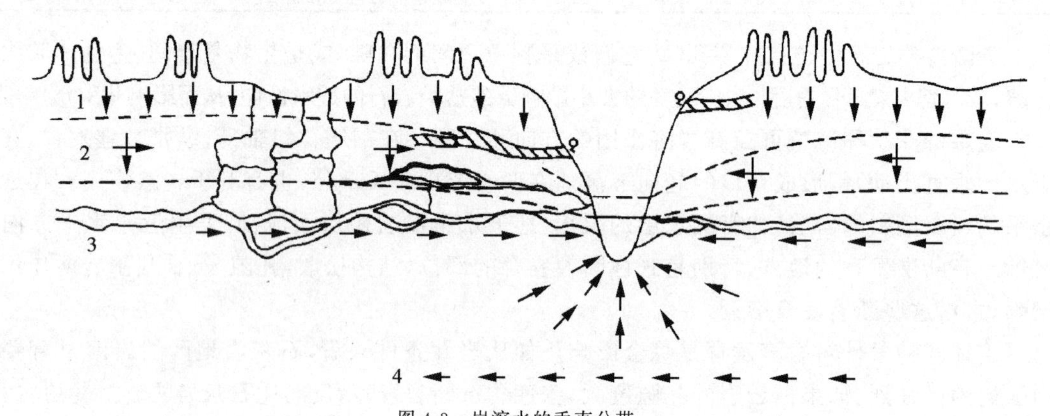

图 4-3 岩溶水的垂直分带

1. 垂直循环带；2. 过渡循环带；3. 水平循环带；4. 深部循环带

1. 垂直循环带(充气带)

垂直循环带位于地面至地下水高水位之间，大多情况下这里没有水流，只在降雨或融雪时期，水沿裂隙或落水洞从地表向下流动时，这里才有水流。水流在向下运动过程中，如果遇到局部隔水岩层，或水平孔道，水流就会成水平流动，而在岩体中形成暂时含水层，或在谷坡上出现泉眼。通常大部分地下水一直流到潜水面为止。垂直循环带的厚度取决于地下水高水位的位置，而地下水高水位的位置又与地表河流的切割深度有关。在地壳上升区，河流深切的岩溶高原，地下水位相对下降，该带厚度很大，可达近千米。在地壳长期稳定的区域，河流切割很浅，地下水位接近地面，垂直循环带就很小，只有数米至十几米。

2. 过渡循环带(季节变动带)

过渡循环带位于地下水高水位和低水位之间。由于地下水位随季节而升降，在雨季或融雪季节之后，地下水位升高，这时该带的地下水成水平流动，与下部的水平循环带连成一体。旱季时，地下水位降低，该带的地下水为垂直方向运动，又与上部的垂直循环带连成一体。过渡带的厚度不仅在不同的岩溶区不同，而且在同一岩溶区也是变化不定的。这种变化取决于：① 渗入垂直带中的水量及其时间分配，在一年内降水量大且分配集中，过渡带的厚度就大，② 垂直带中水运动速度快，地下水位上涨也快，过渡带厚度大，反之，过渡带厚度小，③ 地块的岩溶化愈强，地下水扩散快，地下水位上涨幅度小，过渡带的厚度也就小，④ 河水位的涨幅高，地下水位也随之增高，过渡带厚度就大。

3. 水平循环带(饱水带)

水平循环带位于地下水低水位以下，经常处于饱水状态，地下水流近于水平方向，在接近河谷底部深处，水流流向河谷。如果在岩层稍有倾斜的地区，地下水受岩层倾向控制，河谷一侧接受地下水的补给，另一侧则补给地下水也可形成水平循环带(图 4-4)。水平循环带中的岩溶水大部分具有自由水面，常发育许多相互连通的溶洞。

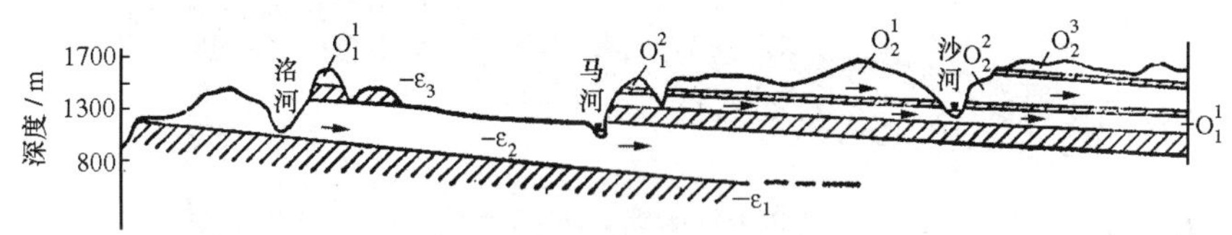

图 4-4　河北洛河-沙河水文地质剖面图(根据北京地质学院)

ϵ_1 为页岩；ϵ_2 为鲕状灰岩；ϵ_3 为泥质灰岩；O_1^1 为灰岩；O_1^2 为白云岩；O_2^1 为灰岩；O_2^2 为白云岩；O_2^3 为灰岩

4. 深部循环带(滞流带)

在水平循环带之下，岩溶化岩层仍是含水的，地下水的运动不受当地河流基准面的影响，而受地质条件控制，流向更远、更低的区域侵蚀基准面方向。该带的地下水位置较深，有承压性，地下水运动极为缓慢，因此在这一带中岩溶作用也非常微弱。

第三节　地表岩溶地貌

在岩溶作用下，地表形成各种不同的岩溶地貌(图 4-5)。由于岩溶发育的不同阶段和分布不同地区，岩溶地貌类型和规模各有不同，有些地表岩溶地貌与地下岩溶地貌相连，如落水洞和天坑等。

图 4-5　岩溶形态示意图(根据王飞燕)

1. 峰林；2. 溶蚀洼地；3. 岩溶盆地；4. 岩溶平原；5. 孤峰；6. 岩溶漏斗；7. 岩溶塌陷；8. 溶洞；9. 地下河；a. 石钟乳；b. 石笋；c. 石柱

一、溶沟和石芽

溶沟和石芽是石灰岩表面的溶蚀地貌。水流沿石灰岩表面流动,溶蚀和侵蚀出许多凹槽,称为溶沟。溶沟宽十几厘米至几百厘米,深以米计,长度不等。溶沟之间的突出部分,称为石芽。石芽除有裸露的外,还有埋藏的。埋藏的石芽多是在雨水渗透过程中溶蚀而成。在热带,地面植被生长茂密,土壤中 CO_2 含量较多,渗透水流的溶蚀力特别强烈,形成规模很大的埋藏石芽,覆盖在石芽上的是溶蚀残余红土和少量石灰岩块。通常,从山坡上部到下部,由全裸露石芽过渡为半裸露石芽至埋藏石芽(图 4-6)。

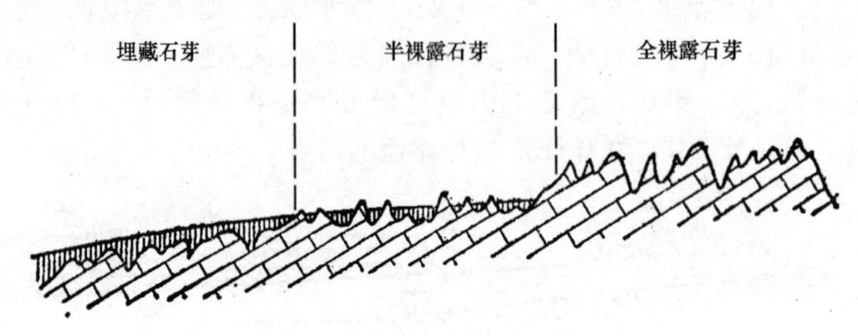

图 4-6 斜坡上的石芽分布

溶沟和石芽的分布特征常与地形、地质等条件有关。地形坡度较大的地面上,常形成彼此平行的溶沟和石芽,而在平缓的地面上,溶沟和石芽则纵横交错。在石灰岩节理发育的区域,水流沿节理溶蚀,形成格状的溶沟。在纯而致密的石灰岩地面,溶沟和石芽较密集,在硅质灰岩、泥质灰岩和白云岩等组成的地面,溶沟和石芽发育较差。

石林是一种非常高大的石芽,高达 30～40 m,形态多样,有剑状、塔状、柱状和蘑菇状等。石林之间有很深的溶沟,沟壁陡直,崖壁上形成直立的溶蚀凹槽。石林是在热带多雨气候条件下形成的。云南路南石林,高达 20～30 m,密布如林,面积约有 350 km^2,故名石林(照片 4-1),2007 年已列入世界自然遗产名录。

二、落水洞

落水洞是岩溶区地表水流向地下河或地下溶洞的通道,它是由垂直方向流水对裂隙不断进行溶蚀并伴随塌陷而成。落水洞常分布在溶蚀洼地和岩溶沟谷内,也有在斜坡上。落水洞大小不等,形状也各不相同。按其垂直断面形态特征,可分为裂隙状落水洞、竖井状落水洞和漏斗状落水洞等;按其分布方向,有垂直的、倾斜的和弯曲的落水洞。在广西一带,许多落水洞的洞口直径为 7～10 m,深度为 10～30 m,最深可达百米以上。

三、漏斗

漏斗是岩溶化地面上的一种口大底小的圆锥形洼地,平面轮廓为圆形或椭圆形,直径数十米,深十几米至数百米。漏斗下部常有管道通往地下,地表水沿此管道下流,如果通道被黏土和碎石堵塞,则可积水成池。

漏斗按成因可分为溶蚀漏斗、沉陷漏斗和塌陷漏斗三种。溶蚀漏斗是地面低洼处汇集的雨水沿节理裂隙垂直向下渗漏不断溶蚀而成(图 4-7(a))。在有较厚的松散沉积物或砂岩覆盖的岩溶地区,如有通往地下的裂隙,水流在下渗过程中,带走一部分细粒的砂和黏土物质,使地面下沉形成沉陷漏斗(图 4-7(b))。塌陷漏斗多是溶洞的顶板受到雨水的渗透、溶蚀或强烈地震发生塌陷而成(图 4-7(c),(d)),1975 年 2 月 4 日辽宁省海城地震,在震中区附近的小孤山一带,地面形成十多个塌陷漏斗(图 4-8)。

漏斗是岩溶水垂直循环作用的地面标志,因而漏斗多数分布在岩溶化的高原面上。例如宜昌山原期地面上,漏斗很发育,溶蚀洼地和落水洞等地形也很多,平均每平方千米达 30 个之多。如果地面上有呈连续分布的成串漏斗,这往往是地下暗河存在的标志。

天坑是一种特大型塌陷漏斗,发育在深切峰丛洼地区的地下水垂直循环带中。天坑的宽度和深度都超过百米,坑口为不规则圆形,坑的内壁直陡,坑底有大型地下河通过。重庆奉节山寨天坑是目前世界上发现的最大天坑,坑口直径 537～626 m,最大深度为 662 m,坑底有一条洞高为 100～150 m 的地下河。

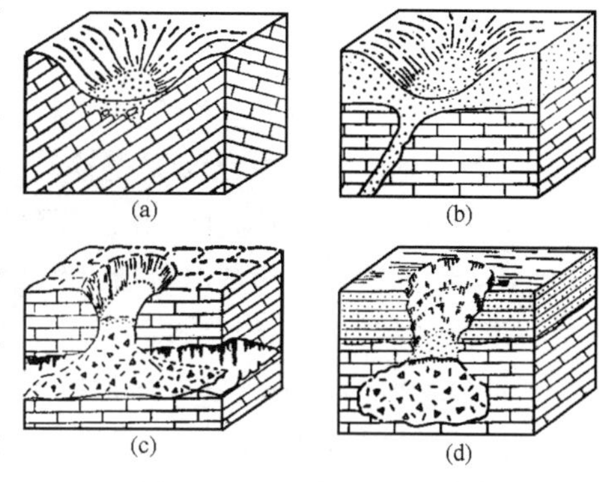

图 4-7　几种主要的岩溶漏斗
(根据 J. N. 詹宁斯,简化)
(a) 溶蚀漏斗;(b) 沉陷漏斗;
(c) 塌陷漏斗;(d) 深层岩溶塌陷漏斗

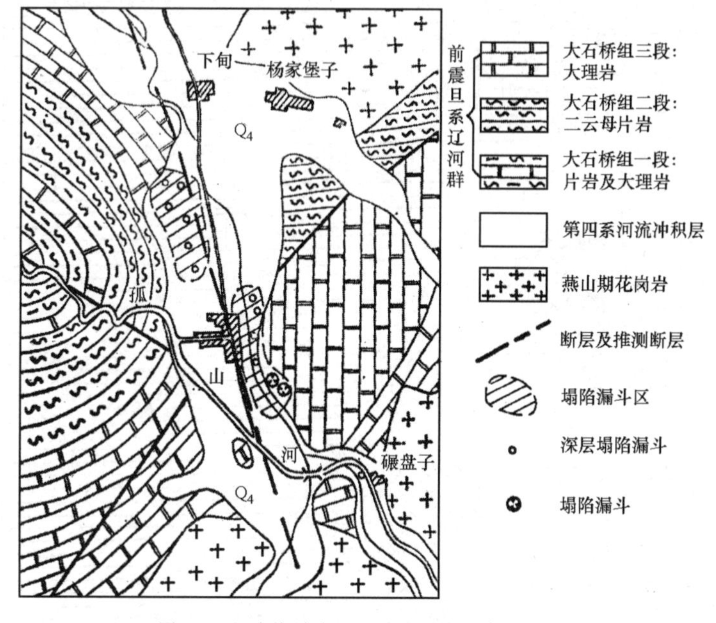

图 4-8　辽宁海城小孤山地震塌陷漏斗分布图

四、溶蚀洼地

溶蚀洼地是由四周为低山丘陵和峰林所包围的封闭洼地。它的形状和溶蚀漏斗相似,但规模比溶蚀漏斗大得多。溶蚀洼地的底较平坦,直径超过 100 m,最大可达 1～2 km。

溶蚀洼地是漏斗进一步溶蚀扩大而成。它的底部常发育落水洞,还有一些小溪。从洼地四壁流出的泉水,经小溪最后流进落水洞中。溶蚀洼地常在褶皱轴部或断裂带中发育。沿大的断裂带发育的溶蚀洼地,常呈串珠状排列。

溶蚀洼地底部如被黏土或边缘的坠落岩块覆盖,底部的落水洞就被阻塞,将形成岩溶湖。

五、岩溶盆地

岩溶盆地是指岩溶地区的一些宽广平坦的盆地或谷地。J.司威治最先称这种地形为Polje，在我国地学文献中称为坡立谷。

岩溶盆地(谷地)的宽度自数百米至数千米，长度可达几十千米。盆地的边坡陡峭，底部平坦，常覆盖着溶蚀残留的黄棕色或红色黏土，有些地方还有河流冲积物。岩溶盆地中的河流常从某一端流出到另一端经落水洞汇入地下河。在许多岩溶盆地中还耸立着一些岩溶丘。

岩溶盆地是岩溶地貌发育后期的产物，是因断陷或在岩溶与非岩溶化地块的接触带上经长期差异溶蚀和侵蚀而成，因而岩溶盆地的分布和形状也往往与地质条件有关。在可溶性岩石与非可溶性岩石接触带上发育的溶蚀盆地多呈长条形，两侧不对称，在可溶性岩石的一侧为峭壁，非可溶性岩石一侧为缓坡。沿断裂带发育的岩溶盆地，亦成长条形，宽度较窄，谷底平坦，其大小取决于断裂带的规模。在向斜轴部发育的岩溶盆地多呈椭圆形(图4-9)。

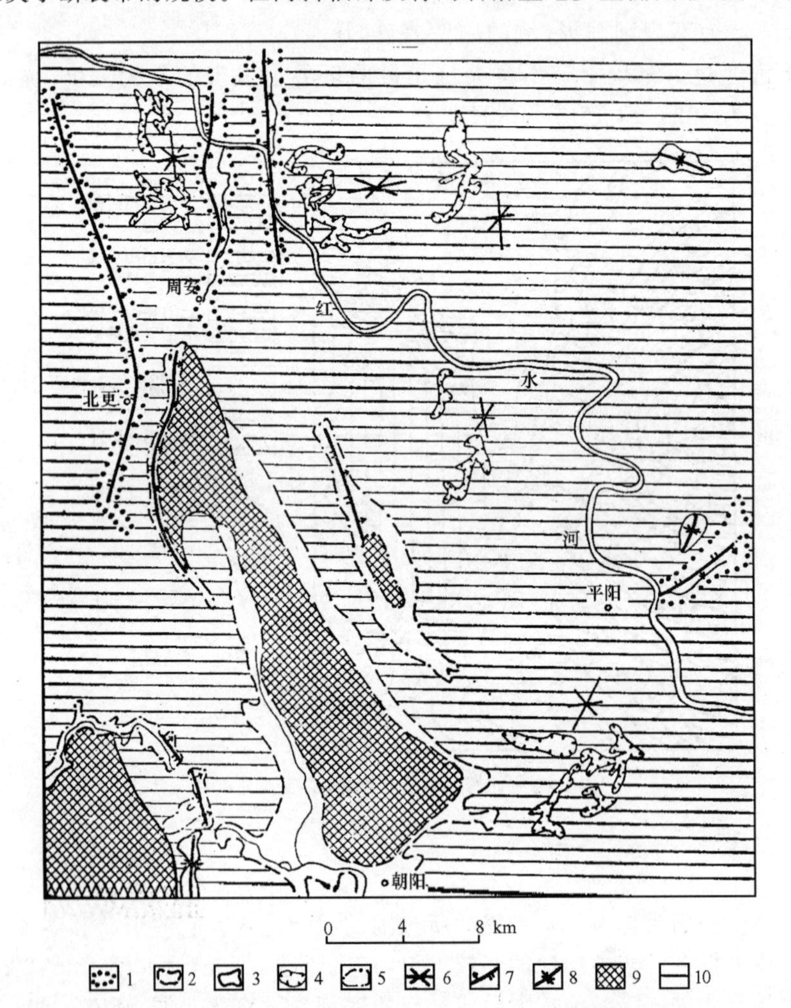

图4-9 岩溶盆地和地质构造的关系(广西上林县，根据祁延年)

1. 沿断裂带发育的岩溶盆地；2. 沿可溶性地层和非可溶性地层接触面发育的岩溶盆地；3. 沿向斜轴部发育的岩溶盆地；4. 沿主要构造裂隙发育的岩溶盆地；5. 由多种影响因素发育的岩溶盆地；6. 灰岩中主要几组裂隙方向；7. 断裂；8. 向斜轴；9. 砂页岩出露范围；10. 灰岩出露范围

六、干谷、盲谷和伏流

干谷是岩溶区的干涸河谷。由于地壳上升，岩溶水的水平循环带下降，或上游河道水流流入落水洞成为地下河，原来由地下水和上游河道补给的河流失去了水源，因而变成干谷（图 4-10）。

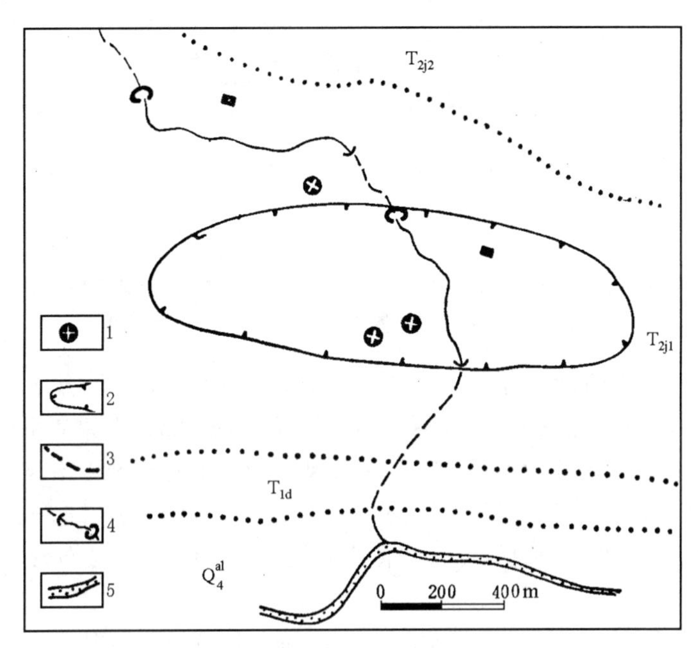

图 4-10　江西九江地区的干谷、盲谷和伏流（根据江西地质局）
1. 岩溶漏斗；2. 岩溶盆地；3. 伏流；4. 盲谷；5. 干谷

在岩溶区，常见河谷上游的水流从某一陡坎下的泉眼涌出，而河流下游又有一落水洞，河水沿落水洞流入地下，这种上下游封闭的谷地，称为盲谷（照片 4-2）。转入地下的河流暗流段，叫伏流（图 4-10）。我国广西、云南和贵州等地发育许多盲谷。在贵阳市西南，红水河的支流涟水时隐时现，出现许多伏流。

七、峰丛、峰林和孤峰

峰丛是由上部为耸立的锥形山峰和下部相连的基座组成的石灰岩山峰群，一般基座相对高度大于基座平面到峰顶的高度，山峰相对高度可达数百米，山峰坡度为 30°～60°（照片 4-3）。峰林是高耸林立的散布石灰岩山峰的组合，相对高度 100～200 m，直径小于高度，坡度较陡，大多在 60°以上，分散或成群出现在平地上，形似树林，故而得名峰林（照片 4-4）。从峰丛或峰林的单个山峰外形看，有呈锥状、塔状、圆柱状等不同形态，山峰的表面发育石芽和溶沟，山峰之间洼地或平原有河流落水洞和溶洞，它们组成峰丛洼地和峰林平原两个地貌单元。

峰丛洼地是由连座山峰和其间的洼地组成，山峰形似锥形，洼地的平面形状为多边形。洼地的面积与底部高程呈反比，即洼地的面积愈小，洼地的底部高程愈高；洼地面积与峰洼之间高差成正比，即洼地面积增大，峰洼高差也增大（图 4-11）。这表明峰丛洼地发育过程中，峰顶和洼地的高度同时降低，而峰顶降低速度较洼地底部降低速度慢，洼地不断扩大。当洼地面积扩大到一定规模后，洼地底部降低速度减慢，峰顶和洼地的相对高度比也趋于稳定。峰丛洼地的另一特征是地下河网发达，形成一定规模的洞穴，它们相互联系，构成统一的水循环系统。洞穴和地下河集中发育地区，地表塌陷成竖井和漏斗。

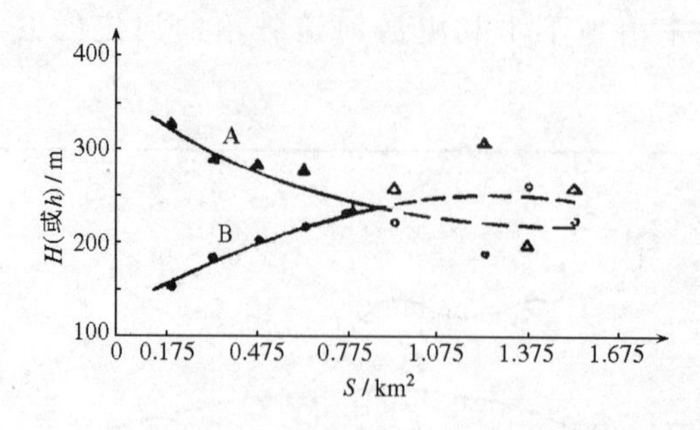

图 4-11 漓江右岸分区的洼地面积(*S*)、底部高程(*H*)和峰洼高差(*h*)关系图(朱学稳等)

A. 洼地面积与洼地底部高程关系曲线；B. 洼地面积与峰洼高差关系曲线；

▲ 洼地底部高程数值；● 峰洼高差数值；△、○ 参考值

峰林平原是在较平坦地面上散布的分离塔形山峰和峰间平原的组合体。根据山峰的规模和分布疏密程度，又可分为峰林平原、孤峰平原和残丘平原。峰林平原的平原面积宽广平坦，多为基岩裸露，但也有被松散沉积物覆盖，在山峰基脚附近有通往地下溶洞的洞口，雨季时平原地表水通过山峰基脚洞口注入地下。峰林平原地下水位埋深很浅，随季节变化地下水位也随之升降，大雨之后水位常达到地表。山峰体内洞穴十分发育，山峰分布密度愈低，个体愈小，洞穴化程度愈强。

在构造运动、气候和地形剥蚀度等因素影响下，通常用地貌循环理论来解释峰林地貌的发育，即峰丛是岩溶发育初期由岩溶水的垂直渗入溶蚀扩大而成，所以峰洼之间的相对高度较小，山峰下部有尚未溶蚀的基座相连。峰林是由峰丛进一步演化而成。当峰丛之间进一步溶蚀向深处发展，直到水平循环带，这时地下河可能出露成地表河，使侵蚀作用加强，峰丛基座被切开，山峰相互分离成为峰林。由于地质构造条件的差异，峰林的分布也有不同。在舒缓褶皱的纯石灰岩地区，峰林成丛状分布，在紧密褶皱、岩层倾角较陡的石灰岩地区，峰林成排分布。孤峰是岩溶区的孤立石灰岩山峰，常分布在岩溶平原或岩溶盆地中，相对高度由数十米至百余米。孤峰是在地壳相对长期稳定条件下，峰林不断溶蚀降低的产物。

此外，对峰林地貌演化，提出峰林同时态系统演化模式(图 4-12)。即峰林地貌发育过程是在一个具有一定地质构造条件的纯质厚层碳酸盐岩石地区，并不断适应外部环境(气候、构造运动、外源水输入和演化时间)，按自身发展规律的系统，峰丛洼地和峰林平原是这一系统中同时存在的两个子系统。在溶蚀区的整个空间，如果在不同的构造部位或地段，地壳升降幅度、地表径流强度、地下水深度、原始地形高度和起伏度等出现差异，岩溶过程将适应不同部位或地段的外部环境而形成不同的岩溶形态和结构，即峰丛洼地、峰林平原和孤峰平原。它们的分布具有有序格局、成因相互联系以及演化过程同时态系统等特征。

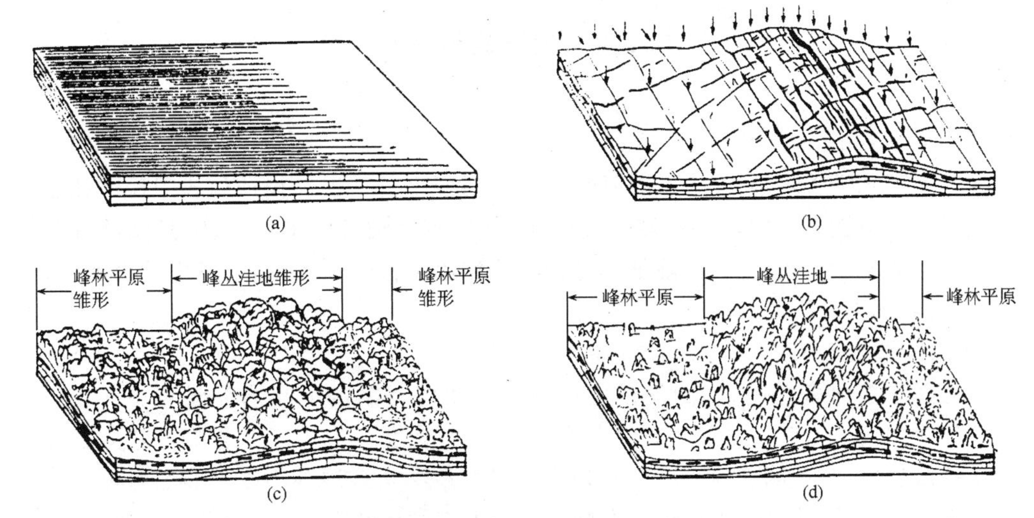

图 4-12 峰林地貌的同时态系统演化模式(根据朱学稳等)

(a) 原始石灰岩地面；(b) 构造隆起及裂隙形式，峰林地貌发育的起始条件，外源水不断渗入；(c) 峰林地貌各子系统的初步形成；(d) 峰林地貌系统的有序发展

八、钙华堆积地貌

碳酸盐岩石地区，含有丰富碳酸钙的地表水和从地下溢出的地下水，当水分蒸发，碳酸钙便沉积成多孔沉积物，称为钙华(石灰华)。钙华在地表堆积成钙华坝、钙华滩、钙华瀑布和钙华池等地貌。

钙华坝常在河流跌水处由碳酸钙堆积而成，一些藻类和苔藓附生在碳酸钙表面随钙华一起增长，形成色彩艳丽的钙华坝。水流从钙华坝流过便形成瀑布，如钙华坝增高阻塞河流便形成钙华池。

九寨沟中的钙华坝横亘于河谷中呈弧形分布，长达数百米，高 10 多米，坝顶宽度从几米至百米不等，由钙华坝阻塞形成的湖池有 100 多个，面积大小不一，其中 20 多个面积超过 5000 m^2，它们分布在九寨沟中下游 20 km 长的河段中。九寨沟的钙华大多是在全新世形成的，平均沉积速率约 4.5 mm/a。

黄龙沟分布上千个钙华池，由于它们的色彩艳丽，又称彩池(照片 4-5)。彩池成群分布，大小不一，大者面积超过 1000 m^2，小者仅几平方米。钙华池由石坝相围而成，层层叠叠，高低不等，最高石坝可达 7.2 m。彩池内生物茂盛，生长有绿藻、蓝藻、硅藻、黄藻等几十种藻类。黄龙沟碳酸盐岩石大面积分布，有规模较大的断裂带，节理也十分发育，为地下水循环和溢出创造有利条件，沉积厚达 30 m 的钙华沉积物。钙华主要沉积时期在 8000—2000 a B. P.，平均沉积速率为 3～5 mm/a。

上述两处钙华堆积地貌是高山喀斯特类型，也是世界钙华堆积地貌最典型的地区。现为国家风景名胜区，1992 年 12 月列入世界自然遗产名录。

第四节 地下岩溶地貌

一、溶洞

溶洞是地下水沿着可溶性岩石的层面、节理或断层进行溶蚀和侵蚀而成的地下孔道。当地下水流沿着可溶性岩石的较小裂隙和孔道流动时,其运动速度很慢,这时只能进行溶蚀作用。随着裂隙的不断扩大,地下水除继续进行溶蚀作用和侵蚀作用外,还发生重力崩塌,使孔道扩大为溶洞。

1. 溶洞形态特征

溶洞的形态多种多样,它们的规模大小不一。我国著名的七星岩洞最宽为 70 m,高约 15 m。已知我国最长的洞穴是贵州省绥阳县的双河洞,长度达 117 km。根据洞穴的剖面形态可分为水平溶洞、垂直溶洞、阶梯状溶洞、袋状溶洞和多层状溶洞等。这些形态各异的溶洞或是与地下水动态有关,或是与地质构造有联系。在垂直循环带中发育的溶洞多是垂直的,规模大小不一;在水平循环带中形成的溶洞多是水平的,有时受断层面的倾向和地层产状的影响,也可能是倾斜的。有些溶洞发育还受岩层中节理的控制,经常见到溶洞的方向与某一组特别发育的节理方向一致(图 4-13)。

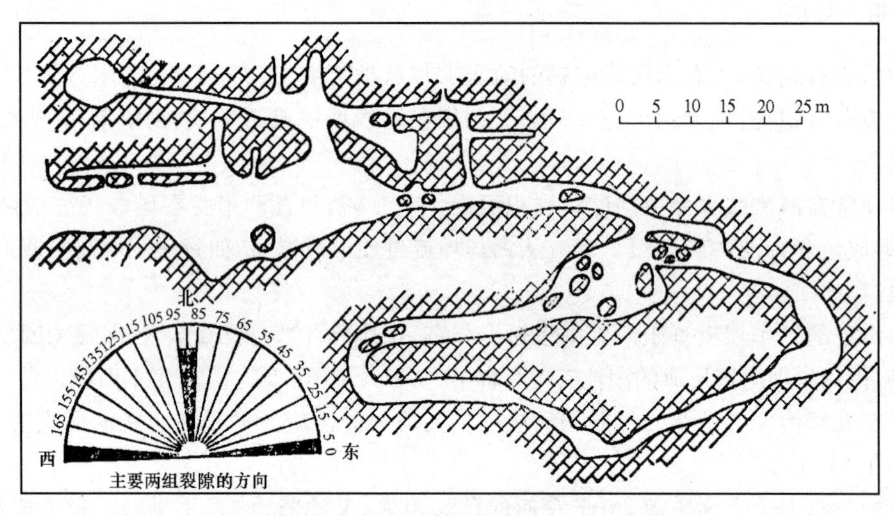

图 4-13 广西忻城十二岩洞平面分布和裂隙方向的关系(根据祁延年)

溶洞内经常充满水,形成地下河、地下湖和地下瀑布。当地壳上升,地下水水位下降,溶洞将随之上升,使洞内经常无水。地壳多次间歇抬升,就会出现多层溶洞。

有些溶洞在冬季冒出大量水气,故有热气洞之称。这是因洞的深度增加而地温增高,洞内湿度较大、温度较高的空气成为雾状排出洞口。如地下溶洞有热泉溢出,则可形成热水洞。还有一些洞能发出咚咚的响声,好似擂鼓,取名擂鼓洞,这是因为洞内有暗河,高处暗河的水流跌落到低处暗河时冲击河水而发出的响声。

在岩溶侵蚀基准面以下,还有深部岩溶洞穴。目前世界上发现最大的深部溶洞在喀尔巴阡山的阿尔玛河流域,溶洞位于地面以下 800～1331 m 处,我国已知的最大深部溶洞位于湖南某矿区,在地面以下 186～430 m。这些深部溶洞的成因很复杂,按深部溶洞的分布位置分析，其成因可能有以下几种情况：

(1) 埋藏的古溶洞，这是早期地质时期形成的，(2) 构造活动强烈地区，活动断裂很发育，岩溶水沿断裂向深处渗漏，经长期侵蚀、溶蚀和崩塌而成，(3) 受硫化矿体影响形成的深洞穴，硫化物因氧化与水作用成酸水，岩溶水沿灰岩裂隙向深处渗漏溶蚀，在深部形成洞穴，(4) 深部承压水作用形成的深部洞穴。

2. 溶洞堆积物

溶洞堆积物归纳起来可分为三大类型，即化学堆积物、机械堆积物和生物堆积物。这些堆积物相应形成一些特殊的形态，尤以化学堆积物的形态最为绚丽多彩。

(1) 化学堆积物。地下水沿着石灰岩细小的孔隙和裂隙流动时，$CaCO_3$ 分解为 Ca^{2+} 和 HCO_3^- 并随水流走，当水流出裂隙时，CO_2 的分压力降低和温度升高，水中 CO_2 逸出，$CaCO_3$ 沉积下来，形成石灰华，在洞穴中常成为石钟乳、石笋、石柱、石幕和石华等形态(照片 4-6、4-7)。

地下水从洞内顶壁渗出时，滞留在洞顶上的小水滴中的 $CaCO_3$ 逐渐沉积并向下伸展悬挂，形似钟乳，称为石钟乳。它的横剖面有同心圆状的层次，从上往下层次减少。石笋是从洞顶滴落下来的水落到洞底，其中的 $CaCO_3$ 逐渐沉积形成的，它形似竹笋，称石笋(照片 4-8)。石笋是自下而上逐层增长，它的横剖面也为同心圆状，但从下往上层次减少。石钟乳和石笋各自向相对方向伸长，最后连接起来，成为石柱(照片 4-9)。从洞壁沿裂隙渗出的水，$CaCO_3$ 呈片状沉积，如同帷幕一样展开，称为石幕。

在地下裂隙、管道和溶洞中，常有红色黏土沉积，它们是石灰岩溶蚀后留下的含有 Al_2O_3 和 Fe_2O_3 的黏土物质。

(2) 机械堆积物。洞穴中的机械堆积物有河流沉积、湖泊沉积和崩塌沉积三种。河流沉积物是地下河沉积的小砾石和砂，或者是地表河流在洪水期带到溶洞中的沙砾沉积。有时在地下溶洞的河流沉积物中，可见到磨圆度极好的小砾石。湖泊沉积是一种具有极薄层理的黏土-粉砂沉积，它们是在地下湖中沉积的，也可能是地表河流在洪水期灌入到溶洞中沉积的。在很多地方，洞穴中的河流沉积和湖泊沉积呈互层。崩塌沉积物是从洞顶、洞壁崩塌下来的一些碎屑堆积物，常和洞底的石灰华、黏土混杂在一起，胶结以后就成为一种坚硬的角砾岩。

(3) 生物堆积物。石灰岩洞是史前原始人类栖息之场所。北京猿人和山顶洞人、湖北长阳人、广西柳江人和广东韶关马坝人的化石，都是在石灰岩洞中发现的。除了人类化石外，溶洞中还可以找到史前人类用过的石器和骨器以及用火的痕迹。古人类将狩猎得到的一些动物和采集的果实带到洞中，因而洞穴中常保存着许多哺乳动物化石和植物化石。另外，洞穴中常有鸟粪和蝙蝠粪的堆积。

二、地下河和岩溶泉

1. 地下河

地下河是石灰岩地区地下水沿裂隙溶蚀而成的地下水汇集和排泄的通道。地下河的水流主要由地表降水沿岩层裂隙渗流或由地表河流经落水洞进入地下河，少数地下河水流由深源和远源地下水补给。地下河具有和地表河一样的主流、支流组合的流域系统，发育不同规模的瀑布、壶穴和砂砾堆积，水文状况也随地表河的洪枯水期的变化而变化。地下河的分布深度常和地方侵蚀基准面相适应，如果有不透水层的阻挡，或者第四纪地壳上升幅度大于溶蚀深度，地下河则高于当地侵蚀基准面，形成悬挂式的地下河。

岩溶区的地下河，按其发育阶段和形态特征分成四类：

(1) 与地方侵蚀基准面相适应的地下河多分布在主河流的两岸，规模大，水量丰富，地下河水面与地面高差不大；

(2) 穿山式地下河的水面与地表河水面等高，往往是连接相邻两溶蚀盆地中地表河的通道；

(3) 悬挂式地下河的规模较小，分布在峰丛洼地区，主要是受隔水层的阻挡形成的；

(4) 成层分布的地下河，其上层常无水流，形成时间早，下层有水流是正在发育的地下河。如相近两地下河相通，可形成峡谷状洞道或地下瀑布。

地下河常引起地表塌陷而造成灾害，在工业基地、交通枢纽和人口密集地区研究地下河的分布和发育，进行灾害评价尤为重要。另外，地下河蕴藏丰富的地下水资源，也是价值很高的旅游资源，科学开发地下河资源是重要的研究课题。

2. 岩溶泉

岩溶地区常有泉水出露，按泉的涌水特征和成因可分为三种类型：

(1) 暂时性泉多分布在垂直循环带或过渡带，只在雨季或融雪季节，垂直循环带充水以及洪水期受河水上涨影响，地下水位上升成暂时泉；

(2) 周期性泉多形成在过渡带和水平循环带之间，它的形成机理类似虹吸管原理，泉的涌量呈周期性变化，有时水量很大，有时水量很小，贵州省猫跳河红板桥附近的周期泉，最大涌水量达 22.5～88.5 L/s，最小涌水量才 0.45 L/s，每一周期相隔 30～35 min；

(3) 涌泉来自水平循环带的深部或深部的层间含水层，流量大且较稳定。

第五节 岩溶地貌发育和地貌组合

岩溶地貌发育和组合可从三方面来看。一方面，在不同的气候区，岩溶地貌发育不同，地貌组合也不相同，这是岩溶地貌发育的地带性特征；另一方面，在同一气候区，岩溶地貌的发育阶段不同，岩溶地貌组合也有差异，这是岩溶地貌发育的阶段性特征。此外，岩溶地貌在长期发育过程中，由于气候条件和构造条件的变化，使岩溶地貌发育产生变异。

一、岩溶地貌的地带性特征

1. 热带岩溶

在我国南方的广大石灰岩区，地处热带，高温多雨，年降水量达 1500 mm，年均温度为 15～20 ℃，岩溶作用非常强烈。虽然 CO_2 在水中的含量与水温成反比，但热带地区雨量充沛，水循环快，石灰岩的溶蚀作用可以不断进行。同时，热带地区气温高，化学反应快，植物分解产生大量的 CO_2，并分泌出有机酸，这些都大大加速岩溶作用过程，因而热带地区的地表岩溶和地下岩溶都很发育。这里有规模较大的溶蚀盆地和峰丛洼地，形成许多锥状峰丛和塔状峰林，石芽和溶沟发育极好，有时成为石林式石芽，地表和地下发育的水系相互连通，地下洞穴系统发育，地面多塌陷。

2. 温带岩溶

温带岩溶又分两种，即温带季风气候区岩溶和温带干旱区岩溶。

温带季风气候区年降雨分配不均匀，有明显的雨季。雨季降水集中，时间短，地表岩溶地貌不发育，只有一些小的溶蚀浅沟，但地表水渗入地下滞留时间较长，故地下溶洞较发育。例如我国华北地区，规模较大的地表现代岩溶地貌很少见到，但有许多溶洞，其中有相当数量的现代发育的溶洞和一些岩溶泉。在晋、冀、鲁、豫四省寒武—奥陶纪灰岩中的水流量为 1 m^3/s 以上的岩溶泉就达 36 个（图 4-14）。

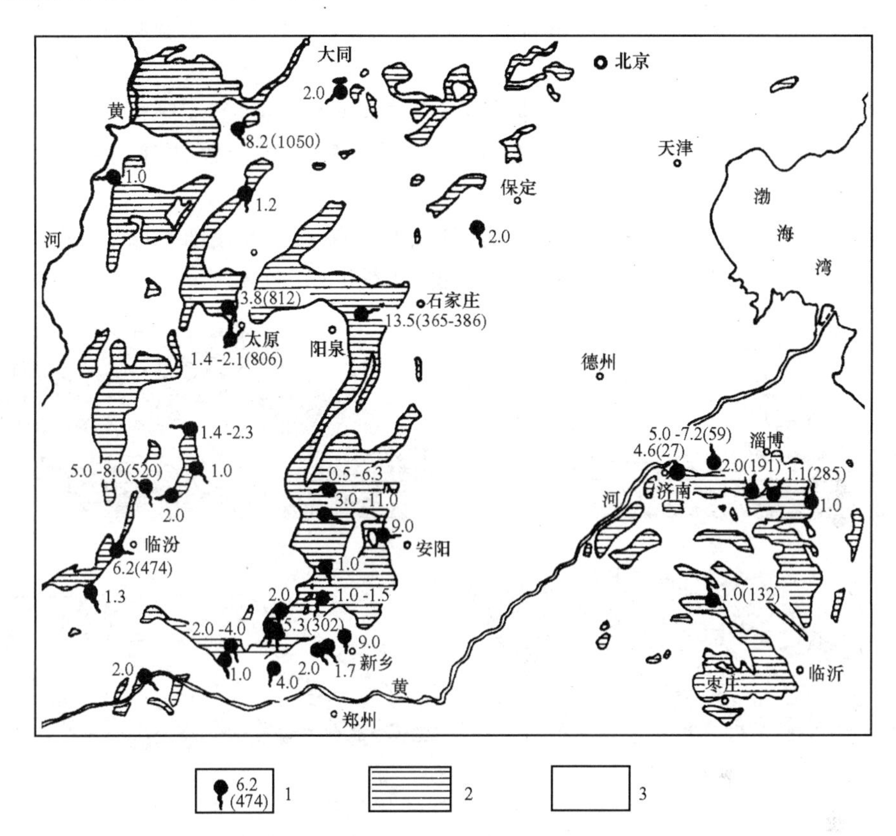

图 4-14　晋、冀、鲁、豫四省寒武—奥陶纪灰岩中的大中型岩溶泉群（根据山东省地质局等）

1. 岩溶泉群及水流量（m^3/s）；2. 寒武—奥陶纪碳酸盐系；3. 非碳酸盐出露区

温带干旱区降雨很少，地表岩溶作用极微弱，几乎看不到现代岩溶地貌。例如在新疆石灰岩地区，由于物理风化强烈，大部分地面被风化碎屑覆盖，即使在石灰岩裸露区，也没有典型的岩溶景观。干旱区有地下水作用，虽然水量不多，但水中含有较多的 SO_4^{2-}，因而地下水有一定的溶蚀作用，形成一些小溶洞。例如柴达木盆地西北部的寨东沟和拉乌地区（海拔 3600～4000 m）发育一些直径为 0.1～0.5 m 的小溶洞。

3. 寒带和高山寒冷地区岩溶

寒带和高山寒冷地区，气温极低，有永久冻土或季节冻土，溶蚀作用极缓慢，但在长期岩溶作用下，仍有岩溶地貌发育。例如在西藏高原上一些河谷两旁，发育着一些小溶洞（海拔 4400～4600 m），有些地方有岩溶泉发育，在岩溶泉两旁形成石灰华。祁连山现代冰川下白水河河流中的岩溶泉现仍在堆积石灰华，形成长 425 m、宽 20～30 m 和高 5.2 m 的平台。

二、岩溶地貌发育的阶段性

在气候条件和地质条件不变的情况下，由上升的石灰岩高地开始，岩溶地貌发育可按幼年期阶段、青年期阶段、壮年期阶段和老年期阶段顺序发展，各个阶段有一定的地貌组合。

幼年期阶段。可溶性岩石裸露，地表流水开始对可溶性岩石进行溶蚀作用，地面常出现石芽和溶沟，以及少数漏斗(图 4-15(a))。

青年期阶段。河流进一步下切，河流纵剖面逐渐趋于均衡剖面，地表水绝大部分转为地下水。这时，漏斗、落水洞、干谷、盲谷、溶蚀洼地广泛发育，地下溶洞也很发育，有许多地下河(图 4-15(b))。

壮年期阶段。地表河流受下部不透水岩层的阻挡，或者地表河下切侵蚀停止，溶洞进一步扩大，洞顶发生塌陷，许多地下河转为地面河，同时发育许多溶蚀洼地、溶蚀盆地和峰林(图 4-15(c))。

老年期阶段。当不透水岩层出露地面时，地面高度接近地方侵蚀基准面，地表水文网发育，形成宽广的平原，平原上残留着一些孤峰和残丘(图 4-15(d))。

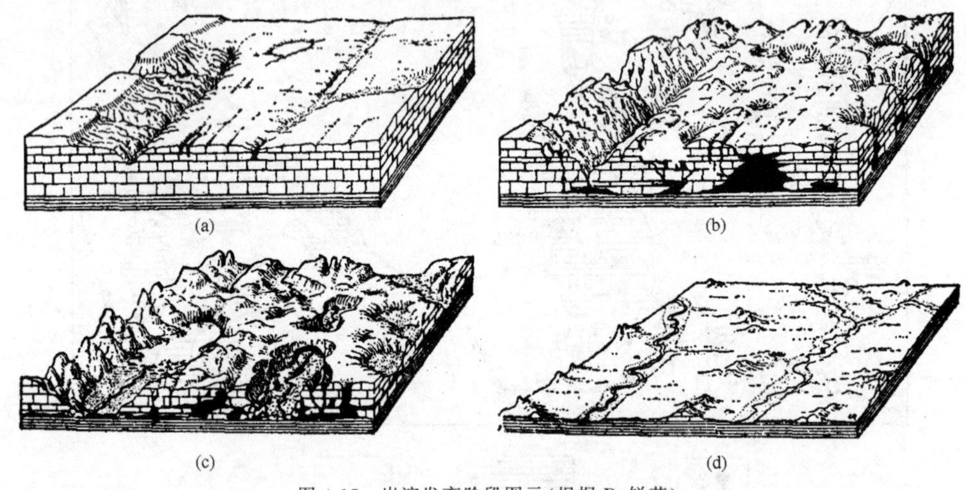

图 4-15 岩溶发育阶段图示(根据 R.锐茨)

(a) 幼年期阶段；(b) 青年期阶段；(c) 壮年期阶段；(d) 老年期阶段

上述岩溶发育阶段图是一个理想模式，把影响岩溶地貌发育的岩性、构造和气候等看成不变的条件。实际上，岩溶发育过程中岩性、构造和气候都有变化。例如当岩溶发育到壮年期阶段时，地壳又一次上升，而下部地层又是透水的，那么地下水将进一步向下渗透，再次重复青年期阶段，这时地下将会出现多层溶洞。此外，在同一气候条件下，溶蚀作用相等，但在不同地貌和构造部位，可以形成不同的地貌组合。因此，在研究岩溶发育时，还要考虑到区域地质、地貌等条件的变化和岩溶地貌发育过程中的气候变化。

三、岩溶地貌发育的变异

岩溶发育是一个缓慢的长期地质过程，岩溶平原、大型峰丛洼地、峰林等地形的形成和发展都需要一个较长的时间。在这一较长时间内，气候和构造条件都将有所变化，因而也必将对岩溶的形成与发展产生影响。归纳起来可能有以下几种情况：

(1) 气候条件和构造条件的变化阻止了岩溶的继续发展，甚至破坏了早期形成的各种岩溶景观，出现早期形成的岩溶地貌和其他外营力作用形成的地貌共存现象。我国青藏高原在古近纪和新近纪时，海拔较低，是热带稀树草原或热带森林环境，气候炎热潮湿，岩溶作用较

照片 4-1　石林（云南路南）（郑亚林）

照片 4-2　广东英德盲谷。河流从照片上部山麓流出，从下部山麓没入地下（李有利）

照片 4-3　广西兴业县峰丛（李有利）

照片 4-4　塔状峰林（根据《中国岩溶》）

照片 4-5　连接成群的钙华池（四川黄龙）（杨逸畴）

照片 4-6　石花（根据《中国岩溶》）

照片 4-7　洞穴的烛台状钙华（朱学稳）

照片 4-8 贵州织金洞中石笋（卢耀如）

照片 4-9 石柱（根据《中国岩溶》）

强，发育了峰林、竖井和地下溶洞。但是，第四纪以来，青藏高原加速隆升，气候变冷、变干，岩溶作用减缓或停滞，岩溶地貌受到破坏。以珠穆朗玛峰北麓为例，在海拔 4300 m 左右的定日盆地，现代年平均气温为 0 ℃左右，年降水量约为 200～300 mm，分布在海拔 4800～5000 m 高度的新近纪发育的古岩溶已受寒冻风化作用而被强烈破坏，峰林受剥蚀而降低（相对高度约 30～40 m），峰林的基部堆积大量剥落的石灰岩块。在昂章山等处的峰林已破残，定日东山的古溶洞洞顶早已下塌，洞壁受寒冻风化作用已形成凹凸不平的刻纹。以上这些新近纪古岩溶现今遭到强烈破坏，形成一种特殊的残留岩溶地形。

（2）气候条件和构造条件的变化进一步促使岩溶的发展，或者说现今岩溶的发育是在继承古岩溶的基础上继续发展。在湖南西部沣水中游的河间分水岭地段，由于地壳不断上升，地下水为适应新的基准面而不断下降，形成厚度较大的垂直循环带，使分水岭地区岩溶进一步发展，峰丛洼地、漏斗和落水洞都很发育，从河谷到分水岭岩溶化程度有逐渐加强的趋势。

（3）在气候条件和构造条件不变或变化不大的情况下，在相邻不远的两个区域，岩溶发展阶段不同，岩溶地貌也有差别。例如云贵高原目前属于亚热带气候区，在高原上的古峰林已遭破坏，逐渐变得浑圆而低矮，相对高度仅几十米至百余米，而在云贵高原与广西盆地之间的过渡地带，现今处于地下水强烈垂直循环带上，在古峰林的基础上继续强烈地溶蚀，形成高大的峰林和深达 400～500 m 的圆筒形洼地。

第五章　冰川地貌

在高山和高纬地区，气候严寒，年平均温度在0℃以下，常年积雪，当降雪的积累大于消融时，地表积雪逐年增厚，经一系列物理过程，积雪就逐渐变成粒雪，再由粒雪变成微蓝色的冰川冰。冰川冰是多晶固体，具有塑性，受自身重力作用或冰层压力作用沿斜坡缓慢运动，便形成冰川。

现在世界上冰川覆盖面积约为1622万平方千米，占陆地总面积的11%左右，总体积约为2600万立方千米。据估计，如冰川全部融化可使世界洋面上升60多米。第四纪冰期时，冰川覆盖面积更大，可达世界陆地面积的1/3，北美洲、欧洲和亚洲北部都曾形成大片的大陆冰盖，中纬度的高山和高原地区也发育大规模的山地冰川。

古冰川作用的地区和现代冰川发育地区，地表都经受过冰川强烈的塑造，形成一系列冰川地貌。此外，冰川进退或积消引起海面升降和地壳均衡运动，还使海陆轮廓发生较大的变化。

第一节　冰川和冰川作用

一、雪线

在高山和高纬地区，地表年降雪的积累量和年消融量相等的界线，称为雪线。

山区的积雪面积和高度随季节变化，冬季积雪区扩大，积雪高度下降；夏季积雪区缩小，积雪高度上升。在气候年变化不大的若干年内，每年最热月积雪区的下限大致在同一海拔高度。在雪线以上为多年积雪区，雪线以下为季节积雪区。

雪线的高度是寒冷气候地貌的一条重要界线，冰川形成在雪线以上，一个地方的高度如果低于该区的雪线高度，就不能形成冰川。决定雪线高度的主要因素有温度、降水量和地形。

(1) 温度。形成多年积雪，首先取决于近地面空气层的温度是否长期保持在0℃以下。气温随高度和纬度而变化，低纬雪线位置较高，高纬雪线位置较低。但是，从低纬向高纬的雪线高度变化并不是一条直线，还受降水量多少的影响。

(2) 降水量。根据地球上的现代雪线高度看，雪线位置最高不在赤道，而在南北半球的副热带高压带(图5-1)。赤道附近降水量多，副热带高压带降水量较少，但这两个地区的温度对雪线的影响不如降水量影响大，所以赤道附近的雪线高度要比副热带高压带低。例如接近赤道附近的东非乞力马札罗山，它的雪线高度为4570～5425 m，南纬20°～25°的安第斯山的雪线高度却高达6400 m。

海洋性气候区降水量较多，雪线也要低些。例如南半球由于海洋面积大，海洋性气候强，雪线高度比北半球的相同纬度的雪线低。

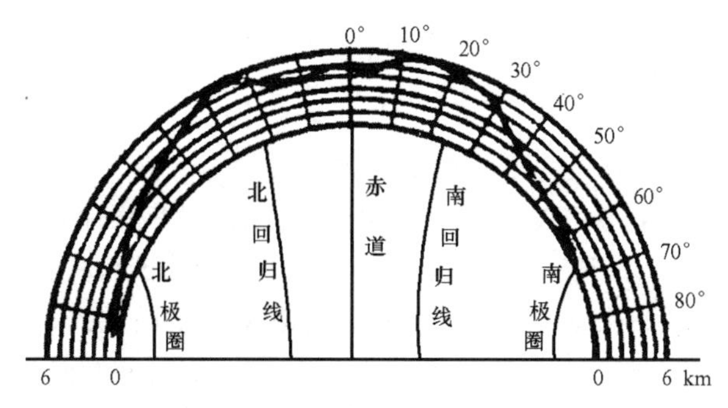

图 5-1　地球上的雪线分布高度(根据 C.B.卡列斯尼克)

(3) 地形。雪线的高度受地形的坡形和坡向影响，在同一朝向的山坡，缓坡较陡坡更易积雪而雪线降低；坡向主要影响降水和日照而使雪线高度变化。如喜马拉雅山南坡雪线高度为4400～4600 m，北坡为5800～5900 m，这是因为高大的山体阻挡了从印度洋南来的气流，在南坡降水量多，雪线位置低，北坡降水量少，雪线位置高。另外，在北半球大陆性较强的地区，南北山坡降水量变化不大的山地，南坡雪线比北坡雪线要高，因为南坡向阳，温度高，雪线位置高，北坡背阴，温度低，雪线位置低。例如天山的南坡雪线为4200 m，北坡雪线为3900 m，祁连山南坡雪线高5000 m，北坡雪线高4600 m。

二、冰川形成过程

积雪变成冰川是先由新雪变成粒雪，再由粒雪变成冰川冰，最后形成冰川。

雪花为放射状的多棱角形，落在地面上的新雪，其密度为0.01～0.1 g/cm^3，最低达到0.004 g/cm^3，最高为0.39 g/cm^3，孔隙度为67%以上，随着雪层增厚，压力加大，或融冰下渗，孔隙度变小。雪的导热率很低，当气温低于积雪和土体温度时，雪层中的水汽就向上层扩散，使上层水汽增多，达到饱和状态时便凝华，形成晶体并不断增大。当气温和积雪温度相差不大，曲率半径大的雪花晶粒表面的水汽也因饱和而凝结，曲率半径小的晶粒将因未饱和而升华。上述过程产生物质的定向转移，大晶粒增大而圆化，小晶粒缩小乃至消失，晶体发生迁移和重结晶作用使晶体变圆而成粒雪。如果有液体水薄膜存在，薄膜水也可按同样方式发生迁移。

粒雪的密度比新雪大，一般为0.4～0.7 g/cm^3，在粒雪的自重作用下，粒雪不断压实或融水渗浸再结晶，使粒雪密度不断增大，当达到0.84 g/cm^3 时，晶粒间失去透气性和透水性，便成为冰川冰。

粒雪变成冰川冰可在低温干燥环境下形成，也可在气温较高、融水活跃时进行。在低温干燥环境下，粒雪变成冰川冰要有巨厚的粒雪层对下部粒雪施加巨大的静压力，排出空气促进重结晶作用，形成冰川冰。在南极冰盖下部常有这种冰川冰，其特点是晶粒小，不足1 mm。另一种冰川冰的形成是由于积雪表面在夏季白天受阳光照射时，气温增高，粒雪融化，融水沿着粒雪之间孔隙下渗，到了夜间，下渗水以粒雪为核心又重新冻结起来而促进了粒雪的成冰过程。这种过程的成冰速度较快，当融水渗入粒雪层中重新冻结时，能立即将粒雪冻结成冰。这种冰的气泡少，密度较大，透明度高。

具有塑性状态的冰川冰形成后，在重力和压力作用下便缓慢变形和流动，并越过雪线向下游流动，成为冰川。

三、冰川的类型

根据不同原则可将冰川划分为不同类型。

1. 按冰川发育的气候条件和冰川温度状况，分为海洋性气候冰川和大陆性气候冰川

(1) 海洋性气候冰川又称暖冰川，发育在高山和高原降水充沛的海洋性气候地区，雪线在年降水 2000～3000 mm 地区附近，冰川的形成以暖渗浸再结晶成冰过程为特征，冰川的温度接近零度，液态水可从冰川表面分布到底部。由于海洋性冰川补给量大，冰川运动速度快，一般为 100 m/a，最快达 500 m/a，冰川尾端常伸入到森林带。这种类型冰川侵蚀力量强，可形成典型的冰川地貌。我国西藏东南部和阿尔卑斯山的现代冰川都属于这种类型。

(2) 大陆性气候冰川又称冷冰川，发育在降水较少、气温低的大陆性气候地区，雪线在年降水 1000 mm 以下的区域。冰川上部活动层的厚度约 0.5～1 m，夏季温度可增至 0℃，冰川主体的温度经常保持在 −5～−10℃，当融水向下渗入到低温的冰体中时，迅速形成附加冰，成为冷渗透再结晶成冰过程。由于大陆性冰川温度低，补给少，冰川运动速度缓慢，约为 30～50 m/a，冰川尾端不会越过森林带上限，冰川作用较弱，冰川地貌发育不及海洋性冰川作用形成的地貌那样典型。我国西部大陆内部和中亚的一些现代冰川属这种类型。

2. 按冰川的形态、规模和所处的地形条件，可划分为山岳冰川、大陆冰川、平顶冰川和山麓冰川

(1) 山岳冰川。山岳冰川是发育在高山上的冰川，主要分布在中纬和低纬高山地区。山岳冰川形态和所在的地形条件有很大的关系，根据冰川的形态和部位可分为冰斗冰川、悬冰川和山谷冰川三种。冰斗冰川是分布在雪线附近冰斗内的冰川(图 5-2(a))，规模大的冰斗冰川可达数 km^2，小的不及 1 km^2。冰斗冰川的三面围壁较陡峭，在朝向山坡下方有一缺口，是冰斗内冰流的出口，出口的底部常发育岩槛。冰斗内发生雪崩，这是冰雪补给的一个重要途径。悬冰川是发育在山坡上的一种短小的冰川，当冰斗冰川的补给量增大，冰雪向冰斗以外的山坡溢出，形成短小的冰舌悬挂在山坡上便形成悬冰川(图 5-2(b))。这种冰川的规模很小，面积往往不到 1 km^2。悬冰川的存在取决于冰斗冰川供给的冰量，随气候变化而消长。山谷冰川有大量冰雪补给，冰斗冰川迅速扩大，大量冰体从冰斗中流出进入山谷后形成的冰川(图 5-2(c))。山谷冰川以雪线为界，有明显的冰雪积累区和消融区，长可由数千米至数十千米，厚数百米。如单独存在的一条冰川，叫单式山谷冰川，由几条冰川汇合的叫复式山谷冰川(图 5-2(d))(照片 5-1)。

(2) 大陆冰川。大陆冰川是在两极和高纬地区发育的冰川，它面积广，厚度大。如冰川中心凸起形似盾形的，叫冰盾(图 5-2(h))，还有一种规模更大的、表面有起伏的大陆冰体，叫冰盖(图 5-2(g))。格陵兰冰盖和南极冰盖是目前世界上最大的两个冰盖(图 5-3，图 5-4)。南极洲东部冰层最厚达 4267 m，冰面平均海拔 2610 m，下伏陆地平均高度为 500 m，冰盖下还有一些湖泊，最大者面积超过 15 000 km^2，平均水深为 125 m。南极洲西部冰面平均海拔 1300 m，冰面出露一些基岩山地，最高峰海拔达 4000 m 以上，但下伏地面大部分在海面以下，平均为 −280 m。由于大陆冰川有很厚的冰体，在强大的压力下，从冰川中心向四周流动，伸入到海洋中的冰体，形成漂浮冰架。

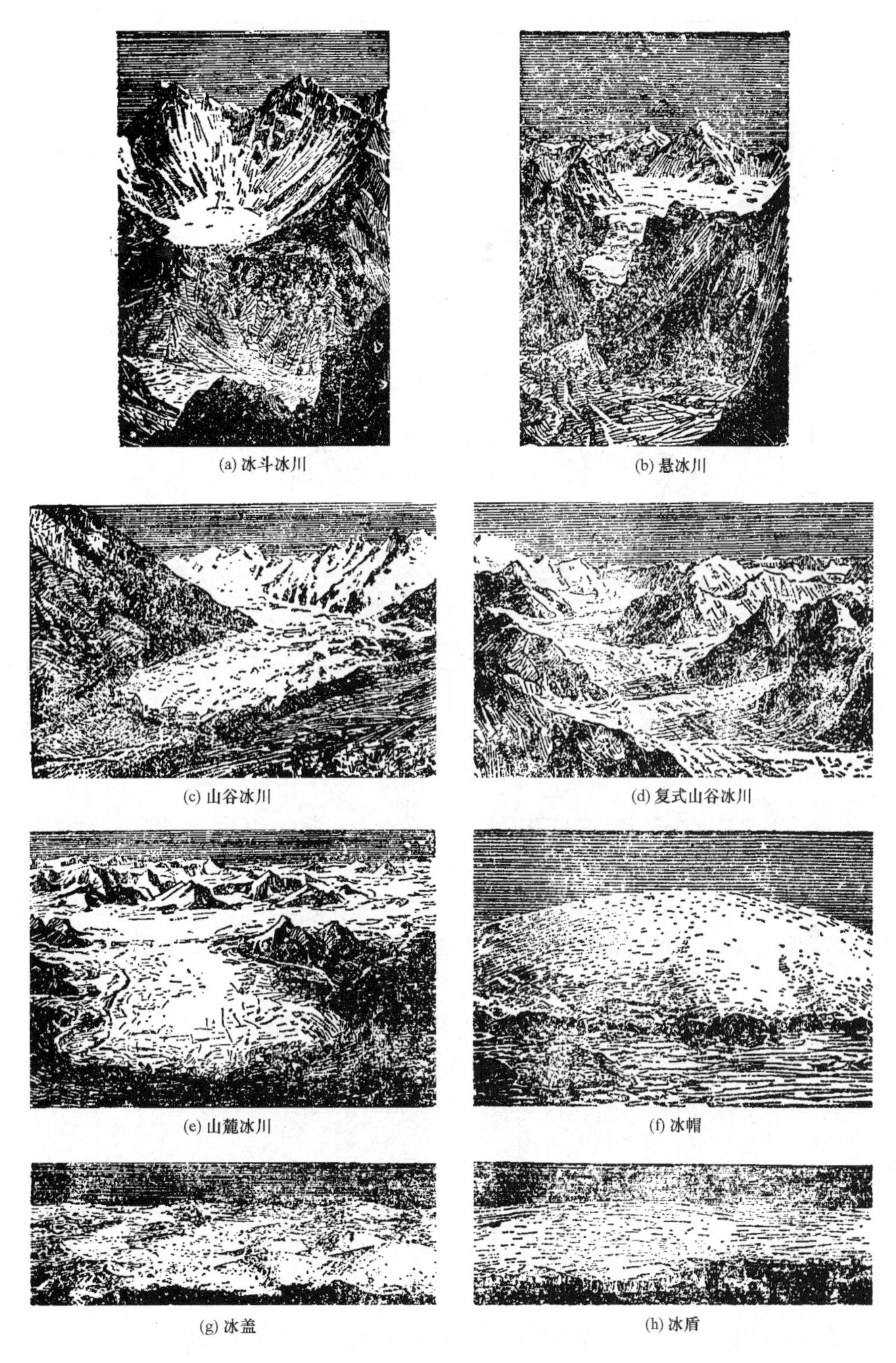

(a) 冰斗冰川　(b) 悬冰川　(c) 山谷冰川　(d) 复式山谷冰川　(e) 山麓冰川　(f) 冰帽　(g) 冰盖　(h) 冰盾

图 5-2　冰川的类型(根据 Г. К. 图申斯基)

(3) 平顶冰川。发育在起伏和缓高地上的冰面平坦的冰川，称平顶冰川，如冰川规模较大，覆盖在整个穹形山顶上，又称冰帽(图 5-2(f))。这类冰川发育于雪线以上，沿地形倾斜方

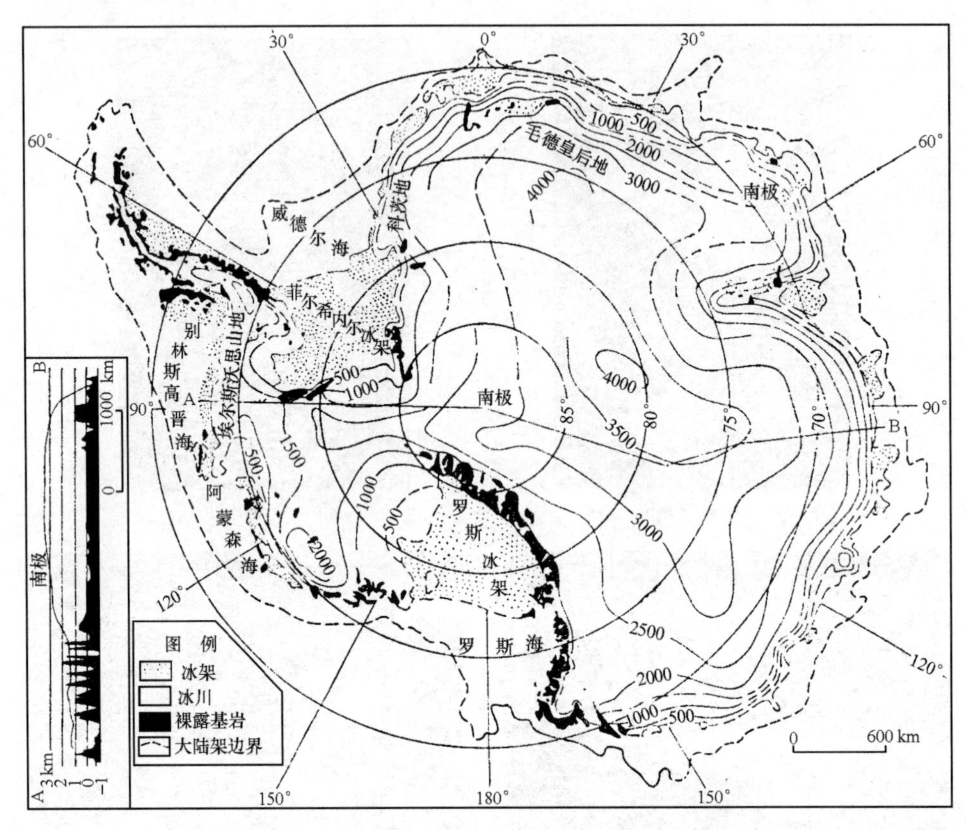

图 5-3 南极大陆冰盖略图(根据 R.F.弗林特)

向流动,末端常形成陡峭的冰崖,冰川表面无砂砾堆积物。斯堪的纳维亚半岛上的约斯特达尔冰帽长 90 km,宽 10～12 km,面积达 1076 km²,在冰帽的东西两侧伸出许多冰舌,冰岛东南部的伐特纳冰帽规模更大,面积达 8410 km²。我国西部高山地区,常在夷平面上发育平顶冰川,如祁连山西南部的平顶冰川面积达 50 km²,西昆仑山的古里雅冰帽面积为 376 km²。

(4) 山麓冰川。当多条山谷冰川从山地流出,在山麓带扩展汇合成一片广阔的冰原,叫山麓冰川(图 5-2(e))。阿拉斯加在太平洋沿岸有许多山麓冰川,最著名的是马拉斯平冰川,它由 12 条冰川汇合而成,面积达 2682 km²,冰川最厚处达 615 m,冰川覆盖在一个封闭的低洼地上,这个洼地的地面比海面低 300 m。马拉斯平冰川目前处于退缩阶段,冰面多砂砾堆积物,生长着云杉和白桦,有些树木已有 100 年左右。

以上各种不同类型的冰川是可以互相转化的。当气候变冷,雪线降低,山岳冰川逐渐扩大并向山麓地带延伸,就成为山麓冰川。如果气候继续不断变冷、变湿,积雪厚度加大,范围扩展,山麓冰川还可不断向平原扩大,同时由于冰雪加厚而掩埋山地,就成了大陆冰川(图 5-5)。当气候变暖时,则向相反的方向发展。但是,并不是所有冰川都按上述模式演变,大陆冰川可以在平原地区直接形成。例如北美第四纪大陆冰川的古劳伦冰盖中心在哈得逊湾西部,周围没有高地可作为冰川的最初发源地,因而认为劳伦冰盖的发育主要是受西风低压槽的控制,冰期时这里南北气流交换频繁,降雪量大增,在平原上首先形成常年不化的雪盖,然后逐年增厚形成广阔的大陆冰川。

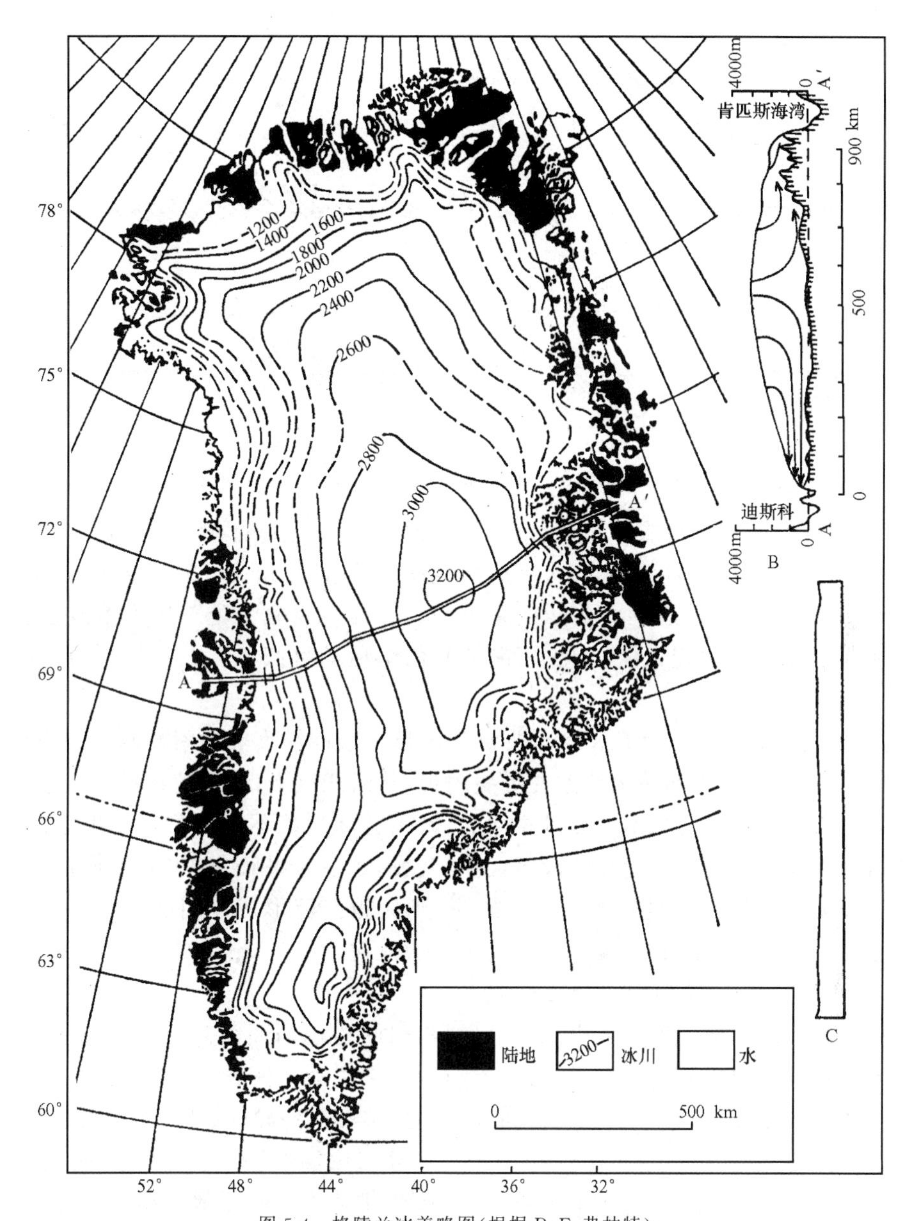

图 5-4　格陵兰冰盖略图(根据 R. F. 弗林特)

省略了一些冰川和冰原岛峰,B 沿 AA′穿过格陵兰冰盖的剖面,

C 垂直比尺未放大的 B 剖面线,冰下底面是由地震和重力测量确定的

四、冰川的运动

冰川运动速度比河流水流流速要小得多,一年只前进数十米至数百米,即使有一些突然性的快速运动冰川,其运动速度也不及河流水流速度。例如喀喇昆仑山的哈拉莫希峰,南坡有几条小冰川流入库西亚谷地,1953 年 3 月 21 日,几条小冰川突然前进,汇合成一条大冰川向前流动,直到 6 月 11 日冰川才停止前进,总共向前移动了 12 km,平均每天前进 150 m。

冰川运动可分为冰川内部运动和冰川底部滑动。当冰川达到一定厚度时,就能克服冰体

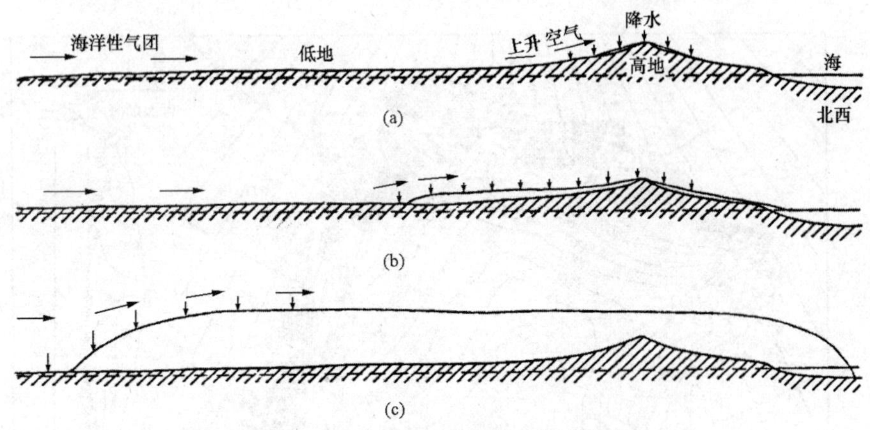

图 5-5　冰川演化示意图(根据 R. F. 弗林特)

(a) 山岳冰川阶段；(b) 山麓冰川阶段；(c) 大陆冰川阶段

内摩擦而产生内部运动,或克服冰川与谷底的滑动摩擦而产生底部滑动。一般来说,海洋性冰川底部处于压力熔点,既有内部运动,也有底部滑动;大陆性冰川因其底部温度低,冰川与谷底冻结在一起,冰川多为内部运动。实际上有一些大陆性冰川底部处于压力熔点,也有底部滑动。虽然冰川运动速度很慢,冰川的底部滑动和内部运动可产生强大的作用力,进行侵蚀和搬运。

冰川运动由冰川的厚度、冰川下伏地形坡度和冰川表面坡度等因素控制。一条坡度均一、断面相同的山谷冰川,其表面最大流速在雪线附近,从雪线以下,冰川流速递减。但是,一条冰川谷在不同地段的纵向坡度都不可能是相同的,因而在冰川的不同部位将产生不同形式和不同速度的运动。在冰川谷坡度变缓的段落,流速变慢,冰层加厚而被挤压,形成压缩流;反之,冰川谷坡度变陡,冰川流速加快,冰层发生拉张,则为拉张流形成冰川瀑布(照片 5-2)。挪威奥斯特达冰川瀑布的上段沿着冰瀑布冰川拉张流的流速为 2000 m/a,在冰瀑布的下端由于坡度变缓,形成压缩流,流速下降到 20～100 m/a。

冰川横剖面的冰面运动速度以中央部分最快,向两边运动速度减小。在加拿大萨斯喀彻温冰川表面测量到冰川两侧边缘 50 m 宽的范围内的速度比中央部分小 4～5 倍。由于冰川表面各点运动速度的差异,因而产生各种不同方向和力学性质各异的裂隙(图 5-6)。

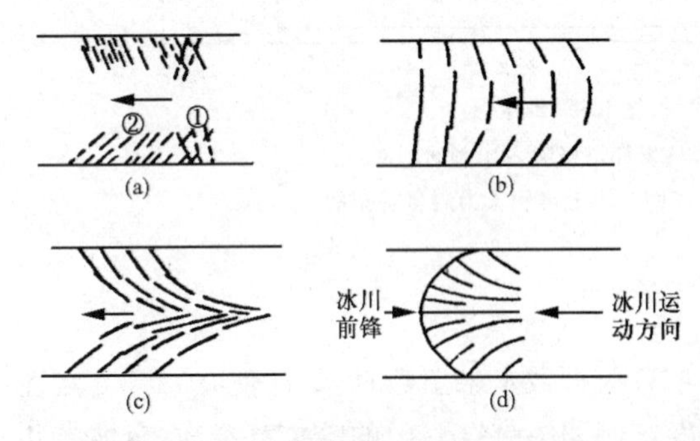

图 5-6　冰川表面裂隙(根据 R. P. 夏普)

(a) 冰川两侧边缘受剪切作用形成的拉张裂隙(① 裂隙形成后经过转动所在的位置, ② 新形成的拉张裂隙); (b) 拉张横向裂隙; (c) 拉张斜向裂隙; (d) 放射状剪切裂隙

冰川运动的速度在垂直方向上也不一样,大多数是从表面向底部运动速度逐渐降低。但由于某些特殊原因,在底部也可达到很高的流速。例如瑞士格林德瓦尔德冰川在冰面以下 50 m 的深处,局部地方被基岩阻挡,从而导致这部分冰川前进时受挤压,造成冰川底层的压力突然增加,冰川越过基岩后流速增大,使靠近底部 1 m 厚的冰层速度达到 72 cm/d,但表层冰的运动速度只有 37 cm/d。应该指出,这是一个特殊例子,并不意味着整个冰川底部的冰层都会更快地前进。

在冰川末端由于冰舌消融变薄，冰川运动速度降低，但其上游方运动速度较快的冰不断向前推挤，形成剪切破裂面，冰川沿破裂面向上滑动，并把冰川内部和底部的碎屑带到冰川表面（图 5-7）。

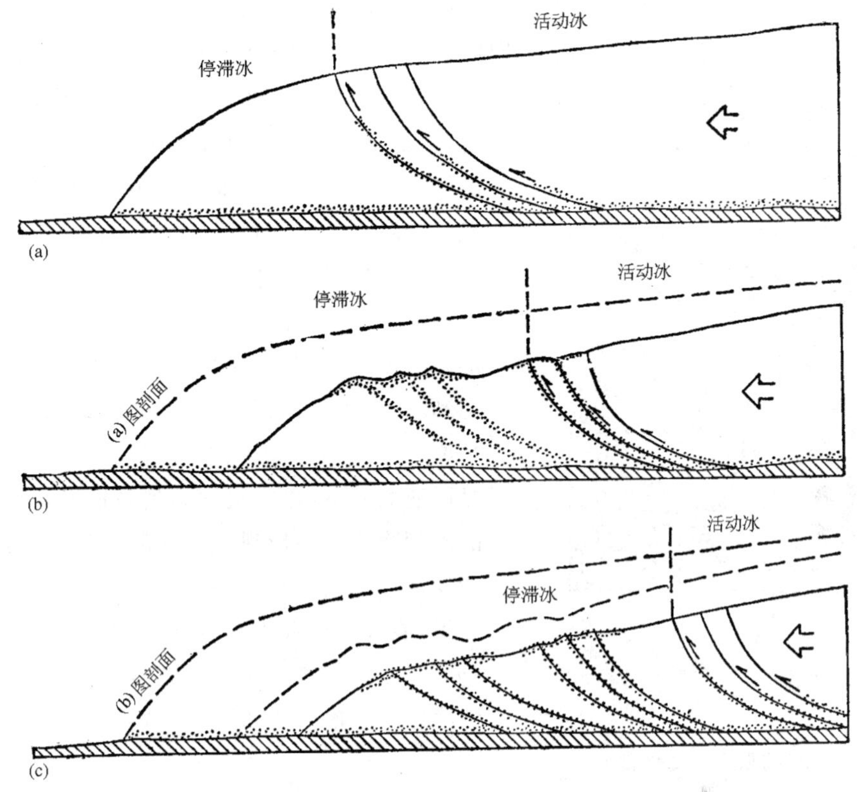

图 5-7　格陵兰西北部冰盖边缘冰川沿剪切面向上滑动（根据 B. C. Bishop）

冰川运动速度随季节变化，在消融区冰川运动速度是夏天快，冬天慢。一般夏季运动速度要大于年平均流速的 20%～80%，冬季则小于年平均速度的 20%～50%。因为夏季冰川表面消融，融水对润滑冰床和冰体起着很大作用，这样就加强了滑动过程，但在粒雪区没有这种现象。

冰川运动速度还与冰川冰的补给量和消融量有关。补给量大于消融量，冰川厚度增加，流速加快，冰川向前推进，补给量小于消融量，冰川厚度减薄，流速减慢，冰川往后退缩，补给量等于消融量，冰川就处于稳定状态。不管冰川属于上述哪种状态，冰川冰始终向前运动。

五、冰川的侵蚀、搬运和堆积作用

1. 冰川的侵蚀作用

冰川有很强的侵蚀力。冰川的侵蚀方式可分两种，即拔蚀作用和磨蚀作用。

拔蚀作用是冰床底部或冰斗内壁的基岩，在冰川压力下发生破碎或沿节理反复冻融而松动，松动的基岩再与冰川冰冻结在一起时，冰川运动时就把岩块拔起带走。冰川拔蚀作用可拔起很大的岩块。

磨蚀作用是冰川运动时形成底部滑动，使冻结在冰川底部的碎石突出冰外，像锉刀一样，不断地对冰川底床进行削磨和刻蚀。冰川磨蚀作用可在基岩上形成擦痕和磨光面(照片 5-3)。

2. 冰川的搬运作用

冰川侵蚀产生的大量松散碎石和由山坡上崩落下来的石块,进入冰川体后,随冰川运动向下游搬运。这些被搬运的岩屑叫冰碛物。根据冰碛物在冰川体内的不同位置,可分为不同的搬运类型(图 5-8)。出露在冰川表面的冰碛物叫表碛,夹在冰内的叫内碛,位于冰川底部的叫底碛,分布在冰川两侧边缘的叫侧碛,两条冰川汇合后,侧碛合并构成中碛,它们随着冰川前进向下游搬运。在冰川末端围绕冰舌前端的冰碛物,叫终碛(尾碛)。

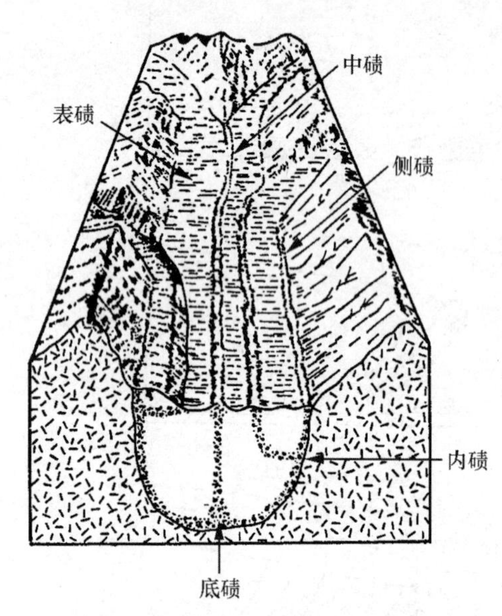

图 5-8 冰川搬运类型(根据 R.F.弗林特)

冰川搬运能力极强,它不仅能将冰碛物搬运到很远的距离,而且还能将巨大的岩块搬运到很高的部位。冰期时,斯堪的纳维亚大陆冰川的巨砾被搬运到1000多千米以外的英国东部、波兰和俄罗斯平原。厚层的大陆冰川,它不受下伏地形的影响,可以逆坡而上,把冰碛物搬到高地上。例如苏格兰的冰碛物被抬举带到500 m的高度,在美国有些冰碛物被推举到1500 m的高度。喜马拉雅山的山地冰川,能搬运重量达万吨以上、直径为28 m的巨大石块。西藏东南部的一些大型山谷冰川,把花岗岩的冰碛砾石抬高达200 m。这些被搬运到很远或很高地方的巨大冰碛砾石,又称漂砾。

3. 冰川的堆积作用

冰川消融不断后退(照片 5-4),不同形式搬运的物质便堆积下来形成冰川堆积物。

冰川堆积物分选差,大小混杂,砾石磨圆度低。大漂砾的直径可达数十米,粒级很小的黏土粒径不及0.005 mm。这些颗粒大小不一而混杂的冰碛物,其大小粒度比例在不同地区和不同时期的冰碛物中是不同的。例如:① 不同地区的冰碛物粒度变化与基岩有密切关系,结晶岩区的冰碛物中,砂的含量比例较大,沉积岩区的冰碛物中,黏土较多,② 在不同时代冰碛物的粒度可能不同,这与冰川规模、流路变化或后期风化有关,③ 山岳冰川因搬运距离近,冻融风化和拔蚀作用明显,岩块或岩屑所占的比例大,黏粒的比例小,如珠穆朗玛峰地区的冰碛物中,无论时代是新或老,其中黏粒所占的比例均不到2%,大陆冰川因搬运距离远,磨蚀作用强,能形成较多的细粒物质,其底碛中黏粒含量较高。

总体来看,冰碛物是由不同粒径砾石、砂和黏土组成的混合体,由于冰川体内常有冰水作用,冰碛砾石在冰碛物中有一定的排列方向,冰川底碛砾石的长轴多与冰流方向一致。终碛部位的砾石,由于受冰川的推动,砾石长轴常与冰流方向垂直。

第二节 冰 川 地 貌

冰川地貌分为冰川侵蚀地貌、冰川堆积地貌和冰水堆积地貌三部分。

一、冰川侵蚀地貌

各种冰川侵蚀地貌分布在不同部位。山地冰川中的雪线附近及其以上有冰斗、刃脊和角峰;雪线以下形成冰川谷,在冰川谷内发育羊背石。高纬大陆冰川的底部,有一些磨光的基岩突起成羊背石,在海岸带常有峡湾。

1. 冰斗、刃脊和角峰

冰斗是山地冰川重要的冰蚀地貌之一,它位于冰川的源头。典型的冰斗是一个围椅状洼地(图 5-9(a)),三面是陡峭的岩壁,底部是较平缓的斗底,向下坡有一开口,开口处常有一高起的岩槛。根据冰斗形态统计,冰斗的高度(冰斗后壁顶部到斗底的垂直距离)和冰斗长度(冰斗后壁到岩槛距离)之比大致是 1∶3。冰川消退后,冰斗内往往积水成湖,叫冰斗湖(照片 5-5)。

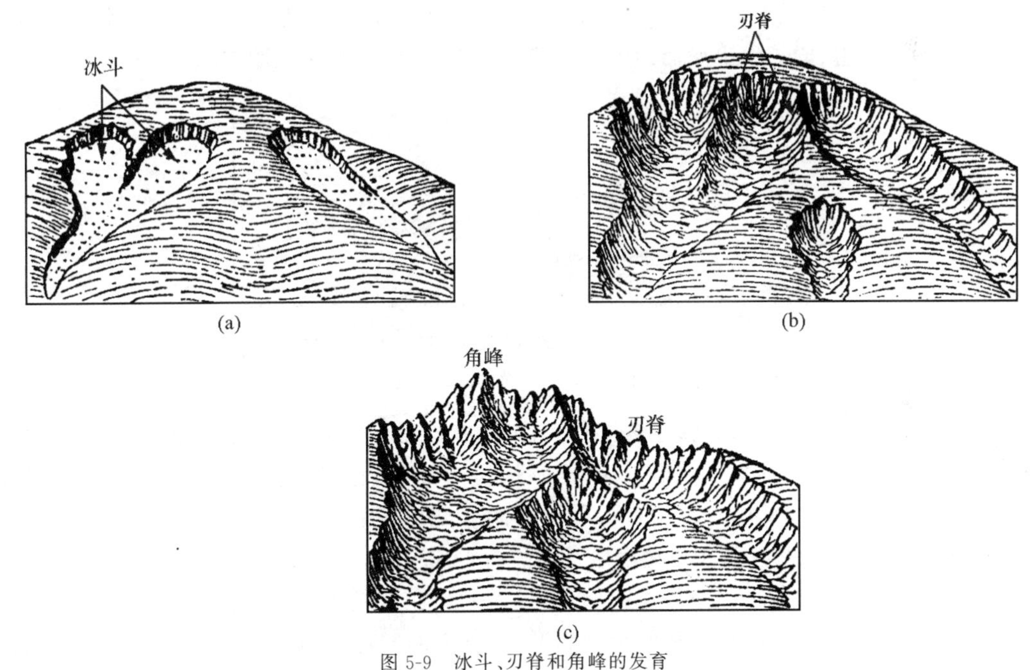

图 5-9 冰斗、刃脊和角峰的发育

冰斗形成在雪线附近。在平缓的山坡上,或在山坡流水侵蚀的浅洼地处,常能聚积多年的积雪,雪线附近的积雪冻融频繁,岩石受寒冻风化破坏,形成许多岩屑,在重力和融雪水的共同作用下,岩屑不断向低处搬运,使雪线附近洼地不断扩大。洼地形成后,为积雪创造更有利的堆积条件,积雪不断增厚,逐渐变成粒雪,进而演化成冰川冰。冰川冰形成后,它的运动对冰斗底部产生磨蚀和拔蚀作用,冰斗不断加深,在冰斗开口处形成岩槛,这时就形成典型的冰斗。

随着冰斗的不断扩大,冰斗壁后退,冰斗的位置也不断向上坡移动至雪线以上。相邻冰斗之间的山脊形成刀刃状,称为刃脊(图 5-9(b)、(c))。几个冰斗后壁所交汇的山峰,峰高顶尖,称为角峰(图 5-9(c))。

由于冰斗发育在雪线附近,可根据古冰斗底部的高度,推断当时的雪线高度。

2. 冰川谷和峡湾

冰川谷的横剖面形似"U"形,故称"U"形谷,也称槽谷(照片 5-6)。槽谷的两侧有明显的谷肩,谷肩以下的谷壁平直而陡立,冰川谷两侧山嘴被侵蚀削平形成冰蚀三角面。

槽谷的形成是冰川下蚀和展宽的结果。冰川冰的厚度越大,下蚀力越强,有些槽谷可深达千米,美国加利福尼亚州的约斯迈特槽谷深 900～1200 m,冰川下蚀量有 450 m,槽谷底还有 300 m 厚的松散堆积物。由于冰川冰的厚度决定冰川下蚀深度,因而主冰川和支冰川的下蚀量不同,主冰川中的冰层厚,下蚀强,槽谷深,支冰川中的冰层薄,下蚀弱,槽谷浅。在支冰川与主冰川交汇的地方,冰退后就出现明显的陡坎,使支冰川谷高悬成悬谷。我国西部山地的许多悬谷高出主冰川谷达数十米至数百米。

冰川谷的纵剖面常由岩槛和冰蚀洼地构成阶梯状,这是冰川差别侵蚀的结果,在节理发育的地段,易侵蚀成冰蚀洼地(图 5-10)。如果冰期前的河流纵剖面呈阶梯状的形态,冰期时,在这些谷地中发育冰川,低洼处的冰川冰为压力流,沿基岩面旋转滑动,使洼地不断下蚀加深,结果使冰床纵剖面更具有明显的阶梯状特征。这种冰川谷常发育在新构造上升运动比较明显、气候比较湿润和地形切割比较强烈的山区。另外,有一种冰川谷的纵剖面较平缓,谷底宽浅平坦,常在新构造运动不太显著、气候较干燥而地形平缓的山地中多见,因为这些地方冰川侵蚀力较弱。

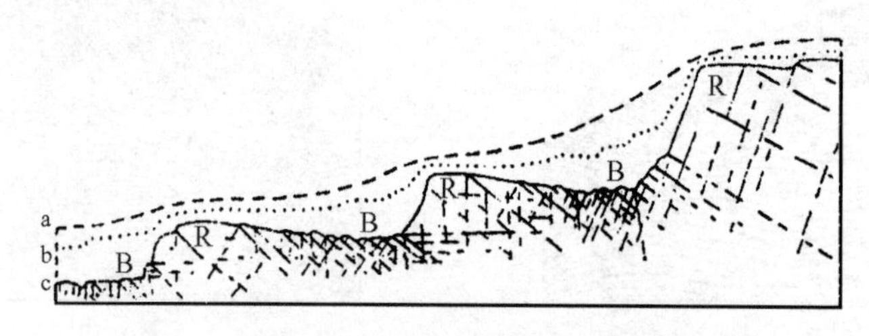

图 5-10 冰川谷的阶梯状纵剖面(根据 R. F. 弗林特)

B. 冰蚀洼地; R. 岩槛; a. 冰川发育前的河床纵剖面线; b. 早期冰川谷谷底线; c. 冰川谷纵剖面线

在高纬地区,大陆冰川和岛状冰盖能伸入海洋,由于冰川很厚,当冰体入海尚未漂离之前,在岸边侵蚀成一些很深的槽谷,冰退以后,槽谷被海水侵入,称为峡湾。挪威海岸峡湾的长度达 220 km,深 1308 m;南美巴塔哥尼亚山脉沿岸的峡湾,深达 1288 m。

3. 羊背石、冰川磨光面和冰川擦痕

羊背石是冰川基床上的一种侵蚀地形,它是由基岩组成的小丘,远望犹如伏地的羊群,故称这些小丘为羊背石。羊背石的平面为椭圆形,长轴方向与冰流方向一致,朝向冰川上游的一坡由于受冰川的磨蚀作用,坡面较平,坡度较缓,并有许多擦痕,冰川下游方的一坡受冰川的侵蚀作用,被挖掘得坎坷不平,坡度较陡。大陆冰川常形成规模较大的成群羊背石,山地冰川槽岩中也可形成规模较小的孤立羊背石。

在羊背石上或冰川槽谷谷壁上以及在大漂砾上常因冰川作用形成磨光面和擦痕。当冰川搬运物是砂和粉砂时,在比较致密的岩石上,磨光面更为发育。如果冰川搬运物多是碎石,则在谷壁基岩上常刻蚀成条痕或刻槽,称为冰川擦痕。冰川擦痕一般长数厘米至 1m,深为数毫米,成钉形,擦痕的一端粗,另一端细,细的一端指向冰川下游。漂砾相互磨擦也可形成擦痕,漂砾上的冰川擦痕形成时虽和冰川流向有关,但漂砾随冰川一起运动,随时都在改变自己的位置,当再次受到刻蚀,方向改变,故漂砾上的冰川擦痕呈不同方向。

二、冰川堆积地貌

由冰川侵蚀搬运的砂砾堆积形成的地貌，称冰川堆积地貌，又称冰碛地貌。冰碛地貌有以下几种类型：

1. 冰碛丘陵

冰川消融后，原来的表碛、内碛和中碛沉落到冰川谷底，和底碛一起形成波状起伏的丘陵，称冰碛丘陵。

大陆冰川区的冰碛丘陵规模较大，高度可达数十米至数百米，例如北美的冰碛丘陵高400 m。山岳冰川也能形成冰碛丘陵，但规模要小得多，如西藏东南部波密，在冰川槽谷内的冰碛丘陵，高度只有几米到数十米。冰碛丘陵之间的洼地，如果是漂砾和黏土混合组成，透水性很低，常能积水成池。

冰碛丘陵的物质结构特征和组成冰碛丘陵的不同冰碛物有关。冰碛丘陵如果是由原底碛组成，因底碛长期受冰川强有力的挤压和长距离搬运，砾石棱角稍有磨圆现象，扁平砾石有定向排列，长轴平行冰川流向，扁平面倾向上游，冰碛物较密实；如果冰碛丘陵是由表碛或内碛在冰融化后沉落而成，则砾石无定向排列现象，冰碛物较松散。

2. 侧碛堤

侧碛堤是由侧碛在冰川退缩以后堆积而成(照片 5-7)。它在冰川谷的两侧堆积成堤状，向下游方向常和冰舌前端的终碛堤相连(图 5-11)，向上游方向可一直延伸到冰斗附近。

3. 中碛堤

两条冰川汇合后，其侧碛合并成中碛，冰川融化后，在冰川谷中部沿谷地延伸方向堆积成垅状砂砾堤，称中碛堤。

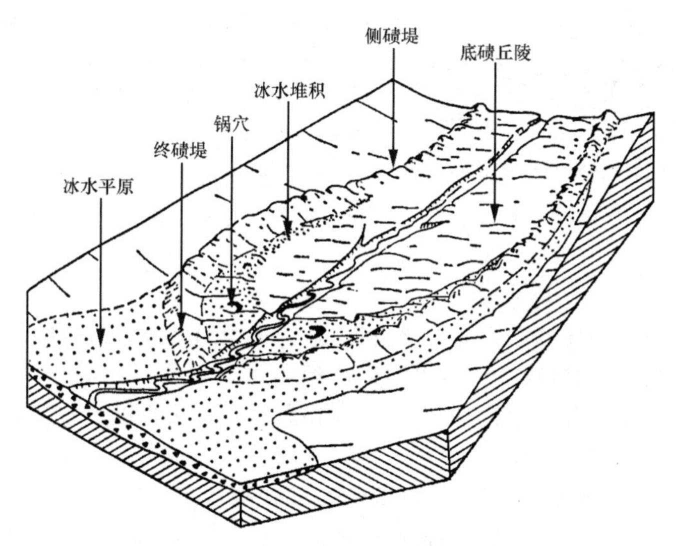

图 5-11　山谷冰川末端的侧碛堤和终碛堤(根据 R. F. 弗林特)

4. 终碛堤(尾碛堤)

冰川的末端由冰川上游搬运来的物质，堆积成弧形的堤，称终碛堤(尾碛堤)(图 5-11，照片 5-8)。

大陆冰川的终碛堤，高度约 30～50 m，长度可达几百千米，弧形曲率较小。山岳冰川的终碛堤可高达数百米，长度较小，弧形曲率较大。

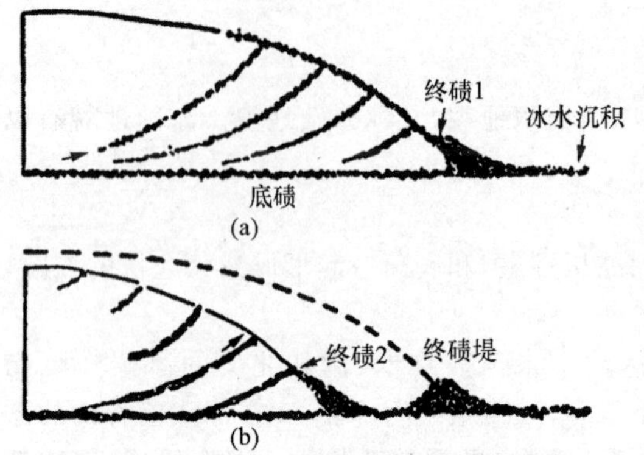

图 5-12 冰川终碛堤的成因(根据 R.F.弗林特)

终碛堤成因和演化与冰川的进退有关。当冰川处于平衡状态时,冰舌处的大量底碛和内碛沿冰体挤压形成的破裂面被推举到冰川表面形成表碛,另一部分内碛由于冰川表面消融而出露为表碛。这些表碛如滚落到冰川末端边缘堆积下来,待冰川退缩后,就形成弧形的终碛堤(图 5-12)。这种成因的终碛堤称冰退终碛堤。如果冰川的积累大于消融,冰川前进,除一部分冰碛外,同时冰川以外的谷地中的砂砾也被推挤向前移动,这样形成的终碛堤,称推挤终碛堤,或称冰进终碛堤。

终碛堤常有许多条(照片 5-9),一般来说,最外一条的终碛堤表示冰川前进所达到的范围,常是推挤终碛堤,其余的多为冰退终碛堤,是冰川后退时的暂时停顿位置。有时冰川在后退时有短时期的前进,也可在冰退终碛堤之间形成规模较小的推挤终碛堤。

冰川退缩后,终碛堤在谷中形成堤坝,阻挡水流积水成湖(照片 5-10)。

5. 鼓丘

鼓丘是由一个基岩核心和冰砾泥覆盖的一种小丘(图 5-13)。它的平面呈椭圆形,长轴与冰流方向一致,纵剖面呈不对称的上凸形,迎冰面一坡陡,是基岩,背冰面一坡缓,是冰碛物,或基岩被冰碛物全覆盖。它的高度可达数十米。北美的鼓丘高度为 15～45 m,长 450～600 m,宽为 150～200 m。欧洲有些鼓丘高只有 5～10 m,但长度可达 800～2600 m,宽 300～400 m。

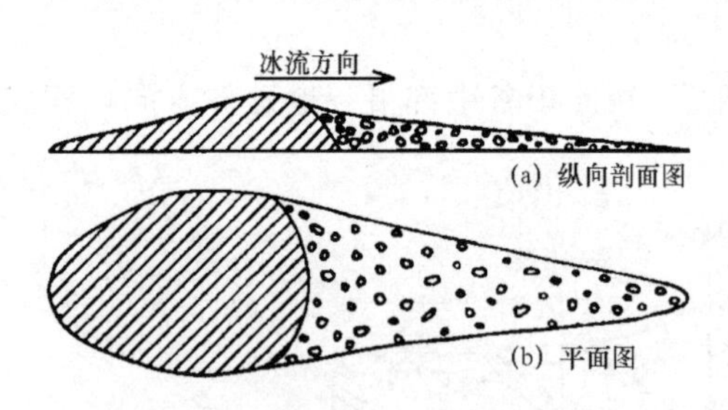

图 5-13 鼓丘的平面图和剖面图(根据 R.F.弗林特)

鼓丘分布在大陆冰川终碛堤以内的几千米到几十千米范围内,常成群分布。山谷冰川终碛堤内也有鼓丘分布,但数量较少。鼓丘是冰川在接近末端,对冰床中凸起基岩进行侵蚀,底碛翻越凸起的基岩时,搬运能力减弱,发生堆积而形成的。

三、冰水堆积地貌

冰川融水具有一定的侵蚀搬运能力,能将冰碛物再搬运堆积,形成冰水堆积物。在冰川边缘由冰水堆积物组成的各种地貌,称冰水堆积地貌。

根据冰水堆积地貌的分布位置、形态特征和物质结构可分为以下几种类型:

1. 冰水扇和外冲平原

冰川的冰融水,常形成冰川河道,它可携带大量砂砾从冰川末端排出,在终碛堤的外围堆积成扇形地,叫冰水扇。几个冰水扇相连就形成冰水冲积平原,又名外冲平原。组成冰水扇和外冲平原的砂砾有水平层理和斜层理,砾石有磨圆。

2. 冰水湖

冰融水流到冰川外围洼地中形成冰水湖泊。冰水湖的水体和沉积物有明显的季节变化,夏季冰融水增多,携带大量物质进入湖泊,一些砂和粉砂粒级的颗粒很快沉积下来,颜色较浅;秋冬季节,消融停止,没有融水流入湖中,一些悬浮湖水中的细粒黏土逐渐沉积,颜色较深。这样，一年中不同季节在湖泊内沉积了颜色深浅不同和粗细相间的两层沉积物，叫季候泥，或称纹泥。根据季候泥的粗细层次多少，可以确定冰湖沉积的年龄。

3. 冰砾阜阶地

在冰川两侧，由于岩壁和侧碛吸热较多，附近冰体融化较快，又由于冰川两侧冰面较中部要低，所以冰融水就汇集在这里，形成冰川两侧的冰面河流，并带来大量冰水物质。当冰川全部融化后，这些冰水物质就堆积在冰川谷的两侧，形成冰砾阜阶地（图 5-14）。它只发育在山地冰川谷中。

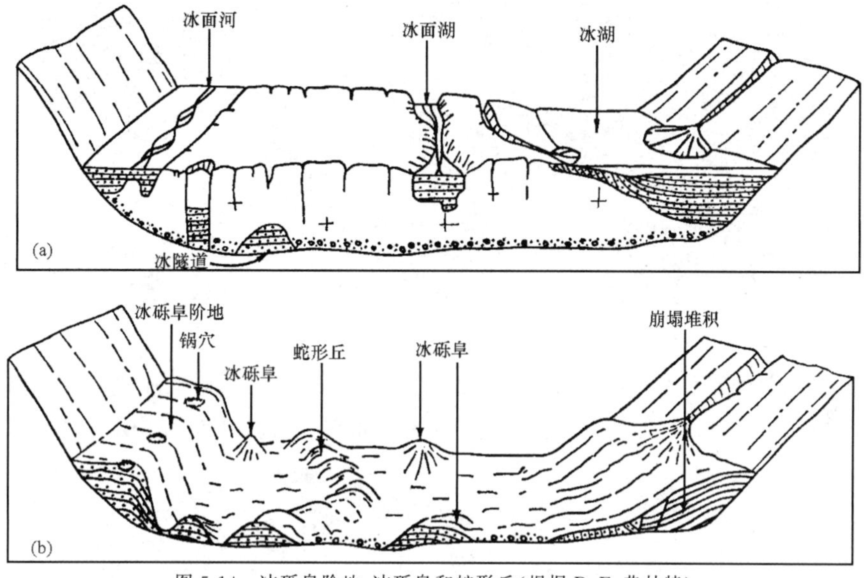

图 5-14　冰砾阜阶地、冰砾阜和蛇形丘（根据 R. F. 弗林特）

4. 冰砾阜

冰砾阜是一些圆形的或不规则的小丘（图 5-14），由一些有层理的并经分选的细粉砂组成，通常在冰砾阜的下部有一层冰碛层。冰砾阜是冰面上小湖或小河的沉积物，在冰川消融后沉落到底床堆积而成。在山谷冰川和大陆冰川中都发育有冰砾阜。

5. 锅穴

冰水堆积平原上常有一种圆形洼地，深数米，直径十余米至数十米，称为锅穴。锅穴是埋在砂砾中的死冰块融化引起的塌陷而成（图 5-15）。

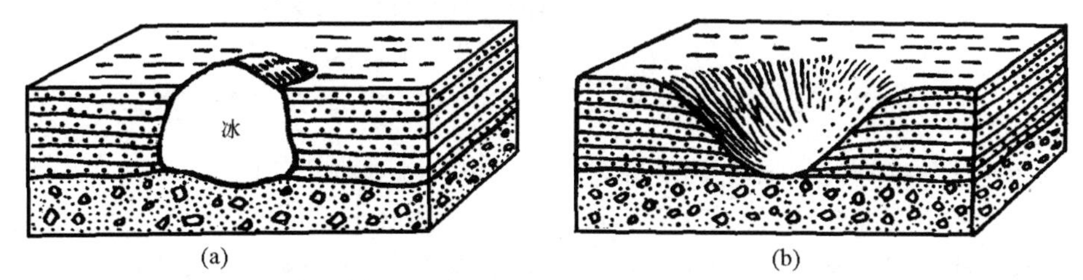

图 5-15　锅穴成因（根据 R. F. 弗林特）

（a）砂砾层中的死冰块；（b）死冰融化后形成的锅穴

6. 蛇形丘

蛇形丘是一种狭长而曲折的垄岗地形，由于它蜿蜒伸展如蛇，故称蛇形丘。它的长度约数千米至数十千米，高 10～30 m，有时可达 70～80 m，底宽几十米至几百米，丘顶较狭窄，仅数米，顶部平缓，两侧坡度约 10°～20°（图 5-16）。蛇形丘的延伸方向大致与冰川的流向一致。

图 5-16　蛇形丘(根据 C. A. 雅科甫列夫)

蛇形丘的组成物质几乎全部是有分选的成层砂砾(照片 5-11),砂层中偶尔夹有冰碛物的透镜体,表面常覆盖一层冰碛物(图 5-17)。蛇形丘主要分布在大陆冰川区,在山地冰川中较少见到。

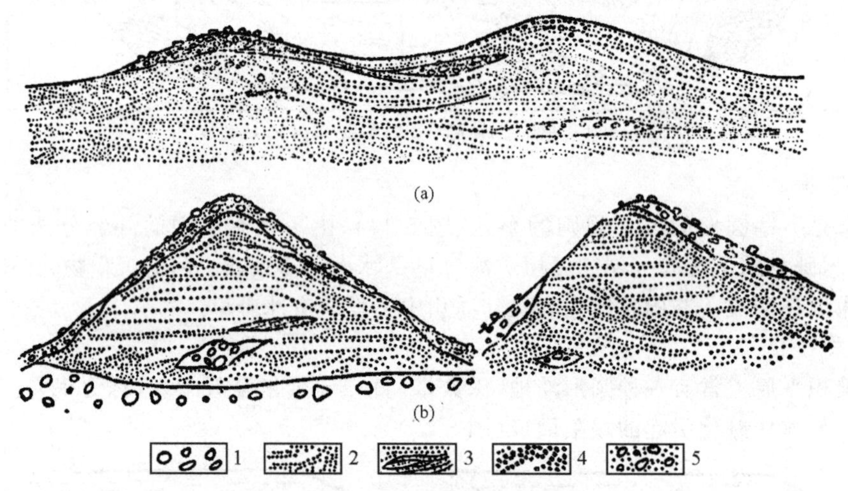

图 5-17　蛇形丘的纵剖面(a)和横剖面(b)

1. 冰碛物(粉砂砾石层);2. 成层沙;3. 细砂层;4. 卵石层;5. 含巨砾砂层

蛇形丘的成因有两种:① 冰下隧道成因。在冰川消融时期,冰川融水很多,它们沿冰川裂隙渗入冰下,在冰川底部流动,形成冰下隧道,隧道中的冰融水携带许多砂砾,沿途搬运过程中将不断堆积,待冰全部融化后,隧道中的沉积物就显露出来,形成蛇形丘。② 冰川连续后退,由冰水三角洲堆积而成。在夏季,冰融水增多,携带的物质在冰川末端流出进入到冰水湖中,形成冰水三角洲,到下一年夏季,冰川再一次后退,又形成另一个冰水三角洲,一个个冰水三角洲连接起来,就形成串珠状的蛇形丘。

第三节　冰川地貌的组合与发育

一、冰川地貌的组合

不同类型的冰川，分布在不同的地带，冰川作用的方式和强度也有差异，因而地貌组合也有区别。山地冰川地貌类型以侵蚀地貌为主，有近20种(图5-18)。大陆冰川地貌类型多是冰碛地貌和冰水堆积地貌，也有十多种(图5-19)。

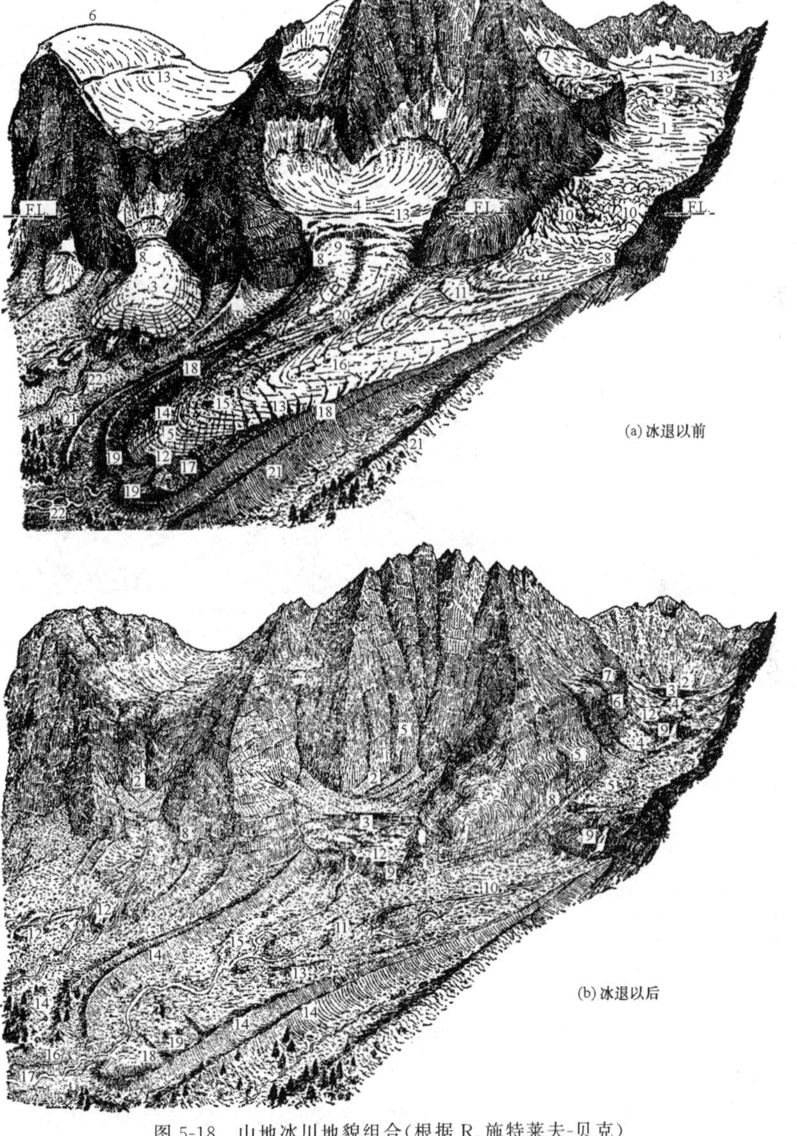

图5-18　山地冰川地貌组合(根据R.施特莱夫-贝克)

(a)中：1. 冰川谷；2. 悬冰川；3. 再生冰川；4. 粒雪盆；5. 冰川舌；6. 冰帽；7. 源头裂隙；8. 边缘裂隙；9. 横裂隙；10. 冰崩及冰崩时碎裂成的冰塔；11. 挤压而成的穹状冰；12. 由冰下河流出的冰川鼻；13. 裂冰；14. 丘形冰堆；15. 冰桌；16. 冰蘑菇；17. 锅穴；18. 侧碛；19. 尾碛；20. 中碛；21. 老侧碛；22. 冰水河；F.L. 雪线

(b)中：1. 冰川谷；2. 冰斗；3. 冰斗湖；4. 岩槛；5. 冰蚀上限；6. 岩壁；7. 谷肩；8. 冰擦痕；9. 谷底坡坎；10. 冰床；11. 鼓丘；12. 羊背石；13. 底碛；14. 侧碛；15. 冰退前碛；16. 冰水砾石；17. 现代河床；18. 蛇形丘；19. 冰砾阜

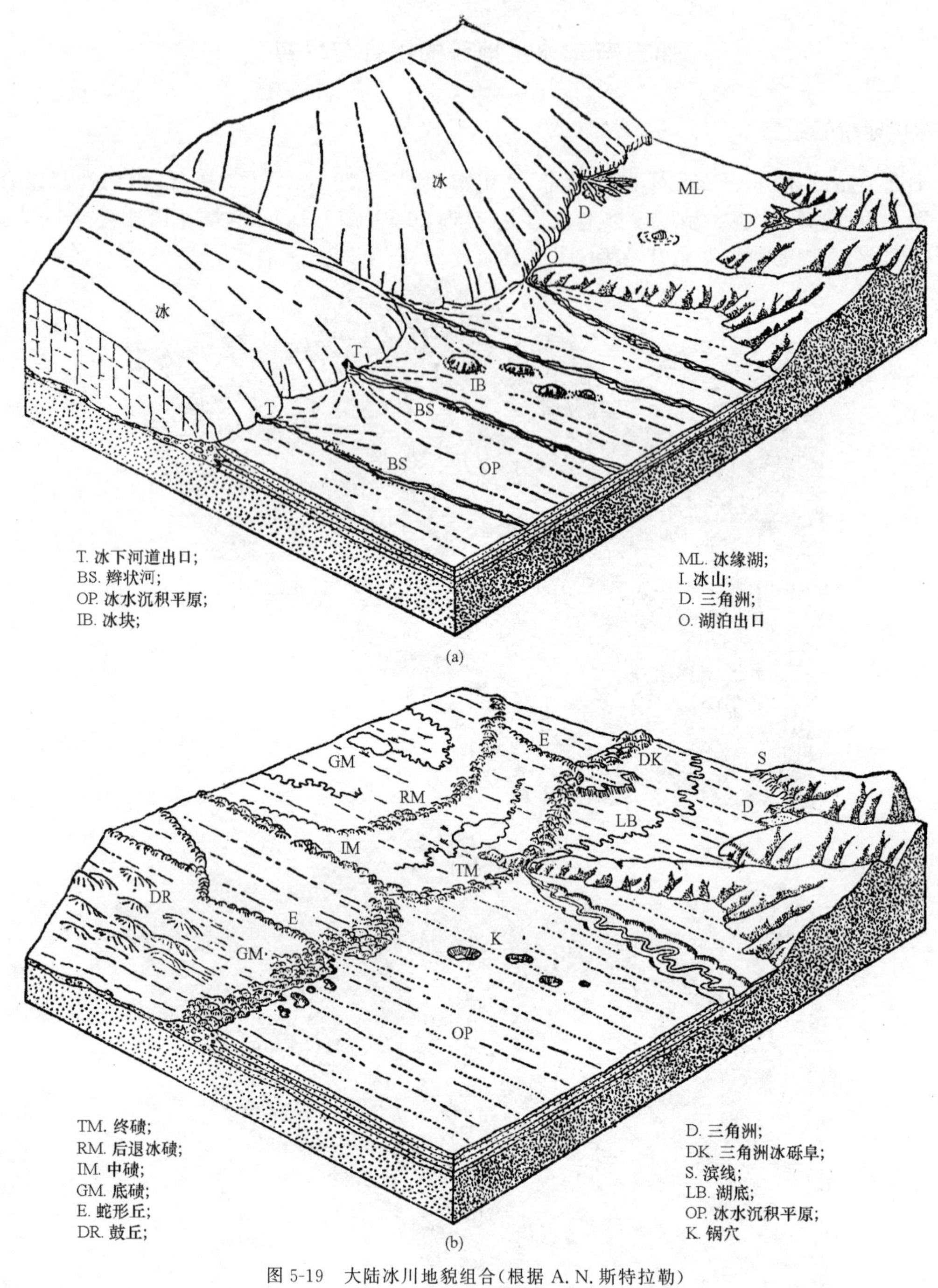

图 5-19　大陆冰川地貌组合(根据 A. N. 斯特拉勒)

(a) 冰退以前; (b) 冰退以后

山地冰川地貌组合有明显的垂直分带规律。在雪线以上是以角峰、刃脊和冰斗为主的冰蚀地貌带,雪线以下直到终碛堤为止是以槽谷、侧碛堤和冰碛丘陵为主的冰蚀-冰碛地貌带,冰川末端是以终碛堤为代表的冰碛地貌带,终碛堤外缘则是冰水扇和外冲平原的冰水堆积地貌带。

大陆冰川地貌组合表现为水平分带规律(图 5-19)。以终碛堤为界,堤内以冰川侵蚀地貌和冰川堆积地貌为主,冰水地貌也有发育,冰盖的中心是侵蚀区,形成许多冰蚀湖泊,它的外围鼓丘成群,再往外为散乱的冰碛丘陵、冰砾阜和蛇行丘等地形;堤外以冰水堆积地貌为主,发育冰水冲积平原、冰水三角洲、冰水湖和锅穴等。

上述冰川地貌组合是一个理想模式。实际上,山地冰川侵蚀地貌发育还与冰川活动强弱有关。海洋性气候冰川活动性强,侵蚀地貌比较发育,类型齐全;大陆性气候冰川活动性弱,侵蚀地貌就不如海洋性气候冰川地貌那么典型。大陆冰川也有类似情况,常在同一冰盖的各个部位,冰川活动程度很不一样,冰川侵蚀堆积作用也有差异,从而使地貌组合就有不同。

二、第四纪冰期及其对地貌发育的影响

第四纪全球气候曾有数次冷暖变化。气候寒冷时,陆地上的一部分水冻结,发育大规模冰川,叫冰期;气候变暖,冰川消退,叫间冰期。北半球在第四纪时期一般划分为四个冰期和三个间冰期,还有一个冰后期(表 5-1)。有些地区受区域性气候的差异影响,可划分为更多的小冰期和间冰期,但各个地区长时期的寒冷期与温暖期的变化大致是相同的。

表 5-1　不同地区冰期和间冰期对比表

时　代	中国东部山区	中国西部	阿尔卑斯地区	北　美
Q_4		绒布德寺新冰期 高温期		
Q_3	太白冰期Ⅱ 太白冰期Ⅰ	珠穆朗玛冰期Ⅱ 间冰期 珠穆朗玛冰期Ⅰ	玉木冰期 间冰期 里斯冰期	威斯康星冰期 三加蒙间冰期 伊利脑冰期
Q_2		加布拉间冰期 聂聂雄拉冰期	间冰期 民德冰期	雅茂斯间冰期 堪萨斯冰期
Q_1		帕里间冰期 希夏邦马冰期	间冰期 恭兹冰期	阿弗托尼间冰期 内布拉斯加冰期

第四纪冰期中冰川规模最大时,世界陆地面积的 1/3 被冰川覆盖,由于大量冰体聚积于陆地,使海面下降约 150 m,当时的海陆轮廓和自然环境都发生较大的变化。在欧洲大陆冰流曾达到北纬 50°,在北美曾向南推进到北纬 38°,全球平均气温比现在低 5～7℃。由于地球上出现大面积的冰盖,改变了全球大气环流的形势,北半球气候带南移,中纬地区沙漠面积缩小,低纬及赤道地区沙漠扩大,大陆季风盛行,海洋季风衰退。

最后一次冰期开始前,距今约 8.5 万年,海面比现在高 16 m 左右,渤海一带的海岸线比现在的岸线向陆伸入 80～100 km。大约 3.6 万年前的末次冰期的最冷阶段,海面下降,海岸线移到现在黄海水深 70 m 处。此后,有一个温暖期,海岸线又向陆推移,在 2.5 万年前,长江下游的海岸位置在今河口以西 160 km 左右处。大约 23 700±900 年前的又一次小冰阶,海水退出现在的渤海、黄海地区,海岸线东移到东海大陆架水深 110 m 处,到了冰期最盛时期,即距今 14 780±700 年左右,中国海岸在东海大陆架边缘水深 155 m 处,其位置在今长江口以东 600 km。如考虑到大陆架冰后期的地壳下降量为 14 m,则最后一次冰期最盛期的海平面也要比现在低 140 m。由于冰期时海面降低,大陆面积不断扩大,增强了中国气候的大陆性程度,这可能是当时气候干燥的原因之一。那时的降水量可能比现在少一百至数百毫米,华北和东北平原有暗针叶林和草原分布。当时的风成黄土分布范围到达长江下游,如南京的下蜀黄土。

中国西北部地区出现大面积的风成沙丘，柴达木盆地在最后一次冰期的晚期尤其显得干旱，蒸发强盛，在2.1万年和1.3万年前，是柴达木盐湖的形成期。

冰期时，大陆冰盖的厚度平均为2000～3000 m，巨厚冰盖对地壳形成巨大压力，引起地壳沉陷；冰川消失后，地壳迅速回升。第四纪的冰期间冰期冰川负荷与卸荷使地壳升降变化称为冰川均衡作用。这种作用对地貌发育的影响极大，例如，冰后期冰川消融，地壳普遍上升，瑞典北部现代上升速度达9 mm/a；芬兰在冰后期地壳均衡上升，每年新生的陆地有7 km^2；格陵兰冰后期地壳上升速度为0.9～1.0 mm/a，使几十年前的风暴海滩与现在正在形成的风暴海滩已有相当长的一段距离。哈得逊湾由于冰川卸荷造成现代地壳不断上升，如上升达到均衡时，哈得逊湾将不复存在。

三、冰川地貌的发育

山地冰川地貌的发育和冰川形成以前的地貌有着直接的关系(图5-20)。冰期来临，首先在山地河谷的上游或高位支流发育小规模的冰川，随着冰川进一步发育，一些大的河谷也被冰川占据。在冰川发育全盛时期，高大的基岩山岭出露在冰川之上，由于寒冻风化和冰川源头的侵蚀，山峰形成尖顶的角峰；冰川末端可降到很低处，有时可伸到山麓地带。冰川退缩以后，留下各种冰川地形，这些地形虽和冰川发育以前的地形有关，但山峰变尖，山脊变狭，主支流之间相对高度加大。随着时间的推移，各种冰川地形再经流水作用而显圆浑，可能又恢复到冰川以前的地貌形态。因此，有些第四纪早期冰川塑造的地形现在就很难辨认。

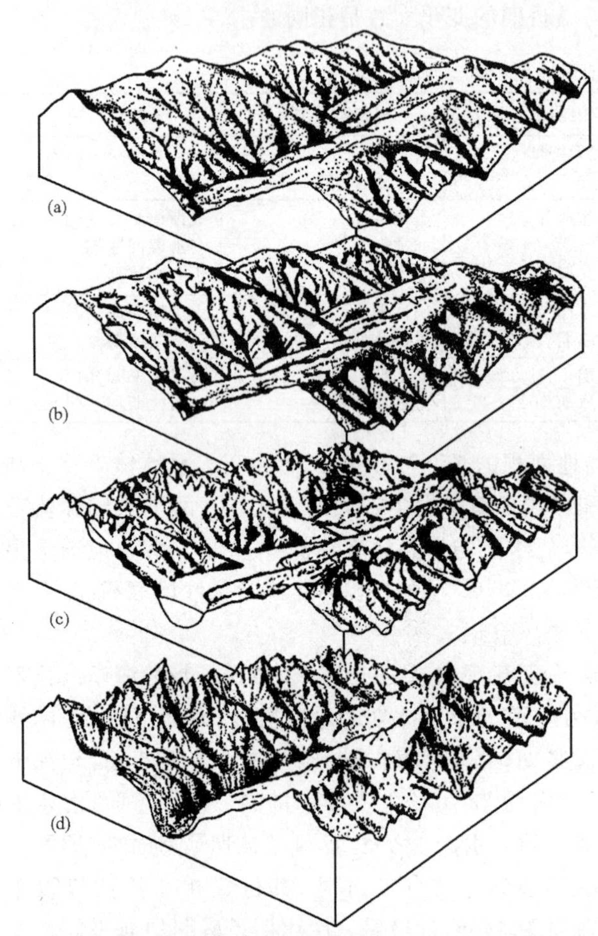

图5-20 山谷冰川地貌的发育(根据R.F.弗林特)
(a) 冰川发育以前的流水地貌；(b) 支流上游发育冰川；(c) 山谷冰川发育全盛时期；(d) 冰退以后出露的冰川地貌

第四纪冰期的长短、寒冷程度和出现次数都影响冰川地貌的发育，它们表现在各种冰川地貌的形态特征、规模大小和地貌结构等方面。

冰斗代表雪线的高度，在同一冰期、同一坡向的冰斗，其高度应大致相当。如果在同一坡向有不同时期的不同高度冰斗，说明是多次冰期作用的产物；如果同一坡向、同一时代的冰斗，分布在不同高度，可能是冰斗形成后的地壳差异运动造成的。另外，不同冰期形成的冰斗，破坏程度也不一样，早期形成的冰斗遭受较大的破坏，形态保存不完整，最后一次冰期形成的冰斗，遭受破坏较小，形态完整，如有积水便成湖池。冰斗后壁如有寄生小

照片 5-1　加拿大育空地区复合冰川（Marli Miller）

照片 5-2　冰川瀑布（四川海螺沟）（刘耕年）

照片 5-3　格尔内格拉特冰川(Gornergletsher)磨光面与擦痕

照片 5-4　天山 1 号冰川东、西支冰川因冰川消融后退而分开，平均后退速率约为 5m/a（新疆）（李有利）

照片 5-5　冰斗湖（秦岭主峰太白山顶）（武弘麟）

照片 5-6　冰川槽谷（新疆沙湾）（刘耕年）

照片 5-7　南迦巴瓦峰西坡则隆弄沟冰川及侧碛堤（相对高度 80 ~ 100m）（西藏林芝）（杨逸畴）

照片 5-8　喀纳斯湖出口处的高地为末次冰期终碛堤（新疆）（吕胜华）

照片 5-9　天山南麓木扎尔特河口末次冰期形成的多道终碛堤（海拔约 1900m）

照片 5-10 天山天池，由冰川终碛堤阻塞形成的湖泊（新疆）（李有利）

照片 5-11 乌布撒拉蛇形丘内部具斜层理的砂砾石层（瑞典）（李有利）

冰斗,这是冰川退缩到原雪线以上后形成的。

在多次冰川作用的山地,常能见到上下叠套的槽谷,横剖面呈上下两个槽谷形式。第一次冰期时形成一个槽谷,间冰期时,山地上升,河流在槽谷底下切,到第二次冰期到来时,在下切的河谷内又发育新的槽谷。如果第二次的冰川规模较大,老的终碛堤全部遭到破坏;当第二次冰川规模不及第一次的大时,新的终碛堤将堆积在冰川槽谷内,新终碛堤以外还有一段老槽谷和老终碛堤。

终碛堤是每次冰川活动所能达到的最低位置,又称冰期终碛。当冰川退缩时,常有短时期的停顿,因而在冰期终碛以内还常分布一些规模较小的终碛。如果冰川向前推进,不仅将以前的终碛堤破坏,而且终碛堤的结构将表现为挤压终碛特征,在终碛堤的沉积物中夹有一些冰期前或间冰期的流水沉积物。全新世时,世界各地冰川又有重新扩展现象,一次在距今约 3000 年前,一次在近 300 年前,两次冰川推进都在离现代冰川不远的地方留下很新鲜的终碛。近几十年来,许多冰川开始退缩。

一些更老的冰碛常分布在山地古剥蚀面上,或被掩埋在平原地下。这些冰碛物都经过间冰期,遭受过不同程度的风化。时代愈老的冰碛,风化程度愈深。

第六章　冻土地貌

极地、亚极地地区和中低纬的高山、高原地区，气温极低，形成0℃或0℃以下并含有冰的冻结土层，称为冻土。冻土随季节变化而发生周期性的融冻，冬季土层冻结，夏季全部融化，叫季节冻土，如多年处于冻结状态的土层，称为多年冻土。多年冻土区的冻土分上下两层，上层每年夏季融化，冬季冻结，叫活动层；下层常年处在冻结状态，叫永冻层。

在多年冻土区，地下土层常年冻结，地表发生季节性的冻融作用所形成的地貌，称为冻土地貌。在冰川边缘地区也能形成一些冻融作用的地貌，所以冻土地貌也称冰缘地貌。

第一节　冻　　土

一、冻土的分布

世界上多年冻土总面积约为3500万平方千米，占地球全部大陆面积的25%。北半球冻土分布面积较大，俄罗斯和加拿大是冻土分布最广的国家(图6-1)。

我国多年冻土分布在东北北部地区、西北高山区及青藏高原地区(图6-2)。冻土面积约215万平方千米，占全国陆地面积的22.3%。季节冻土分布在长江以北地区，面积约518万平方千米，占全国陆地面积的54%。

二、冻土的厚度

多年冻土的厚度从高纬到低纬逐渐减薄，以至完全消失。例如，现代北极的多年冻土厚达1000 m以上，年平均地温为−15℃，永冻层的顶面接近地面，向南多年冻土厚度减到100 m以下，年平均地温为−3～−5℃，永冻层的顶面埋藏加深。大致在北纬48°附近是多年冻土的南界，这里年平均地温接近0℃，冻土厚度仅为1～2 m。

多年冻土从高纬到低纬不仅厚度变薄，而且由连续多年冻土过渡到不连续多年冻土(图6-3)。不连续多年冻土是由许多分散的块状冻土组成，这些分散的块状冻土称为岛状冻土。

中、低纬度的高山、高原地区，多年冻土的厚度主要受海拔控制。一般来说，海拔愈高，地温愈低，冻土层愈厚，永冻层顶面埋藏深度也较浅。海拔每升高100～150 m，年平均地温约降低1℃，永冻层顶面埋藏深度减小0.2～0.3 m。

多年冻土的厚度虽然受纬度和高度的控制，但在同一纬度和同一高度处的冻土厚度还有差别，这和其他自然地理条件有关。

1. 气候的影响

大陆性半干旱气候较有利于冻土的形成，而温暖湿润的海洋性气候不利于冻土的发育，因而在欧亚大陆内部的半干旱气候区的冻土南界(北纬47°)比受海洋性气候影响较大的北美冻土南界(北纬52°)要更南一些。另外，在纬度和高度相同的条件下，大陆性半干旱气候区的冻

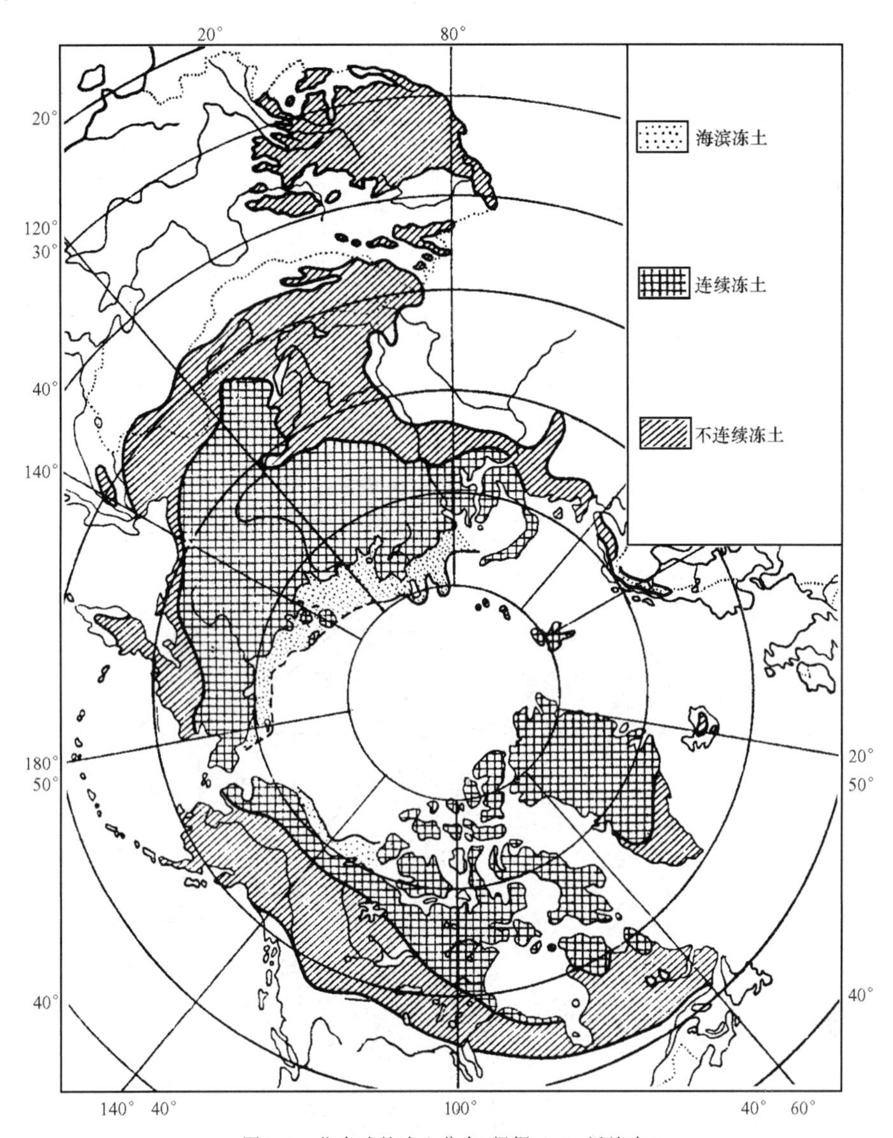

图 6-1 北半球的冻土分布(根据 A. L. 沃施本)

土厚度比海洋性气候区的要大。

2. 岩性的影响

砂土导热率较高,易透水,不利于冻土的形成,黏土导热率较低,不易透水,有利于冻土的形成,泥炭的导热率最低,最有利于冻土的发育。在连续冻土带,往往在潮湿黏土区的永冻层顶面埋深比砂砾石区的要浅,厚度比砂砾石区的也要大。在不连续冻土带,泥炭黏土组成的地区往往发育许多岛状冻土。

3. 坡向和坡度的影响

坡向和坡度直接影响地表接受太阳辐射的热量。阳坡日照时间长,受热多于阴坡,因而在同一高度、不同坡向冻土的深度、分布高度和地温状况都不同,冻土的厚度也不同。根据观测,昆仑山西大滩不同坡向的山坡,在同一高度和同一深度的阴坡地温比阳坡地温要低 2～3℃,

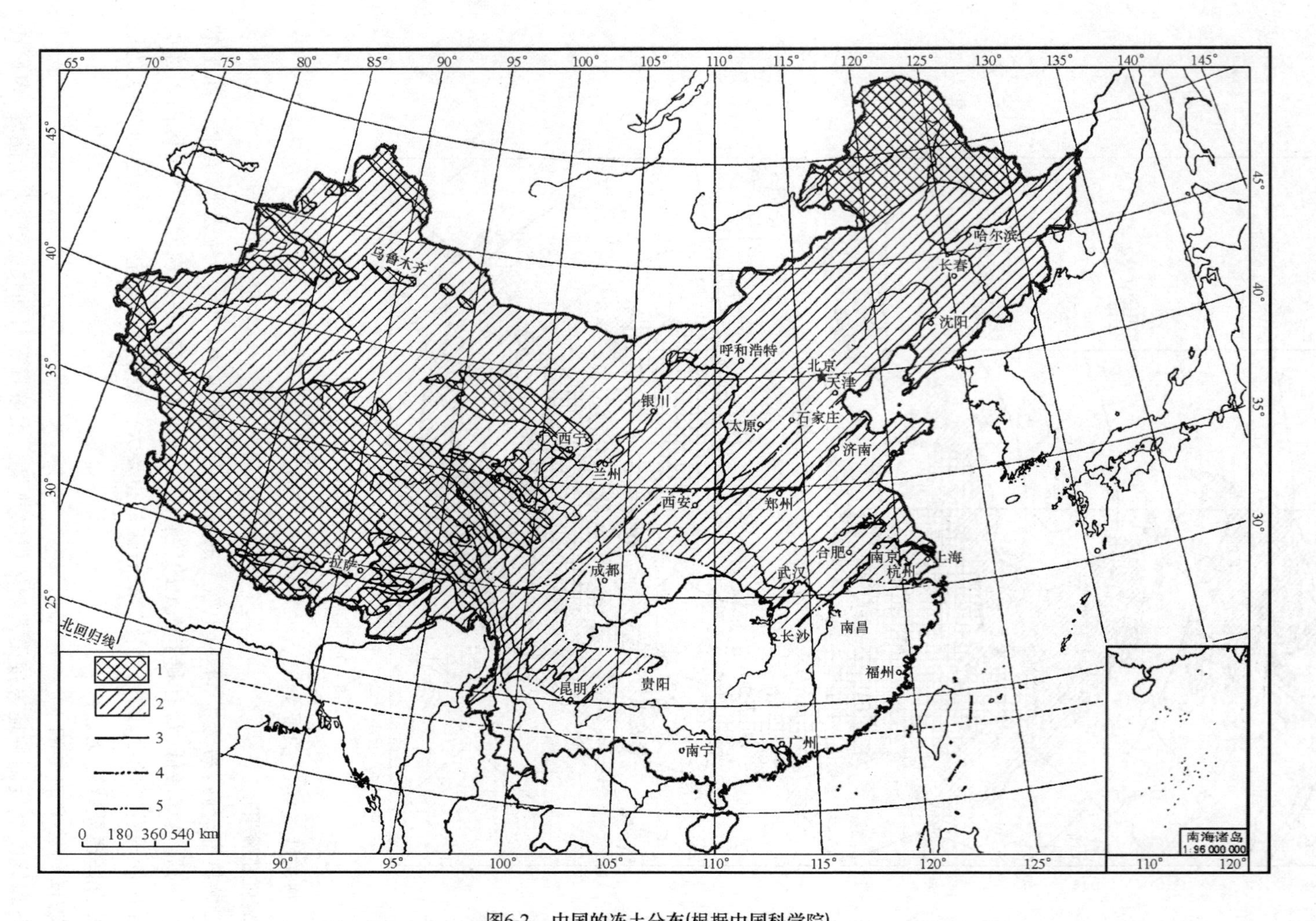

图6-2 中国的冻土分布(根据中国科学院)

1. 多年冻土(5 m深度，年平均地温从−0.1～−10℃)；2. 季节冻土；3. 多年冻土的边界；4. 1月份最低温度−0.1℃的季节冻土南界；5. 0.5 m厚的季节冻土层等值线

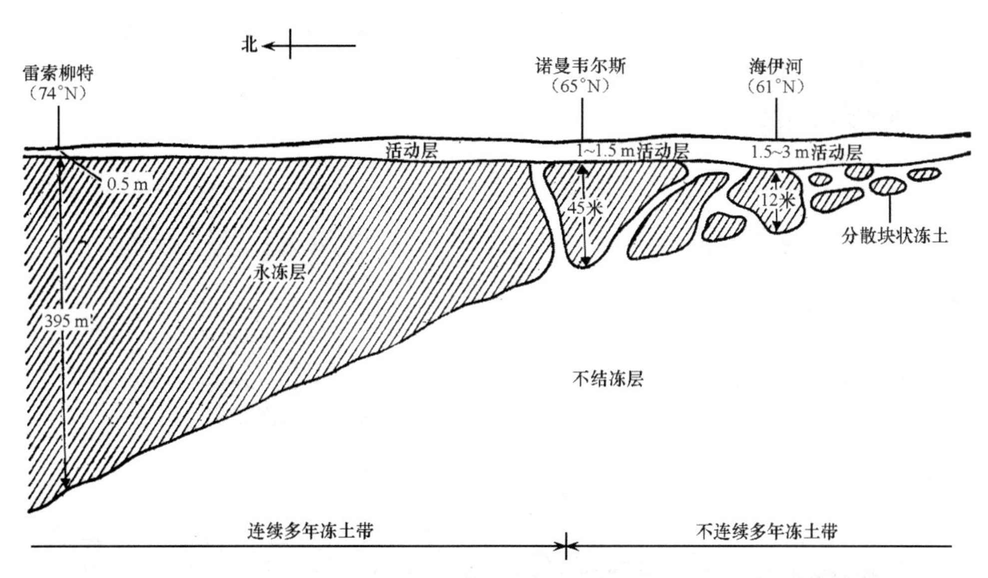

图 6-3 加拿大南北向冻土剖面(根据 R. J. E. 布朗)

阴坡冻土的厚度也要大一些,冻土分布下界高度较阳坡低 100 m。坡度对冻土发育的影响随坡度减小而减弱。如大兴安岭当坡度为 20°～30°时,南北坡同一高度处的地温相差 2～3℃,随着坡度减小,不同坡向的同一高度地温差减小,冻土厚度的差别也要小一些。

4. 植被和雪盖的影响

冬季,植被和雪盖阻碍土壤热量散失;夏季,植被和雪盖减少地面受热。因此,在有雪盖和植被的地区,地面年温差减小。例如大兴安岭落叶松、桦树林区和青藏高原的高山草甸地区,能使地表年温差比附近裸露地面降低 4～5℃,永冻层顶面深度变浅,永冻层厚度相对增大,活动层厚度相对减小。

三、冻土的结构

前面提到,多年冻土区的冻土分上下两层。上层是夏融冬冻的活动层,下层是多年冻结不融的永冻层。

活动层的厚度随纬度和高度的增大而减小,它的冻融深度与每年冬夏季节的温度有关。一般来说,活动层冬季冻结时可与下部的永冻层连接起来。如果冬季气温较暖,活动层冻结时的深度达不到永冻层的顶部,这时在活动层与永冻层之间就出现一层未冻结的融区。如果来年夏季较凉,活动层的融化深度较小,便在活动层下部留下隔年冻结层(图 6-4)。隔年冻结层较薄,它可保存一年至数年。当某一年夏季较暖,活动层融化较深,隔年层即消失。因此,多年冻土区的冻土层中常出现隔年冻结层和融区的多层结构特征(图 6-5)。

当活动层于每年秋末自地表向下冻结时,由于底部的永冻层起阻挡作用,使其中间尚未冻结的水土层,在冻结层的挤压作用下,发生塑性变形,形成各种大小不一、形状各异的弯曲结构,这种现象称为冻融扰动构造,或称冰卷泥(图 6-6)。冻融扰动构造形成时的上下层处于冻结状态,地层未变形,顶底面近于平面(照片 6-1)。

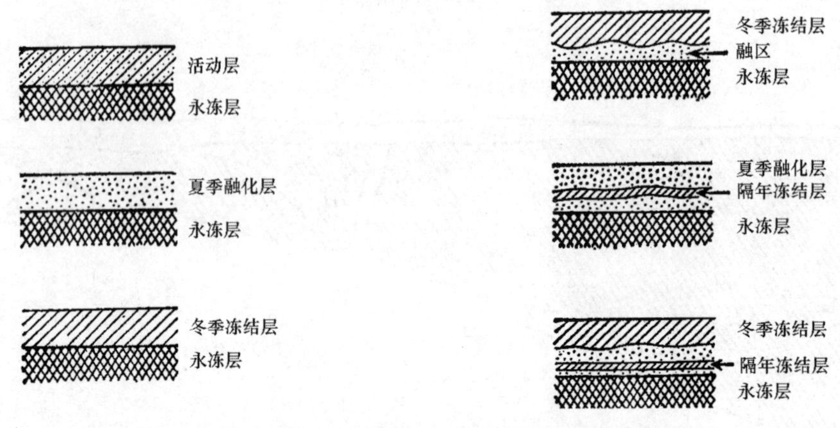

图 6-4 多年冻土区的活动层的结构变化

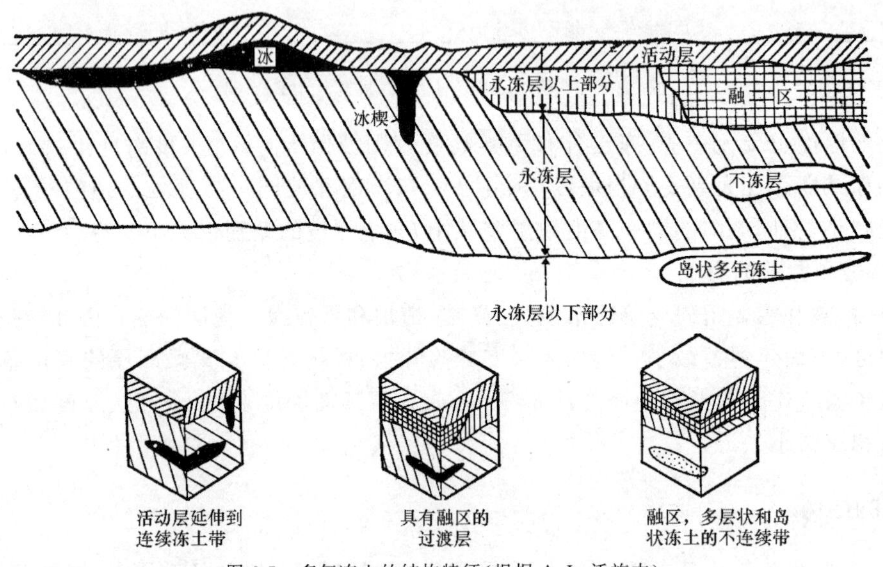

图 6-5 多年冻土的结构特征(根据 A. L. 沃施本)

图 6-6 冻融扰动构造(根据 R. W. 格诺维)

1. 表面冻结层；2. 粗砂砾石因聚冰作用而脱水；3. 脱水的袋状砂砾；4. 含水的砂层被扰动；5. 永冻层

多年冻土中的地下冰有多种形式，有充填在土壤颗粒孔隙中的小冰针，也有填充在裂隙中的冰脉和冰楔，还有成为泥炭核心的冰体。此外，多年冻土中还有地下水分布在冻土层的上部、中间或下部。在多年冻土层中，冻土、地下冰和地下水三者互相影响而各有消长，这一过程将形成许多冻土地貌。

四、冻土的温度状态

冻土温度状态是由地热自然增温和气温共同影响而变化。地热自然增温从地表往下地温逐渐增高，地热自然增温率平均约为 3℃/100 m。气温变化对地温的影响在地表最大，随深度加大而减小，到一定深度，气温变化对地温没有影响，在此深度以下，冻土温度受地热增温影响，深度增加，温度增高。

多年冻土的上部受季节气温的变化影响较大，冬季气温降至 0 ℃以下时，地面全部冻结，往深部去由于受地热增温的影响，冻土温度随深度增加而增高；夏季气温增高到 0 ℃以上，地表冻土融化，但往下一定深度的冻土温度仍为 0 ℃，在此深度以上的冻土是冬冻夏融的活动层。活动层底面往下，气温季节变化对冻土温度变化的影响逐渐减小直至消失，这一深度为气温年变化最低面。再往下，冻土温度主要受地热增温影响而逐渐升高到 0 ℃，这里就是多年冻土的下界面。从活动层底面到多年冻土下界面为永冻层(图 6-7)。

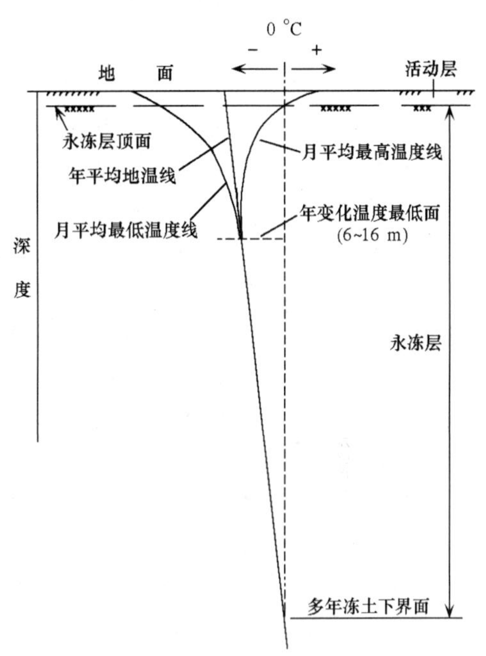

图 6-7　多年冻土区的冻土温度状况剖面

(根据 R. J. E. 布朗)

五、冻土的成因

很明显，多年冻土是气候的产物。现在世界上所见到的多年冻土绝大部分是第四纪冰期时的遗留物。北极的最老多年冻土大约在 60 万年前就已形成，西伯利亚的多年冻土的年代距今也有 10 万年，在一些冻土中发现晚更新世寒冷时期的披毛犀和猛犸象的尸体。间冰期时，虽然在许多地方的冻土全部或部分融化，但在高山和高纬的气温很低的大陆性气候地区，仍保留了大面积冻土，这部分没有融化而保存下来的冻土称为残留冻土。此外，还有一部分冻土是全新世以来形成的，例如冰后期大陆冰盖退却后发育的冻土和在全新世地层中形成的冻土。西西伯利亚北部，2000～3000 年前寒冷期形成新的多年冻土与残留的多年冻土连接在一起；在南部，新形成的多年冻土与下部残留多年冻土还没有连接，中间夹有一层融化层而成双层多年冻土。

第二节　冻土地貌

冻土地貌形成与冻融作用直接相关。冻土层中的水在气温周期性的正负变化影响下，不断发生相变和迁移，使土层反复冻结融化，导致土体或岩体的破坏、扰动和移动，形成各种冻土地貌。

一、石海、石河和石冰川

1. 石海

在寒冻风化作用下,岩石遭受寒冻崩解,形成巨石角砾,就地堆积在平坦的地面上,形成石海。

石海形成的条件是:① 气温经常在0℃上下波动,日温差较大,并有一定湿度,使岩石沿节理反复寒冻崩解,② 地形较平坦,地面坡度小于10°,可使寒冻崩解的岩块不易顺坡移动而保存在原地,③ 坚硬而富有节理的块状岩石,如花岗岩、玄武岩和石英岩等,在寒冻作用下常崩解成大块岩块。

石海形成后,组成石海的大石块很少移动。同时,石海中又缺少细粒物质而水分较少,冻融分选难以进行,这样石海能长期保存下来。第四纪冰期时的寒冷气候条件下形成的石海常可保留至今。石海常在同一走向、同一岩性和一定高度的山坡上部发育,有一条平整的界限,称石海线。昆仑山的石海线是4900 m。石海线比同期雪线高度要低200～500 m。因此,研究石海线也可大致确定古雪线的高度,石海线是一条重要的气候地貌界线。

2. 石河

在山坡上寒冻风化产生的大量碎屑滚落到沟谷里,堆积厚度逐渐加大,在冻融和重力作用下发生整体运动,形成石河。

石河运动是石块沿着湿润的碎屑下垫面或永冻层的顶面在重力作用下移动,这里温度变化起着重要作用,它会引起碎屑空隙中水分的反复冻结和融解,导致碎屑的膨胀和收缩,促使石河向下运动。石河运动速度较低,其中央部分流速比两侧流速要快。例如瑞士山区的石河中央部分的速度为1.35～1.55 m/a,边缘部分为0.23～0.25 m/a。此外,湿润气候区的石河流速比干燥气候区的要快,中亚山地一石河的流速仅为0.13～0.15 m/a。

石河中的岩块经长期运动,可以搬运到山麓停积下来,形成石流扇。在较湿润的气候条件下发育于高山苔原带的石河,能伸到高山森林带的上部。贡嘎山和念青唐古拉山东段都能见到石流扇。

石河停止运动是气候转暖的标志。当石河不再移动时,角砾表面开始生长地衣苔藓,有时在石河上生长树木或堆积新沉积物。这些石河一般多分布在现在多年冻土的边界或高山冻土的下界附近。

3. 石冰川

大型的石河又称石冰川。当冰川退缩后,堆积在冰川谷中的冰碛物和由寒冻崩解产生的碎屑,在冻融和重力作用下顺冰川谷地或山坡沟谷下移,形成石冰川(照片8-2)。石冰川分布在高山森林线以上,平面形状很像冰川舌。石冰川的纵剖面常呈上凸的弧形,横剖面中部突起,它的长度一般可达300～400 m,宽100 m左右。阿拉斯加最大的石冰川长达3 km,末端堤高60 m。石冰川的内部常夹有冰川冰。石冰川运动和岩屑内部冰的活动有关,也有的是岩屑整体沿底床滑动。石冰川运动的速度很慢,据阿拉斯加石冰川流速测量,末端表面速度为1.0～1.5 m/a,底部只有0.3～1.0 m/a。瑞士测量到的石冰川最大速度为5 m/a。

二、多边形构造土

在第四纪松散沉积物的平坦地面上，由冻融和冻胀作用，地面形成多边形裂隙，构成网状，称为多边形构造土（照片 6-3）。从剖面上看，裂隙呈楔形，根据楔子内填充物的不同，又分为冰楔和砂楔。

1. 冰楔

在多年冻土区，地表水周期性注入到裂隙中再冻结，使裂隙不断扩大并为冰体填充，剖面成为楔状，称为冰楔。冰楔的规模大小不一，小的冰楔楔口宽只有数十厘米，冰楔深 1 m 左右，网眼直径为 1～2 m；大的冰楔楔口宽可达 5～8 m，最大深度可达 40 m 以上。总的来看，冰楔的宽度和寒冻频度成正比，冰楔的深度和寒冷程度成正比。冰楔的增长速度很慢，根据南极大陆、加拿大和阿拉斯加等地的观测，冰楔增长速度大约为 1 mm/a。

冰楔的形成先是地表形成裂隙，地表水注入再冻结而成脉冰（图 6-8(a)）。由于脉冰常深入到永冻层中，到温暖季节，上部活动层的脉冰融化消失，永冻层中的脉冰则仍然存在（图 6-8(b)）。到了寒冷季节，冻土又发生体积膨胀，原有的裂隙不断扩大，在脉冰中形成新的裂隙（图 6-8(c)）。到来年夏季又在新裂隙中注入水分，冬季再冻结胀裂，如此反复作用，就形成冰楔。

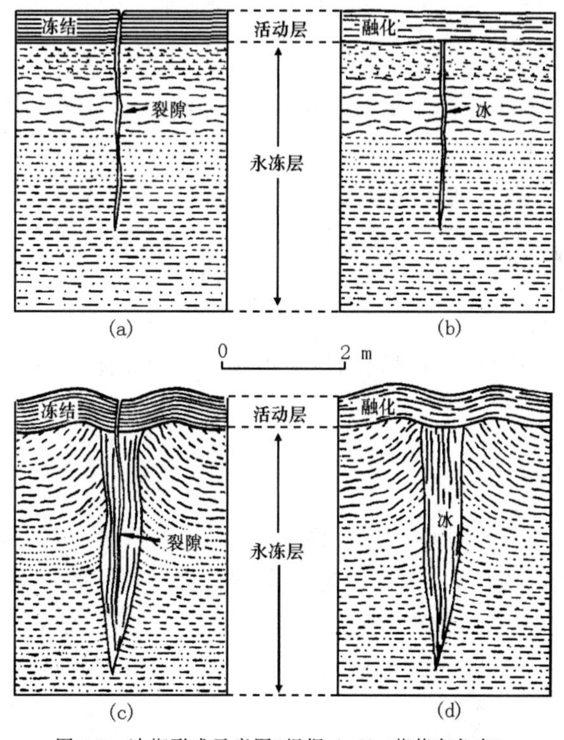

图 6-8　冰楔形成示意图（根据 A. H. 莱苓布鲁奇）

由此可见，冰楔形成的条件是：① 有深入到永冻层中的裂隙，并为脉冰所填充，② 冰楔的围岩是可塑性的，水在裂隙中才能冻结、膨胀，围岩不断受挤压变形，冰楔不断展宽，③ 需要严寒的气候条件，年平均温度一般为－6～－8℃。

根据冰楔形成时间和围岩形成时间的先后关系,可将冰楔分为两种类型,即后生冰楔和同生冰楔(图 6-9(a),(c))。后生冰楔指冰楔形成于其围岩沉积层堆积之后;同生冰楔则是冰楔与围岩沉积物同时形成。当后生冰楔形成后,地表被沉积物覆盖,原地再次发育冰楔,称为多层后生冰楔(图 6-9(b))。冰楔内的冰层呈近于直立的带状结构,一层条带冰代表一个年层,冰楔中部的冰层最新,向两侧去,冰层依次变老。

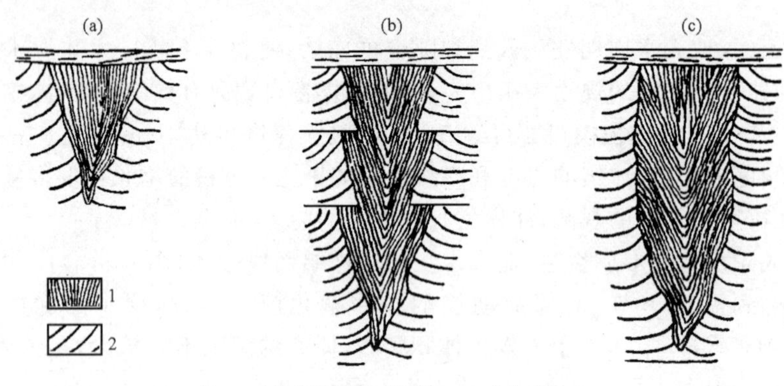

图 6-9 冰楔的类型(根据 Г. П. 高尔什果夫)

(a) 后生冰楔;(b) 多层后生冰楔;(c) 同生冰楔

1. 多年冰层;2. 围岩层理

2. 砂楔(古冰楔)

砂楔与冰楔形态相似,但裂隙中填充的不是脉冰,而是松散的砂土,叫砂楔。砂楔可从冰楔演变而来,当冰楔内的脉冰完全融化后,砂土代替冰体填充于楔内,形成砂楔,所以又把砂楔看成古冰楔。砂楔也可能是地面在冻裂过程中,砂土直接填充在裂隙中。不管是哪一种成因,砂楔都是在严寒气候下反复冻裂的结果,它是反映古气候的一个重要标志。砂楔在我国东北北部和青藏高原常可见到,在我国北纬 40°的大同盆地海拔 1000 m 的晚更新世后期(约 26 000 年前)的砂楔,它的深度约为 1.2～1.5 m,楔口宽 0.2～0.3 m,网眼直径 2.2～3.0 m。根据砂楔的规模估算大同盆地在砂楔形成时期的年平均温度比现在低 14～15℃。

三、石环、石圈和石带

1. 石环

石环是由细粒土和碎石为中心,周围由较大砾石为圆边的一种环状冻土地貌(照片 6-4)(图 6-10)。它们在极地、亚极地以及高山地区常有发育。石环的直径一般为 0.5～2.0 m,在极地地区可达十余米。石环形成在有一定比例的细粒土地区,细粒土一般不少于总体积的 25%～35%,并且土层中要有充足的水分,所以石环多发育在平坦的河漫滩和洪积扇的边缘或古冰斗内。

石环是冻土中颗粒大小混杂的松散砂砾层,由于饱含水分,经频繁的冻融交替,产生物质分异形成的冻土地貌。活动层中的大小混杂的砂砾,冬季先从地面冻结,砂砾层孔隙中的水冻结膨胀,地面和砂砾层中的砾石一起被抬高,由于砾石比砂土层的导热率低,砾石的下部尚未冻结而出现空隙,被砂土填入或水渗入形成冰体(图 6-11(b));夏季,活动层上部解冻,砂土中的冰先融化,地面逐渐回降到原来位置,但砾石下部仍为冻结状态,这时一些大颗粒碎石或砾石

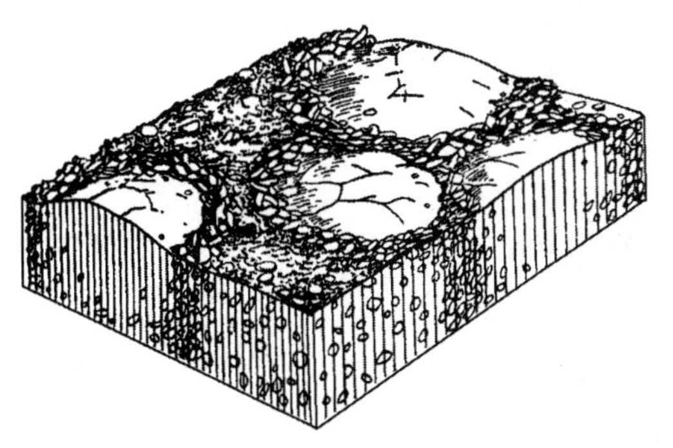

图 6-10 石环(根据 С. Г. 博奇)

却比周围含水砂土位置相对升高(图 6-11(c))。等砾石下部冰开始融化时,砾石周围的砂土向砾石下部移动,填垫在砾石下部,当活动层全部融化后,砾石却相对抬升了一段距离(图 6-11(d))。在这种冻融过程反复作用下,大的石块或砾石就逐渐被顶托到地面(照片 6-5)。

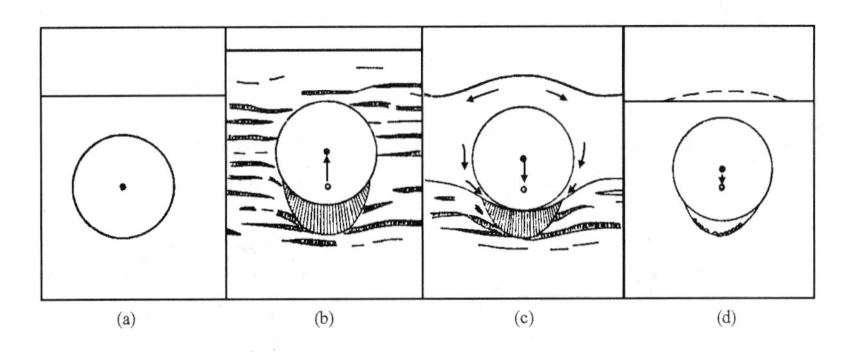

图 6-11 融冻分选过程示意图(根据比斯科夫,简化)

(a) 原始地面,图中的圆表示砾石,图上方的平直线表示地面;

(b) 冬季地面冻结,地面抬高,砾石位置也抬高;

(c) 夏季地面开始融化并降低,砾石下部仍有一部分冻结,砾石未完全回到原来位置;

(d) 砾石下部土层全部融化,却被小砾石和砂填充,砾石相对原来位置向上移动了一段距离

除上述碎石的垂直方向的冻融迁移外,还有水平方向的迁移。水平方向的迁移是在活动层上部地表进行的。在含水较多的砾石和细粒砂层中,冻结时体积膨胀形成一个微微向上凸起的膨胀中心。解冻时,先融化的细粒砂土回到原来的位置,填充了融化后的空隙,等到砾石下部也融化时,砾石则不能回到原来的位置,凸出在地面上,则向四周较低部位移动,最后形成以砾石和碎石为边缘的石环。

石环形成的速度很快,在祁连山平顶冰川边缘,冰川退缩两年,冰碛物中就发育大量的石环,其直径大者可达 4～5 m,石环中心部分比边缘高约 40 cm。在大雪山地区埋入地下 2 cm 深处的石块,一个月后即被顶托到地面,侧向移动 2～5 cm。如一年活动期按 3 个月计,年移动量为 6～15 cm,这个数字比高纬地区观测到的位移量还略快一些(在巴伦支海斯匹次卑尔根群岛为 5～10 cm/a)。

当石环表面布满地衣苔藓或生长小草,表示石环已停止发育。

2. 石圈

斜坡上发育的石环,在重力作用下常成椭圆形,它的前端由大石块构成石堤,这种石环又叫石圈。

3. 石带

在较陡的山坡上,石圈前端常分开,经冻融分选的大岩块,集中在纵长延伸的裂隙中,形成石带。

四、冰核丘

冻土层中常夹有未冻结层,未冻结层中的水分在地下慢慢凝结成冰体,使地面膨胀隆起,形成冰核丘(照片 6-6)。冰核丘的平面呈圆形或椭圆形,顶部扁平,周边较陡,可达 40°～50°。冰核丘的顶部表面因地表隆起变形,产生许多方向不一的张裂隙。

冰核丘的规模大小不等。一年生的冰核丘的规模较小,高只有数十厘米至数米,多年生的冰核丘规模较大,高可达十余米至数十米,直径从 30 m 到 70 m 不等。我国目前所见到的最大冰核丘位于青藏公路所经的昆仑山垭口,它的高度约 20 m,长径 70～80 m,短径 30～40 m,现尚在发展中。

冰核丘的结构是顶部为 1 m 至数米厚的粉砂土或泥炭土,其下为纯冰构成的呈凸透镜状的冰核。冰核的周围为冻结的砂层或土层,往下常有冻结层,再往下才是永冻层(图 6-12)。

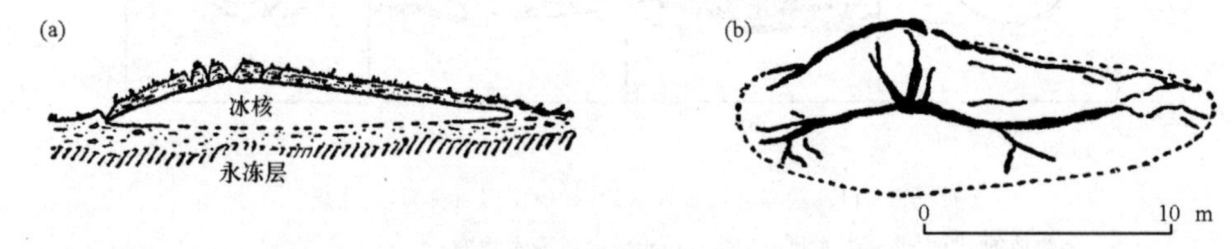

图 6-12 冰核丘的剖面图(a)和平面图(b)(根据 R.P.夏普)

冰核丘的成因是冻土层中有层间水,在相同温度下水与冰具有不同饱和蒸气压力,液态饱和蒸气压大于固态饱和蒸气压,水体上的蒸气水分子不断转移到冰体上凝结,使冻土中冰体不断扩大,挤压周围土层,地面隆起,形成冰核丘。

许多冰核丘常形成于湖底。湖泊冻结后冰层不断向湖面下方增厚,湖底未冻结层就被周围多年冻土和上部冰层包围成一封闭系统,随着不断冻结,未冻结层范围缩小,未冻结层中的水压力就会增大,孔隙水从未冻结层中被挤出,冻结成冰核,使湖底岩层胀起成冰核丘。湖泊干涸后,缺少湖水的保温作用,湖底冻结层加厚,未冻结层缩小,进一步使湖底冰核丘扩大(图 6-13)。有些冰核丘形成在地形平坦、松散沉积物较厚并有裂隙发育的地区,例如昆仑山口的冰核丘发育在两组断层交叉部位,这里有穿越多年冻土层的地下融道,有丰富水分供给,形成 14 m 厚的地下冰透镜体的冰核丘。

冰核丘有时能产生爆炸。在夏季气温上升很快,上部冻结层迅速融化,冻结土层急剧变薄,这时如冰核丘内含有气体,承压力很高的地下水就可能发生喷水爆炸。

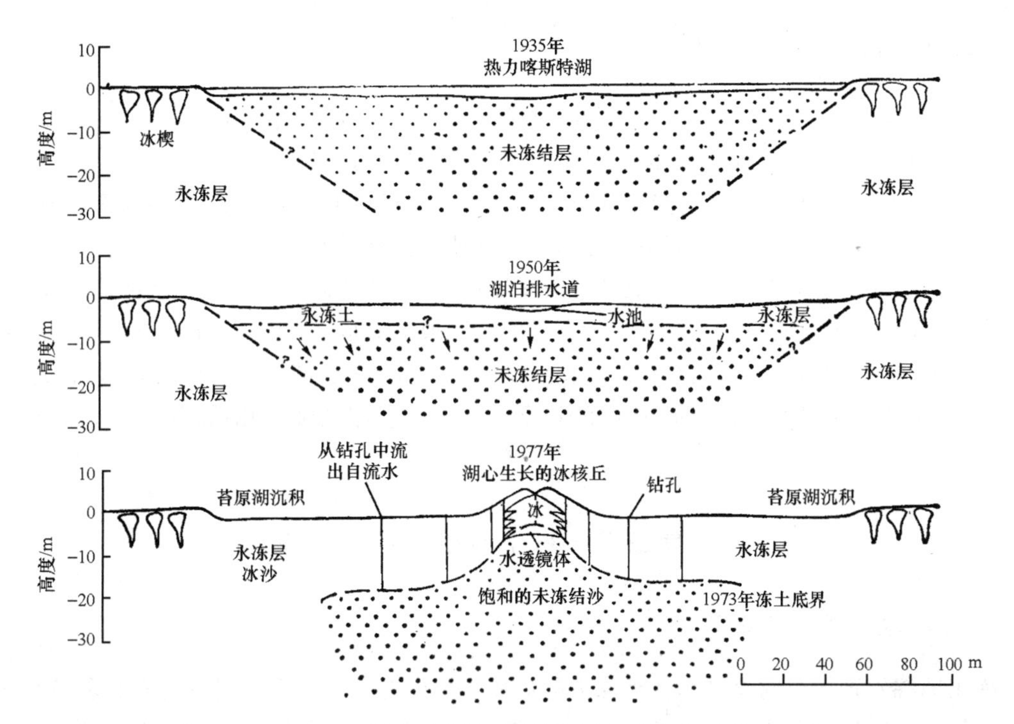

图 6-13 加拿大马更些河三角洲地区封闭型冰核丘的发育(根据 J. R. 马凯)

五、土溜阶坎

土溜阶坎是多年冻土区坡地上的一种地貌现象。当融冰时地表过湿的松散沉积物沿坡向下流动,前端常成一陡坎,叫土溜阶坎(图 6-14)。土溜阶坎高约 1 m 左右,宽 4～5 m,有的规模还要大一些。

土溜阶坎的成因是多年冻土上部的活动层周期性融化,融化的水受下部永冻层的阻挡不能下渗,活动层的松散物质被水浸润,内摩擦减小,在重力作用下就缓缓沿坡向下滑动,如遇阻或坡度变缓,流动的速度减慢,前端就壅塞成一个坡坎。

图 6-14 土溜阶坎

土溜阶坎的流动物质,叫土溜或融冻泥流。土溜的流动速度很慢,一般小于 1 m/a,在斯匹次卑尔根的 6°～17°的坡上,土溜速度是 5～12 cm/a,瑞典 15°～25°坡上的为 30 cm/a,气候较干旱的北美科罗拉多山区只有 3～4 cm/a,我国祁连山西段为 15 cm/a。

土溜在长期缓慢流动过程中,表层流速较快,把泥炭、淤泥和草皮等卷进细粒土中,形成复杂的结构。以细粒土为主的堆积物中常有草皮和泥炭夹层,并产生揉皱和破裂。土溜中也常有大小碎石和泥沙混杂,一些扁平碎石的最大扁平面常和地面平行,长轴方向和土溜运动方向一致。

六、热融塌陷洼地

热融塌陷洼地是因温度升高，地下冰融化引起地面塌陷所形成的各种洼地。这种塌陷过程类似喀斯特塌陷过程，但塌陷原因和温度有关，故称热力喀斯特。

多年冻土上部的温度升高可能是气候周期性的转暖形成的，也可能是人为因素造成的，例如砍伐森林、开垦荒地和人工截流蓄水等都可以使地面温度增高。

热融塌陷洼地发育在斜坡上形成各种滑塌洼地，在平坦地面上形成漏斗状沉陷洼地，洼地内常积水成湖，称热融塌陷湖。多年冻土发育的高原或平原地区，大大小小的热融塌陷湖星罗棋布。热融塌陷湖形成以后，湖水对湖底土层的传热作用，使底部土层增温，活动层的深度加大，地下冰融化速度加快，湖泊进一步沉陷，直到湖底地下冰全部融化后，湖泊才停止下沉和扩大。

第三节 冻土地貌的发育

一、冻土地貌发育的时间差异

冻土地貌发育的时间差异和多年冻土的形成与演变有密切关系。现在地表的多年冻土大部分是第四纪冰期时形成的，另一部分是冰后期大陆冰盖退却后发育的。北半球高纬的连续冻土带，发育有厚达数百米的多年冻土，亚洲北部极地区有两层冻土层，中间以中更新世的海侵层相隔，说明上下两层冻土形成在不同时期。我国青藏高原在更新世的冰缘气候环境下发育一些冻土，并在早更新世湖泊地层中形成许多冻融扰动；另外，高原上在晚更新世又形成了许多冻土地貌，如沱沱河谷地的古冰楔、唐古拉山南坡的古多边形土等。

冰后期大陆冰盖退却后，在高纬地带可能出现新的冻土。但是，随着冰后期的气温升高，全球多年冻土处于退化趋势，这对冻土地貌发育有很大影响。

(1) 现代冻土地貌发育的范围缩小，如欧洲古冻土南界曾经伸展到 45°N 的法国中部和多瑙河中游，但现在已退缩到北纬 68°的挪威北部；我国东部的古冻土也曾分布到北纬 40°左右，在晚更新世后期，大约 26 000 年前，在华北的一些海拔 800～1000 m 的山间盆地，发育了冰楔和冻融扰动，而现在冻土南界北移到 47°N～49°N 附近。

(2) 现代冻土地貌发育的高度变高，冰后期山地多年冻土下界上升，我国多数山地冻土下界上升 500～1000 m。

(3) 不同时期冻土地貌类型和规模发生变化，在过去冰楔或多边形土发育的一些地区现在已没有冻土地貌发育。随着冻土的退化，永冻层上界的降低，冰土融化作用加强，发育一些滑塌和沉陷。

二、冻土地貌发育的空间差异

冻土地貌的发育不仅要有一定的低温，而且还与一定湿度有关。因此，处在同一低温条件下，由于湿度条件的不同，冻土地貌发育的程度在空间上也不一样。

在海洋性气候区，降水量大，地面冰雪消融量小于积累量，雪线高度较低，雪线附近气温接近零度甚至出现正温，冰川可以伸延到森林带内，并有较厚的积雪覆盖，所以多年冻土不发育。

照片 6-1　河湖相地层中发育的冻融扰动构造（山西大同）（杨景春）

照片 6-2　石冰川（昆仑山垭口）（刘耕年）

照片 6-3　冰楔多边形构造土（加拿大）（引自 H.J.de Blij 和 P.O. Muller）

照片 6-4　古冰斗内发育的石环（天山乌鲁木齐河源）（刘耕年）

照片 6-5　冰融作用使板状大石块呈直立状顶托到地表（新疆天山乌鲁木齐河源）（刘耕年）

照片 6-6　冰核丘（加拿大马更歇河三角洲）（引自 H.J. de Blij 和 P.O. Muller）

中国海洋性冻土地貌主要分布在四川西部和西藏东南部等季风海洋性气候区。由于这些地区气温高，降水量大，地表冻融过程不强烈，冻土地貌发育微弱。

大陆性干旱气候区，降雪较少，雪线附近的气温很低，虽有一定宽度的苔原带，但由于降水太少，山地主要是荒漠或半荒漠环境，地表及地下水都贫乏，这里除由冻融风化作用所形成的石海和石河外，其他类型的冻土地貌均很少见到。

半干旱气候区的气温低，有适量的降水，适合冻土的发育，再加上气温周期性变动幅度较大，有利于冻土地貌的形成，所以在这一区域冻土地貌发育最齐全。斯堪的纳维亚冰盖外围在中欧、东欧有显著的苔原带，冻土和冻土地貌很发育。中欧的苏台德山和东欧的喀尔巴阡山等地区，地处海洋性气候和大陆性气候的过渡区，冻土地貌也较发育。我国昆仑山—唐古拉山之间、祁连山东段、大小兴安岭等山地，也正处于半干旱气候区，冻土带的宽度大，多年冻土厚，冻融作用强烈，冻土地貌的类型也最为齐全。

冻土地貌的空间分布差异有明显的地带性特征，即纬度（水平）地带性和高度（垂直）地带性特征：前者包括世界高纬冻土区，如北半球的俄罗斯的西伯利亚和加拿大的北部大陆以及我国东北北部冻土区；后者指世界各高山地带的冻土区和我国的青藏高原。纬度和高度往往同时影响冻土地貌的分布与发育，如我国东北现代冻土，其南界在东西部有差异，高度相差900 m，东端黑龙江嘉荫的冻土南界位于49°N，海拔为100 m，而西端内蒙古阿尔山的冻土南界位于47°N，海拔为1000 m。我国青藏高原从北往南随纬度降低冻土地貌分布的高度逐渐上升，纬度每降低1°，冻土地貌分布高度约升高120 m。

三、冻土地貌的组合

上面我们所介绍的各种冻土地貌，其形态有正有负，规模有大有小。形成各种冻土地貌的作用，包含冻裂、冻融扰动、冻融滑塌和冻胀等许多复杂过程。

在不同地貌部位常出现不同地貌组合。例如在基岩裸露的山顶、山坡以冻裂作用为主，常形成石海、石河和石冰川；在松散碎屑覆盖的斜坡上可形成土溜阶坎；在地势平坦、松散沉积较厚的谷地、盆地和湖岸，则往往形成许多冰楔、石环和多边形构造土（图6-15）。

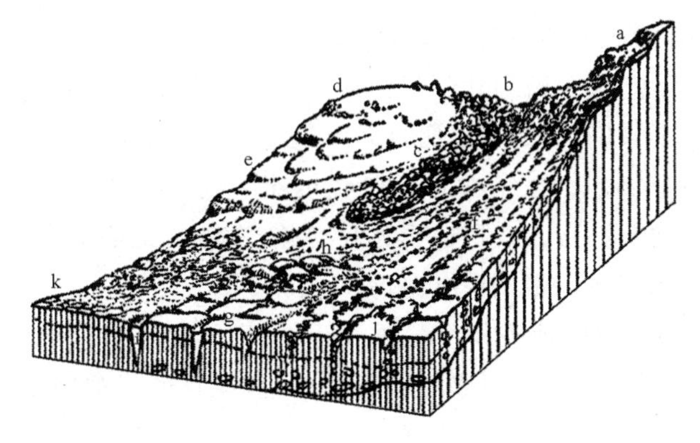

图6-15　冻土地貌组合（根据C. Г. 博奇）

a. 冻蚀台地；b. 石河源；c. 石河；d. 石圈；e. 土溜阶坎；f. 石带；g. 多边形土；h. 冰核丘；i. 冰楔；j. 石环；k. 网状土（石环）

第七章 荒漠地貌

荒漠地区气候极端干燥，年蒸发量超过年降水量数倍至数十倍，年温差和日温差都较大，地表径流贫乏，植被稀疏，物理风化很强，风力作用强劲。干旱荒漠地区的主要地貌营力是风力作用，其次是风化作用、重力作用和流水作用，它们在荒漠地貌形成过程中都有一定影响。

第一节 荒漠区的自然特征

全世界干旱区荒漠一是分布在南北纬 15°～35°之间，由副热带高压引起的干旱荒漠；另一是在北纬 35°～50°之间的温带、暖温带大陆内部的干旱荒漠(图 7-1)。

副热带荒漠是由于南北气流汇集而下沉，使空气增温，相对湿度减少而非常干燥形成的。世界上许多著名的大荒漠都分布在副热带高压带，例如北半球的非洲撒哈拉大沙漠、西南亚的阿拉伯沙漠、北美洲的基拉沙漠；南半球的西南非洲的卡拉哈里沙漠和纳米布沙漠，澳大利亚中部沙漠和南美洲的阿塔卡玛沙漠等。

温带、暖温带干旱区荒漠位于大陆内部，由于地形闭塞，海洋气流不能伸入而终年极其干燥形成的荒漠。例如亚洲的土库曼的卡拉库姆沙漠、乌兹别克的克孜尔库姆沙漠、蒙古大戈壁和中国西北沙漠都位于欧亚大陆内部，夏季季风盛行时，从太平洋和印度洋带来的潮湿气流受地形阻挡，因而由南往北或由东南向西北的雨量越来越少；冬季欧亚大陆在强大的冷高压控制下，气候干燥寒冷，因而形成大陆性温带和暖温带荒漠。

荒漠地区由于日温差大(在新疆北部日温差达 35～50℃)，岩石的导热率低，白天高温时岩石表层增温产生膨胀，夜间，岩石表层比内部冷却得快而发生收缩，因而在岩石表层形成纵横交错的裂隙，产生片状剥落。此外，入夜后气温迅速降低，空气中的水汽迅速在含盐岩石表层发生凝结并渗入岩石内部，白天在烈日照射下，水分蒸发，在岩石表面形成盐结晶，撑胀岩石裂隙也使岩石崩解破裂，形成许多风化产物。

风力是荒漠区的最主要的地貌作用营力，它不仅将风化碎屑中的细小颗粒和松散沉积物中的砂粒搬运到很远的地方，堆积成各种风积地貌，而且能侵蚀坚硬岩石，形成各种风蚀地貌。

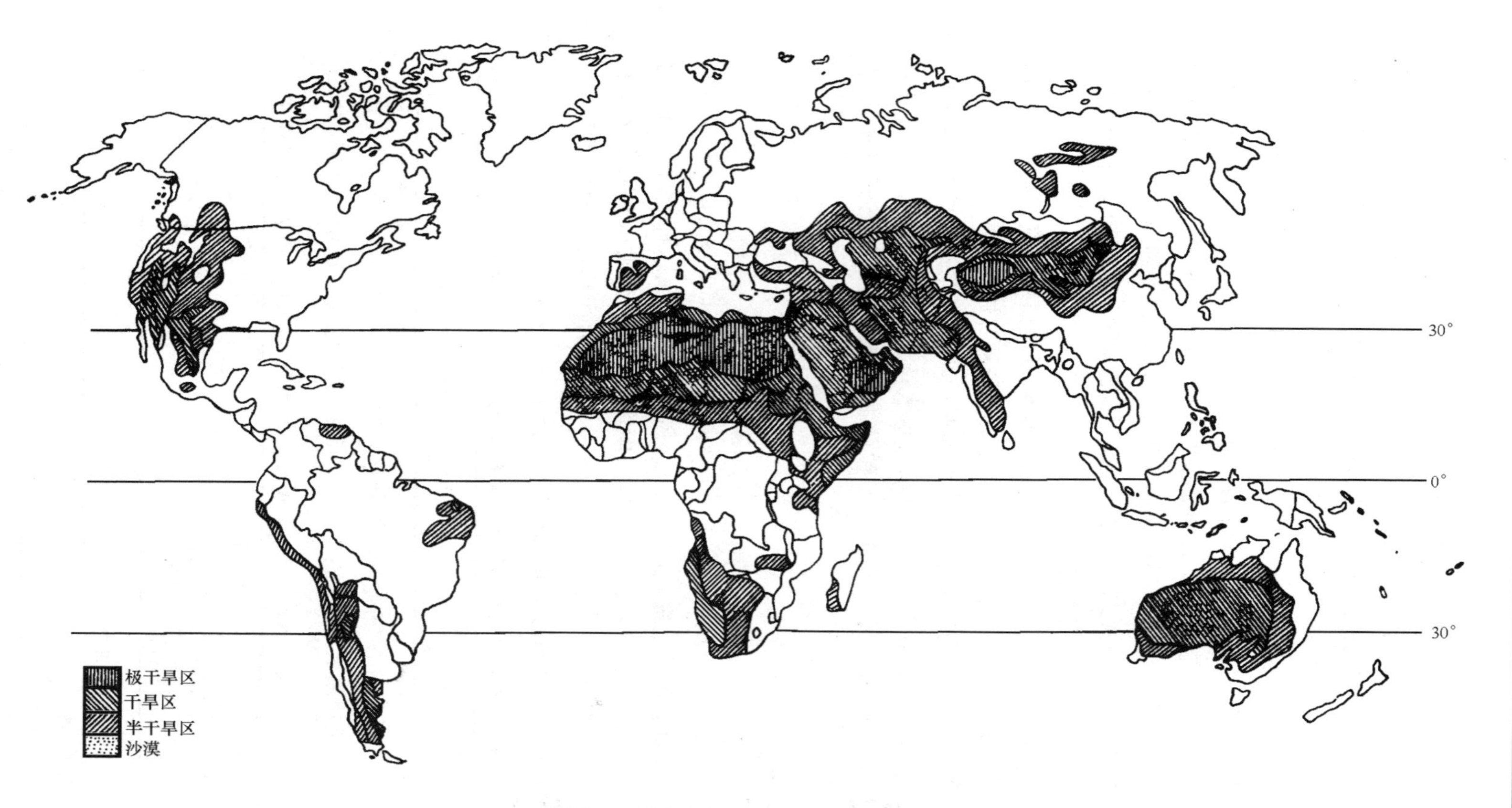

图7-1　世界干旱区分布(根据P. 曼奇斯)

第二节 风力作用

风力作用表现为气流沿地表流动时对地面物质的吹蚀、磨蚀、搬运和堆积过程。

一、风蚀作用

地表物质在风力作用下脱离原地称为风蚀作用。风蚀作用包括吹蚀作用和磨蚀作用。

吹蚀作用取决于近地表风的流态和流速以及地表泥沙的物理性质。近地面的气流密度较小，黏滞性低，气流经常呈涡动；此外，地形起伏和热对流，能使地表气流产生漩涡，加强气流的紊动作用。地表的松散沙粒或基岩上的风化产物，在紊动气流作用下将被吹扬，这种作用称为吹蚀作用。地表最易遭受风力吹蚀的是 0.1 mm 的松散沙粒。粒径大于 0.5 mm 的沙粒极少会被吹蚀，粒径小于 0.1 mm 的细小沙粒，由于受到近地面层流气流的隐蔽作用，同时易从大气中吸附水分使颗粒间产生一定黏结力，因此也不易被吹蚀。

风挟带沙粒移动对岩石或不同胶结程度的泥沙块体进行碰撞和摩擦，或者在岩石裂隙和凹坑内进行旋磨，称为磨蚀作用。沙粒可以对地表产生巨大的冲击力和摩擦力，不同胶结程度的泥沙块体和各种岩石，因受被吹扬沙粒的冲击磨蚀而发生崩解和破碎，形成各种吹蚀地貌。

二、风的搬运作用

风携带各种不同粒径的沙粒，使其发生不同形式和不同距离的位移，称为风的搬运作用。风对沙粒作用，沙粒上部风速快，压力小，下部风速慢，压力大，因而沙粒上下产生压力差，当上升作用力大于沙粒重力时，沙粒跃起，在迎风面作用下便产生搬运。风的搬运作用表现为风沙流，当近地面风速大于 4 m/s 时，0.10～0.25 mm 粒径的沙粒就能形成风沙流。一般来说，被风吹扬的沙粒颗粒大小和风速成正比（表 7-1）。

表 7-1 沙粒粒径与起动风速的关系（新疆莎车离地面 2 m 高处）（根据朱震达）

沙粒粒径/mm	0.10～0.25	0.25～0.50	0.50～1.0	>1.0
起动风速/($m \cdot s^{-1}$)	4.0	5.6	6.7	7.1

风沙流中的含沙量和高度有关。据观察，风沙流中的绝大部分沙粒都在近地表 10 cm 以下（表 7-2）。随着风速增大，在地表 10 cm 内含沙量的绝对值也增大（表 7-3）。

表 7-2 不同高度风沙流的含沙量（根据 A.И. 兹纳门斯基等人资料编）

风速/($m \cdot s^{-1}$)	9.8							5				
高度/cm	0～10	10～20	20～30	30～40	40～50	50～60	60～70	3.6	3.6～7.2	7.2～10.8	10.8～14.4	14.4～32.4
含沙量/(%)	79.32	12.30	4.79	1.50	0.95	0.74	0.40	43.0	31.0	16.1	6.5	3.4

表 7-3 风速与含沙量关系（莎车）（根据朱震达等）

离地面 2 m 高处风速/($m \cdot s^{-1}$)	4.5	5.5	6.5	7.4	13.2	15.0
0～10 cm 高度内的含沙量/($g \cdot cm^{-2} \cdot min^{-1}$)	0.37	1.04	1.20	2.27	19.44	35.56

各种大小不同的沙粒，在风的作用下可产生悬移、跃移和蠕移(推移)等不同形式的运动(图 7-2)。

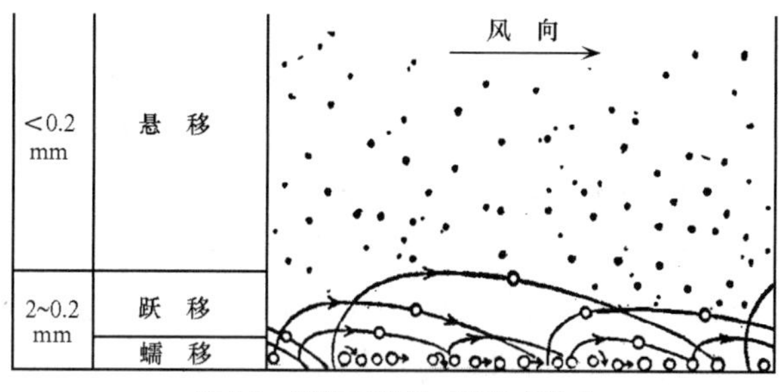

图 7-2　风沙运动的三种基本形式

1. 悬移

一些小于 0.1 mm 的沙粒，沉降速度小于风的紊动向上风速呈悬浮状态移动，称为悬移。当空气中固体颗粒的沉速小于平均风速的 1/5，颗粒就会被上举，并能在一段时间内保持悬浮状态。一些粒径小于 0.05 mm 的粉砂和尘土，能长期悬浮在空中并随气流搬运到上千千米远的地方才沉落下来。对沙丘沙来说，悬浮搬运的沙量仅占全部搬运量的 5% 以下，甚至不到 1%。

2. 跃移

跃移的沙粒呈跳跃式向前移动。它是由于跃起的颗粒降落时碰撞地面而产生的反弹跳跃或冲击地面沙粒跃起。粒径为 0.1～0.15 mm 的沙粒最易产生跃移。跃移颗粒跳起的角度变化较大，约 40% 沙粒起跳角为 30°～50°，28% 的起跳角达 60°～80°。沙粒升到空中，受到风的作用，将沿着气流上升，在达到一定高度后，沿平缓倾斜的轨迹下落，下降角一般在 10°～16°之间。跃起的沙粒起跳角大，跃起的高度高，搬运距离也远，沙粒在运移过程中还不断旋转。天然沙丘沙跃移的沙量占全部输沙量的 78%(表 7-4)。

表 7-4　气流中跃移和蠕移沙量比较(根据朱震达等)

2 m 高处风速/($m \cdot s^{-1}$)	总输沙量/($g \cdot min^{-1}$)	蠕移		跃移	
		沙量/($g \cdot min^{-1}$)	所占百分比/(%)	沙量/($g \cdot min^{-1}$)	所占百分比/(%)
5.0	0.78	0.24	31	0.54	69
6.0	1.39	0.31	22	1.08	78
7.0	2.83	0.59	23	1.94	77
8.0	4.05	0.82	20	3.23	80
9.0	6.19	1.15	19	5.04	81
10.0	9.42	1.86	19	7.56	81
平均			22		78

3. 蠕移

蠕移是由于风推动沙粒移动，或是一些跃移运动的沙粒在降落时对地面不断冲击，使地表沙粒受冲击后产生的缓缓向前移动。低风速时，可以看到这些沙粒时行时止，移动速度只有 1～2 cm/s。当风速增加时，沙粒移动的距离则随之增长，移动的数量也增多，到高风速时，整个地面的沙粒好像都在缓缓向前移动。高速跃移沙粒的冲击力，可以使等于跃移沙粒直径

6倍或重量200多倍的表层沙粒产生蠕动，所以蠕移质颗粒比跃移质的要大得多。粒径为0.5～2.0 mm的沙粒一般以蠕移方式移动，蠕移量约占全部输沙量的22%左右(表7-4)。

三、风积作用

风所搬运的沙粒由于条件改变而发生堆积。产生风积作用的原因是挟沙气流在运动过程中遇到山体阻碍、地面草丛、建筑物阻挡、风速减慢和沙量增多，都可形成沙粒堆积。此外，当挟沙气流在运行过程中遇到较冷的气流时，会向上抬升，这时一部分沙粒不能随气流上升而沉降，这种情况大都发生在湖盆附近。如果有两股近于平行的、流动速度和含沙量不同的气流相遇时，则形成一种不同于接触前的气流状态的新气流，它们的速度和含沙量都将发生改变，在大多数情况下，原挟沙气流之一会失去搬运原有沙量的能力，将多余的沙粒卸落下来，发生堆积。

经风搬运再堆积的物质叫风积物。风积物的特点是：① 颗粒粒径一般只限于1 mm以下，② 风积物的粒度均一，比湖沙、河流沙和海滨沙的分选都好，③ 风成沙的磨圆度高，④ 沙粒表面有许多凹坑，这是沙粒在运动过程中互相撞击而成，这种现象只限于较大沙粒，小于0.1 mm的颗粒这种现象不明显，⑤ 有些石英砂表面有溶蚀痕迹和SiO_2、Fe_2O_3沉积物，⑥ 风成沙一般以石英为主，有少量长石和各种重矿物如角闪石、绿帘石等，容易磨损的矿物经风搬运大都磨成更小颗粒被吹扬到更远的地方，如云母在风成沙中很少见到。

第三节 风成地貌

风对地面的侵蚀、搬运和堆积过程中，形成各种风蚀地貌和风积地貌，统称风成地貌。

一、风蚀地貌

风的侵蚀作用仅限于一定高度，因风挟沙量在近地表10 cm高处最多，跃移的沙粒上升高度一般可达数米，所以风蚀地貌在近地面处最为明显，主要风蚀地貌有以下几种。

1. 石窝(风蚀壁龛)

陡峭的迎风岩壁受风沙的吹蚀和磨蚀，岩壁表面形成大小不等、形状各异的凹坑，其直径大多为数十厘米，深达10～15 cm，有群集，有分散，使岩石表面具有蜂窝状的外貌，称为石窝(图7-3)(照片7-1)。石窝的形成是因干旱区的昼夜温差较大，岩石表面在物理风化和化学风化的频繁作用下而片状剥落，形成很多浅小的凹坑。以后，风沙就沿此凹坑向里钻磨，被带到凹坑内的沙粒受风力作用在凹坑内发生旋转，不断地磨蚀凹坑的内壁，形成口小坑大的石窝。

2. 风蚀蘑菇和风蚀柱

突起的孤立岩石，尤其是裂隙比较发育的不太坚硬的岩石，受风蚀作用后而成上部宽大、下部窄小的蘑菇状地形，称风蚀蘑菇(图7-4)。它是由于近地面的风沙流的含沙量较大，对岩石下部侵蚀较强而形成的。

图 7-3 石窝(风蚀壁龛)(徐志芳根据洛贝克书上的照片绘制,1963)

如果风蚀蘑菇顶部岩石的重心和下部岩石支撑点不一致,则上部岩石很容易坠落下来,成为孤立的石柱,称风蚀柱。

另外,垂直裂隙发育的岩石或土体,在风长期吹蚀下,也可形成一些孤立的风石(土)柱(图 7-5)。

3. 雅丹(风蚀垄槽)

在干旱地区的一些干涸的湖底或河流故道,常因干缩裂开,风沿着这些裂隙吹蚀,裂隙愈来愈大,使原来平坦的地面发育成许多不规则的背鳍形垄脊和宽浅沟槽,这种支离破碎的地面称为雅丹(照片 7-2)。雅丹原是我国维吾尔族语,意为陡峭的土丘。塔里木盆地的罗布泊区域,有些雅丹地形的沟深度可达十余米,长度由数十米到数百米不等,走向与主风向一致,沟槽内常有沙子堆积。在垄脊顶部常有白色盐壳,又称白龙堆。甘肃玉门关以西疏勒河下游故道,分布一片约 400 km^2 的雅丹群,雅丹相对高度 20～40 m,最高可达 100 m,现已建立国家雅丹地质公园。

图 7-4 风蚀蘑菇(徐志芳绘,1963)

图 7-5　风蚀柱

4. 风蚀洼地与风蚀谷

松散物质组成的地面，经风吹蚀以后，形成宽广而轮廓不太明显的风蚀洼地。它们多呈椭圆形，成行分布，并沿主风向伸展。单纯由风蚀形成的洼地，规模较小，一般直径只有几十米，深度仅 1 m 左右。一些大型风蚀洼地面积可达数十平方千米，是在流水侵蚀基础上再经风蚀改造而成，深度可达 10 m 左右。这种大型风蚀洼地，又称风蚀盆地。当盆地深度达到地下水位时，地下水露出地表，便形成沼泽或积水成湖。

荒漠区有时一次暴雨能把地面侵蚀成很多沟谷，风就沿着沟谷吹蚀，沟谷进一步扩大，成为风蚀谷。风蚀谷无一定形状和走向，宽窄不均，蜿蜒曲折，有时为狭长的沟壕，有时又为宽广的谷地。在陡峭的谷壁下部，常堆积着崩塌的岩屑堆，谷壁上有时有许多大大小小的石窝。

5. 风蚀残丘

由基岩组成的地面，经风化作用或暂时性水流冲蚀，再经长期风蚀后，最后残留下来的小块原始地面称为风蚀残丘。它的外形各不相同，以桌状平顶较多，亦有成尖峰状的，高度一般在 10～30 m 不等。

在较软的水平岩层地区，经风力长期吹蚀，塑造成一些顶平壁陡的残丘，远远望去，好似废毁的千年城堡，谓之风蚀城堡。新疆东部十三间房一带和三堡、哈密一线以南的古近纪和新近纪地层形成许多风蚀城堡。

二、风积地貌

风积地貌的形成和含沙气流的结构、运动方向以及含沙量的多少有关。根据含沙气流结构等特征，可划分以下四种风积地貌类型（图 7-6）。

1. 信风型风积地貌

信风型风积地貌是指单向风或几个近似方向风的作用下形成的各种风积地貌。它们的走向与起沙风向之间夹角小于 30°，或近于平行。这种类型的风积地貌在荒漠地区主要形成新月形沙丘和纵向沙垄，在荒漠区的边缘或在海岸带、湖岸带非荒漠区常有抛物线沙丘发育。

(1) 新月形沙丘。新月形沙丘平面形状如新月，故称新月形沙丘（照片 7-3）。它的高度不等，一般为几米到十几米，最高可达 30 m。新月形沙丘的两坡不对称，朝向风向的一坡称迎风坡，坡形微凸而平缓，坡度一般在 10°～20°之间；相反的一坡称背风坡，或叫落沙坡，坡形下凹，坡度较陡，一般为 28°～33°左右，有时达 36°。在新月形沙丘背风坡的两侧形成近似对称的两个尖角，称为新月形沙丘的两翼，此两翼顺着风向延伸。在迎风坡与背风坡连接的地方，形成弧形的脊，称为新月形沙丘脊（图 7-7）。单个新月形沙丘多分布在荒漠边缘地区，有时沙质海滨地带也有分布。

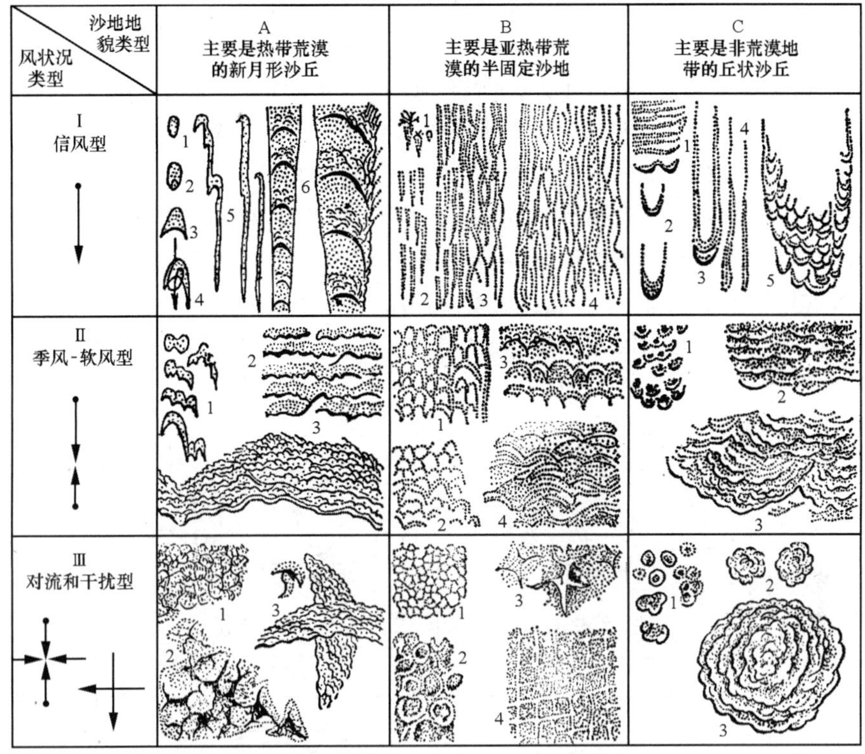

图 7-6　风积地貌类型(根据 Б. А. 费道洛维奇)

A. 各种类型的新月形沙丘(主要在热带荒漠区)

Ⅰ. 信风型：1. 沙饼，2. 雏形新月形沙丘，3. 对称新月形沙丘，4. 不对称新月形沙丘，5. 纵向新月形沙丘，6. 复合纵向新月形沙丘；

Ⅱ. 季风-软风型：1. 成组的新月形沙丘，2. 单个的横向新月形沙丘链，3. 复合横向新月形沙丘链；

Ⅲ. 对流型和干扰型：1. 圆凹斗状新月形沙丘，2. 金字塔形新月形沙丘，3. 交错的复合新月形沙丘.

B. 半固定沙丘(主要在亚热带荒漠区)

Ⅰ. 信风型：1. 草丛沙堆和灌丛堆，2. 小沙垄，3. 纵向沙垄，4. 大小相间的沙垄；

Ⅱ. 季风-软风型：1. 沙地，2. 棵窝状沙地，3. 草耙形横向沙垄，4. 不对称横向沙垄；

Ⅲ. 对流型和干扰型：1. 蜂窝状沙地，2. 大型蜂窝状沙地，3. 金字塔沙丘，4. 格状沙地.

C. 丘状沙丘(非荒漠地带)

Ⅰ. 信风型：1. 海滨沙丘，2. 抛物线沙丘，3. 发针型沙丘，4. 双生纵向沙垄，5. 复合抛物线沙丘；

Ⅱ. 季风-软风型：1. 半圆形小沙丘，2. 半圆形大沙丘，3. 半圆形复合沙丘；

Ⅲ. 对流型和干扰型：1. 单个环状沙丘，2. 成组的环状沙丘，3. 复合同心圆状沙丘.

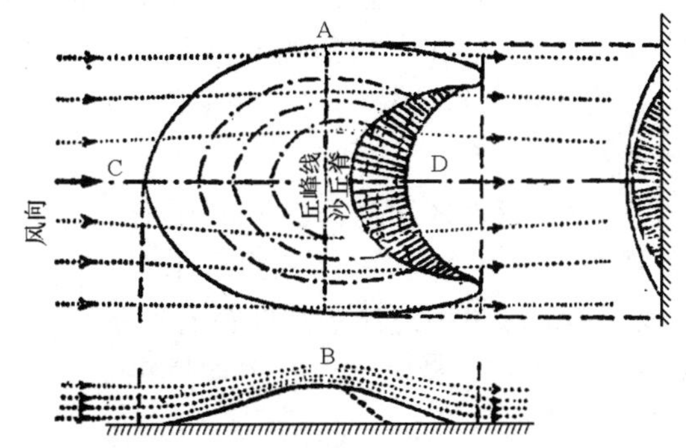

图 7-7　新月形沙丘平面图(A)和剖面图(B)(根据 R. A. 拜格诺)

新月形沙丘是从饼状沙堆到盾形沙丘再到雏形新月形沙丘演化而来。由于沙堆的存在使地面起伏,风沙流经过沙堆时,使近地面的风速发生变化,在沙堆顶部风速较大,沙堆的背风坡风速较小。从沙堆顶部和绕过沙堆两侧的气流在沙堆背风坡产生涡流,并将带来的沙粒堆积在沙堆后的两侧,形成马蹄形小洼地,形成盾状沙丘(图 7-8(b))。如果风速和沙量继续增大,沙堆背风坡的小凹地就将进一步扩大,从沙堆顶部和两侧带来的沙粒在涡流的作用下不断堆积在沙堆后部的两侧,形成雏形新月形沙丘(图 7-8(c))。雏形新月形沙丘再进一步扩大和增高,使气流在通过它的顶峰附近和背风坡坡脚部分时,产生更大的压力差,从而在背风坡形成更大漩涡,使原有浅小马蹄形洼地扩大,从迎风坡吹越沙丘顶的流沙,在沙丘顶部附近的背风坡处堆积,当增长到一定程度,沙粒就会在重力作用下沿背风坡下滑,落在洼地内,再被涡流吹向两侧堆积,这时就形成典型的新月形沙丘(图 7-8(d))。如新月形沙丘洼地底部达到潜水面或泉出水处便形成月牙泉(照片 7-4)。

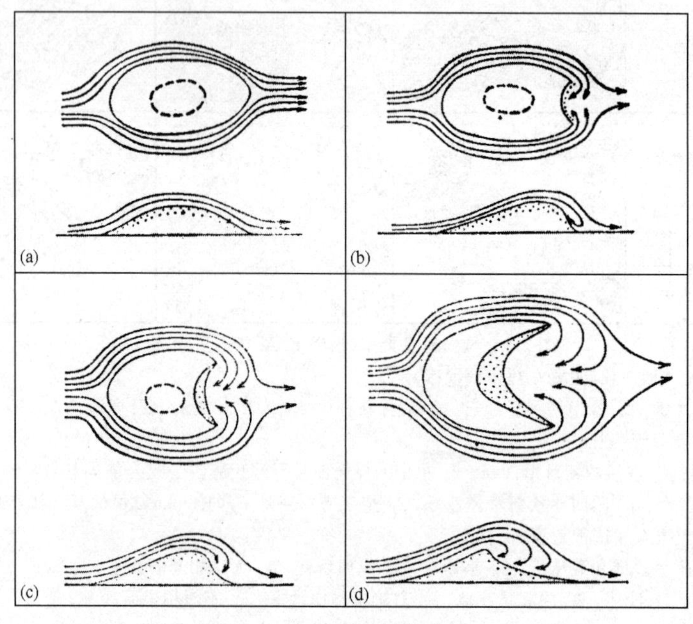

图 7-8　新月形沙丘形成示意图

新月形沙丘形成后,沙粒不断从迎风坡向背风坡搬运、堆积,在沙丘内部形成与背风坡倾斜方向一致的斜层理。

(2) 纵向沙垄。纵向沙垄是沙漠中顺着主要风向延伸的长条形垄状堆积地貌(照片 7-5、7-6)。纵向沙垄的不同部位,形态不一,在它的前端有明显的迎风坡,在沙垄的中部,垄脊平缓,两侧斜坡较对称,沙垄的尾部两侧斜坡较平缓。沙垄的表面发育许多新月形沙丘和沙丘链,又称复合纵向新月形沙垄(照片 7-7)。

沙垄的规模各地不同。中亚沙漠地区沙垄高度一般在 10～20 m,长数百米,垄间距亦有百米以上,澳大利亚大陆的沙垄高度为 20～30 m,长数百米至数千米,北非沙垄高度达 100～200 m,长可达数十千米。我国西北沙漠中的沙垄高度也有所不同,敦煌鸣沙山的沙垄高度达 130 m,柴达木盆地的沙垄高 10～20 m,最高 40 m,塔克拉玛干的沙垄高 50～80 m,长可达 10～20 km,最长达 45 km。

纵向沙垄的成因有以下几种：

① 由新月形沙丘发展而成。在两个风向呈锐角相交时，新月形沙丘的一翼沿着两个风向的合成风向伸延，另一翼相对退缩，最后即形成纵向沙垄(图 7-9)。

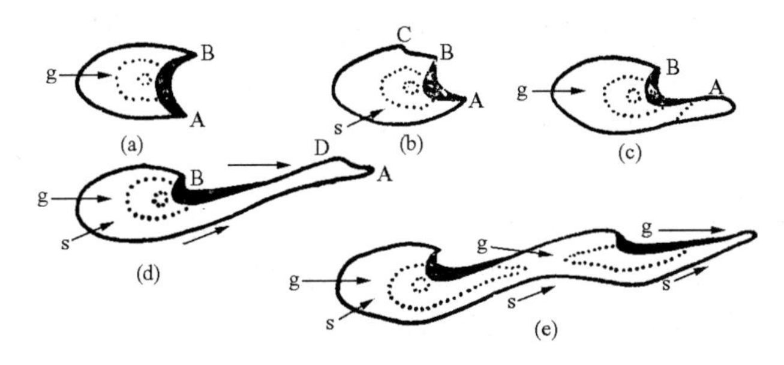

图 7-9　受两种风向作用，新月形沙丘发育成纵向新月形沙垄(根据 R. A. 拜格诺)

② 由单向风和龙卷风共同作用而成。沙漠区常见数个方向相近的风和由于地面急剧增热(有时达 70～80℃)，引起气流强烈对流形成龙卷风。龙卷风的旋转轴垂直地面，在另一单向风的作用下，龙卷风则沿着地面呈螺旋状向前移动，风从低地将沙子吹起堆积在两侧沙堆上，逐渐形成纵向沙垄。

③ 由地形影响而成。在山口附近，风力特别强烈，可形成顺风向延长的纵向沙垄。塔克拉玛干西部，一些山口附近的沙垄长达 10 km，有的甚至长达 40 km。纵向沙垄上发育许多密集的沙丘链，形成复合纵向新月形沙垄。

④ 由草丛沙堆发育而成。在温带荒漠有植物生长的地方，流沙受地面植物的阻挡，堆积成各种草丛沙堆。如两个或两个以上的草丛沙堆同时顺主要风向伸延，最后相互衔接，便形成纵向沙垄。这类沙垄比较固定且规模较小。

(3) 抛物线沙丘。抛物线沙丘平面形态呈弧形，弧形突出方向指向下风向，两个尖角指向上风向。抛物线沙丘是一种固定或半固定的沙丘，在水分和植被条件较好的荒漠边缘地区或者海岸带常有发育。例如毛乌素沙地、浑善达克沙地都有抛物线沙丘分布，高度一般为 10～20 m。在印度和巴基斯坦的塔尔沙漠边缘，发育一种复合型抛物线沙丘，高度达数十米至一百多米，平均长 2500 m。我国的辽东半岛西北海岸、冀东海岸、山东半岛北岸以及华南沿海也有一些抛物线沙丘发育，高约 5～15 m，两尖角长数十米至数百米，个别超过 1000 m。海岸带的抛物线沙丘常由海滨沿岸沙堤演化而成，当沙堤受海风作用向岸方向移动时，遇到植物灌丛阻碍而移动速度减慢或停积下来，在两灌丛之间，没有植物阻挡的沙堤继续往前移动，就形成弧形的抛物线沙丘。如果风力较大，抛物线沙丘的弧形突出部分继续向前延伸，使抛物线沙丘变得越来越长，形如发针，称发针形沙丘。风力继续增大，沙丘继续前移，以致使前部弧顶断开，形成平行的两条纵向小沙垄，称为双生纵向沙垄(图 7-6)。

2. 季风-软风型风积地貌

在两个方向相反的风向交替出现时，而其中一个风向占优势所形成的风积地貌，称季风-软风型风积地貌。季风和山谷风或海陆风都能形成两个相反的风向。此外，由于地形的影响，气流发生反射，亦可产生两个方向相反的风。荒漠地区季风-软风型风积地貌有横向新月形沙丘链、横向沙垄和蜂窝状沙地等，它们的排列延伸方向与风向的夹角大于 60°或近于垂直，沙丘经常是前后往返式移动，这一类型的沙丘总称横向沙丘。非荒漠区形成一些半圆形沙丘。

(1) 新月形沙丘链。在两个方向相反的风的交替作用下，新月形沙丘的翼角彼此相连而成新月形沙丘链(照片 7-8)。新月形沙丘链在变化不大的气流作用下多为平行新月形沙丘链，有时新月形沙丘链前后互接，往返移动。这种风积地貌在我国季风气候区的沙漠比较发育，如阿拉善南部的腾格里沙漠，冬季西北风盛行，夏季东南季风亦能达到，因此在这里形成北东—南西走向的新月形沙丘链(照片 7-9)。

(2) 横向沙垄。横向沙垄是一种巨形的复合新月形沙丘链，长可达 10～20 km，高 50～100 m 左右，最高可达数百米，两相邻沙丘链之间的距离达 1.5～3.0 km。其中被一些与沙垄垂直的短小新月形沙丘链所分割，形成一个个封闭的低地。整个沙垄体较为平直，从横剖面上看，斜坡两侧不对称，背风坡陡峭，迎风坡平缓。在横向沙垄上形成许多次一级的新月形沙丘链。这种地形在我国塔克拉玛干沙漠和巴丹吉林沙漠中有大面积分布。

(3) 樑窝状沙地。樑窝状沙地是一种半圆形的凹地，凹地的边缘有一形似新月形沙丘的弧形垄脊(图 7-10)。在准噶尔的班通古特沙漠西部和喀拉库姆东南部，都可见到这种地貌。

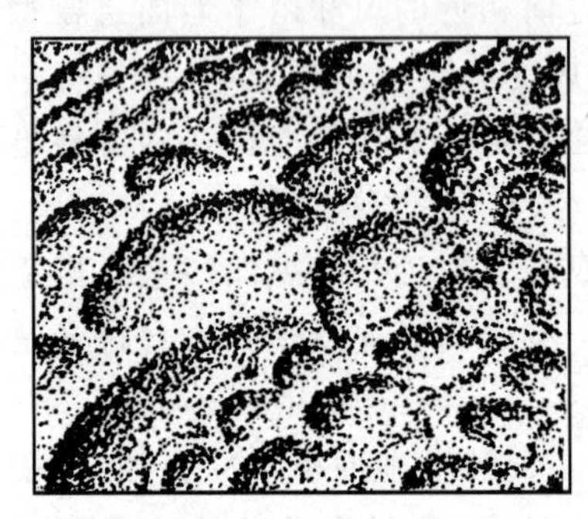

图 7-10 樑窝状沙地

樑窝状沙地是由横向沙丘链发展而成。当两个风向相反而风力不等的风交替作用时，形成摆动前进的横向新月形沙丘链。如果在略有植被的地区，有一部分沙丘链前进受阻，另一部分沙丘链和它相接，就形成樑窝状沙地。

3. 对流型风积地貌

沙漠区，夏天白昼地面受太阳照射使温度骤增，引起空气强烈对流，形成龙卷风。在龙卷风作用下形成的地貌称为对流型风积地貌，最典型的是蜂窝状沙地。

蜂窝状沙地是沙漠中一些圆形碟状洼地及分割它们的丘状高地的地貌总称。它们比较固定，只是本身形态受风力作用而有变化，所以可以把它们看做是半固定型的风积地貌。强烈的龙卷风把沙漠地面吹成一个个圆形洼地，被吹蚀的沙粒，堆积在洼地四周而成蜂窝状沙地。这种地形在亚热带荒漠中最发育。如在热带荒漠，则形成圆凹斗新月形沙丘；在非荒漠区，便形成各种环状沙丘和同心圆状沙丘。

4. 干扰型风积地貌

当主要气流向前运动时，遇到山地阻挡而使气流运行方向发生改变，引起气流干扰形成的各种风积地貌，称为干扰型风积地貌。荒漠地区主要是金字塔形沙丘和复合新月形沙丘。

金字塔形沙丘是具有明显三角形棱面和一个尖顶的高大沙丘，形态好似金字塔，故而得名，又称锥形沙丘(照片 7-10)。它的高度可达 100 m 以上，每个沙丘有 3～4 个棱面，最多的可达 5～6 个棱面，两棱面间有一狭窄的沙脊。每一棱面往往代表着一种风向，这是由于气流受地形阻碍导致气流方向发生变化所造成的。根据塔克拉玛干沙漠金字塔形沙丘研究，认为它们的发育条件是：① 在几个方向风的作用下，而且各个方向的风力都相差不大，② 分布在靠近山地迎风坡附近，③ 下伏地面是微有起伏的丘陵或台地。

此外，在荒漠区还可形成一种交错的复合新月形沙丘。在半固定沙地，地面稍有植被，气流受到干扰，改变方向，则可形成格状沙丘。

第四节 影响风成地貌的各种因素

强大的风力是形成风成地貌的主要动力。地面特征、气流特征和人类活动等因素,对风成地貌形成也有不同影响。

一、地面特征对风成地貌的影响

地面特征包括地面的物质组成、地面起伏、植物疏密和水分条件等。

组成地面的物质有不同粒径的粗细砂砾和不同硬度的岩石。风力对这些不同粒径砂砾和硬度差异的岩石作用后,形成的地貌形态也不同。在干旱区的山麓带,发育着洪积扇,风力只能吹蚀、搬运洪积扇上的沙粒。由于这里的沙粒量少,供给物质不足,只能形成一些低矮的沙丘。在干旱区盆地中的沙质平地,堆积着厚层松散的沙粒,经风的作用,能形成规模较大的沙丘。因此,在不同物质组成的地面上的沙丘,其规模有很大差别(表 7-5)。砾石地面可防止风吹蚀搬运沙粒,但在某些特殊条件下产生强大的风力,砾石也能被风蚀和搬运并堆积成一些特殊的地貌,例如吐鲁番盆地内,通过达坂城谷地的强劲风力将粒径 4 cm 的砾石堆成了 30 cm 高的砾石波。在一些较软的砂岩、泥岩或粉砂岩地区,风能吹蚀成各种风蚀地貌,如风蚀蘑菇、风蚀城堡等。

表 7-5 塔克拉玛干沙漠分布在不同物质组成的地面上的沙丘高度情况(根据朱震达)

地面物质组成	沙丘高度/m				
	且末	民丰	墨玉	皮山	莎车
砂质平原	10~20	10~20	15~20	10~20	8~15
砂砾洪积扇	0.5~2	1~5	1~3	0.5~2	1~3

地面高低起伏对近地面风沙流的运行有很大影响,使沙丘形态产生差异。山地是风沙流运行的障碍,在山地迎风面一侧沙粒大量堆积,形成巨大的沙丘,愈靠近山地,沙丘相对高度愈大(表 7-6)。山地相对高度和长度还能影响山地迎风坡一侧沙丘堆积范围,新疆塔克拉玛干沙漠区麻扎塔格山地长约 120 km,高出山南平原 200~300 m,影响沙粒堆积范围最远可达 60 km;而在麻扎塔格与罗斯塔格之间的大兰里阿山长 15 km,高度也降低,影响沙粒堆积的最远距离为 30 km。

表 7-6 罗斯塔格山东段北麓巨大沙丘复合体高度变化(根据陈治平等)

沙丘距山顶的距离/km	6.0	4.8	4.2	3.6	1.8
沙丘复合体的高度/m	58	74	84	86	94

在一些山地垭口附近,近地面气流的运行方向常发生变化,沙丘排列方向也将随之改变。例如在麻扎塔格山和罗斯塔格山的垭口附近,由东北风经垭口后转为北风,垭口附近及其南侧的沙丘则呈南北向排列。

沙丘本身高度也影响沙丘移动速度,在风力相同的情况下,沙丘高度愈大,移动速度愈慢。根据塔克拉玛干沙漠不同地区的统计,沙丘移动速度和沙丘高度成反比(图 7-11)。

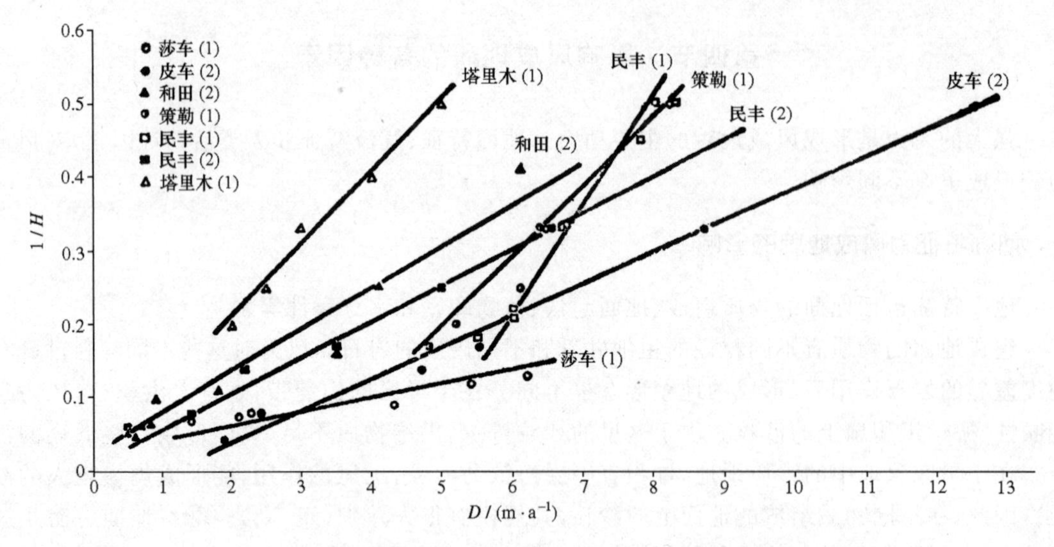

图 7-11 沙丘移动速度(D)和沙丘高度(H)的相互关系(根据朱震达等)

植被在风成地貌形成过程中起着重要作用,它可以固定沙丘,对沙丘的发展和变形产生很大影响。植物生长,增大地面的粗糙度,使接近地面的风速减小(图 7-12),并阻碍气流直接对沙质地面的作用,使风的吹蚀搬运能力减弱(表 7-7)。丛状植物能阻挡沙丘前进,使之堆积成草丛沙堆。另外,由于植被的覆盖,阳光不能直接照射到沙地表面,可降低沙地表面水分的蒸发,使沙粒水分增多,也可增强抵抗风的吹蚀能力。

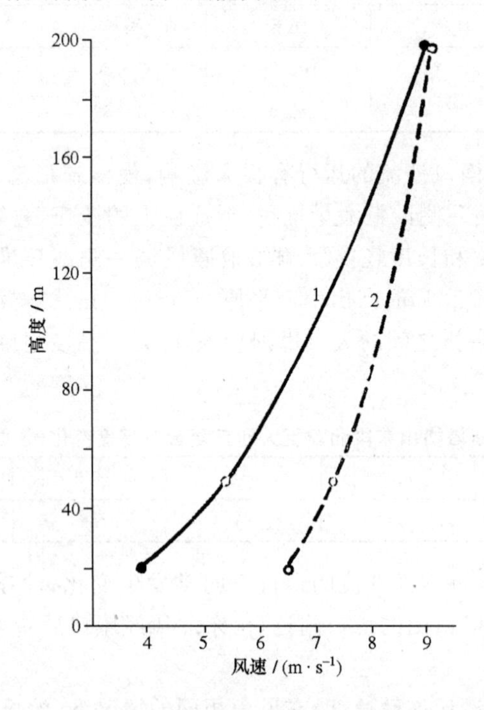

图 7-12 草灌丛沙丘和裸露新月形沙丘上的离地面不同高度的风速(根据朱震达等)

1. 草灌丛沙丘,2. 裸露新月形沙丘

表 7-7 裸露沙丘和半固定沙丘的表面沙子吹扬能力的比较(根据朱震达等)

沙丘表面性质	平均风速(2 m 高处)/(m・s^{-1})	离地表 0～10 cm 高程内 10 cm^3 气流中搬运的沙量/(g・min^{-1})
裸露的新月形沙丘(顶部)	6.3	3.35
生长白茨的沙丘(顶部)	6.5	0.05

水分条件影响沙粒本身特征,如果沙中水分较多,黏滞性和团聚作用加强,沙粒的起动风速就要增高,因而在同样条件下,水分不同的沙丘的移动速度有明显差别(表 7-8)。此外,在水分充裕的地区,植物生长茂盛,风受植物阻挡,也减弱了吹蚀作用。例如准噶尔盆地中部,由于缺乏水分,沙粒被强烈吹扬,形成大量风成地貌,盆地周围一些地区,虽也有沙地分布,但由于水分条件较好,沙丘很少。

表 7-8 不同的水分条件下沙丘的移动速度(莎车二号沙丘)(根据朱震达等)

观测日期	降水量/mm	观测期内风的状况		沙丘前移距离/cm
		风向	平均风速/(m・s^{-1})	
1960.4.30～5.9	30.6	NNW	6.6	16.0
1960.5.15～5.19	0	NNW	6.5	48.3

二、气流特征对风成地貌的影响

气流特征是指气流的含沙量和气流运行方向。

前面已经提到,气流中的含沙量取决于风速大小和沙源的供给情况。当风速超过起沙风速后,风速增大,风沙流中的含沙量急剧增加(表 7-3)。但是,不同高度风沙流中的相对含沙量和风速并不是简单正比关系。在同一粒径沙组成的地面上,风速变化,对近地表约 3 cm 高处,风沙流中的相对含沙量不变。在近地面 3 cm 高度以下,随着风速的增加,相对含沙量减少;在近地面 3cm 高度以上,相对含沙量增多(图 7-13)。

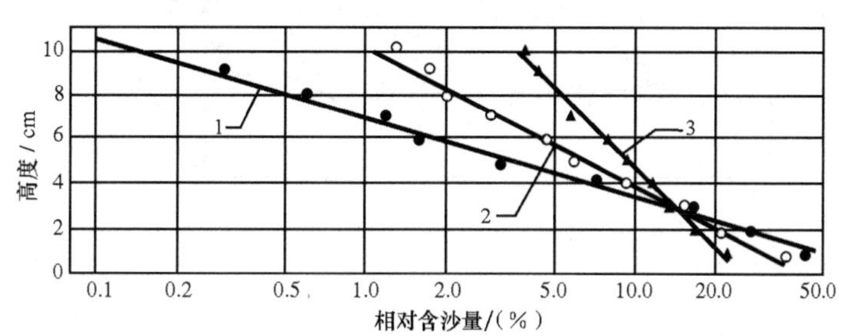

图 7-13 不同风速下气流中含沙量随高度分布(莎车)(根据吴正等)

1. 4.5 m・s^{-1}; 2. 7.5 m・s^{-1}; 3. 13.3 m・s^{-1}

风向对沙丘的运动方向和形态都有影响。在通常情况下,风积地貌形态可反映一个主要风向,一幅精确的沙丘移动方向图就是一幅主要风向图。实际上,在单一主风向作用区,也还有次风向的作用,这些次风向一般与主风向有一偏角,有时甚至和主风向相反。在不同风向作用下,沙丘形态和移动方向发生复杂的变化。根据塔克拉玛干沙漠的沙丘观察,主风向为西北风,次风向与主风向偏角小于 30°时,沙丘形态和移动方向并没有明显变化;当次风向与主风向有 70°左右的偏角时,沙丘即由向东南方向移动转变向东北方向移动,而且沙丘的一翼向东北方向伸展。对于反向风的作用,原来沙丘的背风坡成了迎风坡,新的迎风坡坡度较陡,风力不能将斜坡下部沙粒向斜坡上部搬运,反而在基部堆积了来自沙丘以外的沙粒,沙丘不但没有后退,仍向前移动了一段距离,只在沙丘顶部,因突出较高,风力较大,受强烈吹蚀,使顶部向后退。这一过程一直到沙丘的坡度调整到适应新的风向作用时为止,老沙丘的形态渐变为新沙丘的形态。从老沙丘变成新沙丘需要一段时间,时间的长短取决于沙丘的规模和风速的强弱。沙丘规模愈大,调整时间愈长;风速愈大,调整时间愈短。如果反向风作用不强,沙丘形态只发生一些微小的变化并不完全改变原来沙丘形态,沙丘在整个运移过程中呈小幅度的摆动,沙丘运动总方向仍然是顺着主风向前移。

三、人类经济活动对风成地貌的影响

影响风成地貌的因素除上述各种自然条件外,人类活动的影响也很重要,特别是在沙漠边缘及绿洲周围的流沙地区更为显著。这些地区原来都有固定的草灌丛沙丘,因不合理放牧、开垦和砍樵,植被破坏,在风吹扬下,沙粒再度移动,形成各种活动的沙丘。人工种树和在沙丘上用麦秆铺设格状沙障,能阻止沙丘表面沙粒吹扬,沙丘停止移动(照片 7-11)。

第五节 干旱区荒漠的类型

荒漠地区气候十分干燥,降雨量很少,地面植被贫乏,显出一片荒凉景象。从山地到山前平原(盆地)形成干旱区特有的地貌组合,在山前带由山地前缘、山麓剥蚀面和岛山组成,在封闭的盆地中有宽广的洪积扇带、盐湖(或干盐湖)和沙丘分布(图 7-14)。根据荒漠地貌特征和地表物质组成,可将荒漠分成岩漠、砾漠、沙漠和泥漠四种类型。

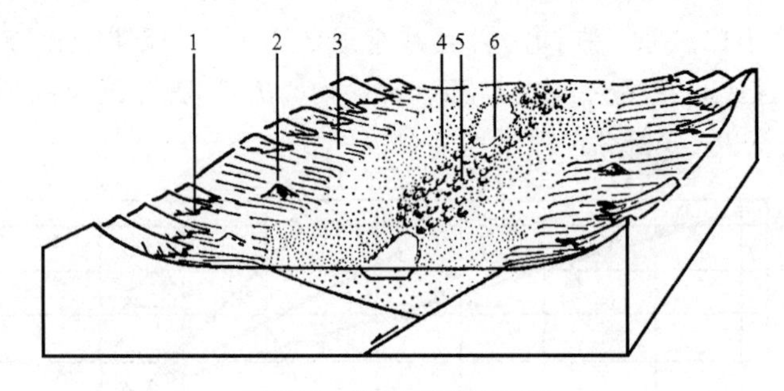

图 7-14 干旱区荒漠地貌带

1. 山地前缘;2. 岛山;3. 山麓剥蚀面;4. 洪积扇;5. 沙丘;6. 盐湖或干盐湖

一、岩漠

岩漠是坚硬裸露岩石上分布一些松散岩屑的荒漠。岩漠多形成在荒漠区的山前地带,并发育干谷、山麓剥蚀面和岛山。岩漠的表层常有风化的呈褐色光泽的岩屑碎片,还可见到各种风蚀地貌。我国的西北和中亚等地都有岩漠分布。

山麓剥蚀面是岩漠中最为发育的一种地貌类型。干旱区风化作用强烈,山坡上的岩石受到强烈破坏,形成大量风化碎屑产物,在重力作用下,碎屑物沿坡向下移动,聚集于山麓,暴雨时,便由强大的片状洪流将其迅速搬运到山麓带的边缘,山坡上的基岩又重新暴露,再遭风化,风化碎屑物又被片状洪流运走。在风化、重力和片状洪流等共同作用下,便使山坡不断后退,在山麓带形成缓缓倾斜的基岩剥蚀面,上覆薄层松散堆积物。山麓剥蚀面形成过程中,残留的

坚硬岩石形成孤丘，突出于山前剥蚀面之上，称为岛山。如果地壳长期稳定，山麓剥蚀面不断扩展成大片的山前剥蚀面。当山地发生间歇性抬升，不同阶段形成的山麓剥蚀面将被抬升到不同的高度成为阶梯状地形，称为山麓剥蚀台地。

二、砾漠

砾漠是指地面由砾石组成的荒漠，又称戈壁。荒漠中的各种沉积物（洪积物、冲积物和冰积物等）以及基岩风化后的碎屑残积物，在强烈的风力作用下，细粒的沙和粉尘被吹走，留下粗大砾石覆盖着地面，形成砾漠。砾漠分布较广，我国西北的玉门一带、柴达木盆地边缘和北非的阿尔及利亚的部分地区都有砾漠分布。

砾漠中的砾石在风所挟带的沙粒磨蚀下，便形成具有棱面的风棱石。风棱石的表面有时有薄薄的一层具有油脂光泽的深褐色铁锰氧化物，称为荒漠岩漆，这是由于砾石中所含水分蒸发时将所溶解的矿物沉淀在砾石表面经风磨蚀而成。

三、沙漠

沙漠是指地面覆盖着大量流沙的荒漠。这里风力作用很强，形成各种风积地貌。荒漠中的沙漠面积最大，中国沙漠面积为 63.7 万平方千米（表 7-9 和图 7-15）。

表 7-9 中国主要沙漠分布面积（根据中国科学院沙漠研究所）

沙漠名称	面积/(10^4 km^2)	沙漠名称	面积/(10^4 km^2)
1. 塔克拉玛干沙漠	32.74	6. 科尔沁沙漠	2.46
2. 古尔班通古特沙漠	4.73	7. 小腾格里沙漠	2.33
3. 巴丹吉林沙漠	4.71	8. 库姆塔格沙漠	1.95
4. 腾格里沙漠	3.67	9. 乌兰布和沙漠	1.03
5. 毛乌素沙漠	2.50	10. 柴达木盆地沙漠	3.31

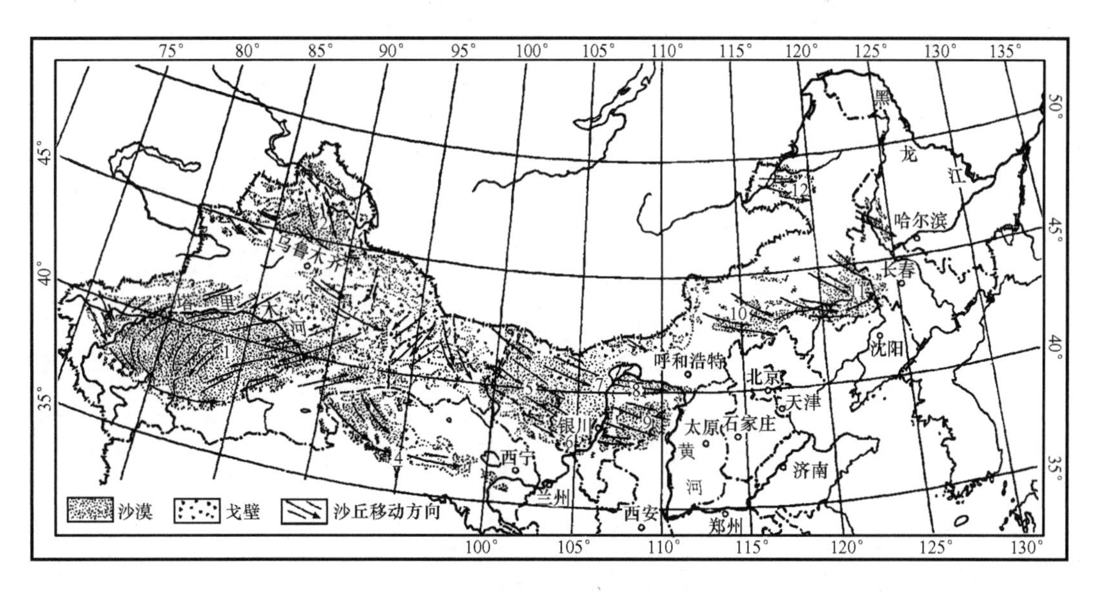

图 7-15 中国沙漠分布图（根据朱震达等）

1. 塔克拉玛干沙漠；2. 古尔班通古特沙漠；3. 库姆塔格沙漠；4. 柴达木盆地沙漠；5. 巴丹吉林沙漠；6. 腾格里沙漠；7. 乌兰布和沙漠；8. 库布齐沙漠；9. 毛乌素沙漠；10. 浑善达克沙漠；11. 科尔沁沙漠；12. 呼伦贝尔沙漠

沙漠的沙粒来源于古代或现代的河流、湖泊和洪积扇的沉积物中的细颗粒物质或风化残积物中的细颗粒物质。例如塔克拉玛干沙漠和古尔班通古特沙漠，其沙的来源是古代河流冲积物，腾格里沙漠、毛乌素沙漠和小腾格里沙漠的大部分沙子来源于古代和现代冲积物和湖积物，塔里木河中游和库尔勒西南滑干河下游的沙漠以及库尔奇沙漠和乌兰布和沙地的沙粒都来源于现代河流冲积物，贺兰山、狼山-巴音乌拉山山前地区的沙丘沙来源于洪积-冲积物，鄂尔多斯中西部高地上的沙丘沙则来源于基岩风化的残积物。沙漠由不同类型和不同规模的沙丘组成，在沙漠内部有一些大型沙垄和沙丘地貌，沙漠边缘为一些小型新月形沙丘。

四、泥漠

泥漠是由黏土物质组成的荒漠。它常形成在干旱区的低洼地带或封闭盆地的中心，洪流自山区搬来的细粒黏土物质在这里淤积形成泥漠。黏土变干时形成多边形网状裂隙。泥漠常有盐渍化现象，形成盐沼泥漠。这是因为矿化度很高的地下水沿毛细管上升到地表，水分蒸发，盐分便沉积在地表。这些盐分多是氯化物、硫酸盐或磷酸盐等。

有时，在泥漠盆地中心，地势低洼，雨季时能积水成湖，雨季过后，湖水蒸发，湖泊干涸，这种由雨水补给的暂时存在的湖泊，称雨季湖。也有一些湖泊由于长年有水，经蒸发含盐成分的湖水不断浓缩，成为盐湖。盐湖中盐水达到饱和状态后，即沉淀成为岩盐。我国柴达木盆地在第四纪中期形成一些盐湖，沉积岩盐层厚达 20 m，在盐湖表面的岩盐壳上可通行汽车，称为盐桥，格尔木到大柴旦的盐桥有 40 km 长。此外，在内蒙古西部高原和新疆的准噶尔盆地中，都有一些盐湖。盐湖中的岩盐是重要的矿产资源。

照片 7-1　石窝（风蚀壁龛）（甘肃玉门）（杨景春）

照片 7-2　雅丹地貌（新疆罗布泊）（傅建利提供）

照片 7-3 塔克拉玛干沙漠新月形沙丘（新疆）（杨逸畴）

照片 7-4 月牙泉（甘肃敦煌）（杨景春）

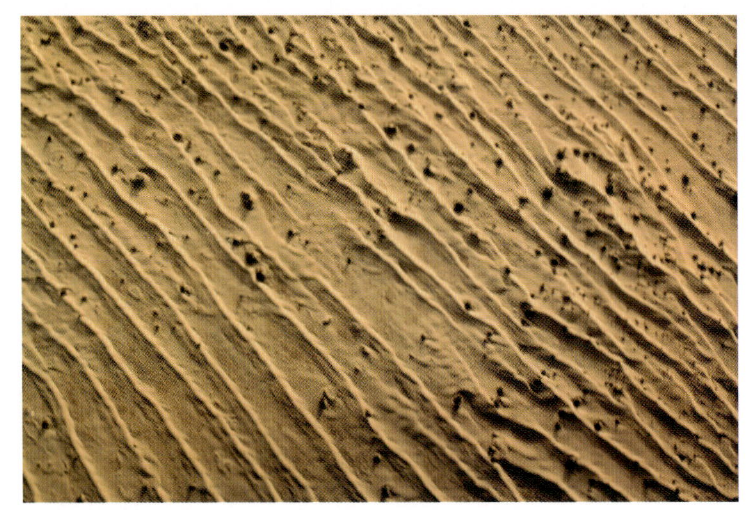

照片 7-5 纵向沙垄（新疆）（李保生）

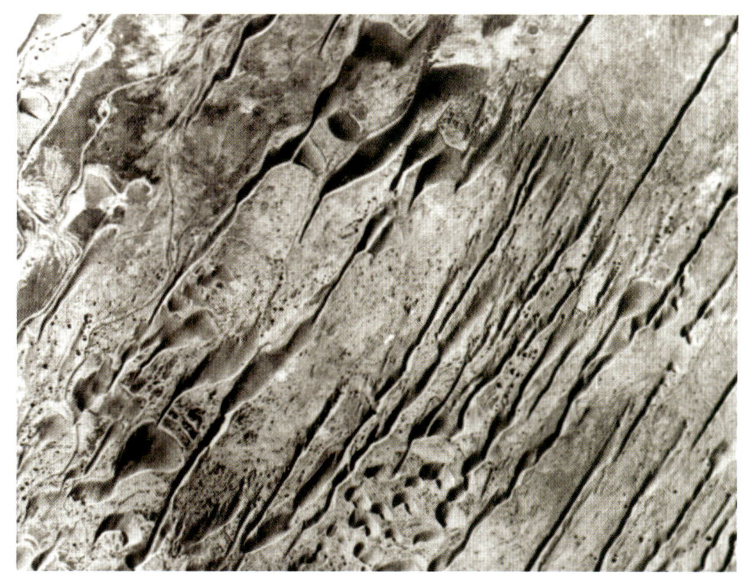

照片 7-6 纵向沙垄。左下角见新月形沙丘（新疆）

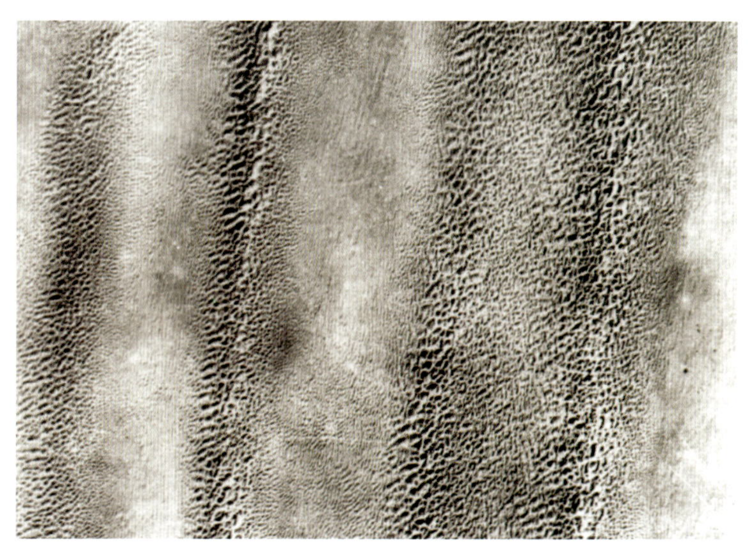

照片 7-7 复合沙垄（新疆）

照片 7-8 新月形沙丘链（甘肃敦煌）（杨逸畴）

照片 7-9　密集新月形沙丘链（新疆塔克拉玛干沙漠）（李保生）

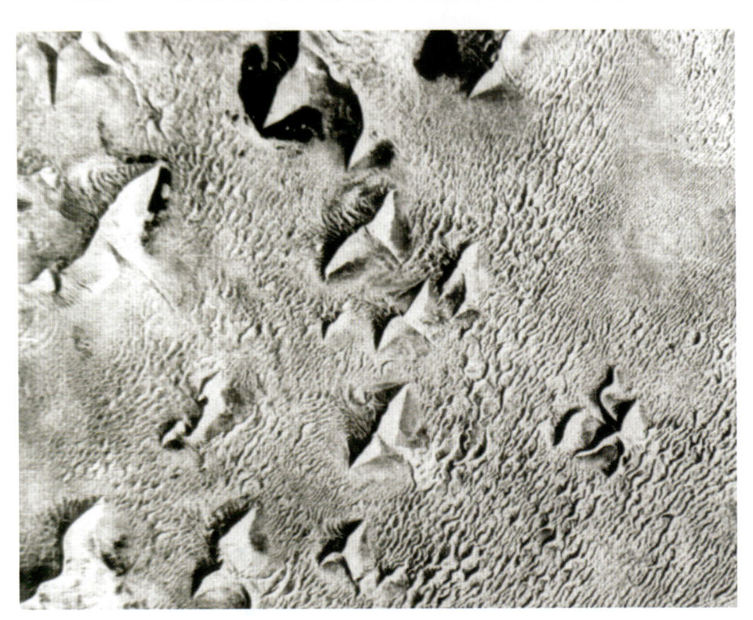

照片 7-10　金字塔形沙丘（甘肃）

照片 7-11 草方格防沙（宁夏沙坡头）（杨景春）

第八章　黄 土 地 貌

黄土是一种黄色的第四纪风成土状堆积物，它具有多孔隙、富含 $CaCO_3$、垂直节理发育、透水性强、易沉陷等物理化学性质。黄土在流水作用和重力作用下，形成沟谷和沟间地等黄土地貌。黄土疏松，矿物养分丰富，土层深厚，对农业生产极为有利，但由于多数地处半干旱地区，生态平衡脆弱，植被稀疏，暴雨集中，黄土易被冲刷，造成严重的水土流失，给农业生产带来一定的不良影响。另外，由于黄土的结构和岩性的特点，很易发生沉陷和崩塌，对工程建设也有一定影响。因此，研究黄土和黄土地貌具有经济上的重要意义。

第一节　黄土的分布和性质

一、黄土的分布

从全球来看，黄土主要分布在中纬度干旱或半干旱的大陆性气候地区，即现代的温带森林草原、草原及荒漠草原地区。这是由于内陆干旱荒漠区、半荒漠区的强大反气旋从荒漠中部把大量粉沙和尘土吹送到草本灌木的草原地区逐渐堆积下来形成的。另外，中欧和北美的一些地区也有黄土分布，这是在冰期时大陆冰川区的干冷反气旋，将冰碛和冰水堆积物中的一些细粒物质吹到冰川外缘地区沉积而成。因此，人们又把荒漠黄土称为暖黄土，冰缘黄土称为冷黄土。

我国黄土主要分布在干旱区和半干旱区，位于北纬 34°～45°之间，呈东西向带状分布。黄土区的西面和北面靠近沙漠，黄土粒度较粗，往东南距离沙漠愈远，黄土粒度逐渐变细。

我国黄土总面积约 63.5 万平方千米（原生黄土为 38.1 万平方千米，次生黄土为 25.4 万平方千米）。其中，黄河中下游的陕西北部、甘肃中部和东部、宁夏南部和山西西部是我国黄土分布最集中的地区，不仅分布面积广，而且厚度大（最厚可达 200 m）。由于这个地区的地势较高，形成黄土高原。

二、黄土的成分、厚度和物理性质

1. 黄土的成分

黄土的成分包括黄土的粒度成分、黄土的矿物成分和黄土的化学成分三部分。

黄土的粒度成分大多集中在 0.05～0.005 mm，但它们的百分比在不同地区的黄土中和不同时代的黄土中都不一样。从水平分布看，它自北而南、自西向东，颗粒由粗变细，小于 0.005 mm 的细颗粒逐渐增多（表 8-1）。从不同时代黄土看，下部离石—午城黄土比上部马兰黄土的 <0.005 mm 的细颗粒百分比含量要多（表 8-2）。

表 8-1 马兰黄土粒度成分平均值的空间变化(根据刘东生等)

地 区	粒级含量/(%)		
	>0.05 mm	0.05～0.005 mm	<0.005 mm
山 东	8.95	64.70	25.70
山 西	27.20	53.56	19.09
陕 西	30.29	52.61	17.00
甘 肃	24.97	56.36	18.59
青海柴达木	41.93	41.25	16.81

表 8-2 不同时代黄土粒度百分比(根据刘东生等)

黄土地层	山西			陕西			甘肃		
	>0.05 mm	0.05～0.005 mm	<0.005 mm	>0.05 mm	0.05～0.005 mm	<0.005 mm	>0.05 mm	0.05～0.005 mm	<0.005 mm
马兰黄土(晚更新世)	27.20	53.56	19.09	30.29	52.61	17.00	23.67	60.09	15.69
离石—午城黄土(中更新世—早更新世)	32.16	41.25	26.68	22.09	53.49	24.47	14.11	62.82	23.04

黄土中的矿物成分包括碎屑矿物和黏土矿物。碎屑矿物主要是石英、长石和云母,这三类矿物的总含量占全部碎屑矿物的 80%,还有一些辉石、角闪石、绿帘石和磁铁矿等。此外,黄土中碳酸盐矿物含量较多,主要是方解石。黏土矿物主要是伊利石、高岭石、蒙脱石、绿泥石和含水赤铁矿等。

黄土的化学成分以 SiO_2 占优势,其次是 Al_2O_3、CaO,再次为 Fe_2O_3、MgO、K_2O、Na_2O、FeO、TiO_2 和 MnO 等。由于黄土中易溶的化学成分含量很高,对黄土地貌发育有很重要的影响。

2. 黄土的厚度

黄土的厚度各地不一。我国黄土最厚达 180～200 m,分布在陕西省泾河与洛河流域的中下游地区,其他地区从十几米到几十米不等。黄土地层可划分为早更新世的午城黄土、中更新世的离石黄土和晚更新世的马兰黄土。晚更新世黄土的厚度较早更新世和中更新世的为薄,位于六盘山以西的渭河上游和祖厉河上游以及六盘山以东的泾河上游,厚度为 30～50 m,其他地区只有 10～20 m。中更新世黄土和早更新世黄土在陕西泾河和洛河流域厚度可达 175 m,到延安、靖边一带,厚约 100～125 m,山西西部也有近百米厚,其他地区只有数十米。巨厚的黄土为黄土地貌发育奠定了物质基础。

3. 黄土的物理性质

黄土的物理性质和黄土地貌发育的关系极为密切。黄土以粉砂为主,颗粒之间结合得不紧密,有许多孔隙,黄土中的孔隙度一般在 40%～50%,吸水能力强,透水性高。黄土中的水分沿着孔隙向下运动,可溶盐类和细粒粉砂被水分溶解和移动使孔隙逐渐扩大。另外,黄土垂直节理发育。由于黄土有这些特点,很容易被流水侵蚀形成沟谷,也易造成沉陷和崩塌,形成一些黄土柱、黄土陡壁和陷穴等各种地貌。

第二节 黄土地貌类型

黄土地貌可分为黄土沟谷地貌、黄土沟(谷)间地地貌、黄土谷坡地貌和黄土潜蚀地貌(黄土喀斯特)等几种类型。

形成上述各种黄土地貌的原因,除了黄土本身的特点外,还受黄土堆积前的古地形和各种外营力作用的影响，如流水作用、重力作用、地下水作用和风的作用等。

一、黄土沟谷地貌

黄土区千沟万壑，地面被切割得支离破碎。根据黄土沟谷形成的部位、沟谷的发育阶段和形态特征，可将黄土沟谷分为以下几种。

1. 纹沟

在黄土的坡面上，降雨时形成很薄的片状水流，由于原始坡面上的微小起伏和石块、植物根系或草丛的阻碍，水流发生分异，形成许多条细小的纹沟，侵蚀土层。这些细小的纹沟彼此穿插，相互交织在一起。纹沟的沟坡平缓，没有沟缘线，沟底纵剖面与斜坡面的坡度一致，经耕犁就立即消失(图 8-1(a))。

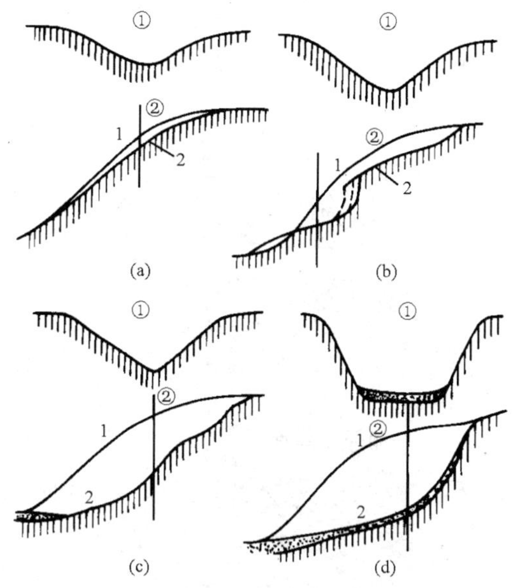

图 8-1 黄土沟谷发育的阶段

(a) 纹沟；(b) 细沟；(c) 切沟；(d) 冲沟

1. 坡面地形线；2. 沟底地形线

① 横剖面；② 纵剖面

2. 细沟

坡面水流增大时，片流就逐渐汇集成股流，侵蚀成大致平行的细沟。细沟的宽度一般不超过 0.5 m，深度约 0.1～0.4 m，长数米到数十米。细沟的横剖面呈宽浅的“V”字形，谷底纵剖面呈上凸形，下游开始出现跌水，沟底线有明显的转折(图 8-1(b))。

3. 切沟

细沟进一步发展，下切加深，切过耕作土层，形成切沟。切沟的宽度和深度均可达 1～2 m，长度可超过几十米。切沟的横剖面有明显的谷缘，纵剖面坡度与斜坡坡面坡度不一致，沟床下凹，但尚有一些小陡坎。(图 8-1(c))。

4. 冲沟

切沟进一步下切侵蚀，形成冲沟(图 8-1(d))。冲沟的规模较大，长度可达数千米或数十千米，深度达数十米至百米，常下切到早、中更新世黄土层或上新世红土层。冲沟纵剖面呈一下凹的曲线。黄土冲沟的沟头和沟壁都较陡，沟头上方或沟床中常有一些很深的陷穴(图 8-2)，它是由于下渗的水流对黄土中的碳酸钙进行溶蚀，并把一些不溶的细小颗粒带走，使地表发生下陷而成。陷穴形成后，便进一步促使沟头向源增长，冲沟增长，沟床加深。冲沟两侧的沟壁常发生崩塌，使沟槽不断加宽，沟底平坦并沉积了较厚的冲积物。这时的沟谷已较稳定，不再切割，平坦的谷底常开垦成耕地。由于冲沟切割较深，能达到潜水层，常有地下水出露，有些冲沟有经常性流水。

图 8-2 黄土冲沟的陷穴

二、黄土沟(谷)间地地貌

黄土沟(谷)间地地貌可分为塬、梁、峁三种类型。它们的形成和黄土堆积前的地形起伏及黄土堆积后的流水侵蚀有关。

(1) 黄土塬是黄土堆积的高原面,四周为沟谷,从平面上看,黄土塬常呈花瓣状(照片8-1)。塬的顶面部分地势极平坦,坡度不到1°,塬的边缘地带的坡度可增至5°。黄土塬是在平缓的古地面上由黄土堆积而成的大面积平坦高地(图8-3(a))。我国黄土高原有许多规模较大的黄土塬,如陇中盆地的白草塬、陇东盆地的董志塬、陕北盆地的洛川塬和晋西的吉县塬等。有些黄土塬的面积可达2000～3000 km^2,在泾河支流蒲河和马莲河之间的董志塬,长达80 km,宽为40 km。黄土塬如受沟谷长期切割,面积逐渐缩小,这时就可能有两条冲沟的沟头向中心伸展而很接近,沟头之间剩下一条极窄的长脊,称为崾岭。

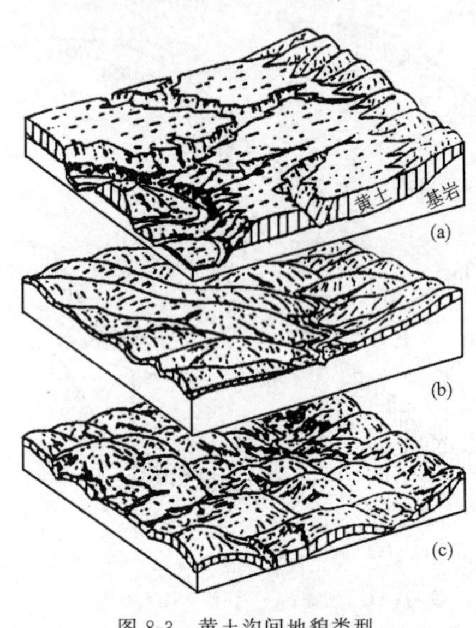

图8-3　黄土沟间地貌类型
(a) 黄土塬;(b) 黄土梁;(c) 黄土峁

(2) 黄土梁是长条形的黄土高地(图8-3(b))(照片8-2)。它是在丘陵长梁的古地面上由黄土堆积而成,或是黄土塬受沟谷切割而成的黄土梁状地形。根据黄土梁的形态可分为平顶梁和斜梁两种。黄土平顶梁的顶部较平坦,宽度不一,多数为400～500 m,长可达数千米;平顶梁的横剖面略呈穹形,坡度达1°～5°,沿分水线的纵向坡度只有1°～3°,梁顶向下有明显的坡折,转而为坡长较短、坡度较大(一般在10°以上)的梁坡。黄土斜梁的梁顶宽度不大,横剖面呈明显的穹形,沿分水线有较大的起伏,梁顶横向与纵向的斜度,一般是3°～5°,有的增大到8°～10°,梁坡较长,坡度由15°～35°不等。

(3) 黄土峁是一种孤立的黄土丘(照片8-3),它是黄土梁被侵蚀切割后的蚀余部分。黄土峁平面呈椭圆形或圆形,峁顶地形呈圆穹形(图8-3(c))。峁与峁之间为地势稍凹下的宽浅分水鞍部。若有许多黄土峁连接起来则形成和缓起伏的黄土丘陵。

三、黄土谷坡地貌

黄土谷坡的物质在重力作用和流水作用下,发生移动,形成泻溜、崩塌和滑坡等各种黄土谷坡地貌。

1. 泻溜

黄土谷坡表面的土体受干湿和冷热等变化影响,引起物体的胀缩而发生碎裂,形成碎土和土屑,在重力作用下,顺坡而下称为泻溜。在谷坡的上方,形成泻溜面,坡度多在35°～45°,谷坡的下方是泻积坡,坡度在35°～38°。由于泻溜作用使谷坡上物质泻落到沟床两侧,洪水时期成为沟谷水流泥沙主要来源之一,这也是黄土沟谷区水土流失的方式之一。

2. 崩塌

在黄土的谷坡上,由于雨水或径流沿黄土的垂直节理或孔隙下渗,水流在地下进行溶蚀作用，并把一些不溶的细小颗粒带走，使节理和孔隙不断扩大，谷坡土体失去稳定而发生崩塌。另外，如沟床水流侵蚀岸坡基部而使上坡失去稳定，也能发生崩塌。一般来说，干黄土斜坡不易崩塌，形成黄土陡壁和直立的黄土柱，多年不坠。但是，一旦黄土受湿，其斜坡的稳定性就大大降低。

3. 滑坡

黄土区的滑坡是由于集中降雨、地震或人为作用所致，常在不同时代的黄土接触面之间或黄土与基岩之间产生滑动(照片 8-4)。地震时，黄土丘陵区的大型滑坡常能阻塞沟谷而成湖池，湖池淤满后，积水排干而成平整的低洼地，叫湫地。例如 1920 年的海原地震，形成许多黄土滑坡，一些大规模的滑坡堵塞河流和沟谷形成几十个湖池，大多数湖池已干涸形成湫地。

四、黄土潜蚀地貌

地表水沿黄土中的裂隙或孔隙下渗，对黄土进行溶蚀和侵蚀，称为潜蚀。潜蚀后，黄土中形成大的孔隙和空洞，引起黄土的陷落而形成的各种地貌，称黄土潜蚀地貌。黄土潜蚀地貌有以下几种。

1. 黄土碟

平缓黄土地面的碟形浅洼地，深数米，直径 10～20 m，称为黄土碟。它是由于地表水下渗浸湿黄土后，在潜蚀作用下黄土发生压缩或沉陷使地面陷落而成。

2. 陷穴

黄土陷穴是黄土区地表的穴状洼地(照片 8-5)，它的深度可达 10～20 m，常发育在地表水容易汇集的沟间地或谷坡上部和墚峁的边缘地带，由于地表水下渗进行潜蚀作用使黄土陷落而成。陷穴按形态可分为竖井状陷穴和漏斗状陷穴。有些陷穴成串珠状分布，下部有通道相连，它们多分布在坡面长或坡度大的墚峁斜坡上。串珠状陷穴的穴间孔道经长期潜蚀和崩塌可不断扩大，陷穴遭到破坏，使沟床加深并伸长。

3. 黄土桥

陷穴之间，由于地下水作用使它们沟通，并不断扩大其间的地下孔道，在陷穴间的地面顶部的残留土体形似土桥，称黄土桥(照片 8-6)。

4. 黄土柱

黄土柱是分布在沟边的柱状黄土体，它是由流水沿黄土垂直节理潜蚀和崩塌共同作用下形成的，是黄土陡坡经崩塌残留的黄土部分。黄土柱可高达数米至 10 多米(照片 8-7)。

第三节　黄土地貌发育

黄土地貌发育过程可以分成两个阶段，黄土堆积时期的地貌发育阶段和黄土堆积后的侵蚀地貌发育阶段。

黄土堆积时的地貌发育和古地形的关系极为密切。总的来看，在一些山区，黄土堆积厚度较薄，突起的山峰出露在黄土之上，如山西西北部的河曲、神池、五寨和偏关一带的黄土中耸立许多基岩山地。在古盆地或倾斜平原上黄土堆积较厚，有时可达 100 多米，形成宽广的黄土塬，如前面提到的陇东董志塬就是在一个古盆地基础上发育的。在一些起伏的丘陵区，黄土堆积时受古地形影响，不同时代黄土的层面的起伏变化也与下伏基岩面的起伏一致，但黄土丘陵的相对高度比下伏基岩面的起伏要小。如黄土堆积与河流发育同时,不同时代黄土将堆积在河流谷坡和不同时代的阶地上,时代较老的高阶地上有早期黄土堆积,也有较近期的黄土堆积,低阶地上只有较新的黄土堆积(图 8-4)。因此,通过黄土时代可以推算河流阶地形成的时代。

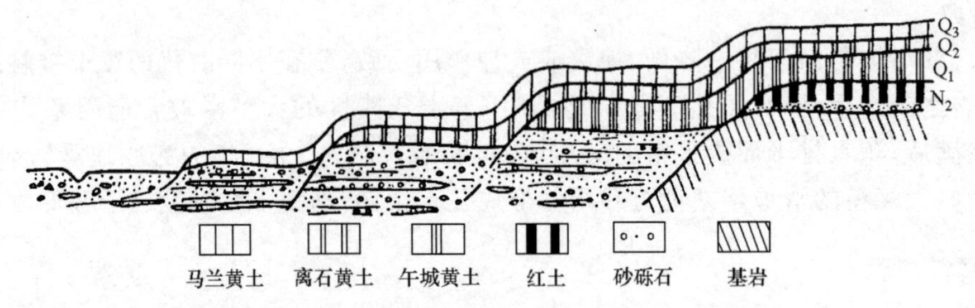

图 8-4 陕西渭北河流阶地与黄土沉积结构关系(根据钱宗麟)

黄土是在长期的风的作用下堆积形成的,它在堆积过程中由于气候变化而有间断。当气候干冷时,风力增强,同时降水较少,地表侵蚀相对微弱,黄土堆积速度加大,有利于黄土堆积。当气候转为温湿时,黄土堆积速度减小,同时雨量增加,地表侵蚀加强,形成冲沟,地表发育土壤。当下一个干冷时期到来时,冲沟发育减缓或停止,地面和冲沟的坡谷上又堆积了一层黄土,土壤层也被黄土覆盖。气候再次转为温暖时,沿原来的冲沟再次加强侵蚀,地面又发育一层土壤。所以在黄土沉积层中常留下许多层古土壤和不同时期的侵蚀面。

黄土层中的古土壤在剖面中呈红色,又称埋藏古土壤层(图 8-5)(照片 8-8)。它是由质地黏重的土壤层组成,上部有时见到淡灰黑色的腐殖质层,下部有白色钙积层。黄土中埋藏的古土壤层是代表黄土堆积间断时期的古地面。在面积广大的塬、墚、峁地区,古土壤层的起伏与今天黄土地面形态大体相似,在塬区古土壤层比较平坦,在墚峁区则向邻近大沟谷方向倾斜。这说明在黄土开始堆积时,原始地面起伏和黄土堆积过程中的地形形态以及今天黄土地面起伏大体一致。在黄土的多次堆积过程中,岭谷之间的地形相对高差变小,一些较小的沟谷可能被填满,但较大的河谷仍一直延续至今。

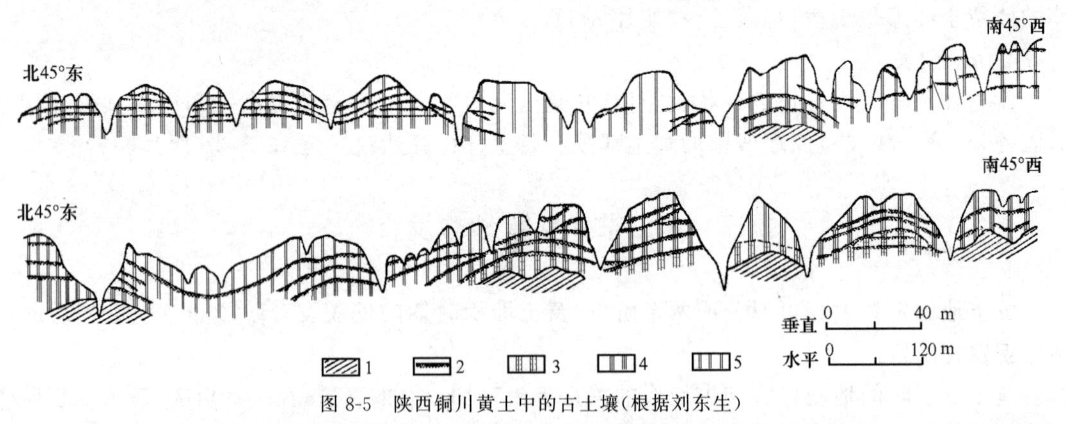

图 8-5 陕西铜川黄土中的古土壤(根据刘东生)

1. 基岩;2. 埋藏土层;3. 午城黄土;4. 离石黄土下部;5. 离石黄土上部

根据古冲沟中堆积的黄土和古土壤层以及冲沟侵蚀面可以确定古冲沟的发育过程。陕西洛川黄土塬区 20 万年以来至少有四次较强烈的侵蚀期及其间的堆积期(图 8-6)。第一侵蚀期

照片 8-1 黄土塬（陕北）（刘文敏）

照片 8-2　黄土墚（陕北）（刘文敏）

照片 8-3　黄土峁（陕北）
（陈永宗）

照片 8-4　黄土滑坡（袁宝印）

照片 8-5 黄土陷穴（陕西长武）（中国科学院西北水土保持研究所）

照片 8-6 黄土桥（晋东）（张天增）

照片 8-7　黄土柱（陕北）（甘枝茂）

照片 8-8　山西南部黄土－古土壤（李有利）

发育的冲沟切割了 20 万年以前的黄土(L_3)和古土壤层(S_2)(图 8-6(a)),然后发生堆积,在冲沟谷坡和谷坡以上地面堆积了 20 万年以后的离石黄土(L_2)并将古土壤层 S_2 覆盖。第二侵蚀期沿第一期冲沟加深延长,切深约 100～200 m,从谷坡到黄土地面的离石黄土层上都发育古土壤 S_1(图 8-6(b))。10 万年以来发生一次堆积,在冲沟的谷坡上又堆积了一层马兰黄土,有的覆盖在古土壤(S_1)之上,有的直接覆盖在新切割的谷坡上(图 8-6(c))。第三次侵蚀期距今约 3 万年,沿第二侵蚀期的冲沟底强烈下切,形成窄而深的冲沟,同时沟谷水系扩展,发育一些小冲沟。第四次侵蚀期从距今 6000 年至今,沿第三侵蚀期的冲沟不断扩大,沟头迅速伸长,切割了一些文化遗址和古城堡,据估算,5000～6000 年以来,沟头前进了 300～500 m(图 8-6(d))。

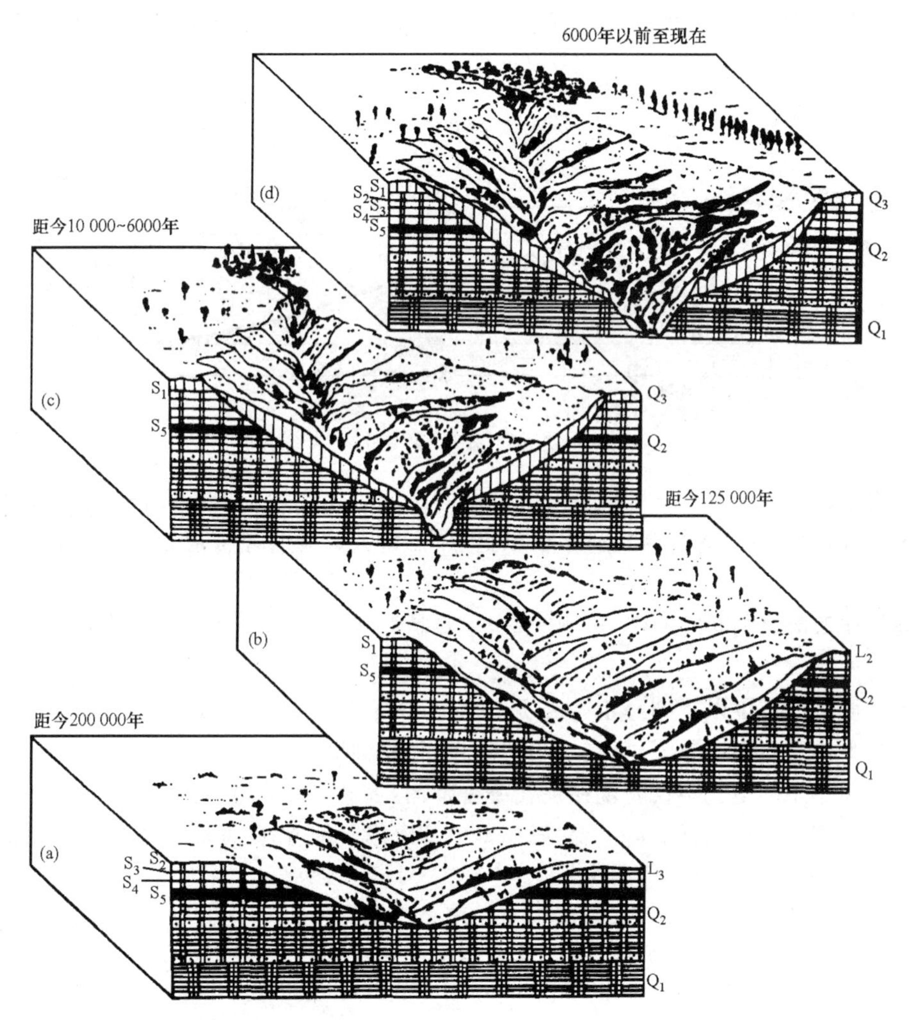

图 8-6　黄土高原 20 万年以来黄土堆积和侵蚀沟发展阶段(根据袁宝印)

根据冲沟发育过程及冲沟沉积结构研究,可以确定黄土侵蚀的历史、侵蚀量和预测黄土高原侵蚀发展趋势,对黄土高原的水土保持和经济开发都有重要意义。

第九章 海岸地貌

海岸是陆地与海洋相互作用的有一定宽度的地带，其上界是风暴浪作用的最高位置，下界为波浪作用开始扰动海底泥沙处。现代海岸带由陆地向海洋可划分为滨海陆地、海滩和水下岸坡三部分(图 9-1)。

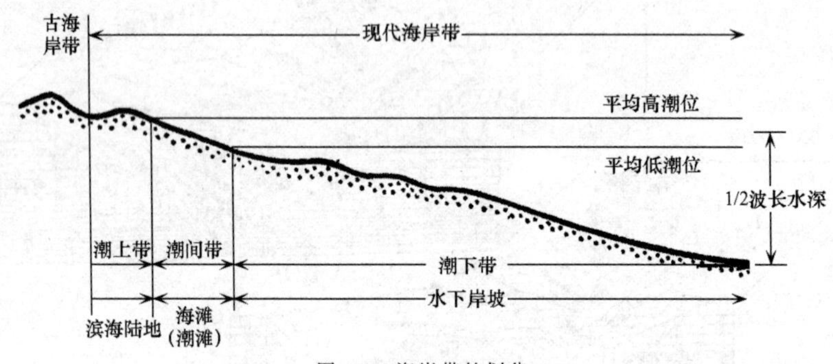

图 9-1 海岸带的划分

滨海陆地是高潮位以上至风暴浪所能作用的区域。在此范围内有海蚀崖、沿岸沙堤及潟湖低地等，它们大部分时间暴露在海水面以上，只在特大风暴时才被海水淹没，这一地带又称潮上带。

高潮位和低潮位之间的地带，称潮间带，主要是海滩(沙滩和岩滩)或潮滩(黏土和细粉砂滩地)。

水下岸坡是低潮位以下到海浪作用开始掀起海底泥沙处，大约是 1/2 波长水深的位置。水下岸坡在平均海面高度以下，只受浅水波的作用，又称潮下带。

海陆相互作用的地貌不仅表现在现代海岸带内，在相邻的陆上或海底也有保存。残留在陆上的古海岸带是一些抬升的沿岸堤、海积平原和海岸阶地等；在海底水下的古海岸带是在低海面时形成的，如溺谷、岩礁、浅滩等。

海岸带的自然资源十分丰富，可进行滩涂围垦、港口建设、海水制盐、矿产开采、水产捕捞和养殖、潮汐能发电和旅游开发等，历来是人类聚居和从事经济活动的重要场所。

第一节 海岸动力作用

海岸动力作用有波浪、潮汐、海流、海啸和河流等作用。其中以波浪作用为主，潮汐作用只在有潮汐海岸对地貌起塑造作用，海流对海岸的地貌作用没有波浪和潮汐作用那样显著，海啸虽对海岸有很强的作用，但只是偶发性，河流作用主要在河口地带，常和海流、潮汐共同作用。

一、波浪作用

波浪作用是海岸地貌形成过程中最为活跃的营力之一。风对海面作用，使水质点作圆周运动，海面水体随之发生周期性起伏，形成波浪。

1. 深水区波浪

在深水中的波浪水质点作等速圆周运动，当水质点位于圆形轨迹最高处时，水面上凸，形成波峰，当水质点位于圆形轨迹最低处时，水面下凹，形成波谷。相邻两波峰或波谷之间的距离为波长。波峰与相邻波谷间的垂直距离为波高。水质点沿轨道运动一周，波形往前移动一个波长的距离。同一波峰的平面延伸连线称为波峰线，垂直波峰线的方向为波浪运动方向。波峰处水质点速度的水平方向最大，其方向与波浪传播方向一致，垂直方向为零；波谷处的水质点速度水平方向也最大，但其方向与波浪传播方向相反，垂直方向也等于零。水质点运动轨迹的圆心线的水质点，水平运动速度的方向为零，垂直方向最大，在波峰前方向上运动，在波峰后方向下运动(图 9-2)。

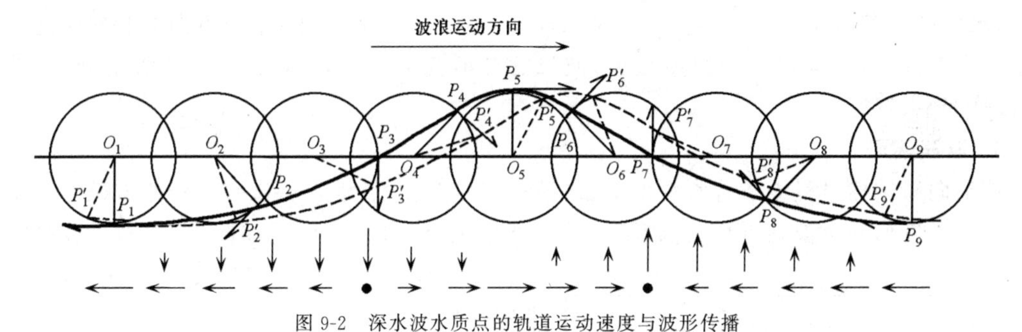

图 9-2　深水波水质点的轨道运动速度与波形传播

↑ → 水质点运动方向；O_1，O_2，O_3，…，O_9 分别为水质点在各自轨道上的圆心；

P_1，P_2，P_3，…，P_9 分别为不同位置水质点依次落后一定相位，它们构成一条波形曲线(实线)；

P_1'，P_2'，P_3'，…，P_9' 分别为水质点移动相同一段距离后的位置，它们构成一条波形曲线(虚线)

波浪一方面沿着海面向前传播，同时也向下部水层传播。水质点的圆轨迹半径沿水平方向相等，而在垂直方向上随水深增加，半径减小。当水深按等差数列增加时，波高按等比数列减小(表 9-1，图 9-3)。在海面以下一个波长的深度处，水质点运动轨道的直径只有海面波的 1/512。因此外海传来的波浪进入水深小于 1/2 波长的浅水区时，波浪中的水质点才能比较明显地扰动海底，通常把 1/2 波长的深度作为波浪作用的极限深度。小于此深度的波浪发生变形，形成浅水波。

表 9-1　波高随水深的变化

水深(以波长 λ 为单位)	0	1/9	2/9	3/9	4/9	5/9	6/9	7/9	8/9	1
波高(以海面波高为单位)	1	1/2	1/4	1/8	1/16	1/32	1/64	1/128	1/256	1/512

2. 浅水区波浪

波浪进入浅水区，水质点运动与海底摩擦，自海面向海底，水质点运动轨迹的形态发生变化，由圆形渐变为椭圆形，上半部凸起，下半部扁平；到了海底，轨迹的扁平度达到极限，水质点作平行底面的往返运动(图 9-4)。

在一个波浪周期中，当波峰通过时，水质点向岸移动，速度较快，所需时间较短；当波谷通

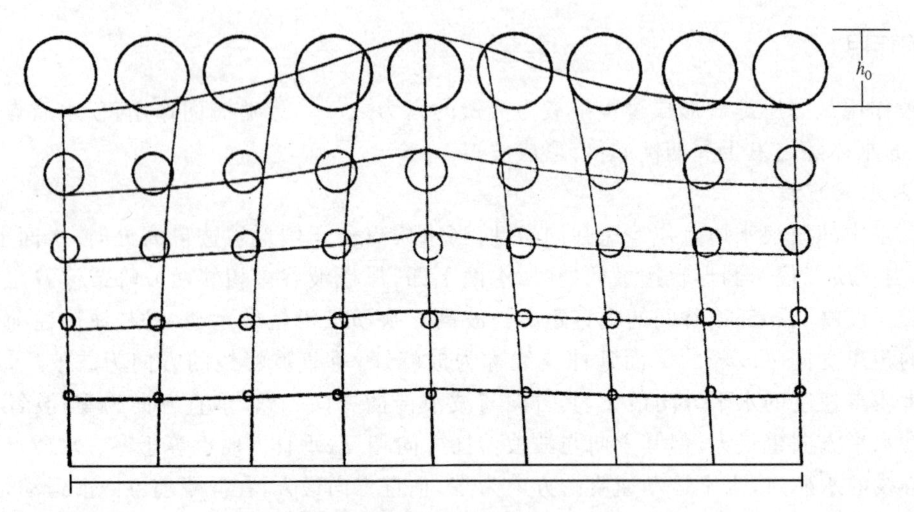

图 9-3　波高随水深的变化(根据 H.Л.罗烈,1956)

过时,水质点向海运动,速度较慢,所需时间较长。同一波浪周期中,水质点向海和向岸运动的速度差和时间差,愈向岸表现得愈显著,波浪的外形变得极不对称,波浪的前坡变陡,后坡变缓,波峰变窄,波谷拉长。

3. 波浪破碎

波浪向岸传播过程中随着水深的变浅,波形发生变化,波浪也将破碎。浅水波破碎的临界水深理论上近似一个波高,但在比较平缓的水下岸坡,浅水波变形更加剧烈,在两个波高水深处就开始破碎。浅水波向岸传播过程中,波峰局部破碎现象可以发生若干次,使波能分散地消耗在宽广的水下岸坡上,最后到达岸边的波浪已很微弱。相反,在较陡的水下岸坡,由于水深较大,波浪不会急速变形,在一个波高水深处才能发生破碎,破碎的波浪很快到达岸边,形成强大的激浪流,曾测到激浪流的压力达到 30 t · m^{-2},它们在惯性力作用下沿坡向上产生进流,然后在重力作用下顺坡向下产生退流。由于进流带来的上涌水体大量渗透到海滩砂砾中,再加上水流摩擦的影响,退流水量和速度小于进流水量和速度。

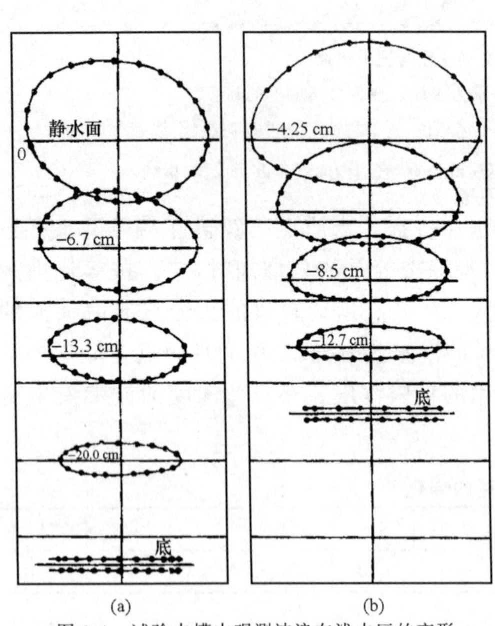

图 9-4　试验水槽中观测波浪在浅水区的变形
(H.E.康德拉契夫)

(a),(b)两图是不同水深(数字)的变形情况。小黑点是波浪作用时每隔 1 s 测定的水质点位置,每个圆中的横线是静止水位的水平面,最下部横线是波浪在水底的变形。

风向和风速通过改变波浪的规模来影响波浪的破碎深度。当向岸风向与波向一致或向岸风的风速较大时,波高增大,波浪的破碎深度加大;相反,在离岸风作用下或向岸风的风速较小时,波高变小,破碎深度减小。

4. 波浪折射

波浪进入浅水区后,由于波浪前进方向与岸线斜交或海底地形的起伏变化,都会随着水深的减小而使波浪传播速度改变,在同一波峰线上,有些段运动速度快，有些段运动速度慢，波峰线发生弯曲，称为波浪折射（图 9-5）。

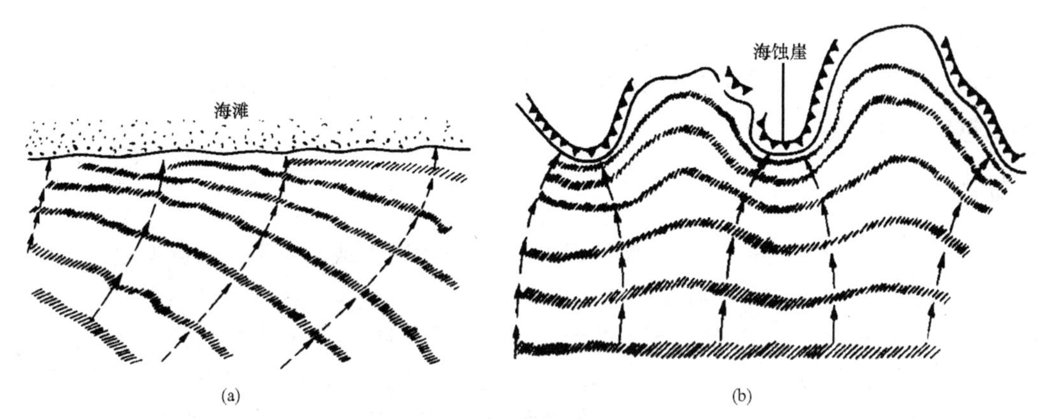

图 9-5　波浪折射（根据 B. П. 曾科维奇）

（a）平直海岸；（b）弯曲海岸

波峰线，↗ 波浪作用方向

在平直海岸，海底等深线与海岸线大致平行，当波浪从深海向岸传播，其波峰线与岸线斜交，靠近岸的一段波峰线先进入浅水区，传播速度减慢，使波浪发生折射，波峰线与岸线的夹角逐渐变小，趋向与岸线平行，波浪作用能量降低（图 9-5（a））。在弯曲海岸带，水下地形等深线的走向与岸线走向一致，波浪从外海垂直于岸线向岸边传播，当进入浅水区时，由于海底地形起伏而影响海水深度变化，使同一波峰线运动速度发生改变，波峰线发生弯曲，使波浪折射。在突出的岬角处，波浪集中，波能增大，发生侵蚀；海湾处波能降低，发生堆积（图 9-5（b））。

二、潮汐作用

潮汐是在太阳和月球引力作用下发生的海面周期性涨落现象。潮汐作用主要表现在两方面：一是潮汐的涨落，使海面发生周期性的垂直运动，海面涨落过程称为涨潮和落潮，当海面涨到最高位和降到最低位时，称高潮位和低潮位，高潮和低潮的高差叫潮差。二是使海面水体产生水平方向整体运动，形成潮流，涨潮时向岸流动的海水为涨潮流，落潮时向海流动的海水称落潮流。

潮流受地球旋转力的影响，海洋中潮流的方向和流速时时都在变化，北半球按顺时针方向偏转，南半球按逆时针方向偏转。在河口区的潮流，涨潮流与河水流向相反，落潮流与河水流向一致，因而落潮时的下行潮流水量大于涨潮时的上行潮流水量。此外，由于潮流咸水和河流淡水的密度不同，涨潮流沿底层上涌，形成咸水楔，它可对河流相当长的一段水流起顶托作用。

在海峡和岛屿之间，由于地形变窄，潮差大，潮流流速也加大，尤其在海峡两端可以形成强大的潮流。当潮流流速为 10～20 cm/s 时，就可掀起粉砂淤泥，潮流流速达到 250～300 cm/s 时，可搬运大石块，并把海底冲出很深的沟槽。潮流作用能在潮间带形成潮滩、潮沟，在水下浅滩形成潮流沙脊和潮流通道。

三、海流作用

海流的形成可由风的作用、气压梯度、海水的密度和温度、江河淡水注入以及潮汐等影响所致。有些海流有定向性，每年大致向一个方向流动，流速和水量没有多大变化，也有一些海流方向和流速不固定。大部分海流从海洋到达海岸带沿途受海底摩擦、地形阻碍以及波浪、潮汐和河流水流的顶托影响，其作用已非常微弱。对海岸地貌塑造作用有影响的是河流入海带来淡水或降水使海面倾斜产生的海流，称为排流。排流带出淡水和泥沙，自河口向海伸出，影响海岸地貌发育。风作用形成风海流，风海流随深度加大而流速减小，但在海岸带风海流可使泥沙被掀起搬运。

四、海啸作用

海啸是由突发的海底断层错动、海底滑坡、海底火山喷发或崩塌引起的巨型波浪。由地震断层错动形成的海啸又称地震海啸。

海啸与风成波浪不同，它发源于局部地点并向四周传播，如同将石块投入水池一样。海啸的波长很大，通常达 100～200 km，在深水中波高很低，常低于 1 m，周期可达 10～30 min（暴风浪的周期为 15～20 s）。海啸在深水中传播很快，如果波长为 100 km，周期为 20 min，则速度可达 300 km/h。海啸波长远大于海底深度，假设海底的平均深度为 3 km，100 km 的海啸波长为海水深度的 33 倍。

海啸在深水区因波长大和波高小不易被觉察，但当海啸进入浅水区，波高迅速增大，可达到 10 m 以上。通常，海啸到达海岸带时海面发生上升或下降，然后破坏力巨大的海浪才到达。有时海啸的波谷首先到达海岸带，造成海面迅速下降，在浅水海岸带造成大面积海底出露，并因海啸周期较长而持续一定时间。这种奇异的海面下降，使大量海洋生物暴露，无警觉的居民与游客被吸引进入海滩，结果被后来的巨浪吞没。

海岸带海啸的波高很大。在夏威夷 Lanai 岛，因巨型水下滑坡产生的海啸使珊瑚和海滩沉积高出海面 375 m。1957 年 7 月 9 日由 Fairweather 断层活动引起的地震触发了 3000 万立方米滑坡体进入阿拉斯加 Lituya 海湾，产生高 525 m 的波浪，波浪冲向海湾对岸，并以 165 $km \cdot h^{-1}$ 的速度由 Lituya 海湾咆哮而出。波浪冲毁海岸土壤和植被，形成高度为 33～525 m 的破坏界限。

海啸虽然在很多海岸地区很少发生，但一旦发生，其破坏性巨大，造成地貌景观的改变和堆积一层特殊的海啸沉积物。历史纪录表明，全球每十年平均有 57 次海啸。2004 年 12 月 26 日在东南亚海域由地震断层活动引起的海啸，造成约 20 余万人口死亡。2011 年 3 月 11 日，日本东部海域发生的 9 级地震形成的海啸，地震后 20 分钟，海啸抵达海岸，一直伸入陆地 5 km，淹没陆地超过 400 km^2，宫古一带海啸最大高度达 40 m，伤亡 25 000 余人，被毁房屋达 37.4 万余间。

五、河流作用

入海河流的水流和泥沙，参与海岸带的作用过程，对海岸进行侵蚀和堆积。

当入海河流泥沙增多，海岸向海增长；如河流入海泥沙减少，海岸侵蚀向陆后退。例如黄河于 1128—1855 年间曾改道由淮河入黄海，在此期间带来大量泥沙，使海岸线向海增长 90 km。之后，黄河回归原河道由山东入渤海，苏北海岸失去泥沙供给，从 1899—1980 年，平均以 134 m/a 速度后退，近 50 年以来，仍以 20～30 m/a 的速度后退。

入海河流泥沙的运移和堆积受波浪影响，大部分泥沙堆积在河口附近，形成平行海岸沙坝。如在潮汐海岸，泥沙受潮汐作用、沿潮流方向常形成海底潮流沙脊。

第二节　海 岸 地 貌

波浪侵蚀和堆积过程中对海岸进行塑造，形成海岸侵蚀地貌和堆积地貌。

一、海岸侵蚀地貌

波浪侵蚀作用在基岩海岸最明显。基岩海岸的水深大，外来的波浪能直接到达岸边，将大部分能量消耗在对岩壁的冲击上。波高 6 m、波长 50 m 的波浪，对每平方米岩壁的冲击压力达 15 t 左右，最高可达 30 t。波浪水体的巨大压力及被其压缩的空气对岩石产生强烈的破坏，尤其对有裂隙发育的岩石更为明显。被破坏的岩屑砂砾随波浪研磨基岩，加快了海蚀作用的速度。海水对岩石的溶蚀能力比淡水强，不仅碳酸盐岩能溶于海水，海水对正长岩、角闪岩、黑曜岩、玄武岩等都有很强的溶蚀作用，其溶蚀速度比淡水大 3～14 倍。海岸经过海浪冲刷、研磨和溶蚀形成各种海蚀地貌。如海蚀崖、海蚀穴、海蚀窗、海蚀拱桥和海蚀柱等。

在波浪长期侵蚀下，基岩不断崩塌后退，形成高出海面的基岩陡崖，叫海蚀崖(照片 9-1)。海蚀崖的下部，大致与海面高度相等处，在波浪的不断冲掏下形成凹槽，叫海蚀穴。深度比宽度大的叫海蚀洞。在节理发育或夹有软弱岩层的基岩中，海蚀洞可达几十米深，山东石岛沿花岗岩节理发育的海蚀洞长 20～30 m，高 16 m。冲入海蚀洞中的浪流对空气的压缩作用，冲击洞顶岩石使之崩落，形成海蚀窗。海蚀穴顶的岩石因下部掏空而不断崩塌，崩塌物若很快被波浪冲走，使海蚀崖不断后退，崖面坡度变陡，岩石表面比较新鲜，谓之活海蚀崖(照片 9-2)；如果波浪不能搬运海蚀崖坡脚的碎屑物，崖坡则停止崩塌，坡度平缓，长有植被，称死海蚀崖。向海突出的岬角如同时遭受不同方向的波浪作用，可使两侧海蚀穴蚀穿而成拱门状，称海蚀拱桥或海穹(照片 9-3)。海蚀拱桥崩塌后，留下的岩柱或坚硬岩脉侵蚀残留成突立的岩柱，都叫海蚀柱(图 9-6)(照片 9-4)。

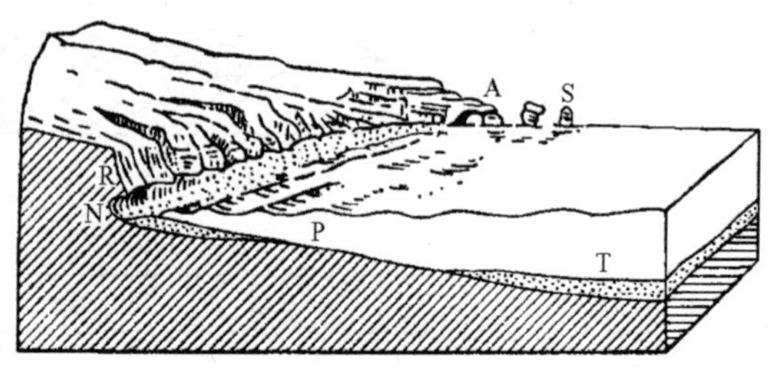

图 9-6　海蚀地貌形态(根据 E. Raisz)
N. 海蚀穴；R. 海蚀崖；P. 海蚀平台；
A. 海蚀拱桥；S. 海蚀柱；T. 水下堆积阶地

海蚀崖逐渐后退，波浪不断冲刷磨蚀位于海蚀崖前方的基岩面，形成微微向海倾斜的基岩平台，称为海蚀平台(照片 9-5)。由于岩性和构造的差异，海蚀平台表面常有一些突出的岩脊和小陡坎。

二、海岸堆积地貌

根据外海波浪向岸作用方向与岸线走向之间的角度不同，海底泥沙有作垂直于岸线方向移动和平行于岸线方向移动两种状态，前者称泥沙横向移动，后者称泥沙纵向移动。它们各自形成不同的堆积地貌。

1. 泥沙横向移动及其形成的海岸堆积地貌

当外海波浪作用方向与海岸线直交时，海底泥沙在波浪作用力和重力共同作用下作垂直于岸线方向的运动，称为泥沙横向运动。在坡度平缓的水下岸坡水深小于 1/2 波长的海底，波浪往返运动速度不同，向岸速度大，向海速度小。对于坡度均一的水下岸坡，相同粒径的沙粒受到波浪向岸方向的作用力大于向海方向的作用力，在一个波浪作用周期后，泥沙则向岸移动一段距离，随着水深的减小，向岸流速愈来愈大，泥沙向岸移动距离也愈来愈大。另外，水下岸坡泥沙的移动还受重力影响，使泥沙向海方向移动。在坡度不变的岸坡上，相同粒级泥沙在不同部位的重力作用相等，因而向海移动距离也都相等。在波浪和重力共同作用下，一个波浪周期中，水下岸坡下段的泥沙向海方向搬运，上段泥沙向陆方向搬运，形成两个侵蚀带；中段的泥沙，向海和向陆的搬运距离相等，在原地往返运动，有效搬运距离等于零，这一地带称为中立带(图 9-7(a))。

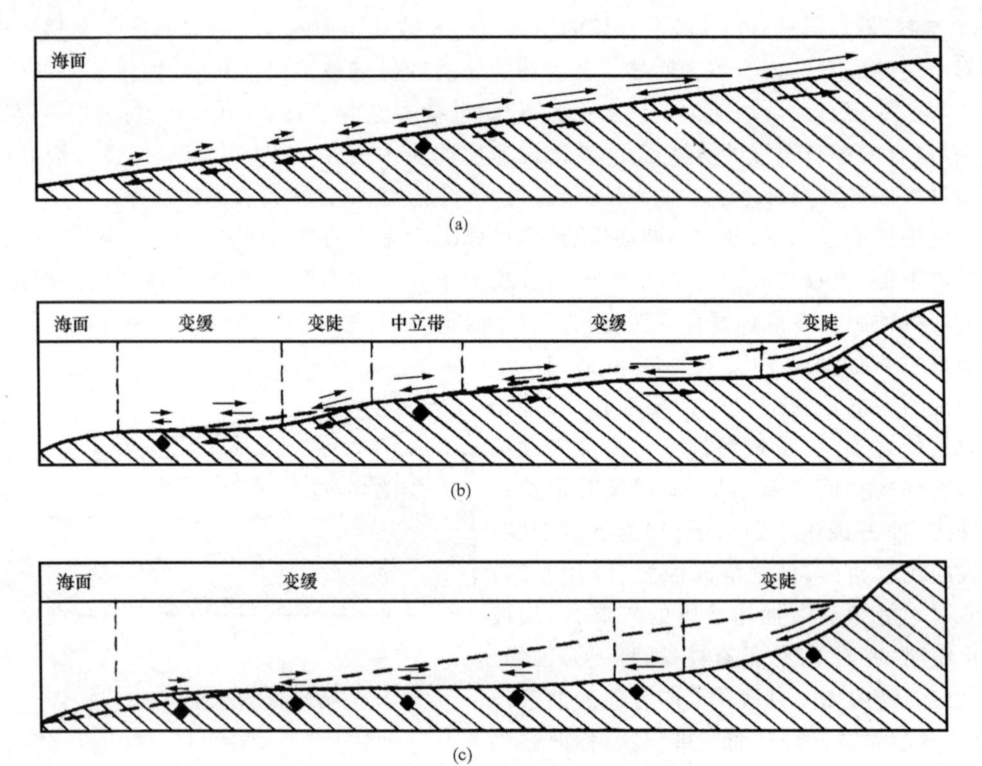

图 9-7　水下岸坡平衡剖面的塑造(根据 B. П. 曾科维奇)

在中立带两侧的侵蚀带，随着侵蚀过程发展，水下岸坡的坡度也随之变化。从中立带向岸的一段，坡度变缓，重力的分力变小，泥沙继续向岸方向搬运，到了岸边岸坡变陡，重力的分力加大，沙粒向岸和向海的移动距离的差值逐渐减小，直至为零，达到平衡状态。中立带向海一侧，靠近中立带的水下岸坡变陡，重力分力加大，泥沙向海搬运，再向远处去岸坡坡度减小，重力的分力减小，向岸和向海的泥沙移动距离的差值也减小，直至平衡(图 9-7(b))。当整个水下岸坡剖面上的沙粒都只有等距离地来回摆动，每一点沙粒的有效位移都等于零时，这个剖面叫做均衡剖面(图 9-7(c))。

泥沙横向移动可形成各种堆积地貌，它们是水下堆积阶地、水下沙坝、离岸坝、沿岸堤、海滩和潟湖等。

(1) 水下堆积阶地分布在水下岸坡波浪作用消失处，由中立带以下向海移动的泥沙堆积而成。在粗颗粒组成的陡坡海岸，水下堆积阶地比较发育。

（2）水下沙坝是一种大致与岸线平行的长条形水下堆积体。当变形的浅水波发生破碎时，能量消耗，同时倾翻的水体又能强烈冲掏海底，被掀起的泥沙和向岸搬运的泥沙堆积在波浪破碎点附近，形成水下沙坝。水下沙坝分布在水下岸坡的上段。在细颗粒的缓坡海岸，浅水波变形强烈，碎浪的临界水深大，水下沙坝多分布在约2倍波高的水深处，并由于浅水波多次破碎而形成一系列水下沙坝，沙坝的规模和间距向岸逐渐减小(图9-8(a))。在粗颗粒的陡坡海岸，水下沙坝条数少，一般仅有1～2条，多分布在相当于1个波高的水深附近处(图9-8(b))。正因为水下沙坝的形成与碎浪有关，碎浪又受波高影响，因而不同季节的风浪规模不一而使碎浪位置发生变化，水下沙坝的位置也发生迁移，风浪大的季节，沙坝向海方向移动，风浪小的季节，沙坝向陆方向移动。

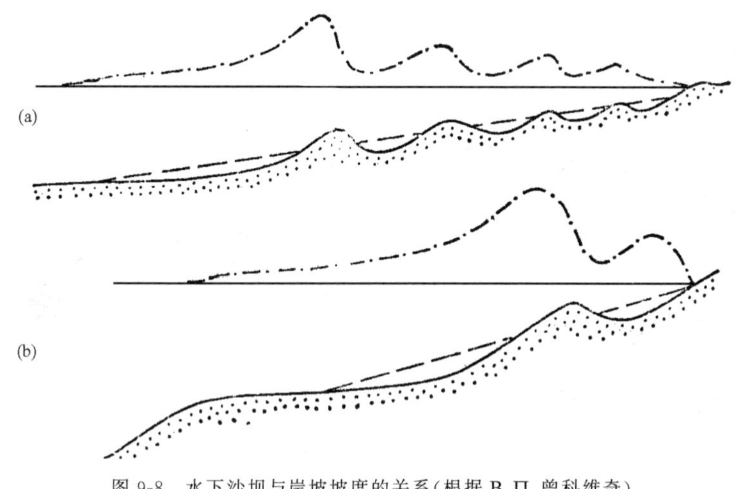

图9-8　水下沙坝与岸坡坡度的关系(根据B. П. 曾科维奇)
(a) 缓坡海岸；(b) 陡坡海岸

（3）离岸坝是离岸一定距离高出海面的沙坝，又称岛状坝。它的长度一般由几千米至几十千米不等，宽度由几十米至几百米。海面下降可以使水下沙坝出露海面形成离岸坝，也可能在一次大风暴最高海面时形成水下沙坝，风暴过后，海面水位迅速退到原来位置，水下沙坝露出海面形成离岸坝。

（4）沿岸堤是沿岸线堆积的垅岗状沙堤，由波浪将泥沙搬运到岸边堆积而成，或是由水下沙坝演化形成。沿岸堤的高度一般只有几米，宽5～7 m，常呈多条分布，每一条沿岸堤的位置代表它形成时的岸线位置，它的高度表明形成时的海面高度。如果不同时期的沿岸堤高度和位置不同，说明在它们形成过程中海面有升降变化和侵蚀搬运作用发生改变。海面上升，岸线不断向陆地移动，或者海岸水下岸坡坡度增大，波浪侵蚀加强，沿岸堤的向海一侧泥沙不断向陆方向搬运，越过堤顶堆积在沿岸堤的向陆一侧，使沿岸堤向陆方向移动并不断增高；海面下降，岸线不断向海方向移动，或水下斜坡坡度较小，波浪搬运泥沙能力较弱，大量泥沙堆积在向海的一侧，使沿岸堤加宽或向海方向迁移并不断降低。

（5）潟湖是由离岸坝或沙嘴将滨海海湾与外海隔离的水域(照片9-6)。有些潟湖有通道与外海相连，并有河流注入，但也有些潟湖与外海完全隔离封闭，或只在高潮时海水进入潟湖。随着进出潟湖的海水和河水比例变化，潟湖湖水可淡化也可咸化。

（6）海滩是在激浪流作用下，在海岸边缘的沙砾堆积体，其范围从水下岸坡上线处开始到滨海陆地,即低潮位与高潮位之间的滨海海滩。海滩可分为滩脊海滩(双坡形)和背叠海滩(单坡形)两种(图 9-9)。滩脊海滩是在向陆侧有自由空间的开阔地带,进浪越过滩顶流到向陆一侧的斜坡上,将泥沙带到海滩上堆积,形成向海和向陆两个坡向的海滩。这种海滩在河口区常由沿岸堤组成,河口附近,河流带来大量砂砾,经风暴作用可形成一系列沿岸堤,平面呈帚状分布,近河口处,堤的条数多,往远处逐渐归并。背叠海滩是由于海滩后部没有自由空间,进流可直达岸边的海蚀崖坡麓或坡度较大的海滩斜坡上,发育向海倾斜的单坡形海滩。如退流的水量下渗多,流速很小,进流带来的泥沙不能为退流带走而堆积,海滩剖面呈上凸形;如退流的下渗水量少,则有足够的退流水流搬运泥沙,海滩剖面呈下凹形。砾石组成的海滩坡度较陡,向海的一坡有时可达 30°,沙质海滩的坡度较小,向海一坡大多在 10°以下,个别最大的可达 20°,向陆一坡的坡度仅 1°～3°。

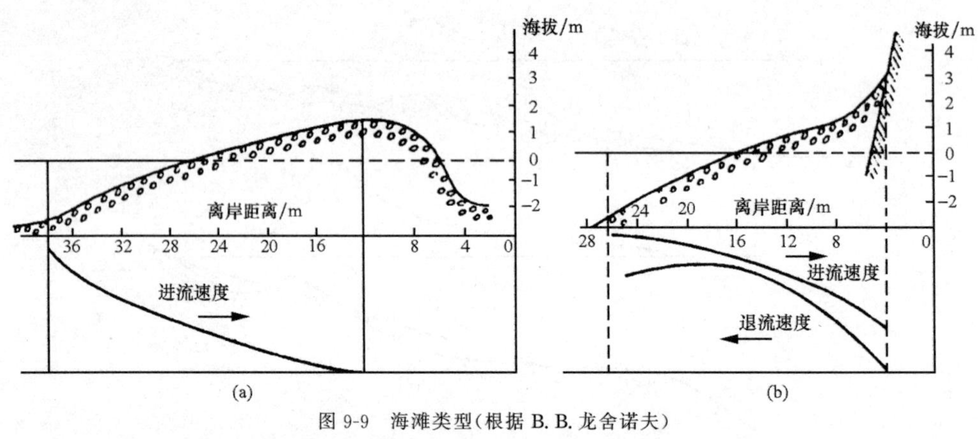

图 9-9 海滩类型(根据 B. B. 龙舍诺夫)

(a) 双坡形海滩(滩脊海滩); (b) 单坡形海滩(背叠海滩)

2. 泥沙纵向移动及其形成的海岸堆积地貌

当波浪的作用方向与岸线斜交,海岸带泥沙所受的波浪作用力和重力沿斜坡倾斜方向的分力不在一条直线上,泥沙颗粒按两者的合力方向沿岸线方向移动,称为泥沙纵向移动(图 9-10)。

沿岸带的泥沙在中等坡度的沙质水下岸坡上,纵向移动沙粒在不同坡段上,移动路线略有不同。在中立带上,当波峰通过时,泥沙颗粒由 1′移到 2′,波谷通过时,泥沙颗粒由 2′移动到 3′,经过一个波浪周期,泥沙颗粒实际由 1′移动到 3′,随着波浪不断作用,泥沙颗粒将沿岸向前作纵向移动(图 9-10(a)中 B)。但在中立带以上和以下的水下岸坡带的泥沙,经过一个波浪周期,不仅有沿岸的纵向移动,同时还有向陆和向海方向的横向移动(图 9-10(a)中 A,C)。如波浪方向和强度不变,水下岸坡上部坡度逐渐增大,下部坡度慢慢减小,泥沙横向移动也逐渐减弱直至为零,这时在整个水下岸坡上泥沙只有纵向移动(图 9-10(b),(c))。

在波浪和海流作用下,有着大致相同方向和一定数量的泥沙纵向运动,称为海岸泥沙流。泥沙流的输沙能力为单位时间内通过一定断面波浪能够搬运泥沙的最大数量,又称容量。单位时间内,通过一定断面的波浪实际输沙量称为强度。当容量和强度相等时,泥沙流处于饱和状态,波浪的全部能量都消耗在搬运泥沙;若容量大于强度,泥沙流未饱和,波浪的一部分能量则用于侵蚀海岸和搬运水下岸坡的泥沙;若容量小于强度,泥沙量超饱和,波浪不足以搬运全部泥沙,便发生堆积。

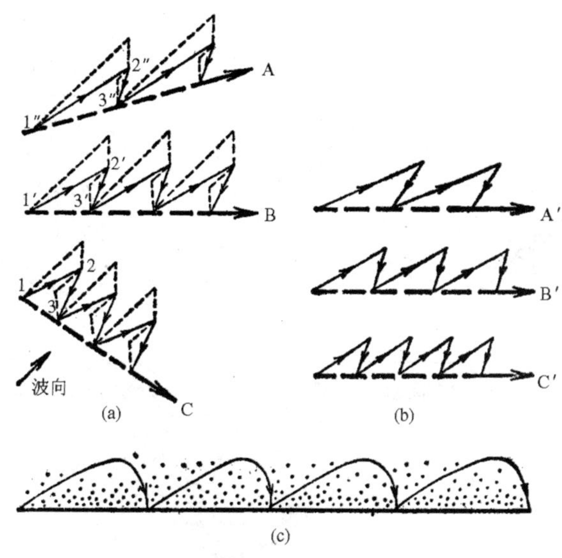

图 9-10　泥沙的纵向移动过程

(a) 水下岸坡初始状态下的泥沙移动(A. 中立带以上,B. 中立带,C. 中立带以下);

(b),(c) 水下岸坡均衡状态下的泥沙移动

海岸泥沙流除受波浪强度和沿岸河流带来泥沙等因素影响外,还与波浪作用方向和岸线的夹角大小有关。当夹角较大时,泥沙颗粒受到波浪作用力较强,但在波浪作用力与重力共同作用下,泥沙实际的纵向移动较小(图 9-11,a);当夹角很小时,波浪进入 1/2 波长水深海域的距离较长,波浪的大量能量消耗在海底摩擦上,也不利于泥沙颗粒的纵向移动(图 9-11,c);当波浪作用方向与岸线夹角等于 45°时,泥沙纵向移动距离最大(图 9-11,b)。

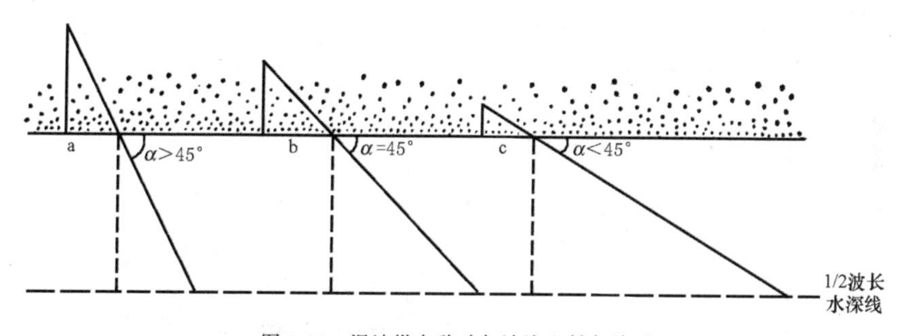

图 9-11　泥沙纵向移动与波浪入射角关系

由于岸线走向变化使波浪作用方向与岸线夹角增大或减小,波浪作用强度都将减弱而使泥沙发生堆积。此外,如河流入海带来大量泥沙,或在波影区水域波浪作用强度减小,都会使泥沙流饱和而发生堆积。海岸堆积形成各种堆积地貌,如海滩、沙嘴、连岛坝和拦湾坝等(图 9-12)。

(1) 在凹形海岸由于岸线走向改变,纵向移动的泥沙便堆积成海滩(图 9-12(a))。在 AB 段,波浪作用方向与岸线夹角大致为 45°(ϕ),当有一股达到饱和状态的泥沙流从 A 向 B 移动,到达 B 点后,由于海岸方向改变,使波浪作用方向与岸线夹角大于 45°($\phi+\pi$),泥沙搬运能力降低而发生堆积,形成海滩。

(2) 沙嘴是一端与陆地相连,另一端向海伸出的泥沙堆积体(图 9-12(b))。在 AB 段波浪

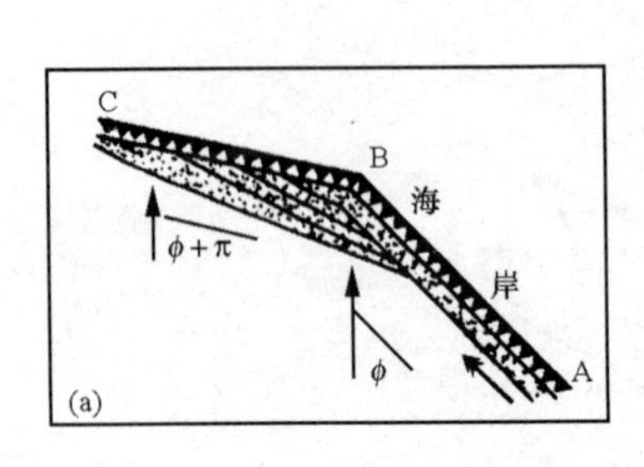

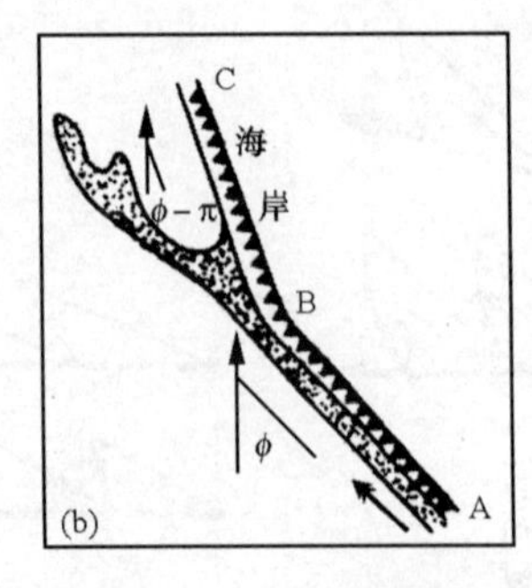

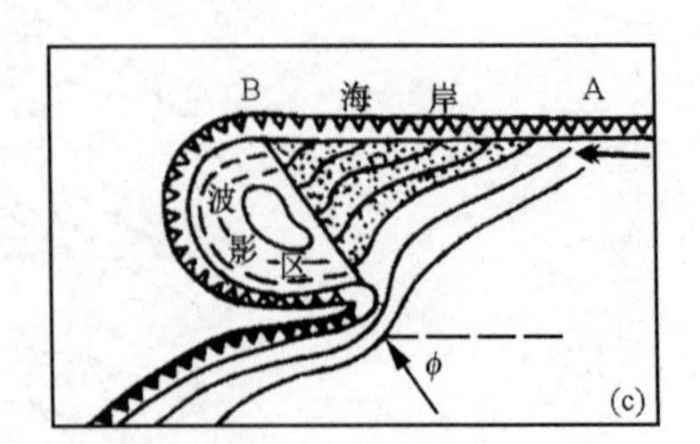

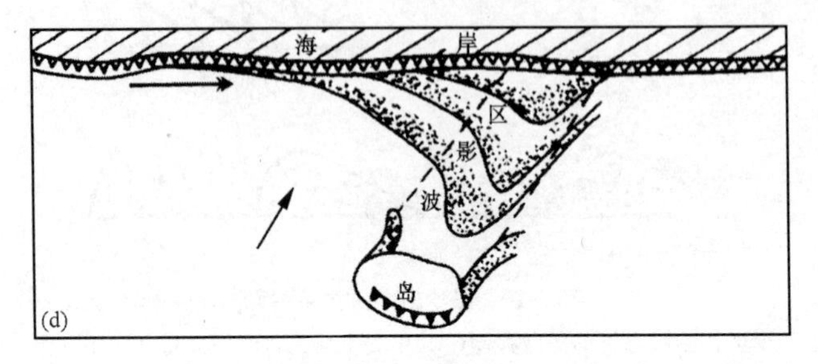

图 9-12　海岸带泥沙纵向移动形成的堆积地貌(根据(B. П. 曾科维奇)

作用方向与岸线夹角为 45°(ϕ)、BC 段的夹角小于 45°($\phi-\pi$)的海岸,当泥沙流进入 BC 段时,搬运能力降低,在海岸转折处发生堆积并不断向前伸长,便形成沙嘴。沙嘴的尾端常呈向岸方向弯曲形状,这多是波浪折射或两个方向波浪作用所致。在港湾海岸的沙嘴,由于潮汐作用也可使沙嘴尾端发生弯曲。沙嘴如被侵蚀破坏,残留的沙嘴在海中成为孤立沙体,称飞坝。海岸冲刷后退,沙嘴也随之改变位置,在沙嘴的内侧出现一些弯曲的小沙嘴,它们是老沙嘴尾端的残部,这种沙嘴又称复式沙嘴(图 9-13)。

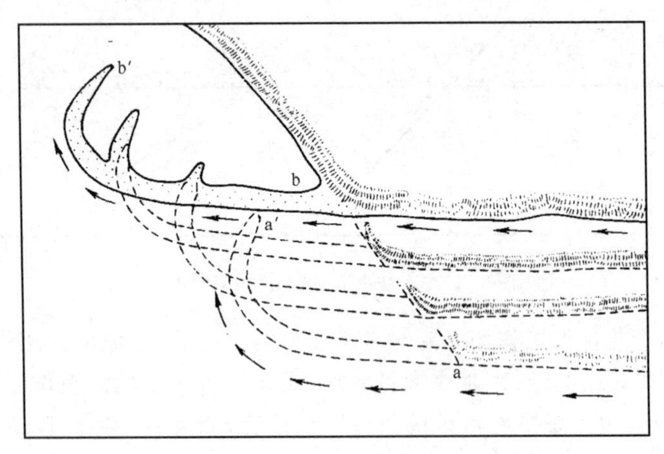

图 9-13　海岸后退复式沙嘴发育过程图(根据王颖)

(3) 拦湾坝是海湾外侧湾口处堆积的沙坝。由于海岸外侧岬角为屏障,在岬角的内侧海域形成波影区,波能降低,进入波影区的泥沙搬运能力减弱便发生堆积形成沙嘴。沙嘴不断增长与岬角相连形成拦湾坝(图 9-12(c))。在河口地区经常形成拦湾坝(图 9-14(a)),如在海湾内由于波浪折射,形成湾内沙嘴,称为湾中坝(图 9-14(b))。

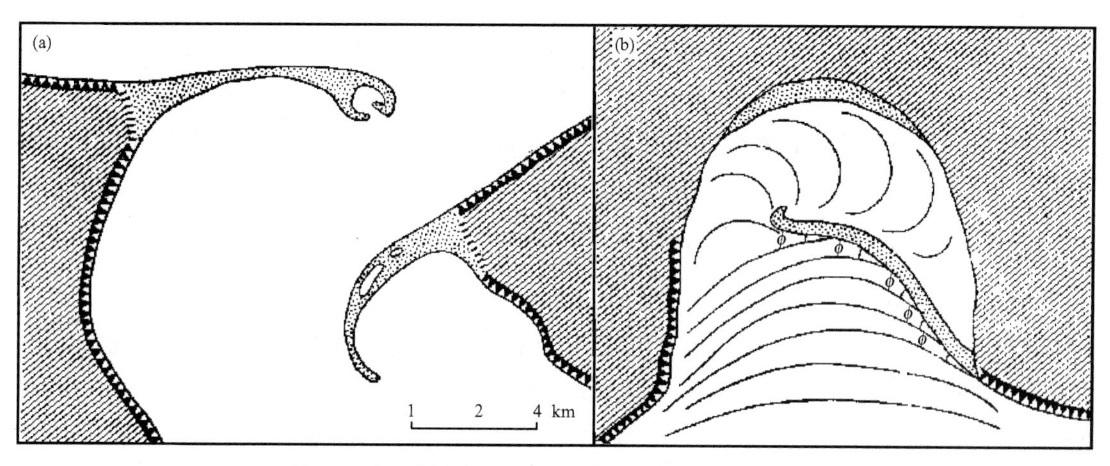

图 9-14 河口拦湾坝(a)和湾中坝(b)(根据 B. П. 曾科维奇)

(4) 连岛坝是连接岛屿与陆地的沙坝(照片 9-7)。岸外有岛屿,在岛屿与陆地之间形成波影区,泥沙流进入波影区后将逐渐在岸边堆积下来,形成三角形沙嘴,并逐渐扩大,与岛屿连在一起形成连岛坝;或者岛屿向海的一面受到冲蚀,被冲蚀的物质在岛屿两侧后方堆积成两个沙嘴,最后沙嘴与岸相接也可形成连岛坝(图 9-12(d))。我国山东半岛烟台市的芝罘岛便是很典型的连岛坝(图 9-15),它是在岛南侧波影区发育的砾石沙嘴和由甲河带来泥沙共同堆积而成。三亚鹿回头是由珊瑚礁为基底,上覆沙层的连岛坝(照片 9-8)。

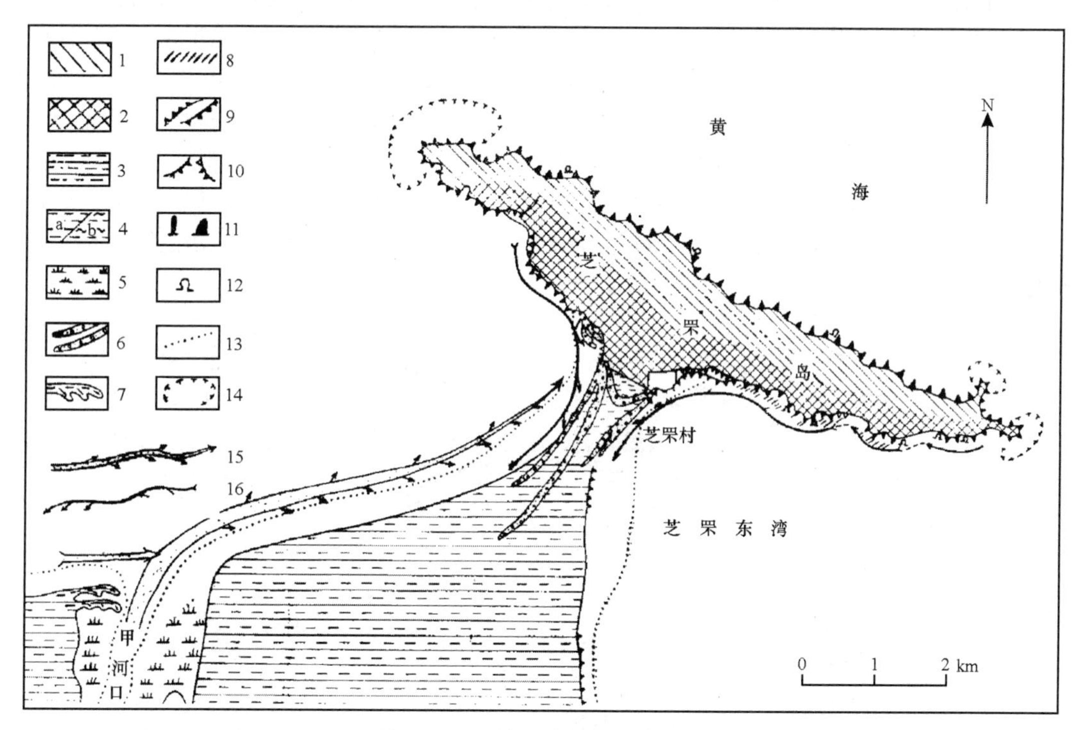

图 9-15 芝罘岛地貌图(根据蔡爱智)

1. 基岩; 2. Q_{2-3}^{a+pl}; 3. Q_4^{al+m}; 4. 潟湖(a 干涸的,b 未干的); 5. 芦苇沼泽; 6. 沙砾堤; 7. 沙嘴; 8. 岩滩; 9. 海蚀崖; 10. 衰亡海蚀崖; 11. 海蚀柱; 12. 海蚀洞; 13. 低潮线; 14. 高潮线; 15. 砂质泥沙流; 16. 砾石流

第三节 海岸类型与演化

根据海岸物质组成可将海岸划分为基岩海岸、沙质海岸、粉砂淤泥质海岸和生物海岸四种类型。

一、基岩海岸类型与演化

1. 基岩海岸类型

基岩海岸由岩石组成，有的岸线曲折，有的平直，岸坡陡峭。根据海岸线与地质构造的关系可分为横向海岸、纵向海岸和断层海岸。横向海岸是海岸线与构造线直交，岸线曲折，西班牙西北部里亚港一带海岸最为典型，我国山东半岛荣城湾一带也属这种类型；纵向海岸是海岸线与构造线平行，有一些与岸线走向平行的岛屿发育，以亚得里亚海东海岸最为典型。以断层形成的基岩海岸，海岸平直，岸坡陡峭，称为断层海岸，我国台湾东海岸属于这种类型。如果断层多次活动，海岸上升，在断层崖上可以保存不同高度的海蚀穴。

第四纪冰后期海面上涨，淹没基岩山地或丘陵，一些山丘形成海岬，丘岭之间的低地形成海湾，岸线弯曲，这种海岸称为港湾海岸。高纬地区，海水进入冰川作用过的区域，一些冰川谷地被海水淹没，形成向陆地伸入的狭长海湾，称为峡湾海岸，例如挪威的一些海岸。

2. 基岩海岸的演化

当海面上升，海水入侵山地丘陵地区，海岸线多弯曲，水下岸坡坡陡水深，波浪作用是海岸演化的主要动力。在海岸演化的初期，由于岸线曲折，波浪折射，岬角处波能汇聚，海湾中波能辐散，在岬角处发育海蚀崖，在湾内开始出现堆积，海岸基本保持原有岸线特征(图 9-16(a))。海岸进一步演化，岬角处形成大规模的海蚀崖和岩滩，连接大陆和岛屿的连岛坝、湾口的沙嘴、湾中坝及湾顶沙滩等堆积地貌也大量出现(图 9-16(b))。当岛屿被蚀去，岬角进一步侵蚀后退，湾口被沙坝封闭，阻断了海湾与外海的连通，使岸线逐渐趋于平直，形成基岩岸段与砂砾岸段相间分布的夷平岸(图 9-16(c))。海蚀崖不断后退，退至海湾岸线位置时，岬角全部被侵蚀掉，形成平直的基岩磨蚀夷平岸(图 9-16(d))。

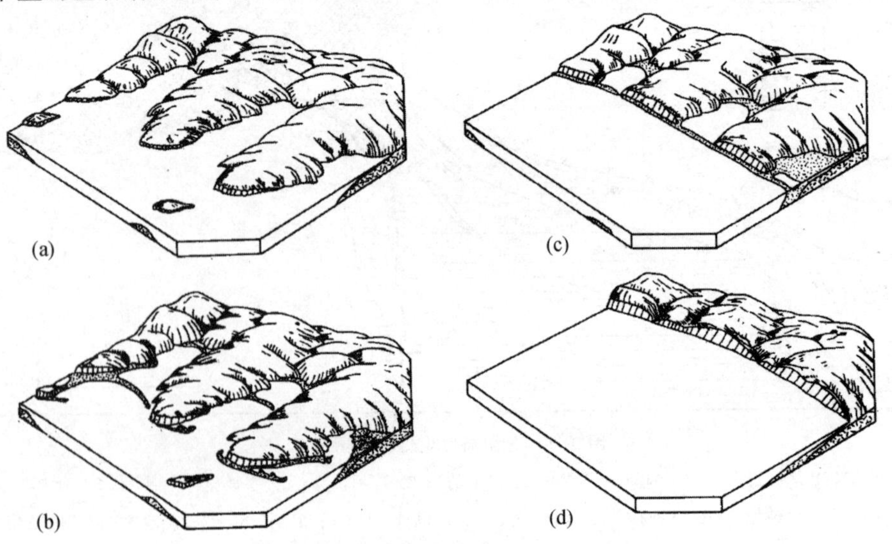

图 9-16 基岩港湾海岸的演化图式(根据 D. W. 约翰逊)

二、沙质海岸类型与演化

1. 沙质海岸类型

沙质海岸可分为海滩海岸、沙坝-潟湖海岸和沙丘海岸等。

（1）海滩海岸是横向移动泥沙在激浪带堆积而成，其范围从波浪破碎开始点起到海岸陆地上波浪作用消失处止。在开敞的海岸形成滩脊海滩，在有海蚀崖的较狭海滩，则形成背叠海滩。纵向移动泥沙在凹形海岸段也可形成海滩海岸。海滩上常发育一些与岸线平行的沿岸堤，表示不同时期海岸线位置。沿岸堤的高度代表海面高度，有时形成多条从老到新的沙堤，高度依次降低，反映海面逐渐下降。

（2）沙坝-潟湖海岸是在沙质海岸堆积体及其封闭或半封闭海湾形成潟湖构成的海岸。有的堆积体分布在水下尚未露出海面，为水下沙坝，露出海面成为离岸坝或岛状坝，如靠近海岸或与之相连的堆积体为海岸沙堤。水下沙坝常为保护海岸免遭波浪冲刷的一道屏障，如挖沙破坏沙坝，海岸将会受到强烈冲蚀而使陆地上的道路、农田、村舍或其他人工建筑物遭到破坏。沙坝-潟湖海岸是一种重要的海岸类型，约占世界海岸的13%，在我国的山东半岛、辽东半岛、广东和广西沿海均有发育。海南三亚是由五列沙坝及其间潟湖洼地组成的沙坝-潟湖海岸。

（3）沙质海岸在风的作用下沙粒被吹扬堆成沙丘形成沙丘海岸。沙丘的宽度由几米到数千米不等，高度也有小到几米大到几百米的差别。它们分布在不同纬度海岸带，美国大西洋沿岸、墨西哥沿岸和欧洲的一些海岸都有沙丘海岸分布。我国河北滦河三角洲北侧、山东半岛、福建、广东沿岸和海南岛东海岸也有沙丘海岸分布。

2. 沙质海岸演化

沙质海岸演化的动力是波浪作用和潮汐作用。当海面上升，海水入侵陆地（照片9-9），若无充足的泥沙供给，沙坝-潟湖海岸受波浪冲刷后退，离岸坝向陆方向移动并常覆盖在潟湖沉积物之上，离岸坝向海的一坡下部出露潟湖沉积。海岸受到冲刷后退时，沙嘴也随之改变位置，一方面不断向陆方向后退，一方面不断向前伸长，老沙嘴的弯曲尾部留在沙嘴内侧形成几个弯曲的小沙嘴而成复式沙嘴。如果供给沙嘴的泥沙量减少或断绝，沙嘴就会受到冲蚀破坏乃至消失。

潮汐作用对沙质海岸的演化也有一定影响。在潮差较小的沙质海岸，波浪作用位置比较稳定，易于形成离岸坝且能连续分布很长距离；在潮差大的海岸，离岸坝不易连续堆积增长，只有零星分布，大潮时波浪作用强，激浪流常常越过堤顶甚至冲开离岸坝使潟湖与外海相连，形成潮汐通道。涨潮流带入的泥沙在潟湖内形成潮流三角洲（图9-17）。退潮流也可在离岸坝外侧形成落潮流三角洲。

潟湖的演变与气候条件、构造运动有密切关系。在湿润多雨地区，注入潟湖中的淡水量超过蒸发量，多余的水流入海洋，潟湖水不断淡化，海洋生物种群的数量减少，壳类生物个体变小，钙质外壳变薄。当潟湖与外海完全隔离，海水不能进入潟湖，将变为淡水湖。淡水湖形成后，河流带来的泥沙不断淤积，湖水变浅形成沼泽，最后湖泊消失。在干燥地区，潟湖的蒸发量大于陆地淡水补给量，潟湖水将由海水补充，潟湖咸化，当盐度达到5%～5.5%时，潟湖内就没有生物生长，盐度增至6%～7%时，石膏、芒硝和岩盐开始沉积。

在上升海岸，海面下降，海水不能进入潟湖，而又没有河流汇入，潟湖就会逐渐干涸而消亡；在下降海岸，由于波浪冲刷岸坡，海岸沙坝向陆移动，形成潟湖，则潟湖沉积层常在陆相沉积或古风化壳之上。

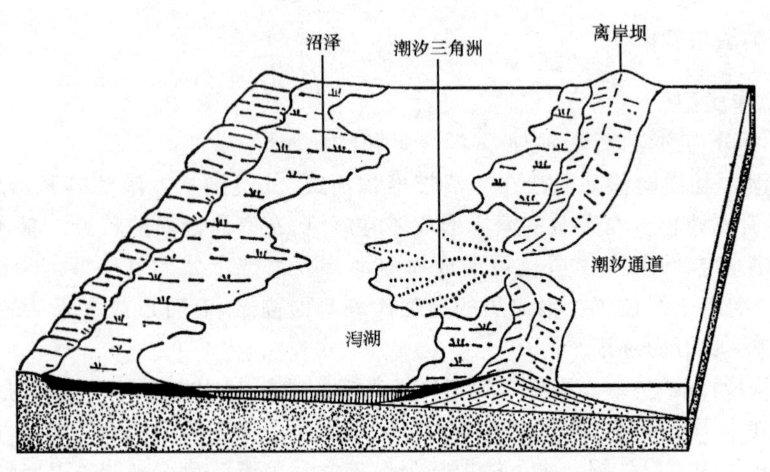

图 9-17 潮汐升降与离岸坝-潟湖海岸(根据 A.N.斯特海尔修改)

三、粉砂淤泥质海岸类型与演化

粉砂淤泥质海岸是由粉砂和黏土堆积的沿平原外缘发育的低缓平坦海岸,海岸线多平直,但也有在港湾内发育的岸线弯曲的淤泥质海岸。淤泥质海岸从陆到海由三部分组成:沿岸冲积平原或海积平原,平原外围的潮间带浅滩,即潮滩,潮滩以外为广阔平缓的水下岸坡。

1. 粉砂淤泥质海岸的类型

粉砂淤泥质海岸主要分布在泥沙供应充沛而又比较隐蔽的堆积海岸段,如含沙量大的河流下游构造下沉平原区、岸外有沙洲岛屿掩护的海岸段和有大量淤泥供应的港湾内。因此,可将粉砂淤泥质海岸划分为平原型、堡岛型和港湾型三种。

(1) 平原型粉砂淤泥质海岸是沿平原外缘由大河带来的粉砂黏土堆积而成。我国平原型粉砂淤泥质海岸以渤海湾海岸最为典型。渤海湾沿岸是宽广的黄河三角洲冲积平原和滦河三角洲冲积平原,地势平坦,有两列绵延数十千米的贝壳堤及一些废弃河道、牛轭湖、盐渍洼地。沿岸平原外缘有 4～6 km 宽的潮滩,坡度为 0.03%～0.1%,潮滩上形成大量泥质沉积层,它们主要来自黄河和海河。水下岸坡坡度非常平缓,水深 0～15 m 的水下岸坡坡度为 0.021%,水下岸坡的沉积物在岸边为粉砂,向海逐渐变细,至水深 5 m 处为黏土和细粉砂。苏北平原型粉砂淤泥质海岸在潮流作用下发育潮流沙脊和潮流通道(图 9-18)。

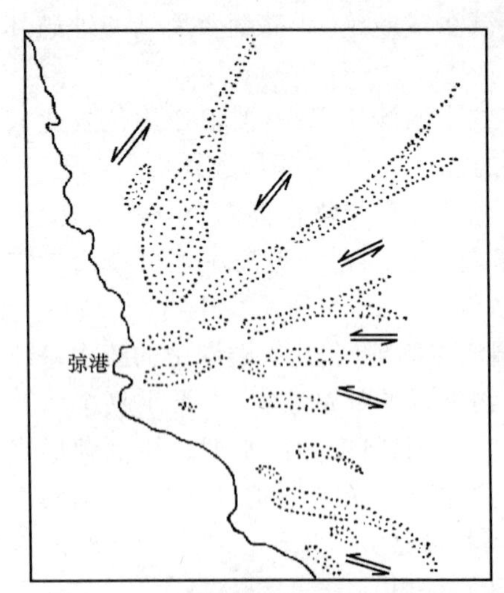

图 9-18 苏北黄海潮流沙脊与潮流通道
(根据李成治)

(2) 堡岛型粉砂淤泥质海岸是在外海由沙洲堡岛掩护的低平海岸,沿岸有一列沙脊和沙岛,沙岛或沙脊之间有潮流通道,沙岛与陆地之间为淤泥质潮滩和盐沼低地。

(3) 港湾型粉砂淤泥质海岸沿断陷盆地和构造断裂带发育,在这些地方形成一些深入陆地的海湾,湾内波浪小，波高仅几十厘米，由潮流、沿岸流和河流带来的细颗粒物质在湾内沉积下来，形成小面积淤泥质海岸。因此，港湾型淤泥岸又可分为潮流作用形成的、河流-潮流作用形成的和波浪-潮流作用形成的三个亚类。我国浙江、福建、广东等省沿海都有一些港湾型淤泥质海岸发育。

2. 粉砂淤泥质海岸的演化

在有充足的细粒物质来源的海岸，潮间浅滩将不断淤高并向海推进，浅滩逐渐脱离海水作用，形成湿地，成为粉砂淤泥质海岸。在这种淤积型的粉砂淤泥海岸上，潮间浅滩与湿地无明显的地形界线，这里最引人注目的地貌形态是分布在浅滩上的树枝状落潮流潮沟和潮沟沟头的线形洼地（图 9-19(a)）；在冲淤大致平衡的稳定潮间浅滩上，潮沟沟头以高潮线为界（图 9-19(b)）；在冲刷型的潮间浅滩上，潮沟消失（图 9-19(c)）。

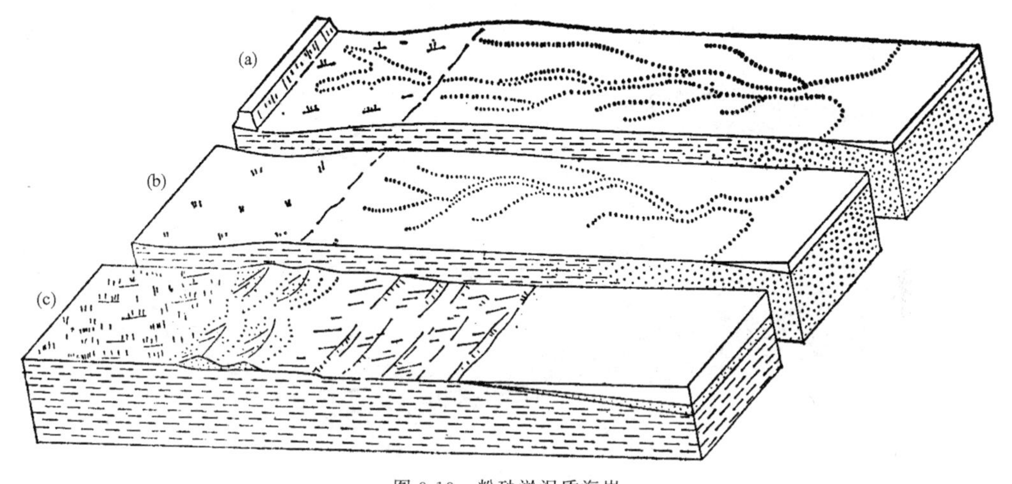

图 9-19　粉砂淤泥质海岸

(a) 淤积型；(b) 稳定型；(c) 冲刷型

若泥沙来源断绝，粉砂淤泥海岸迅速被冲刷而后退，后退速度在苏北废黄河口附近每年平均达一百多米，受冲刷的潮间浅滩坡度增大至 1‰以上，宽度减至几百米。冲刷型粉砂淤泥岸上常有贝壳堤或贝壳滩发育，它们由冲刷浅滩的波浪将残存在泥沙中的生物介壳冲刷出来，堆积在岸上而成。贝壳堆积是粉砂淤泥岸受冲刷的标志，强烈冲刷的岸段，贝壳堆积形成片状分布的贝壳滩，而在冲刷缓慢的岸段，贝壳将逐渐堆积成堤状。

大河带来的泥沙是粉砂淤泥岸的碎屑物质主要供给源。河流改道或河流上游水土流失状况改变可以引起泥沙来源的变化，使海岸的冲刷和淤积交互出现，海岸经历着堆积期和侵蚀期的轮回。在堆积期，河流泥沙来源充分，形成宽广而平缓的淤泥质潮间浅滩，滩地中穴居了大量的贝类生物（图 9-20(a)）。河流上游植被恢复或一旦河流改道，就会减少或中止泥沙的供应，海岸便进入了侵蚀期，波浪作用冲刷原来的滩地，将细粒物质掀起，带至邻近地区堆积，滩地中被掏洗出来的贝壳碎屑由激浪抛至高潮滩，形成贝壳堤（图 9-20(b)）。如果河流上游开垦破坏植被，带来泥沙增多，海岸重新进入堆积期，在贝壳堤的外侧就会发育一个新的淤泥滩（图 9-20(c)）。我国渤海湾沿岸的海积平原上有两条贝壳堤，它们的形成与黄河改道和上游开垦破坏植被有直接关系。在距今 2020±100 年到 1080±90 年间，沿渤海湾形成一道高约 5 m 的贝壳堤，这个时期相当于汉唐。据史料研究，从东汉到魏晋，边疆少数民族移居黄土高原从事牧业，黄土高原植被得到恢复，控制了水土流失，黄河入海泥沙减少，使沿岸波浪作用加强，故而形成贝壳堤。公元1271年至1368年开始形成的另一道贝壳堤发生在黄河改道流入黄海时期，由于进入渤海沿岸的泥沙减少，波浪作用加强又形成新的贝壳堤。

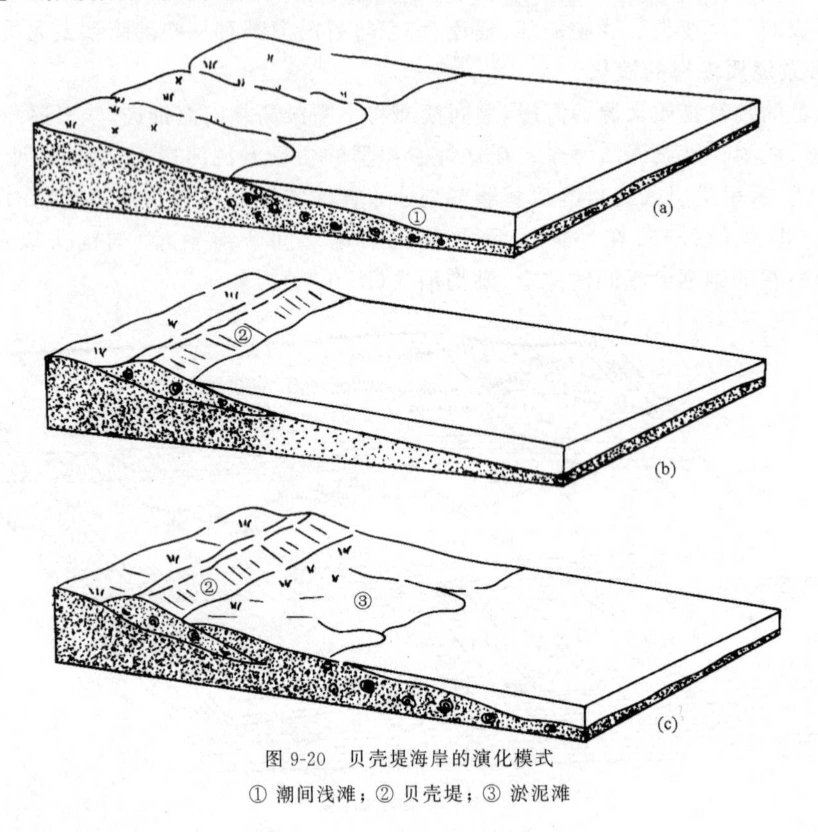

图9-20 贝壳堤海岸的演化模式

① 潮间浅滩；② 贝壳堤；③ 淤泥滩

四、生物海岸类型与演化

生物海岸有红树林海岸和珊瑚礁海岸。

(1) 红树是热带、亚热带海岸常见的一种乔灌木，它们成片生长在淤泥质的潮间浅滩上，形成红树林海岸(照片9-6)。红树具有非常发达的根系，能抵御风浪和减缓潮流，促使悬浮泥沙在滩面上沉积下来，保护海岸免受冲蚀。我国的红树林海岸主要分布在广东、海南、广西、台湾、福建等省的港湾、河口和其他隐蔽岸段。

(2) 珊瑚礁海岸是热带海洋的一种海岸类型，主要由造礁珊瑚的骨骼构成(照片9-10)。珊瑚生存条件非常严格，它对海水的温度、盐度和深度的要求都很敏感，因此珊瑚礁的地理分布有很大局限性。珊瑚要求海水的年平均温度在20℃以上，故现代珊瑚礁分布在南北纬30°之间的热带海区。珊瑚生长的海水盐度是27‰～40‰。此外，珊瑚生长要有足够的光线，在低潮位至水深20 m的浅海区，珊瑚繁殖最盛。珊瑚是固着生长的，比较坚硬的基底有利于大规模珊瑚礁的发育。造礁珊瑚在生长地堆积成礁为原生珊瑚礁，如原生珊瑚礁的骨骼经搬运和贝壳碎片、砂砾混合在一起再沉积成礁称为次生珊瑚礁。我国的珊瑚礁海岸主要分布在台湾省沿岸、雷州半岛西南岸、海南岛周围的基岩海岸以及西沙、东沙、中沙和南沙群岛等地。

根据礁体和岸线的关系，珊瑚礁分为岸礁(裙礁)、堡礁(堤礁)和环礁。岸礁分布在大陆或岛屿的岸边，由于岸边水浅，珊瑚礁的外缘不断向海增长，形成宽度不一的珊瑚平台，岸礁礁体的厚度比较小，珊瑚礁与海岸之间常有狭窄水道，我国广东、海南和台湾等省沿海的珊瑚礁都属岸礁类型。堡礁呈堤状平行海岸分布，礁体与海岸相距几千米至几十千米，以潟湖或带状海湾与大陆或岛屿相隔，又称离岸礁。堡礁的宽度一般仅几百米，但是长度可达数百千米至上千千米，呈断续分布，世界上最大的堡礁是澳洲东岸的大堡礁，长达 2000 多千米，同大陆相距 13～180 km 不等。环礁在平面上呈不连续环带状，中央是很浅的潟湖，外缘与深海相邻，有水道将潟湖与外海沟通。环礁潟湖是大洋航行中难得的避风港，我国南海诸岛大多属环礁类型，礁体厚度达 1000 多米，其中著名的有南沙的郑和环礁、九章环礁、永登环礁，西沙的宣德环礁、东岛环礁，中沙的环礁、黄岩环礁和东沙环礁等。

岸礁、堡礁和环礁常是火山岛上生长的珊瑚形成的原生珊瑚礁系列。首先围绕火山岛发育岸礁（图 9-21(a)），随着火山岛缓慢下沉，珊瑚礁不断向上增长，而且礁体的向海一侧也不断增长，于是珊瑚礁逐渐与海岸分离，岸礁演变为堡礁（图 9-21(b)），最后当火山岛完全沉入水中时，珊瑚仍不断增长，便形成环礁（图 9-21(c)）。

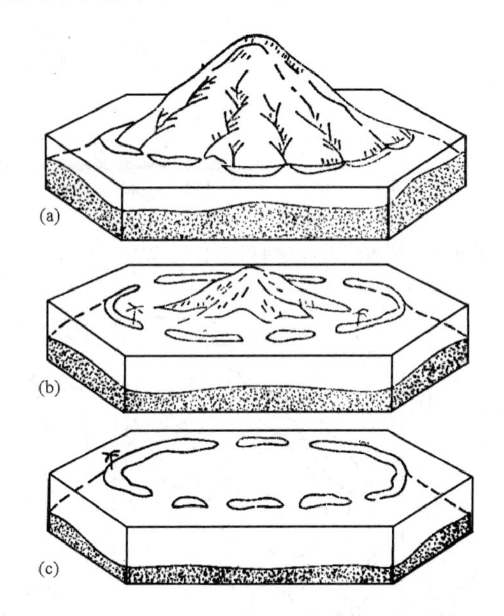

图 9-21　岸礁(a)、堡礁(b)和环礁(c)的成因图(根据达尔文)

我国南海环礁的基底并不都是火山岛，如宣德环礁的基底是花岗片麻岩，环礁的礁体是经海浪等外力作用形成的珊瑚碎屑沉积物，珊瑚礁沉积物中夹有砂砾和热带榕树和红树科花粉，这是次生珊瑚礁。

第四节　第四纪海面变化与海岸地貌发育

一、第四纪海面变化

第四纪海面变化是指长周期性的海面升降变化。第四纪的气候变化、构造运动、均衡作用、沉积物堆积等原因都可使海面升降变化。

第四纪气候变化主要表现在冰期和间冰期交替引起海洋水体的增减而导致海面升降变化。冰期时，海洋水体减少，海面下降；间冰期时，海洋水体增多，海面上升（图 9-22）。这种变化的幅度最大可达 170 m 左右。此外，在冰川覆盖地区，冰期和间冰期的变化使冰川积累和消融,地壳发生均衡作用。当冰期冰川扩大,负载增加,地壳缓慢下沉;间冰期冰川消融,负载减少,地壳又缓慢回升(图 9-23)。在冰川覆盖以外的周围地区,也受到均衡作用,却得到相反的结果。当冰川负载引起冰川覆盖区地壳下沉时,地幔受压缓慢地呈黏滞流状态向外围转移,使冰川覆盖的以外地区呈上升状态;间冰期,由于冰川负载消失出现相应的均衡上升时,冰川外围区则随之下沉。经历一次大规模的均衡作用,引起广泛的海面升降变化,这种变化幅度很大,斯堪的纳维亚冰川覆盖区的冰川消融后均衡抬升,使原岸线上升到现在海面以上达 300 m,现在仍在以每年 9 mm 的速度继续抬升。

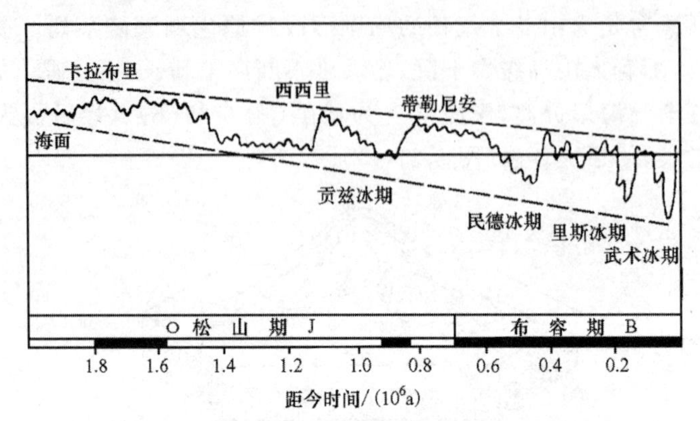

图 9-22 第四纪冰期的海面变化(R. W. Fairbridge)

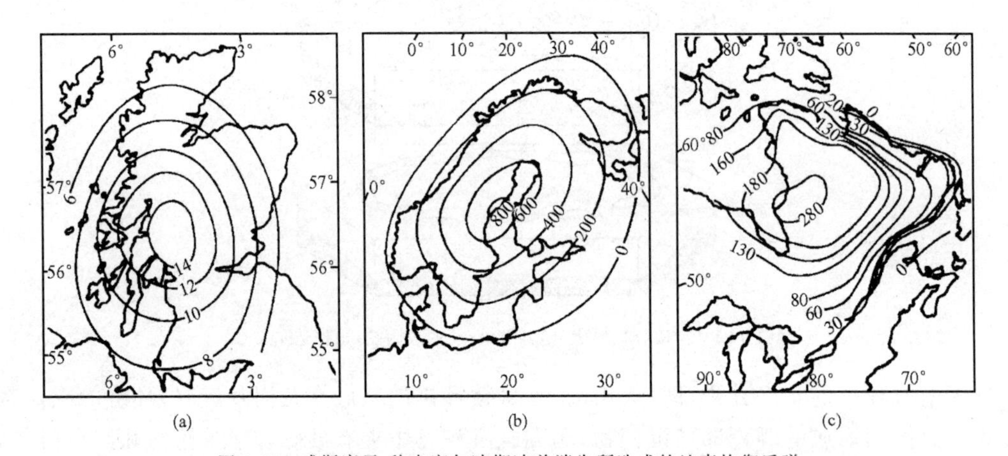

图 9-23 威斯康星-魏克塞尔冰期冰盖消失所造成的地壳均衡反弹

(a) 过去 68 ka 苏格兰地区的上升量(m)(Sissons,1983);(b) 过去 13 ka 芬诺斯基的亚古陆的上升量(m)(Mörner,1980);(c) 过去 7.5 ka 北美东北部的上升量(m)(Hillaire-Marcel & Occhietti,1980)

构造运动对海面变化的影响有两方面:一是海底构造扩张和火山喷发隆起使海盆体积变化引起的海面变化,升降幅度最大可达 500 m 左右,虽然这种变化幅度很大,但这是在数千万年时间尺度出现的,对现在地貌发育的影响不大;另一是海岸陆地的构造升降运动形成的相对海面变化,这在海岸带可留下明显的海面升降变化的痕迹。火山喷发也可使海岸发生明显升降。

海洋沉积物的堆积使海盆容积减小,可使大面积海面缓慢上升。据估算,按现在每年注入海洋的泥沙量计算,1000 年内只能使海面上升 33 mm,还要考虑到沉积的压缩作用,这个数字对全球海岸地貌发育效果在短期内是不明显的,但在河口地区沉积物的堆积作用却对海岸地貌发育有着重要影响。

由上所述,可以看出海面变化是由多种因素叠加在一起形成的。在不同地区,几种因素使海面升降向同一方向发展,增加海面升降幅度,也可使海面升降向相反方向发展,相互抵消,降低海面升降幅度。通常把由气候因素引起的海面变化称为水动型海面变化,由构造运动引起的海面变化称为地动型海面变化。

二、海面下降的海岸地貌表现

海面下降,海岸相对上升,海蚀崖脱离波浪作用,潮间带和潮下带的一部分岸坡将出露海面,水下岸坡也随海岸上升发生变化,逐渐形成新的均衡剖面,海岸线向海洋方向扩展,新海滩增大,沿岸堤从老到新逐渐降低,水下沙坝也出露水面成为离岸堤。如果这段岸坡坡度较陡,海水深度较大,则发生海蚀作用,形成新的海蚀崖和海蚀平台,老海蚀崖和海蚀穴将位于现在海面以上数米乃至数十米,一些老的海滩或岩滩升高后形成海积阶地或海蚀阶地。例如,在秦皇岛一带7000多年的海成阶地现已高出海面5 m,山东半岛沿岸可见5 m、15 m、40 m和60～80 m等不同高度的四级海成阶地,台湾岛南端6000年的阶地高10～20 m,最高一级阶地高出海面300 m,年代为10.5万年。

三、海面上升的海岸地貌表现

海面上升,海岸相对下降,海水侵入陆地,发育在潮上带和潮间带的地形被海水淹没,而且岸坡水深加大,波浪对海岸冲蚀作用加强,塑造新的水下岸坡剖面。

海水侵入陆地使一些入海河流的河口段沉入海面以下而成溺谷,沿岸沙堤后的海滩低地被海水侵入而发育潟湖。如果沿岸沙堤向海洋方向一侧受侵蚀,有一部分泥沙越过沙堤堆积在沙堤后侧,或覆盖在潟湖之上,不仅使沿岸沙堤不断向陆方向移动,而且潟湖面积逐渐缩小,潟湖沉积物可在海滩或沙堤的向海坡的坡脚处出露(图9-24)。水下岸坡剖面随着海面上升而相应调整,海面上升使海滩受侵蚀,向岸后退,侵蚀产物在水下堆积,形成新海岸剖面。

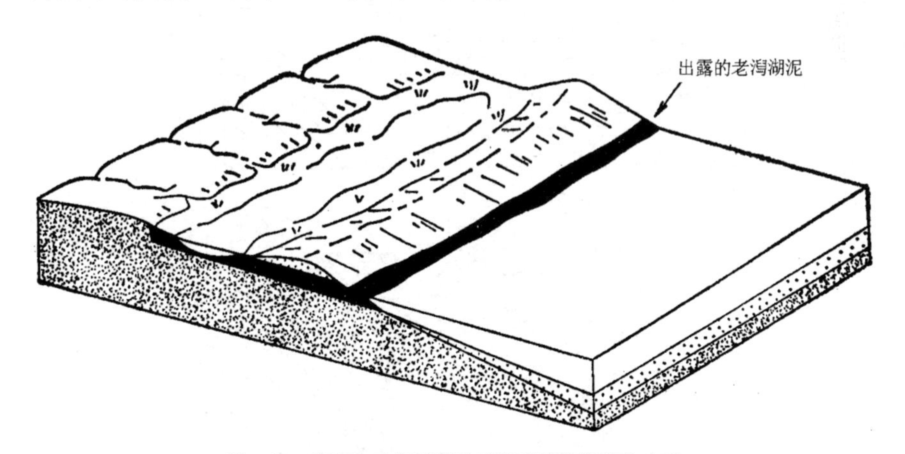

图9-24　海面上升海岸侵蚀后退老潟湖沉积物出露

四、海面升降变化与海岸带河流地貌发育

海岸带的河流都是以海面为侵蚀基准面,海面升降必将导致河流的入海口段的侵蚀堆积

过程发生变化。当海面上升时，入海河流下游段被海水淹没，侵蚀基准面抬高，河流搬运能力减弱，在河流入海的河段将形成加积，河谷逐渐被沉积物填充(图 9-25(a),(c))。海面下降，河流发生下切侵蚀，并不断向上游扩展，切开海面上升时期在河谷中的沉积物，形成新的河床，老河床相对抬高形成阶地，并在新河床与老河床的转折处形成裂点。如海面多次升降变化，则可形成多级裂点和由不同时期高海面堆积物组成的阶地(图 9-25(c),(d))。因此，通过地貌分析和沉积物研究可有效地恢复过去海面升降变化过程。在以千年计的海面升降变化，一些入海的小河有很好的响应。在山东半岛北部海岸通过数十条入海河流的地貌研究，发现全新世以来河流下游有三次堆积期和三次溯源侵蚀期：三次堆积期的时代分别为 10 000 aB. P.，

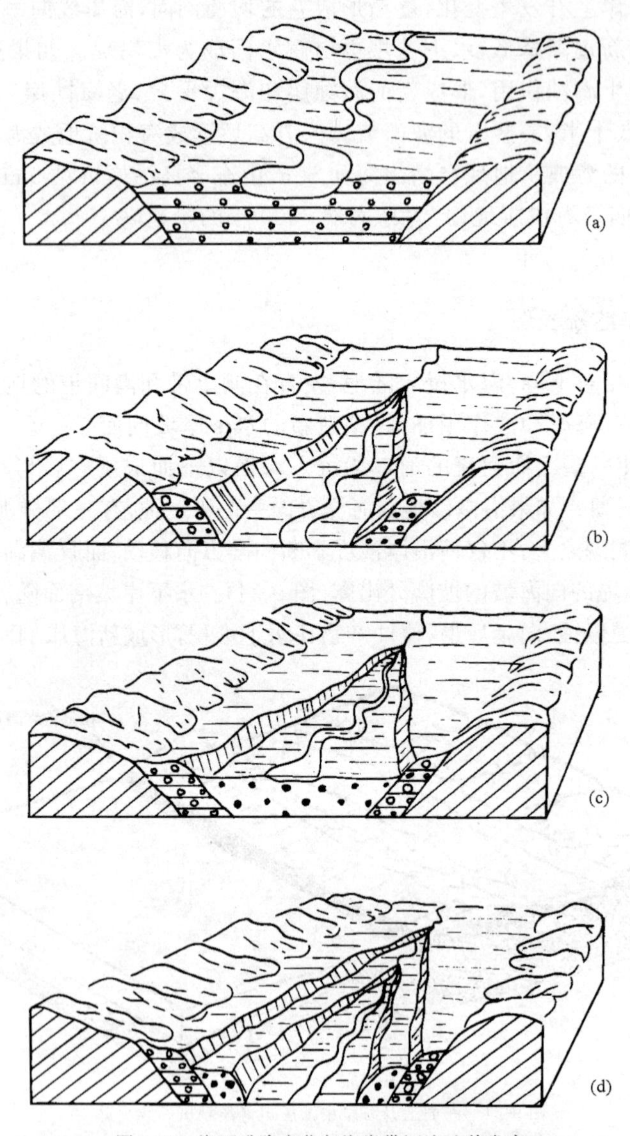

图 9-25　海面升降变化与海岸带河流地貌发育

(a) 高海面时河流堆积，在河谷内沉积物加积，并形成厚层冲积物；(b) 低海面侵蚀基准面下降，河床溯源侵蚀，形成新河床和阶地；(c) 高海面河流又发生加积，在新河床内形成新的沉积物；(d) 海面再次下降时，河流侵蚀形成的河谷

照片 9-1　海蚀崖与海蚀柱（海南三亚）（杨逸畴）

照片 9-2　海蚀崖与拍岸浪（浙江舟山）（武弘麟）

照片 9-3　大连金石滩海蚀崖、海蚀柱和海蚀拱桥（李有利）

照片 9-4　蜡烛岩（海蚀柱）（台湾）（李有利）

照片 9-5　海蚀平台（台湾）（李有利）

照片 9-6　红树林海岸及潟湖（海南）（杨景春）

照片 9-7　连岛沙坝（河北北戴河）（李有利）

照片 9-8 三亚鹿回头连岛坝（海南）（李有利）

照片 9-9 沙质海岸。20 世纪 60 年代位于海岸上的碉堡因海岸侵蚀后退而没入海水中（李有利）

照片 9-10 珊瑚礁海岸（中国台湾）（李有利）

4000 aB. P. 和 1600 aB. P. ；三次溯源侵蚀期分别为 8200 aB. P. ，2300 aB. P. 和 600 aB. P. 。三次堆积期与海面上升相对应，溯源侵蚀期与海面下降相对应（表 9-2）。

表 9-2　山东半岛全新世以来海面升降与河谷地貌发育（根据王庆）

相对海面变化	河谷堆积开始时期	河谷溯源侵蚀开始时期
下↓降		Ⅲ
——600 a B. P.——	Ⅲ	——600 a B. P.——
上↑升		
——1500 a B. P.——	——1600 a B. P.——	Ⅱ
下↓降		
——2300 a B. P.——		——2300 a B. P.——
↑	Ⅱ	
上↑升		
↑		
——4000 a B. P.——	——4000 a B. P.——	
稳　定		Ⅰ
——6000 a B. P.——		
↑		
↑	Ⅰ	
上↑升		
↑		——8200 a B. P.——
——10 000 a B. P.——	——10 000 a B. P.——	

第十章　大地构造地貌

大地构造地貌组成地球上规模最大的两级地貌单元。第一级地貌单元是大陆和海洋，第二级地貌单元是陆地上的山系、平原、高原和盆地，海洋中的大洋盆地、洋脊、海沟和岛弧等。这些地貌的形成、发展和大地构造作用有关，所以称为大地构造地貌。

第一节　大陆和海洋

一、大陆和海洋的地貌基本特征

地球表面是由大陆和海洋两个最大地貌单元组成。地球的总面积约为 51 055 万平方千米，其中海洋面积为 36 105 万平方千米，占地球总面积的 71%，大陆面积为 14 950 万平方千米，占 29%。大陆和海洋在地球表面的分布很不均匀，陆地大部分分布在北半球。北半球陆地面积占北半球总面积的 39%，南半球陆地面积只占南半球总面积的 19%。据地壳结构和大地构造地貌成因的观点，被海水淹没的大陆架和大陆坡是属于大陆的一部分，它约占大陆全部面积的 1/4。

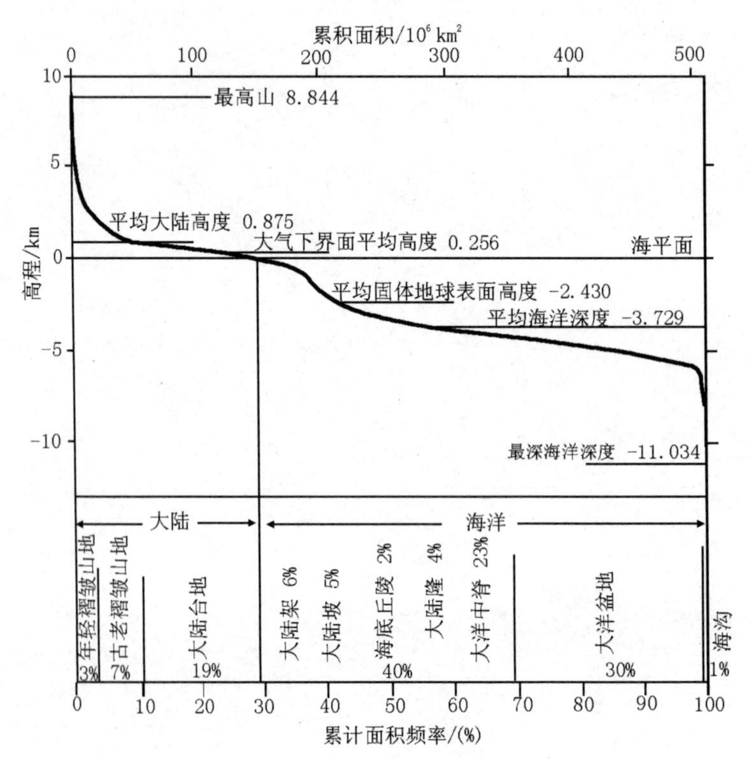

图 10-1　地球高程面积分配曲线(根据 Chorley *et al.*, 1984)

地球高程面积分配曲线显示，大陆和海洋的地形起伏呈两个明显的台阶（图10-1）。第一级台阶分布在－6000～－3000 m之间，按面积计，平均深度为3729 m，大部分是大洋底；第二级台阶分布在－200～1000 m之间，平均高程为875 m，大部分是陆地，其中一部分是大陆架。

地球固体表面的最大垂直距离约为20 km，这是珠穆朗玛峰顶（8844 m）和最深的马里亚纳海沟（－11 034 m）之间的高差。

大陆构造地貌基本单元中最主要的是构造山系、高原、平原和构造盆地。大陆有两大构造山系，即太平洋东岸山系和太平洋西岸边缘海外围岛屿上山脉；另一为横跨欧亚大陆的略呈东西向分布的构造山系。高原是构造上升的海拔较高地区，其面积较大，周边常以断层为界，坡度较陡，非洲高原、巴西高原和中国青藏高原都是世界著名的大高原，其中以青藏高原最高，平均海拔在5000 m以上。平原是宽广平坦或略有起伏的地貌，由于地壳长期处在下沉状态，经河流、湖泊和海洋等作用堆积很厚的泥沙和砾石。世界上的大平原有亚马孙平原、西西伯利亚平原、中欧平原、西欧平原和北美的中部平原，我国有东北平原、华北平原和长江中下游平原。盆地也多是地壳下沉的地区，它的周围常有断层分布。

海洋地貌基本单元从大洋中央的大洋中脊起向外依次分布有大洋盆地、海沟、岛弧、边缘海盆地直至大陆坡、大陆架。

二、地壳均衡与地形起伏

地球是具有同心圈层结构的球体。它的最外层叫地壳，厚度从几千米至几十千米不等，平均厚约17 km。地壳下部由莫霍罗维奇不连续面把它与地幔分开，地幔下部以古登堡-维舍特不连续面为界，以下为地核。

地壳分为两层：上层为花岗岩层，组成该层的物质为花岗岩类岩石和在花岗岩之上分布的固结和尚未固结的沉积岩层；下层为玄武岩层。在花岗岩层与玄武岩层之间的分界面称康拉德界面。地球表面大部分陆地的地壳都是由花岗岩层和玄武岩层组成的双层结构，称为陆壳，它的厚度一般在30～50 km，在西藏高原和天山地区最厚可达70 km左右。由玄武岩层构成的地壳为单层地壳，主要分布在海洋，又称洋壳，在太平洋中央地壳厚度只有5 km，在大西洋和印度洋也只有15 km（图10-2）。

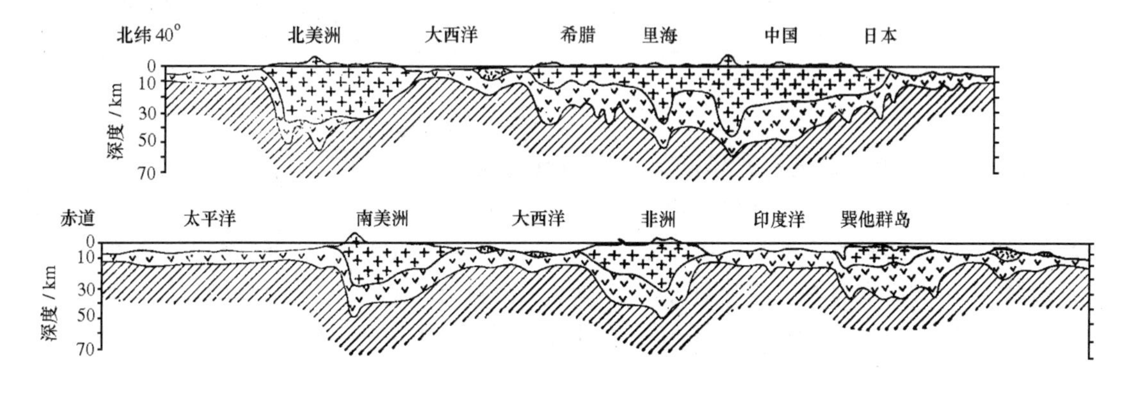

图10-2 地壳剖面图（根据孙广忠等）

固体地壳在熔融状态的地幔之上好似浮在水面上的木块，地壳厚的地方，突出地表愈高，插入下部地幔愈深；反之，地壳薄的地方，插入下部地幔愈浅，地表相对也低。这样就形成地壳均衡。

早在 19 世纪中叶，J. H. 普拉特(1854)和 G. B. 艾里(1855)对喜马拉雅山的引力进行了研究，用不同的物理模型来解释地壳均衡。普拉特认为：地壳的密度是不均一的，密度愈小的地块，高出海平面就愈多，地势也高，密度愈大的地块，地势就低，地壳下是一平面(图 10-3(a))。艾里认为：地壳是密度较小而均一的物体，其厚度不同，它浮在一个密度较大的壳下层中，厚度大的地块插入壳下层深，出露也高，厚度小的地块插入壳下层浅，出露也低，因而地壳下边是一起伏面(图 10-3(b))。

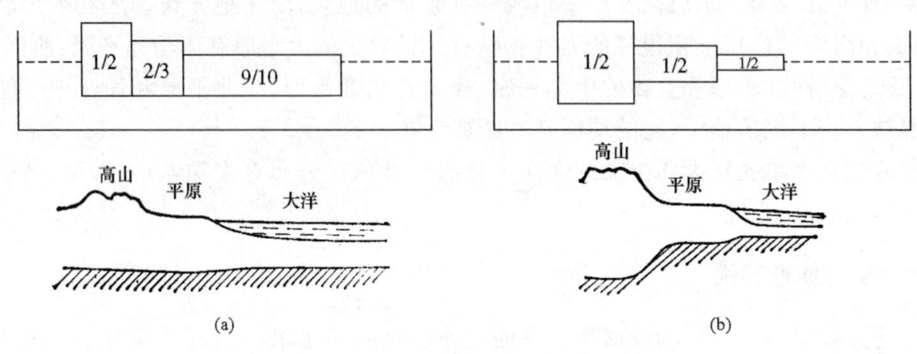

图 10-3　普拉特和艾里的地壳均衡模式

自从地壳均衡学说问世以来，又进行了许多研究。实际情况是地壳下剖面是有起伏的，同时地壳物质又是不均一的(图 10-4)。根据 W. A. 赫斯凯恩的意见，平均地说，地壳均衡的 63％是按艾里的深部补偿原理来完成的，而 37％由普拉特的密度差来补偿。

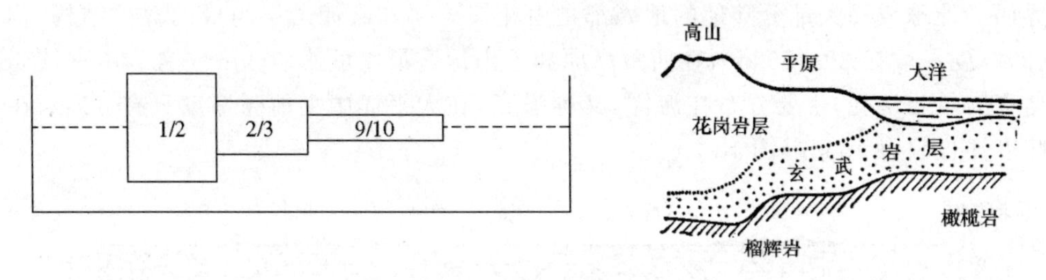

图 10-4　地壳均衡图示

许多高大山地和高原的地壳都很厚，平原区地壳较薄。我国地形从西往东逐渐降低，西南部青藏高原是世界上最高的高原，平均海拔 5000～6000 m，最高的珠穆朗玛峰为 8844 m，从青藏高原往东和往北，平均高度下降到 1500～2000 m，为浩瀚的高原和盆地，至大兴安岭山脉、太行山脉、巫山及云贵高原的东缘一线往东，地形高度降到 1000 m 以下，到东部平原海拔不到 200 m。地壳厚度从西往东也逐渐减薄，在拉萨达 70 km，兰州为 53 km，成都 47 km，上海是 31 km。

三、大陆漂移与海陆分布

大陆漂移是在 1912 年由 A. L. 魏格纳提出的。他根据相隔大西洋的大陆的海岸线形状、地层、古生物和构造等相似和连续的特点，以及气候、大地测量和地球物理等资料，认为大陆原是相连的整体，在中生代以前只有一个超级大陆，即联合古陆，然后才逐渐分开，形成今天地球上海陆分布的格局。由于当时科学技术水平的限制，证明资料还不够充分，因而支持大陆漂移学说和反对大陆漂移学说的争论持续了几十年。到了20世纪50年代中期，由于地质学和地球物理学的深入研究，发现许多新的证据，大陆漂移学说又重新得到重视并有所发展。支持大陆漂移学说的最新证据有以下几点：

(1) 地壳水平运动大断层的发现，说明地壳曾经有过较大幅度的水平运动，给大陆漂移说有力的支持。例如我国台湾东海岸、菲律宾、新西兰和美洲西海岸等地区都有巨大的平移断层，美国圣安德列斯大断层从陆地一直延伸到海洋，在约1000万年期间，该断层至少右旋错动了400～500 km。大洋中的平移断层也很多，如太平洋中的门多新诺断层错移了1140 km，墨莱断层东端错移150 km，西端错移达680 km。

(2) 对大陆的拼合作了新的研究，更加能说明大陆原先是连在一起的。海岸线的形状受海面变化影响较大，因而在进行大陆拼合时，应以较深的边缘海(大陆坡)为标准。此外，拼合的时候，两块大陆应放在什么相对位置，也应有个标准。因此，布拉德等人用计算机进行运算，得到大西洋约1 km深处的大陆拼合图(图10-5)。可以看出，重叠区和空隙区很小，许多重叠地区可以用大陆破裂后的边缘沉积物来解释，例如尼罗河三角洲、巴哈马沙洲和布莱克高原的碳酸盐礁等。

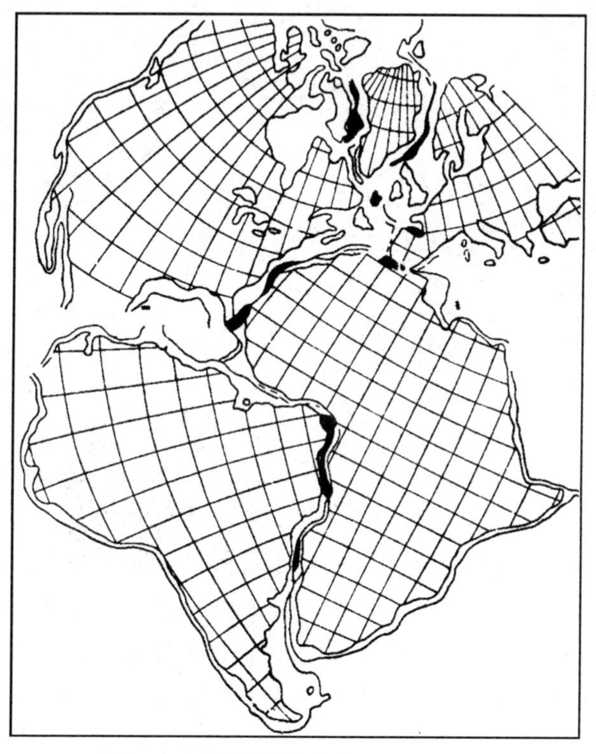

图10-5　大陆拼合图(根据E. C. Bullard)
黑色部分表示大陆架的超覆

(3) 古地磁研究的成果为大陆漂移说提供了新的证据。利用同一大陆块上的古地磁资料可以确定古地磁极的位置，但不同地质时期古地磁极的位置不同。按地质年代顺序将这些古地磁极位置连接成一条曲线叫磁极移动曲线。各大陆磁极移动曲线不同,说明在地质时期各大陆之间发生了相对运动。古地磁研究认为:从寒武纪到中生代古陆的磁极是一致的,大约在一亿五千万年前,南半球的各大陆是连在一起的,称为冈瓦纳古陆,以后才分散成现在各大陆的格局。

四、板块构造与地貌

漂浮在软流圈之上的地球最外层的刚性岩石圈,被构造活动带分割成许多块体,每个块体都在不停地运动,相互碰撞推挤,这些块体称为板块。全球岩石圈共分成六大板块,即太平洋板块、欧亚板块、印度洋板块、非洲板块、美洲板块和南极洲板块(图 10-6)。除太平洋板块是海洋外,其余五个板块既有海洋又有大陆。每一个板块还可分为若干小板块,如美洲板块分为北美洲板块和南美洲板块,印度洋板块分为印度板块和澳大利亚板块,欧亚板块分为东南亚板块、菲律宾板块和阿拉伯、土耳其、爱琴海等小板块。

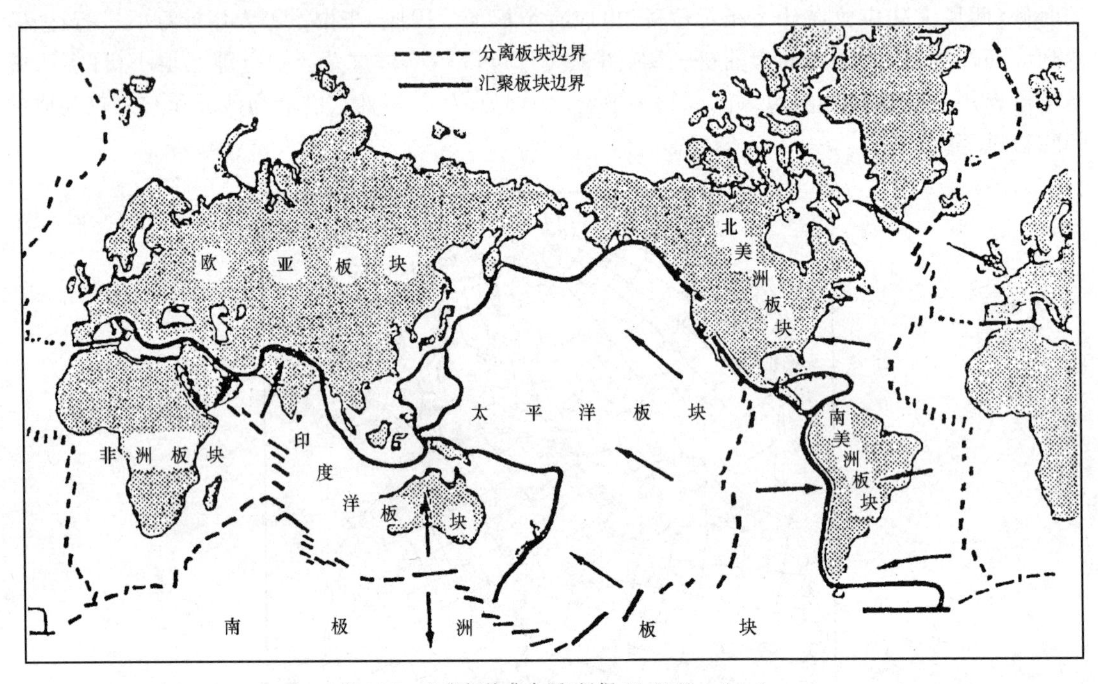

图 10-6 六大板块分布图(根据 W. B. Hamilton)

大地构造地貌与板块构造作用有关。在板块与板块交界的地方是地壳最活跃的地带,这里常有火山喷发和地震活动。在深海盆地深部的地幔岩浆对流造成海底扩张,使地幔中的物质溢出形成大洋中脊,随着大洋中脊的不断拉张,岩浆继续溢出,并将先前形成的洋壳向两侧推移。大洋板块移动过程中遇到大陆板块时,由于大洋板块比大陆板块的厚度要小,密度更大,位置较低,大洋板块便向下俯冲到大陆板块之下,到达地幔,逐渐熔化,与地幔物质混合而消亡。

在海洋板块向大陆板块俯冲的边缘地带,由于挤压隆起形成年轻的构造山系或者由火山喷发构成大陆边缘的火山链,又称火山岛弧。岛弧与大陆之间发育弧后盆地或边缘海,岛弧向海一侧形成海沟。

大洋中脊常被一系列走向垂直于中脊的转换断层分割,地形上表现为陡峭的崖壁和深陷的槽谷(图 10-7)。槽谷可达数千米的深度,大西洋赤道附近的深谷,其深度达 7856 m。

两个板块相互碰撞挤压后,并缝合在一起,形成高大的构造山系,如印度板块和欧亚板块碰撞形成的喜马拉雅山脉。目前印度板块仍不断北移,插入欧亚板块之下,使青藏高原继续抬升。大陆板块也可分裂,熔岩溢出,形成大陆裂谷。

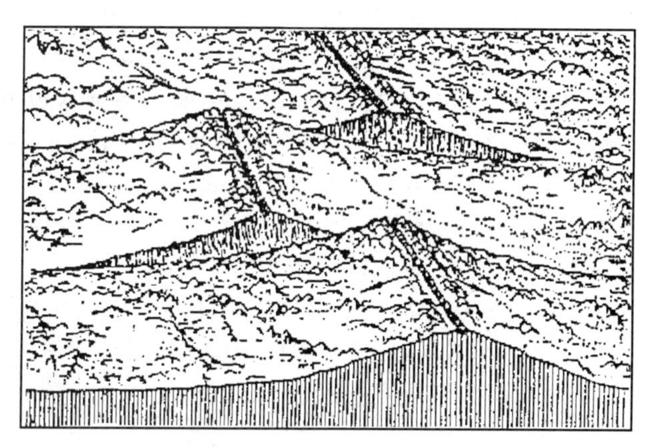

图 10-7　转换断层在洋底形成的地形(根据 H. W. Menard)

第二节　构造山系和大陆裂谷

构造山系和大陆裂谷是大陆上最为显著的构造地貌类型,也是陆地上最大的一级地貌单元,它们的形成、发展和分布与大地构造有关,尤其与中生代、新生代的构造运动有着密切关系。

一、构造山系

1. 构造山系的分布

世界上高大的构造山系大致分为两大带:一是环绕太平洋沿岸的构造山系带,主要有北美洲至南美洲的科迪勒拉山系,亚洲和大洋洲的太平洋沿岸及边缘海外围岛屿上的山脉;另一带为略呈东西向的横贯亚洲、欧洲南部和非洲北部的山脉带,这一地带自东向西的著名山脉有亚洲南部爪哇岛和苏门答腊岛上的山脉、喜马拉雅山脉、欧洲南部的阿尔卑斯山脉、非洲西北部的阿特拉斯山脉。上述两大山系的山脉,有许多 4000～5000 m 的高峻巍峨的山峰,又是构造运动活跃和火山、地震活动频繁的地区。

2. 构造山系的特征

构造山系经历不同构造期的作用,它们具有以下一些特征:

(1) 时代较老的构造山系,山体经受不同时期的挤压而发生复杂的褶皱和断裂,不仅一些加里东、海西和印支等造山作用时期形成的构造形迹发生再变形,新生代地层也发生强烈的褶皱和断裂。

(2) 山体常有岩浆的侵入和喷出,有些山地有不同时代的多期侵入体。

(3) 山体的边缘有大规模的正断层或逆断层为边界,断层的一侧形成一些断陷盆地,沉积厚层沉积物,如果将上升山地相对高度和相邻的下沉盆地的沉积厚度加在一起,高差可达 10 多千米。

(4) 山地呈断块抬升或拱曲抬升,改变地形特征,水系重组,地貌变形或错位,并能发育多级夷平面。

(5) 这些山地常是地震活动和火山活动频繁地带。

(6) 构造山系都有很厚的地壳,深部存在所谓的山根,如喜马拉雅山的地壳厚度达 84 km。

3. 构造山系的成因

构造山系的形成和板块构造有关。板块俯冲和碰撞激发出的热能和机械能是导致山脉隆起的动力,使许多构造山系分布在现代板块的边缘。例如阿尔卑斯山脉、阿特拉斯山脉位于非洲板块和欧亚板块碰撞的边缘,喜马拉雅山脉在印度板块和欧亚板块碰撞的边缘,西太平洋岛弧山脉位于太平洋板块与欧亚板块俯冲边缘,太平洋东海岸的科迪勒拉山脉位于太平洋板块和美洲板块俯冲带的边缘。也有些构造山系分布在早期板块的边缘,我国青藏高原自喜马拉雅山脉往北有一系列近东西向的山地,它们的时代从南往北依次变老,例如喜马拉雅山脉是新生代构造带,冈底斯山是燕山晚期构造带,喀喇昆仑-唐古拉山是燕山中期构造带,昆仑山是印支和海西构造带。每个构造带是因印度洋板块和欧亚板块中的破碎小块向北漂移并与欧亚板块相撞拼合而成,它们的平行排列和按时代顺序分布,说明较早以前印度洋板块就曾多次向北漂移与欧亚板块相碰撞,产生强大的南北向挤压作用,形成上述四条不同时代近于平行的高大山脉(图 10-8)。

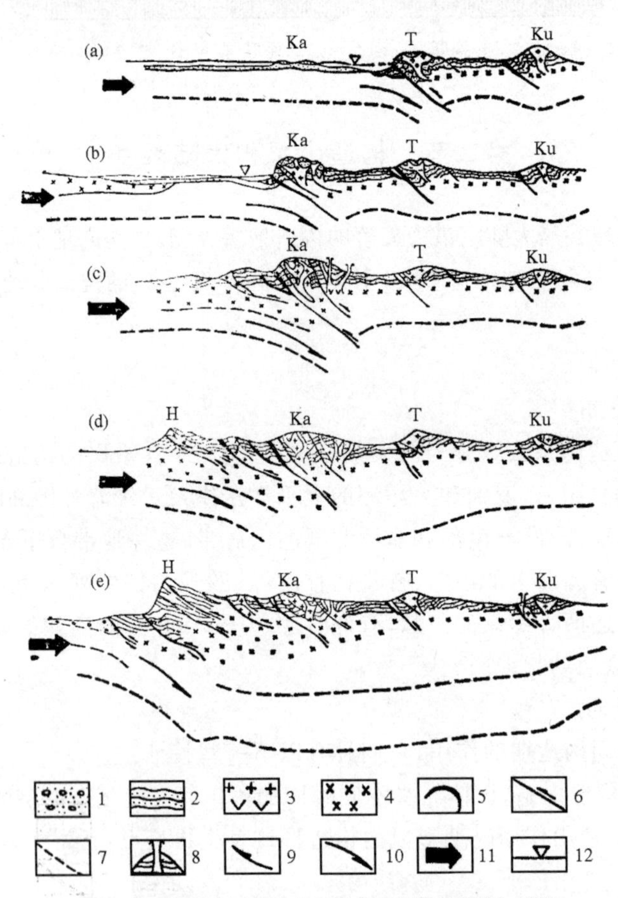

图 10-8 青藏高原构造山系形成示意图(根据汪一鹏)

(a) 晚白垩纪前;(b) 晚白垩纪至古近纪初;(c) 古近纪;(d) 新近纪;(e) 第四纪;

1. 西瓦里克期堆积;2. 沉积岩和变质岩;3. 中酸性侵入岩和喷出岩;4. 花岗岩;5. 超基性岩;6. 主要断裂;7. 康氏面和莫氏面;8. 火山活动;9. 断层相对运动方向;10. 板块俯冲方向;11. 印度洋板块漂移方向;12. 海平面(H. 喜马拉雅山脉;Ka. 冈底斯山脉;T. 唐古拉山脉;Ku. 昆仑山脉)

二、大陆裂谷

大陆裂谷是由大断层围限的规模巨大的断陷谷地。它的宽度大多在30～75 km之间，少数可达几百千米，长度从几十千米到几千千米不等。东非大裂谷是世界上最长的裂谷系，它的东支南起赞比西河，经马拉维湖，向北纵贯东非高原中部和埃塞俄比亚高原中部，至红海北端，长约5800 km，再往北延伸接西亚的约旦河谷；它的西支南起马拉维湖西北端，经坦噶尼喀湖、基伍湖、爱德华湖、艾伯特湖，至尼罗河谷，长约1700 km(图10-9)。裂谷带一般深达1000～2000 m，形成一系列狭长而深陷的谷地和湖泊。俄罗斯的贝加尔湖是世界上裂谷中最深的湖泊，水深达1600多米。我国山西地堑系可能是属于大陆裂谷的初期阶段。

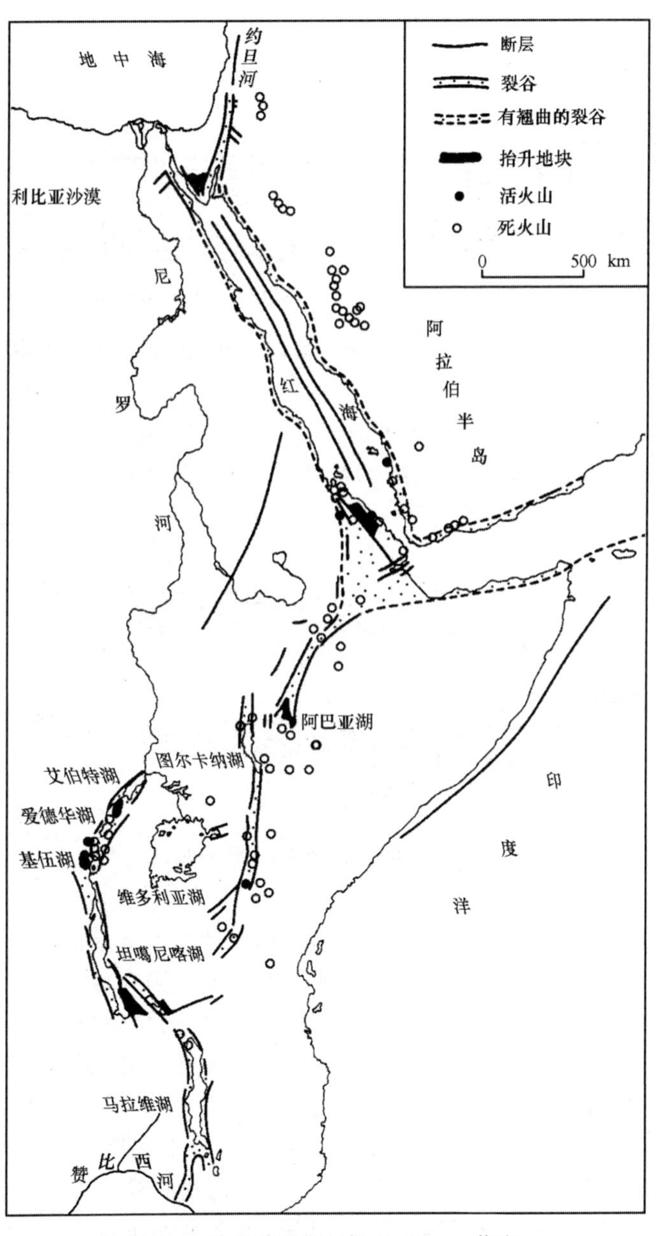

图10-9　东非裂谷图(根据W. Ramsay修改)

1. 大陆裂谷的地貌特征

(1) 大陆裂谷的高度,如不考虑个别火山高度,一般不超过 3500 m,只有东非裂谷鲁文佐里地块超过这个高度,这说明裂谷隆起有一定限度。

(2) 沿裂谷盆地两侧山脉的形态和高度不同,裂谷横剖面不对称。

(3) 裂谷长度超过宽度,常形成绵延数百千米甚至上千千米的有规则的雁列式分布。

(4) 大陆裂谷大多是在地壳长期稳定夷平后开始分裂的,或是在裂谷形成过程中,地面剥蚀夷平,因而在大陆裂谷两侧山地发育夷平面。

2. 大陆裂谷的构造与沉积

裂谷带的形成与断裂直接有关。裂谷的断裂类型是纵向正断层,有时呈阶梯状,或者形成不同级别的地堑和地垒,裂谷内的大多数基底断层常被现代沉积物覆盖,断层的再次活动又把沉积物错断(图 10-10)。

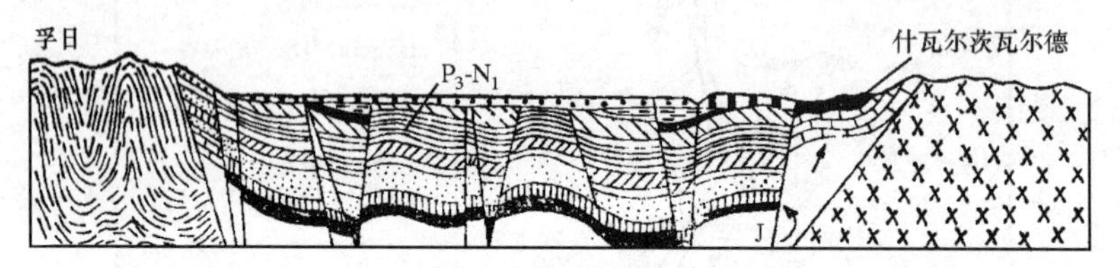

图 10-10　穿过牟尔哈乌津以北的莱茵地堑剖面(根据 A. Φ. 格拉切夫)

根据仪器测量资料分析,裂谷的现代地壳运动非常显著,有以下一些特征:

(1) 裂谷内的沉陷速度超过裂谷两侧肩部的隆起速度,例如在约旦河地堑中的加利利地区,裂谷盆地内的沉陷速度为 60～100 mm/a,而周围山地的隆起速度不超过 4 mm/a。

(2) 裂谷内的现代地壳运动大多是继承性的,与新构造运动方向基本一致,裂谷仍在下沉,裂谷两侧山地继续上升(图 10-11)。

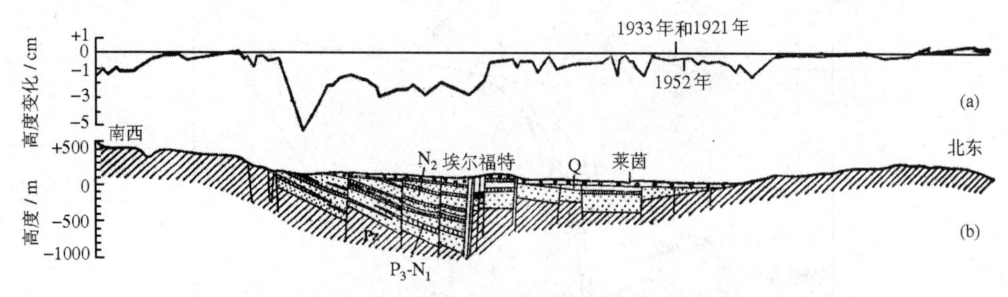

图 10-11　莱茵地堑现代地壳运动(根据 A. Φ. 格拉切夫)

(a) 重复水准测量地形变化剖面;(b) 地质剖面

(3) 在断裂带附近构造运动速度很大。下莱茵地堑的断裂运动速度为 1 mm/a,冰岛西南部的赫拉弗纳岬断裂,在 1966—1969 年期间沿断层的倾向位移了 6 mm。

(4) 裂谷区的现代水平运动也很显著,埃塞俄比亚裂谷的拉张量为 3～8 mm/a,冰岛东部的裂谷带在 1967—1970 年期间的拉张量高达 65±31 mm,拉张带的宽度约 10 km。

大陆裂谷的沉积物非常发育,结构很复杂,主要有以下一些特点:

(1) 沉积厚度大,平均有 1.5～2.5 km,最厚可达 7～10 km(南贝加尔盆地)。

(2) 沉积物颗粒的粒径自下而上有逐渐变大的趋势,这一现象在火山活动表现微弱的大陆裂谷区尤为明显。例如贝加尔湖东南岸的钻孔中,下部为 1200 m 厚的中新统—下上新统的含煤页岩和粉砂岩沉积，上部为 1300 m 的上上新统—上更新统的砂砾石沉积；美国西部裂谷带中的底部在 1100 万年以前沉积一套厚层泥岩、粉砂岩和砂岩，厚度为 370～755 m，中部为砂岩、砾岩和泥岩，厚度为 970～1350 m，时代是 930 万年前，上部为 400 m 厚的粗粒碎屑沉积。

（3）裂谷沉积物的相变明显。在水平方向上，从裂谷边缘的山麓碎屑沉积相向裂谷中部逐渐变为细粒湖相或沼泽相沉积；垂直方向上，沉积相常呈河湖相交替，下部多为湖相，上部以河流相为主。

（4）裂谷沉积物中常夹有火山岩沉积。

3. 大陆裂谷的一些地球物理数据

（1）热流值一般为 2.0 μ cal/(cm^2·s)，高于全球平均热流值（1.5 μ cal/(cm^2·s)）。

（2）地壳厚度为 20～30 km，比大陆地壳平均厚度（40 km）要薄。

（3）重力大多为负异常。[①]

（4）地震循一定方向分布并很集中，在古老的裂谷中地震活动多集中在盆地内，在新形成或仍发育的裂谷，地震分布较分散。

（5）裂谷中的地震震源深度大多在 30 km 以内，由震源机制解[②]得到的挤压应力轴的方向与裂谷走向平行，拉张应力轴的方向与裂谷走向垂直（图 10-12）。

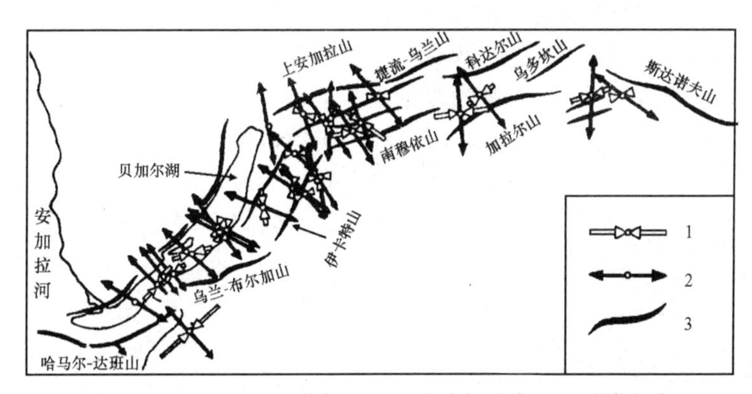

图 10-12　贝加尔裂谷及其邻近地区的应力场（根据 A. Ф. 格拉切夫）

1. 挤压应力轴；2. 拉张应力轴；3. 应力场变化区域

4. 大陆裂谷的成因

裂谷的成因是个复杂的问题，可以分以下三个方面来讨论：

（1）裂谷形成的力源问题。根据上述地质地貌特征和地球物理资料看，大陆裂谷是地壳拉张的结果。在地幔对流上升的地方，炽热的地幔上升流的作用使岩石圈上拱呈穹隆外形，由于地幔上升流造成岩石圈上拱引起区域拉张，岩石圈不断变薄，最终导致穹隆破裂，下陷形成谷地。

（2）裂谷形成过程中的扩展问题。裂谷形成发展过程是先在某一地段开始破裂，然后再从这里向远端扩展，例如贝加尔裂谷带就是先从南贝加尔盆地开始破裂，然后往东北和西南扩展，在这些地方可以发现较新的地质作用，一直到第四纪中期为止。非洲地堑是由北往南破

---

① 地球表面某一点的实测重力值归算到大地水准面上与该点正常椭球面上相应点的正常重力值之差，称为重力异常。如大于正常值为正异常，小于正常值为负异常。

② 震源机制解是根据不同台站接收到同一地震的地震纵波初动符号进行分析所得到的地震源区的应力状态。

裂,而莱茵地堑是自南向北破裂。

(3) 裂谷形成的阶段。根据裂谷内的沉积物粒度特征,可把裂谷作用分为两个阶段:第一阶段是奠定盆地的基础,地形经过长期夷平作用而起伏很小,侵蚀切割作用很弱,地表发育一层风化壳,而后地壳缓慢下降并接受沉积,在古风化壳之上沉积细粒沉积物;第二阶段,盆地大幅度下降,地形高差增大,盆地两侧山地侵蚀作用加强,因而在盆地内堆积粗粒物质。例如东非裂谷带中的阿伯特-塞姆利加盆地,下部为上新世—早更新世的砂质黏土沉积,上部不整合覆盖着中更新世—晚更新世的砂砾岩和砾岩。前面提到的世界上一些大裂谷的沉积物都具有以上这一特征。

第三节 大陆架和大陆坡

大陆周围具有较平坦海底的浅水海域,从陆地向海自然延伸直至海底坡度显著增大的边缘止,这个区域称为大陆架,又称陆棚。大陆架外缘的陡坡,称为大陆坡。

一、大陆架

1. 大陆架的地形特征

大陆架地形平坦,向海微微倾斜,平均坡度 0°07′。在平原海岸边缘的大陆架,其坡度更小,基岩岸附近的大陆架,坡度较大,但仍不超过 1°～2°。

大陆架的平均水深为 60 m,大陆架边缘的水深平均为 130 m。大陆架的宽度各地不等,平均宽度约 70 km。我国海域大陆架是世界上最宽的大陆架之一,整个黄海均在大陆架上,东西宽 750 km,东海大陆架宽 130～560 km,南海北部珠江口外的大陆架宽 278 km,南海南部的大陆架宽达 1000 km。大陆架上常有被淹没的曾在陆地上发育的一些地形。

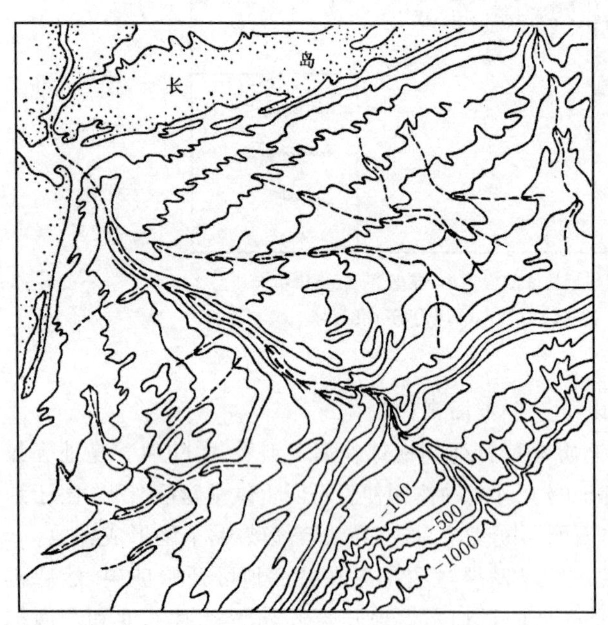

图 10-13 长岛外大陆架上的水下沉溺河谷

(1) 沉溺的河谷和冰川谷。世界大陆架上许多地方有沉溺的河谷,例如美国长岛以南大陆架上的水下溺谷(图 10-13),非洲的刚果河、欧洲的易北河、莱茵河和泰晤士河在陆架上都有沉溺河谷。我国东海大陆架上,有长江延伸的沉溺河谷。此外,在渤海辽东湾内有辽河、大凌河的沉溺河谷,南海北部大陆架上有珠江沉溺河谷。

在高纬地区的大陆架上,常有沉溺的冰川谷。挪威岸外大陆架上有一条水深 200～300 m 的水下冰川槽谷,沿斯堪的纳维亚半岛西南岸延伸,终止于大陆架的边缘(图 10-14)。加拿大东侧拉布拉多半岛东南面海岸,有一条深海槽沿海岸延伸达 150 km。在这海槽的东北方,离岸 70 km 的外海中,还有一条深海槽,大致平行海岸延伸达 400 km 左右(图 10-15)。这些也都是沉溺的冰川谷。沉溺河谷和沉溺冰川谷都是冰后期海面上升淹没陆地造成的。

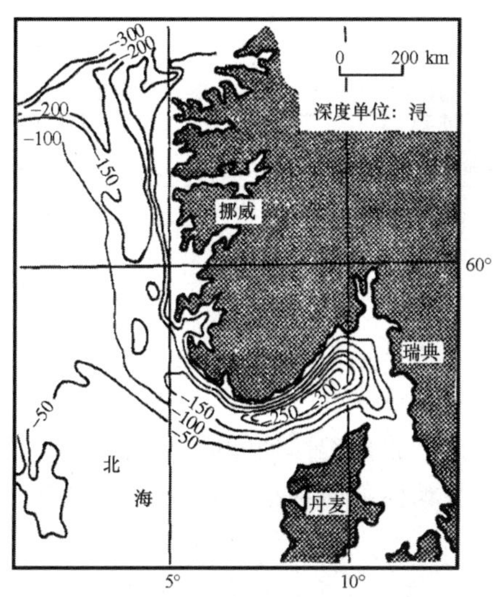

图 10-14　挪威岸外斯喀基拉沉溺冰川谷(根据奎年)

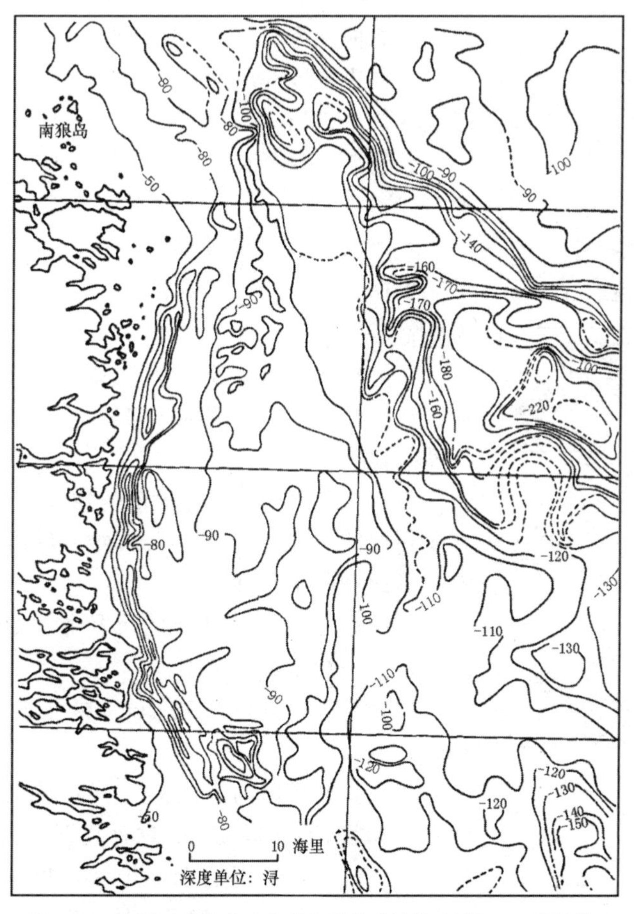

图 10-15　加拿大拉布拉多岛外沉溺的冰川谷(根据 F. P. 谢帕德)

(2) 多级海底平台。大陆架往往由多级不同深度的海底平面组成，从滨岸到外海，海底平面逐级下降直至大陆坡。世界各地大陆架上海底平坦面的级数很近似，但深度有一些差别(表 10-1)。

表 10-1　世界大陆架上海底平坦面深度　　(单位：m)

平坦面分级	地区				
	中国东海大陆架	中国南海大陆架	日本大陆架	加利福尼亚岸外大陆架	大西洋大陆架(平均值)
1	0～20	15～20	0～20	10	18
2	20～50	30～45	20～30	26	36
3	50～75	50～70	40～60	53	50～54
4	75～130	80～95	80～100	82	72～80
5	130～150	110～120	120～140	96	99～122
6					140

大陆架上海底平坦面的成因与第四纪冰期和间冰期的交替而使海面涨落变化有关。冰期时，海平面下降，在大陆架上由于河流的侵蚀堆积作用，高纬地区由于冰川作用，都能形成平坦地面；间冰期时，海面上涨淹没了这些平坦地面。至于各地大陆架上海底平坦面的深度差异，主要是第四纪构造运动影响所致。

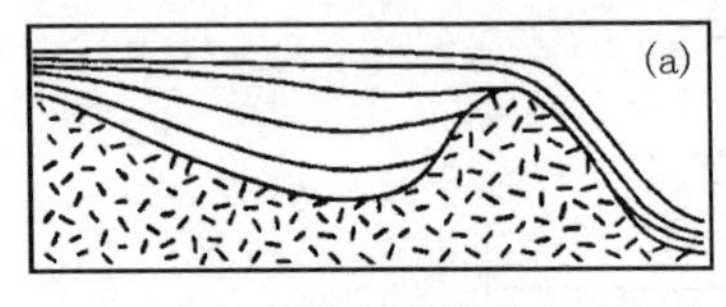

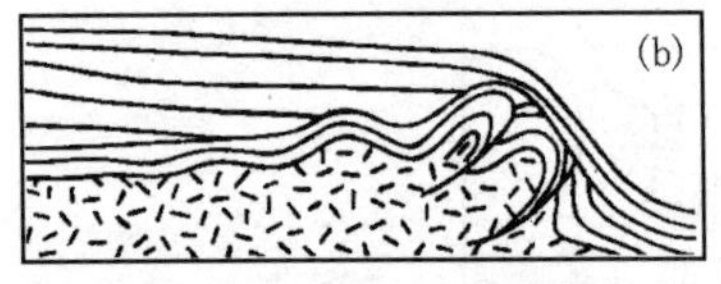

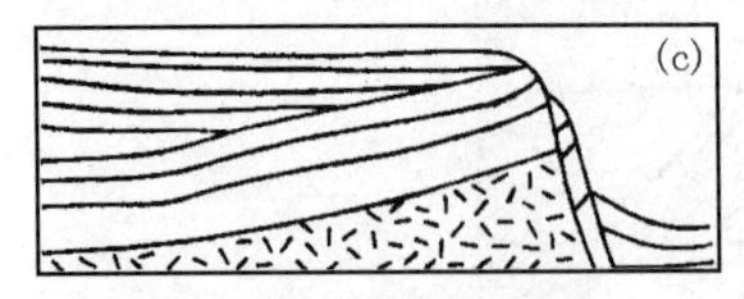

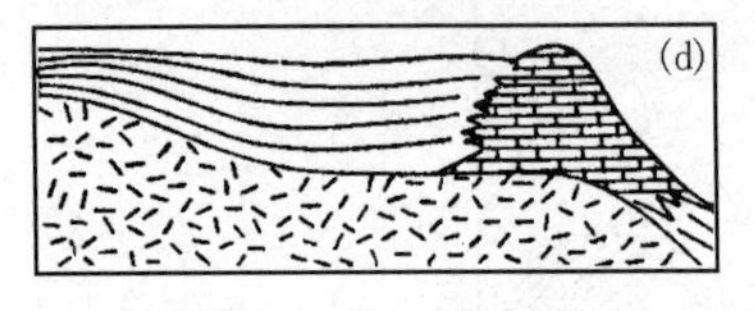

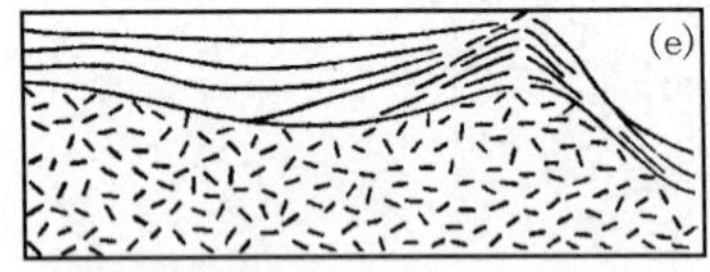

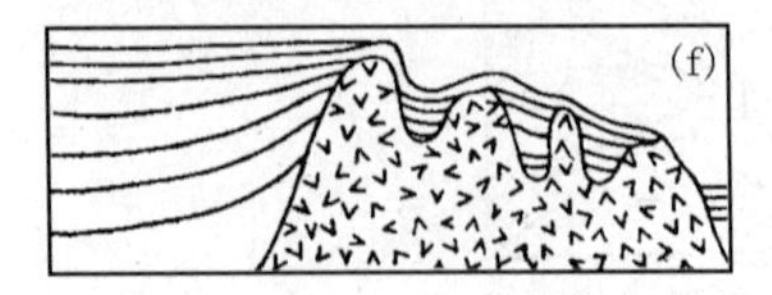

图 10-16　大陆架边缘堤的成因分类
(根据 H. D. 赫德帕格)
(a) 基底堤；(b) 褶皱带堤；(c) 断层堤；
(d) 礁块堤；(e) 火山堤；(f) 岩盐穹丘堤

(3) 陆架边缘堤。大陆架的外缘有一高起的前缘，称为陆架边缘堤。堤的外侧就是大陆坡。

根据边缘堤的成因，可分为基底堤、褶皱带堤、断层堤、礁块堤、火山堤和岩盐穹丘堤等(图 10-16)。

大陆架上除了有上述各种地形外，还有被淹没的湖沼洼地、古滨岸带的海滩、阶地和潟湖等地貌。

2. 大陆架的结构类型

根据大陆架基底和盖层的特征，其结构可分成以下五种类型：

(1) 大陆架内侧由基岩组成，外侧由三角洲堆积物组成。这种类型的大陆架堆积时间不长，大陆架的基岩部分仍不断受侵蚀。

(2) 堆积物按次序堆积在基岩上，在大陆架的外缘也堆积了很厚的沉积物。这类大陆架上的沉积物受海面升降影响并形成一些平坦面。

(3) 基岩上仅有极薄的沉积物，大陆架主要由基岩构成。这是侵蚀型的大陆架。

(4) 大陆架外缘出露基岩，内侧盆地中填充了厚层沉积物。

(5) 多层结构的大陆架，上部为未固结沉积物，中间为固结沉积物，下部是基岩。这种类型的大陆架有漫长的沉积历史，沉积物较厚，是目前海上油田勘探的主要地区。北海大陆架、墨西哥湾大陆架及中国大陆架都属于这一类。

3. 大陆架的成因

大陆架的成因有以下几种：

(1) 从大陆到大陆边缘是一挠曲带，由于挠曲带的发展，形成了大陆架。大陆架上的沉积层略有倾斜，被认为和大陆架挠曲有关。

(2) 上新世初大陆边缘发生强烈隆起和断裂作用，使得从滨岸线到水深 2000 m 以上的海域出现了一系列阶梯状的平坦面，大陆架是其中的一个平坦面。

(3)许多大陆架与邻近大陆在构造上是一致的，地形和沉积物的性质又是连续的，因而大陆架是大陆向海的延伸部分。晚更新世玉木冰期最盛时期，北半球气温比现在低 5～6℃，海平面比现在低 130 m 左右，大部分大陆架都出露海面，并发育了河流和冰川，沉积了大量的陆相沉积物。冰后期，海面上涨，淹没了这一片陆地。

二、大陆坡

大陆坡是大陆架前缘的斜坡。从构造上说，它是大陆和大洋的分界地区。

1. 大陆坡的地形特征

大陆坡的上限即大陆架的外缘，这里有一个明显的坡折，平均水深为 130 m 左右。大陆坡的下限水深大约在 2000 m 左右，还有许多海域大陆坡的下限深度要大于这一数值，这里正好是大陆型地壳转变为大洋型地壳的位置。

大陆坡的坡度各地不一，如太平洋地区的大陆坡平均坡度为 5°20′，大西洋地区为 3°05′，印度洋地区为 2°55′。世界上大陆坡最陡的海域是斯里兰卡岸外大陆坡，其坡度达 35°～45°，古巴东南部岸外的大陆坡也达 35°。其次，美国佛罗里达半岛岸外的大陆坡的坡度为 27°，澳大利亚西南岸外大陆坡的坡度为 21°。大陆坡的宽度各地也不一致，大西洋的大陆坡的宽度是 20～100 km，太平洋的大陆坡平均宽度只有 20～40 km。

许多大陆坡的表面崎岖不平，有盆、岭、峡谷和平坦面等(图 10-17)。形成这种复杂地形的主要原因是断层作用、海底崩塌或滑坡，以及浊流作用和其他海流的侵蚀作用。此外，底辟盐丘挤入、火山活动和珊瑚礁生长也能使斜坡地形变得复杂。

大陆坡上发育狭长的峡谷，长达数十千米至数百千米，多数是断裂活动形成的。它的上游段切割大陆架，有些与大河河口相接，向下延伸到深海盆地。在大陆架的坡麓形成缓缓倾斜的深海扇(大陆裙)，其宽度达数百千米，分布在水深 2000～5000 m 的海底，世界上许多大河河口以外都发育深海扇，恒河和印度河的深海扇体积达 $9.4\times10^5 km^3$，沉积物最大厚度达 10 km。

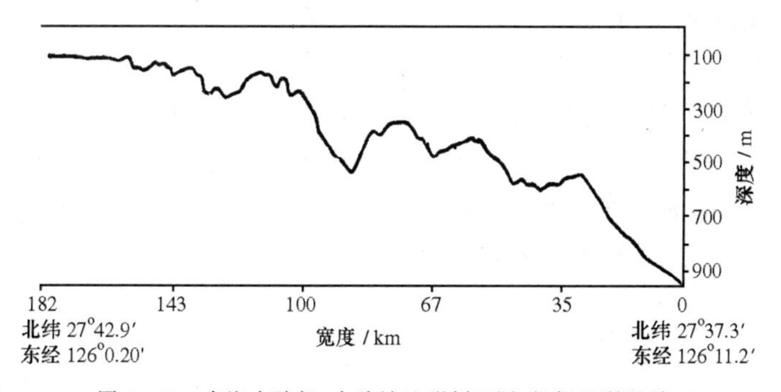

图 10-17　东海大陆架、大陆坡地形剖面图(根据星野通平)

2. 大陆坡的成因

大陆坡的形成原因有以下几种：

(1) 三角洲前积层形成的大陆坡。这种类型的大陆坡的坡度较平缓，大陆坡上的等深线与三角洲前缘形态基本一致，如尼罗河及尼日尔河口外的大陆坡。如果有构造因素的影响，大陆坡地形就变得更为起伏，例如密西西比河三角洲前缘的大陆坡有许多盐丘隆起，形成起伏不平的地形。

(2) 构造作用形成的大陆坡。这是较常见的一种大陆坡，大陆坡上断层呈阶梯状下降或地层向下挠曲都可形成大陆坡。

(3) 珊瑚礁形成的大陆坡。这种成因的大陆坡分布在中低纬度海域，大陆坡的坡度很陡，可能是珊瑚礁下沉的结果。

第四节 岛弧、海沟和边缘海盆地

在大陆坡外缘常有一些延长1000多千米连续分布的岛屿，略向海洋方向突出呈弧形，称岛弧。岛弧向海的一侧有一很深的海沟，一般深达5000～6000 m；岛弧向陆的一侧，在岛弧与大陆之间或岛屿之间的海域，称为边缘海。边缘海中的深海盆地，叫边缘海盆地。

一、岛弧、海沟和边缘海盆地的形态和构造

1. 岛弧

当大洋板块向大陆方向俯冲时，使上覆板块被挤压隆起，形成岛弧。岛弧多以岛屿连接而成，岛弧中单个岛屿的规模大小不等。岛弧大多呈弧形分布，如太平洋区的阿留申岛弧、日本岛弧、马里亚纳岛弧和中大西洋加勒比海外的小安德列斯岛弧等。岛弧有时和半岛相接，如千岛群岛和堪察加半岛。岛弧主要由年代很新的钙-碱性火山岩和深成岩组成，现代岛弧有强烈的地震和火山活动。

2. 海沟

海沟是大洋板块向大陆板块俯冲时形成的狭窄深沟，大多位于岛弧外侧，长约1000多千米，宽40～70 km，一般深度为5000～8000 m，最深的马里亚纳海沟深达11 034 m，长超过2500 km。海沟的陆侧坡壁陡，一般大于10°，洋侧坡壁缓，一般为3°～8°。海沟斜坡上有不同深度的平面，靠陆一侧的沟壁上，有许多类似沟谷的槽地。海沟内常有一些来自附近岛屿或大陆的沉积物。海沟也是强烈地震分布地带。

3. 边缘海盆地

在岛弧之间或岛弧与大陆之间的海盆地叫边缘海盆地。边缘海盆地在西太平洋有很多(图10-18)，位于岛弧之间的边缘海盆地有菲律宾海盆，位于岛弧与大陆之间的边缘海盆地有中国南海盆地、日本海盆地和鄂霍次克海盆地。它们呈现地堑-地垒式的地形特征，主要断裂与相邻岛弧系近于平行。边缘海盆地内沉积了不同厚度的沉积层，沉积物主要来自大陆或岛弧。

根据边缘海盆地中的沉积层厚薄、地垒-地堑系的地形起伏、地震活动频度和热流值等特征，可划分活动的边缘海盆地和不活动的边缘海盆地两种。冲绳海槽是活动的边缘海盆地，海槽中多中浅源地震，有许多火山，热流值最高达4.95 μ cal/(cm^2 · s)，发育许多裂谷和断块，

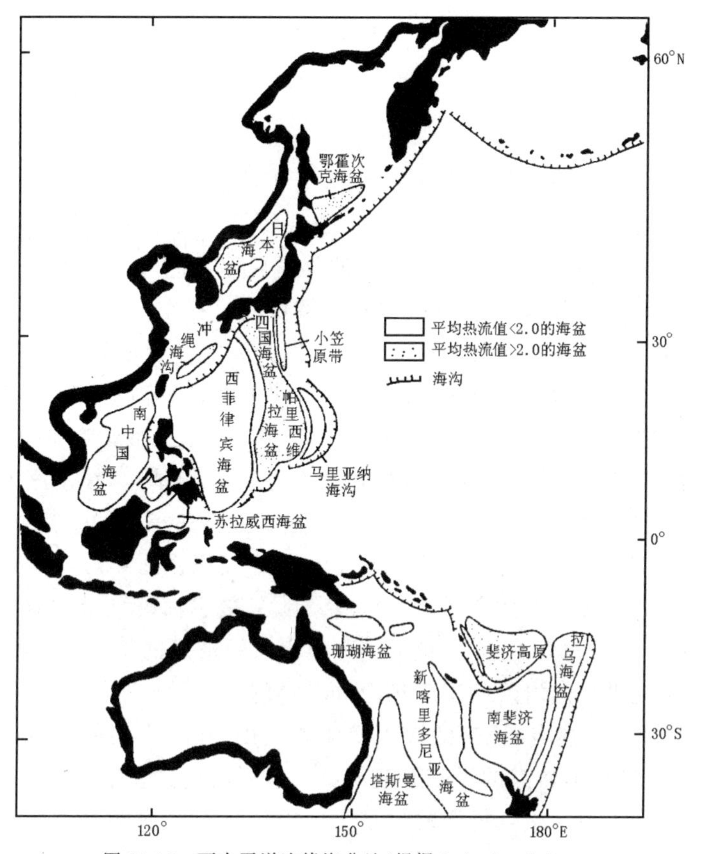

图 10-18　西太平洋边缘海盆地(根据 J. A. Jacobs)

表层沉积物中有一些断裂。根据最近研究认为,冲绳海槽形成于上新世至早更新世,目前仍处于拉裂扩张中,属于早期的弧后盆地,是边缘海盆地的雏形。

二、岛弧、海沟和边缘海盆地的成因

岛弧、海沟和边缘海盆地的分布有一定的联系,成因是一致的。它们分布在板块俯冲边界,这里不仅有全球最强烈的地震和活火山,而且也是世界上地形高差最大的地区。这些特征说明当大洋板块向大陆板块下部俯冲时,大洋板块在上覆板块重压和板块推挤压缩下,弯曲下潜,伴随着洋底下沉,形成幽深的海沟;上覆板块在俯冲板块支撑和推挤作用下,仰冲抬起,同时岩浆上升,形成火山岛,构成岛弧。此外,由于大洋板块向大陆板块一侧俯冲潜没,摩擦增热,导致地幔物质自俯冲带向上浮起,地幔热底辟的膨胀和上浮力克服了板块俯冲边界的压力,从而导致弧后地区的拉张作用,形成边缘海盆地。另有一些学者认为,边缘海盆地是由于板块俯冲作用使弧后地区俯冲带上方产生次一级的地幔对流形成的。

关于边缘海盆地的成因,除上述弧后拉张外,还有少数边缘海盆地,原来可能属于深洋底的一部分,后来形成岛弧,把这部分洋底包围起来而成。如阿留申边缘海盆地。

第五节 大洋盆地和大洋中脊

一、大洋盆地

大洋盆地是地球表面的最大地貌单元之一，面积约占整个海洋的一半。它的一侧与大洋中脊的平缓坡麓相接，另一侧与岛弧-海沟或大陆坡相邻。大洋盆地的盆底有一层深海沉积盖层，厚约 300 m。根据太平洋盆地底部沉积岩的年龄可以判断大洋形成的年代，例如西太平洋洋底最老的沉积岩是侏罗系，表明西太平洋在侏罗纪就已存在。

大洋盆地中有许多呈线状延伸的水下山脉，称为海岭。它的延伸长度达数千千米，宽约 100～200 km，高出两侧洋盆 1000～3000 m。从纵向上看，海岭高低起伏，隆起的岭脊被低矮的鞍部隔开。海岭在世界大洋中都有分布，太平洋最为多见，如夏威夷-天皇海岭、莱恩-土阿莫土海岭、马绍尔-土布艾海岭等，这些海岭往往有一隆起的基座，在基座上发育火山，高出水面的成为岛屿。根据对夏威夷-天皇海岭的研究，除夏威夷岛东南的基拉韦厄火山和冒纳罗亚火山是活火山外，其余都是死火山，覆盖在死火山上的沉积物的年龄从西北往东南越来越新，天皇海岭与夏威夷海岭转折处的年龄为 4000 万年，夏威夷海岭西北中途岛的年龄约为 2000 万年，东南夏威夷群岛大约为 1000 万年。这种火山海岭形成的年龄变化特征表明在岩石圈板块之下可能有一个提供炽热岩浆的固定热源，即地幔热点，移动着的洋壳经过热点时，在它上面形成火山，当板块移出热点，原来的火山变成死火山，在死火山的后方又形成新的活火山。随着板块的移动，通过地幔热点的洋底上就形成一系列由老到新依次排列的火山而成火山链。大西洋的鲸鱼海岭和里奥·格兰德海岭也是火山链。还有一些海岭的边缘被断裂围限，如东印度洋海岭南北延伸达 3000 km，是一个巨大的地垒，这种海岭属断块作用成因。

海岭将大洋盆地分隔成次一级海盆。如太平洋就有水深达 5500～7000 m 的北太平洋海盆，有众多水下山峰的中太平洋海盆和地形较简单的南太平洋海盆。大西洋海盆多深海平原发育，但西非海盆地的地形比较复杂，在海盆北部，一些火山露出海面形成群岛，如马德拉群岛和加那利群岛等。加那利群岛上的特德火山高出海面 3718 m，而该群岛西南侧的加那利海盆的深度达 5758 m。

大洋盆地还分布许多深海小丘。深海小丘平面呈圆形或椭圆形，直径为 1～5 km，最宽可达 10 km，小丘的高差起伏在 50～100 m 之间，深海小丘多为玄武岩组成的盾形火山。有一些顶部平坦的水下死火山，称 Guyot，它的相对高度在 500 m 以上，斜坡较陡，它们原先可能出露在海面以上，受到波浪侵蚀而削平顶部，后来下沉被海水淹没，因为在平顶山顶部已采到过一些经磨圆的玄武岩砾石和一些浅海环境的化石。有些平顶山顶部有珊瑚礁，后来沉没形成环礁。

二、大洋中脊

大洋中脊常分布在大洋中心部位，是地球上最长的海底山系。大洋中脊在太平洋、大西洋和印度洋都有分布，并相互连接(图 10-19)，全长约 80 000 km 有余。大洋中脊的水深约 3000～4000 m，高于两侧洋盆约 1000 m 左右，冰岛是当前已知出露海面中脊的唯一例子。大洋中脊宽度不一，大多为 1000～1500 km，最宽可达 4000 km。

大洋中脊的地形比较复杂，有一系列和大洋中脊平行的纵向岭脊和谷地，它们相间排列，愈

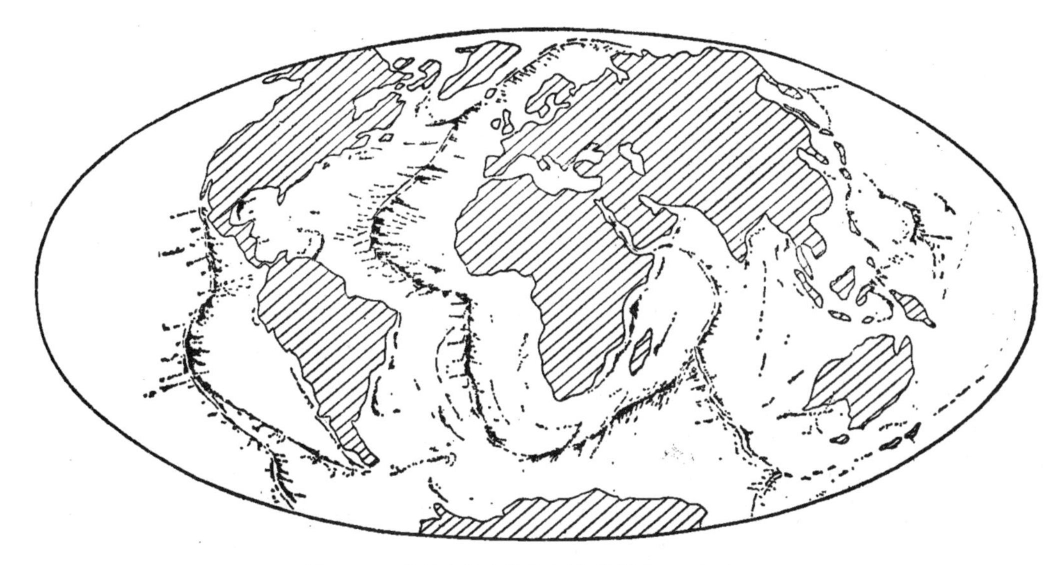

图 10-19　世界大洋中脊分布图(根据 D. G. Robert)

接近中脊轴部地形起伏愈大(图 10-20)。这些岭脊和谷地被一系列横向转换断层切断成不连续的地段。在谷地和横向转换断层交汇处,还形成一些很深的横向凹槽,岭脊处形成陡峭高崖。

图 10-20　大西洋中脊图(根据 B. C. Heezen)

大洋中脊是热地幔物质上涌的地方,当地幔物质上涌时,大洋中脊顶部受拉张而裂开,形成纵向裂谷。同时,岩浆溢出,新洋底不断在中脊顶部形成。地幔物质继续上涌,使中脊顶再次拉张,并不断向两侧扩展推移,因而距大洋中脊两侧越远,洋底年龄越老。

第十一章　断层构造地貌

岩层或岩体受力发生断裂并有相对位移叫断层。断层面多是倾斜的，断层面之上的断块，称为上盘，断层面以下的断块，称为下盘。根据断层形成的力学性质和断层面两侧块体运动方向的不同，可分为不同类型的断层。在拉张力的作用下，上盘沿断层面向下移动，称为正断层，在挤压力的作用下，上盘沿断层面向上移动，称逆断层，剪切力作用可使断层两侧块体沿断层面作水平方向移动，称平移断层(走滑断层)。断层能直接形成地貌，如断层崖，也能使原先的地面发生翘起和断陷，或者错断各种地貌体。断层活动还能使断层两侧块体的应力状态发生变化，产生挤压或拉张，形成隆起高地或陷落洼地。断层崖形成后，由于外力的剥蚀作用，也可使断层崖演变为断层三角面等。凡由断层直接形成的地貌和经外力剥蚀构造形成的地貌，统称为断层构造地貌。

第一节　断 块 山 地

一、断块山地的一般特征

断块山地是受正断层控制的块体呈整体抬升或翘起抬升形成的山地。断块山地常是地垒式的山地(图 11-1(a))，或是一侧沿断层翘起，一侧缓缓倾斜的掀斜式山地(图 11-1(b))。前者山坡两侧较对称，后者翘起的一坡短而陡，掀斜的一坡长而缓，山体的主脊偏于翘起的一侧。断块山地的夷平面受山地翘起而呈倾斜变形，如果是石灰岩山地，山地多次抬升翘起常形成不同高度的多层溶洞。断块山地的山坡发育断层崖或断层三角面，山麓发育构造阶梯。

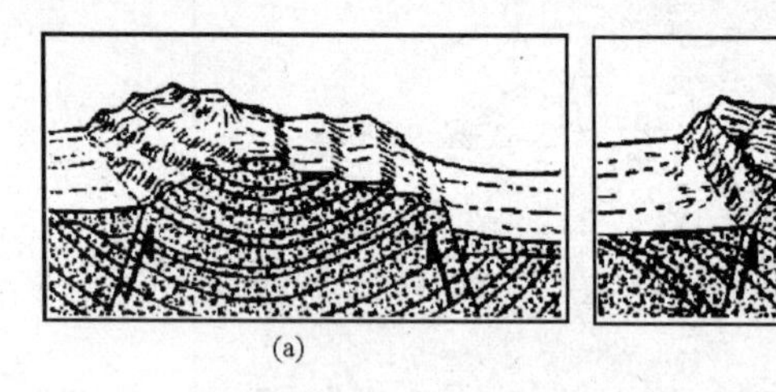

(a)　　　　(b)

图 11-1　断块山(根据 W. M. 戴维斯)

(a) 地垒式断块山；(b) 掀斜式断块山

二、断块山地的河流发育

断块山地对河流发育有很大影响，尤其是掀斜式的断块山地，在山地两坡发育的河谷，长度和切割深度都不一致。翘起的一坡，沟谷切割很深，谷形狭窄，谷坡陡峭，常是 V 形峡谷，纵剖面也较陡，并多裂点；在缓倾斜掀起的一坡，沟谷切割较浅，谷坡宽缓，纵剖面也较缓。此外，由于山地两坡河流溯源侵蚀速度不同，陡坡一侧溯源侵蚀快，缓坡一侧的溯源侵蚀慢，沟谷分水岭则不断向缓坡一侧移动，使断块山地主脊线和山地两侧沟谷的分水线不一致，沟谷分水线位于缓倾斜掀起的山坡一侧(图 11-2)。

在晚新生代仍在抬升的断块山地,常使河流发生袭夺而改道。河流改道有以下几种形式:

(1) 当断块掀斜翘起时,原先贯穿山地的河流,其上游某一段流向相反,河谷中形成新分水岭。例如山西北部的广灵和灵邱之间的恒山断块,曾有一条河流横穿恒山,从灵邱向北流向广灵,由于恒山北坡翘起,迫使这条河流的上游段反向南流(图 11-3)。

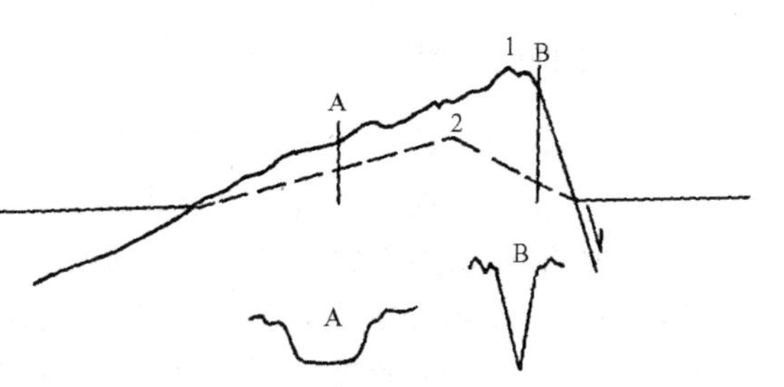

图 11-2　掀斜断块山地两坡地貌特征

1. 山地主脊线分水岭; 2. 沟谷分水岭

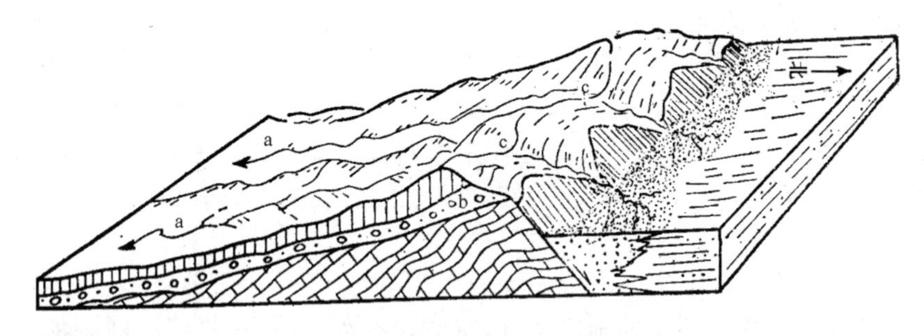

图 11-3　恒山断块翘起和河流反向示意图

a. 断块掀起后的反向河流; b. 断块翘起前河流由南向北流时留下的沉积物; c. 河谷中新形成的分水岭

(2) 断块山地抬升,阻止原先河流的流路,迫使河流改道,放弃原先河道。例如山西南部侯马附近的峨嵋台地(紫金山-稷王山)抬升,使古汾河放弃原来从这里往南流的河道而往西流,在河津附近入黄河。在峨嵋台地抬升的隘口至礼元一段,还保留有古汾河的河道形态和河流沉积物(图 11-4)。

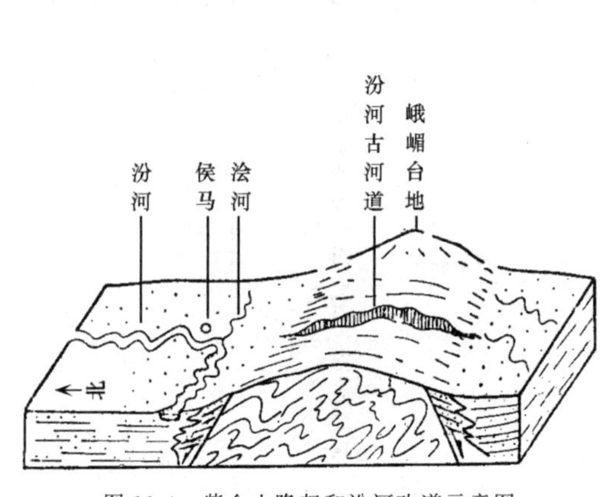

图 11-4　紫金山隆起和汾河改道示意图

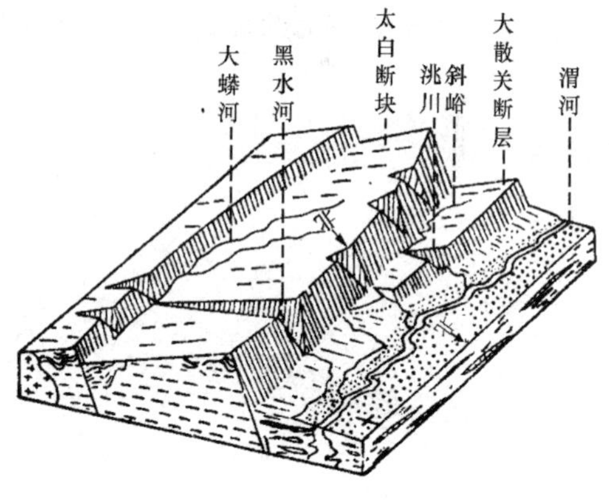

图 11-5　太白山断块翘起和水系发育示意图

(根据张伯声)

(3) 在断块山地两坡发育的河流,断层翘起的一坡,河流切割深,溯源侵蚀快,能袭夺另一坡的河流。例如秦岭北坡向北流的河流,因流势陡急,经溯源侵蚀袭夺了南坡向南流的河流的河源段,于是形成河流先向南流,然后突然转向北流的钩状流路。另外,还有一种是南坡沿东西向断层发育的河流,上游段被北坡河流袭夺,于是出现河流先向东流或西流,再向北流的肘状流路,如大蟒河和黑水河(图 11-5)。

三、断块山地的山麓阶梯和夷平面

断块山地的山麓带常形成多级山麓阶梯,山地内有多级夷平面发育。

山麓阶梯是山地抬升过程中形成的。当山地处于相对稳定阶段,山麓带形成剥蚀或堆积平原,山地抬升,山麓平原随之抬升而成山麓阶梯。在大多数情况下,山麓阶梯前缘陡坡是由正断层构成。山麓阶梯常呈多级分布,最高级阶梯时代最早,低级阶梯时代较新。如果在山麓带有多条近于平行的断层同时活动,向山前方向的错距依次变小,可形成不同高度的多级山麓阶梯,则这些山麓阶梯是同一时期形成的。

地壳稳定,地面经长期剥蚀-堆积夷平作用,形成准平原,之后地壳抬升,准平原受切割破坏,残留在山顶或山坡上的准平原,称为夷平面。如地壳多次抬升,则形成多级夷平面。例如秦岭断块山地在太白山顶的八仙台和跑马墚是最高的一级夷平面,东西长数十千米,南北宽约十余千米,向南倾斜约7°左右,形成于古新世至始新世,之后山地再次抬升,形成太白山下的老君岭山墚面,海拔2000～2700 m,形成时代是中新世至上新世。断块山地夷平面除因构造作用发生倾斜外,还常因断裂活动而发生错断变形,上述太白山的两级夷平面都被断裂错断。

四、断块山地与火山活动

断块山地由于山边断层活动而随之抬升,有时伴有火山喷发,岩浆沿断裂溢出,在山麓一侧依山堆积,另一侧覆盖在平原之上,形成半圆锥形的火山锥。岩浆溢出常能阻塞沟口或填充在山地沟谷内,在沟谷上游形成小范围的湖泊。随着时间的推移,湖水不断增多,湖面上涨,当湖水面超过火山堆积物的高度时,湖水漫溢,形成瀑布(跌水)并下切形成峡谷。山西大同盆地东部的六棱山是沿其北侧山地与盆地间大断裂翘起的断块山,中更新世六棱山山前断裂活动并有火山喷发和玄武岩溢出,山地的秋林沟被玄武岩填充阻塞,在上游相对沟口高约400 m处曾一度被玄武岩阻塞成一小湖,沉积2～3 m厚的灰黄和灰绿色的具有水平层理的湖相沉积物,沟谷下游形成有多级跌水的峡谷(图11-6)。由于山前断层的多次活动,火山锥也被错断(照片11-1)。

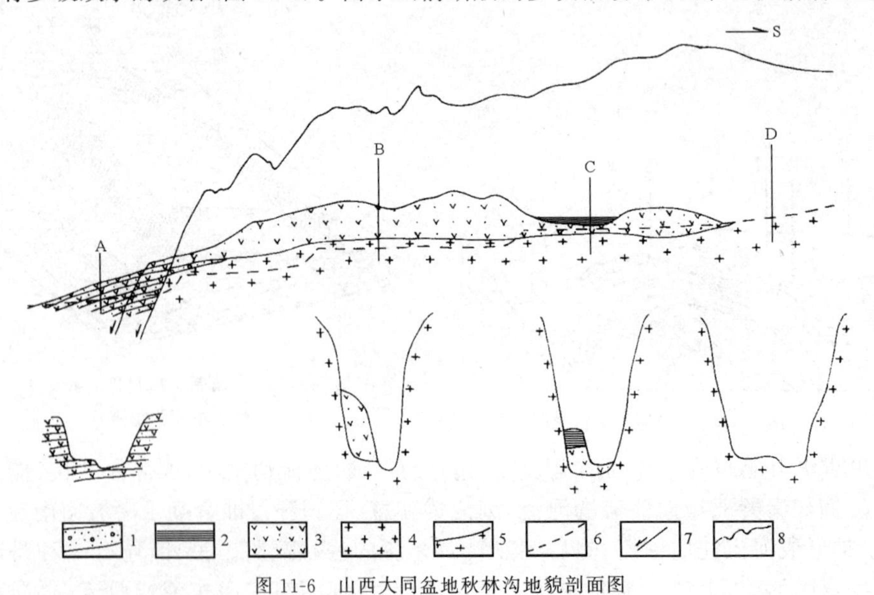

图11-6 山西大同盆地秋林沟地貌剖面图

1. 砂砾石(Q_2);2. 灰绿色湖相细粉砂;3. 火山碎屑和玄武岩;4. 花岗岩;5. 玄武岩溢出前的沟底剖面;6. 现代沟底剖面;7. 断层;8. 山顶线(A,B,C和D为横剖面位置)

第二节　断陷盆地

由正断层围限的陷落盆地叫断陷盆地。断陷盆地的周边由多条断层所围，或是某一边以断层为界。断陷盆地是在拉张应力作用下地壳陷落形成的盆地。在剪切带特殊构造部位的局部拉张应力区也可形成断陷盆地，常称拉分盆地，它的周边以正断层和平移断层为界。

一、断陷盆地的地貌特征

断陷盆地平面形态呈长条形、菱形或楔形，宽度多在 30～50 km，长数百千米，有时一系列断陷盆地呈斜列分布，盆地之间由隆起高地分隔。由几个断陷盆地和隆起高地共同构成断陷盆地系(图 11-7)。

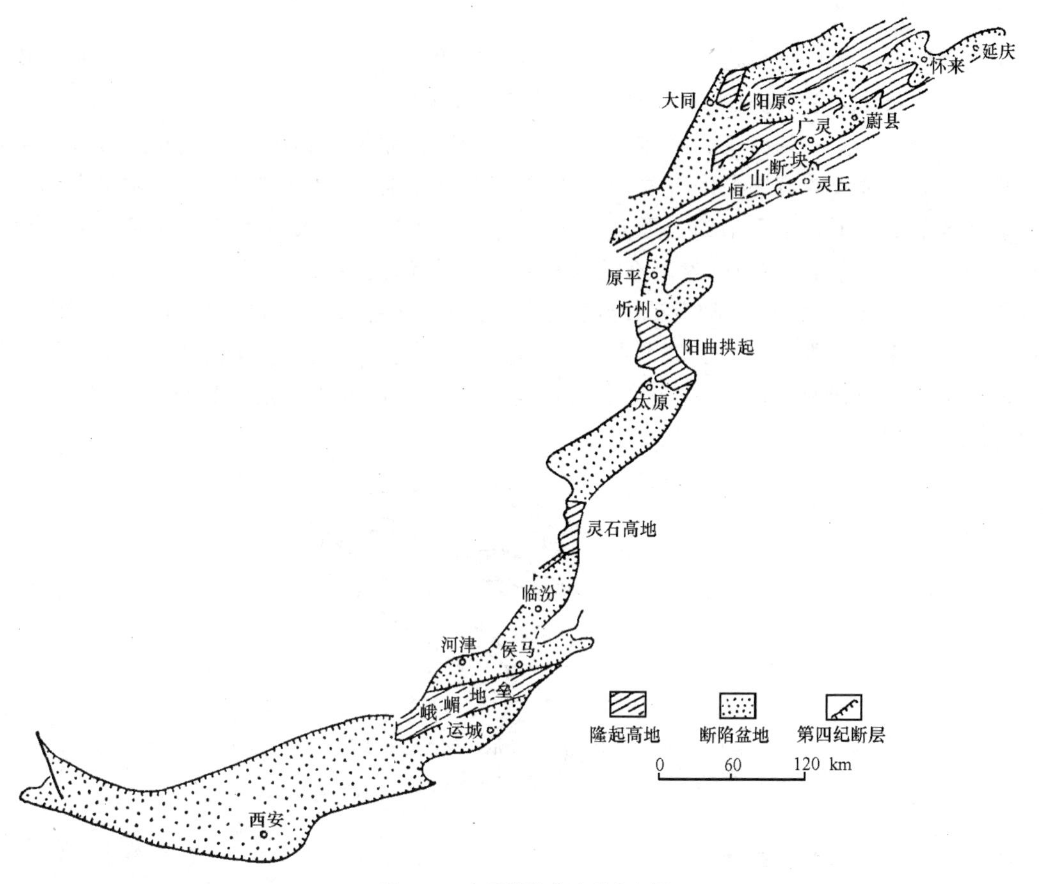

图 11-7　山西断陷盆地系分布图

断陷盆地的两侧均以正断层为界，形成槽状地堑断陷盆地(图 11-8(a))，如盆地一侧为正断层，则形成簸箕式半地堑断陷盆地(图 11-8(b))。前者的两侧山地地形显得陡峭，盆地两侧边缘洪积扇发育；后者在断层发育的一侧山坡较陡，另一坡较缓，断层一侧的盆地陷落较深，洪积扇较另一侧更为发育。断陷盆地基底常有一系列小型地堑构造或局部断陷使盆地底部起伏不平，形成复式半地堑断陷盆地(图 11-8(c))和复式地堑断陷盆地(图 11-8(d))。

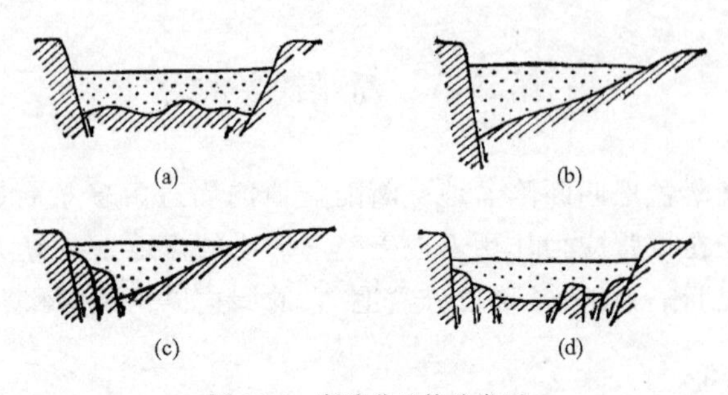

图 11-8 断陷盆地构造类型

(a) 地堑断陷盆地；(b) 簸箕式半地堑断陷盆地；

(c) 复式半地堑断陷盆地；(d) 复式地堑断陷盆地

二、断陷盆地的成因

断陷盆地是由地块拉张陷落而成，拉张区域与地质构造、构造应力状态、边界条件以及深部构造等都有密切关系。例如一些断陷盆地常发育在大背斜的轴部，背斜形成过程中，轴部发育一些与背斜轴走向一致的张裂隙，随着张裂隙的不断拉张扩大而陷落形成断陷盆地。裂隙拉张扩大还与上地幔软流层上拱有关，上地幔垂直上拱使地面产生横向拉张，裂隙扩大。山西断陷盆地区地面以下几十千米到上百千米有一上地幔高导层，一般认为此高导层是由于相对高温和局部熔融引起的，在横跨盆地剖面方向呈上拱形状，高导层的深度界面与盆地沉积物的底界界面呈对称分布，表明上地幔上拱幅度越大，地面陷落越深，沉积物厚度越大。此外，在活动剪切带中派生的拉张应力区也可形成断陷盆地，这一类型的断陷盆地的边缘有规模较大的走滑断层发育。剪切断裂带中，在走滑断裂的走向发生拐弯地段陷落成拉分盆地(图 11-9)。拉分盆地一般规模较小。

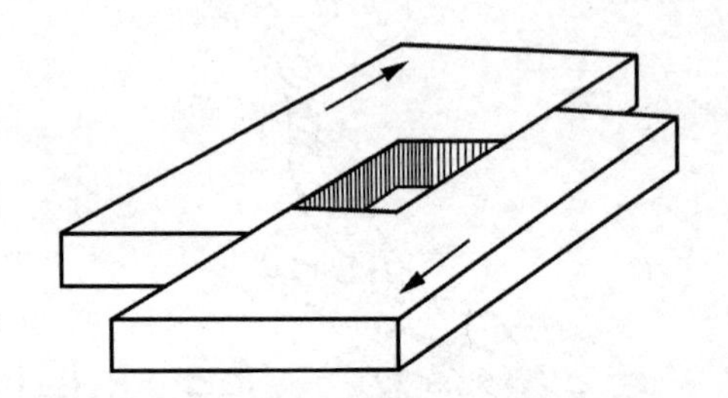

图 11-9 断裂走向拐弯处菱形拉分盆地形成示意图

(根据 J. C. Crowell)

三、断陷盆地之间的隆起高地

断陷盆地之间常为隆起高地相隔，它们是在盆地拉张过程中形成的次一级地垒(图 11-10(a))，或是剪切带中派生的挤压隆起(图 11-10(b))，或是拉张宽度不同，相对陷落较少的部分(图 11-10(c))。第一种情况形成的高地，在其两侧有正断层分布，高地的走向与盆地边缘平行或有小角度的斜交，第二种情况形成的高地常呈一舒缓的背斜，背斜轴走向与盆地长轴方向近于垂直，第三种情况形成的高地，它的走向与盆地长轴方向一致，高地的两侧或一侧有正断层分布，高地与盆地相接的部位常形成平移断层，断层两端的运动方向相反，即断层的一端为左旋,另一端为右旋①。

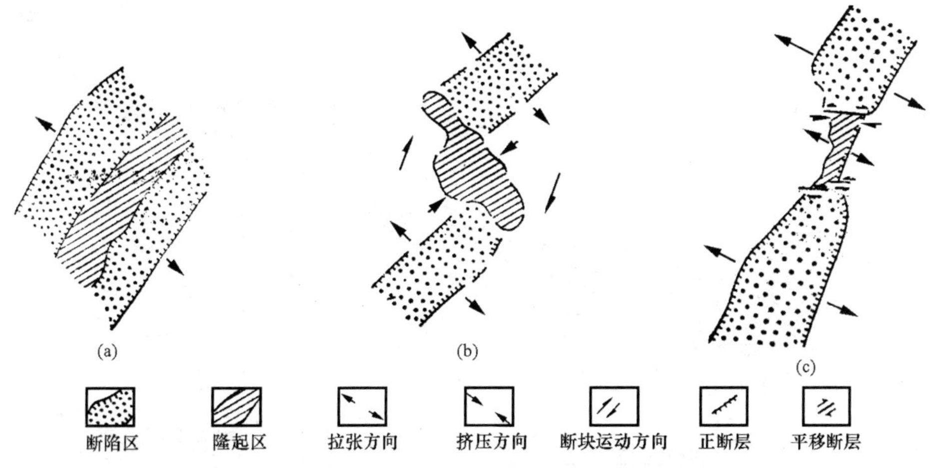

图 11-10 断陷盆地之间相对隆起的成因

四、断陷盆地的沉积结构

断陷盆地的沉积结构可从两方面来看：一是沉积物成因类型结构,一是沉积物时间序列结构。

断陷盆地在长期陷落过程中,沉积了较厚的新生代松散沉积物。垂直方向上,常由湖相沉积物和河流相沉积物成为互层,或由河流相沉积物和洪积物组成互层。水平方向上,盆地边缘山麓是洪积物,向盆地中部去,水平过渡为河流沉积物或湖相沉积物(图 11-11)。这些沉积物特征取决于盆地的发育过程、古气候环境和盆地的陷落幅度。构造陷落给湖泊的形成创造了空间条件,气候变化决定盆地的水量多少。在外流湖盆中,当盆地陷落幅度大,来水量多,能积水成湖,盆地内以厚层湖相沉积为主;如盆地陷落幅度小,来水量少,盆地内以河流相沉积为主。如果盆地处在相对稳定时期,湖盆较浅,即使是来水量多,也不可能发育规模很大的湖泊,因水流从湖泊的出口流走,这时只能沉积薄层湖相沉积物。当盆地陷落较深,气候干旱,来水量少,湖泊水面降低,出口相对抬高,这时盆地内可能出现小范围的积水洼地,成为内陆湖泊,由于蒸发量大,湖水矿化度增高,形成一些碳酸盐、硫酸盐或氯化物等化学沉积物。

断陷盆地内的沉积物按时间序列也有一定分布规律,这和断陷盆地的发育过程有关。当盆地在连续整体下沉状态下,在垂直方向不同时代的沉积物呈叠加结构。如盆地处在水平拉张状态时,在盆地中心部位不断断陷并堆积沉积物,则不同时代沉积物在水平方向按顺序排列。假定断陷盆地的两对边为平行的断层构成(图 11-12 中的 a,a′,a″和 b,b′,b″),当两条侧边平行的断层为右旋运动时,则在两断层之间的块体受拉张应力作用而拉分陷落,形成盆地的转换边界(a′a″和 bb′)和拉分边界(a′b 和 a″b′),前者是两条平行的直线,后者呈不规则锯齿状折线。拉分发生前,a′b 和 a″b′合在一起,当裂口张开时,拉张部位不断下陷,断壁不断伸长和扩大形成小断块,最初阶段的沉积物占据盆地中部位置(图 11-12(a)),随着盆地的不断拉张,最初阶段的沉积物也被拉开,在被拉开的盆地中心部位又沉积了新的沉积物(图 11-12(b)),直

① 平移断层两侧块体,呈顺时针方向相对运动,称为右旋;呈反时针方向相对运动,称为左旋。

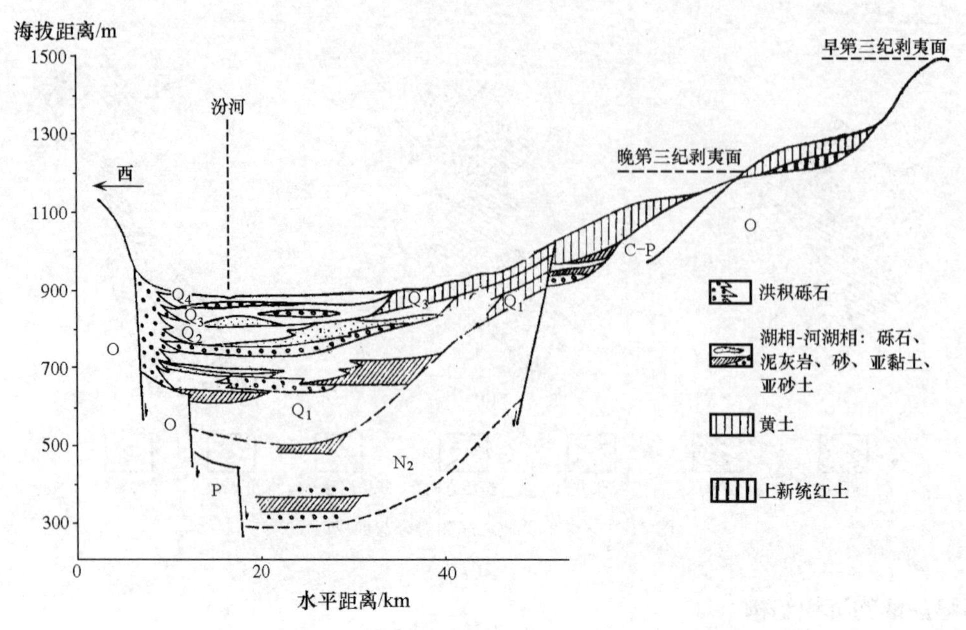

图 11-11　断陷盆地沉积物成因类型结构

到裂口扩大加深，熔岩侵入(图 11-12(c))。从沉积时间顺序看，沉积物的时代从中心向两侧变老，并呈对称排列。在南加利福尼亚索尔顿槽地就是正在拉分的一个断陷盆地。洛杉矶盆地在中新世早期就开始形成一个不规则的拉开裂口，随后不断扩大，并且盆底沉积大量火山物质。

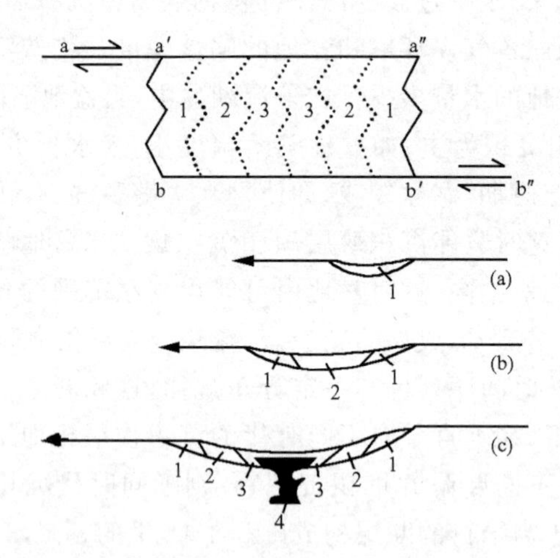

图 11-12　菱形拉张断陷盆地的模式和沉积序列(根据 J. C. Crowell)

上面是平面图，下面是剖面图；(a)，(b)，(c)为不同时期的情况；

1，2，3—不同时代的沉积物；4—火山岩

第三节 断 层 崖

断层活动形成的陡崖,叫断层崖。它的高度取决于断层的规模,最高的可达数百米,低的只有数米甚至不到1 m,称断层陡坎(照片11-2)。断层崖的走向各式各样,它们和断层的性质有关。断层崖坡面受外力剥蚀,断层崖后退,坡度变缓,断层崖的坡面倾角比断层面的倾角要小。断层崖如被沟谷切割破坏,残留的断层崖形成三角形的崖面,称为断层三角面。

一、断层崖的排列形式

断层崖有不同的排列形式:有连续直线形分布,有间断分布,有呈之字形,也有呈首尾相接斜列分布(图11-13)。断层崖的不同排列形式和断层的力学性质有关。在地表呈平直而延伸较长的断层崖,多属于拉张或剪切断层形成的断层崖;间断分布或呈之字形分布的常是拉张断层形成的断层崖;如果是多条首尾相接的斜列分布的断层崖,则是属于剪切带中次一级的拉张断层形成的。

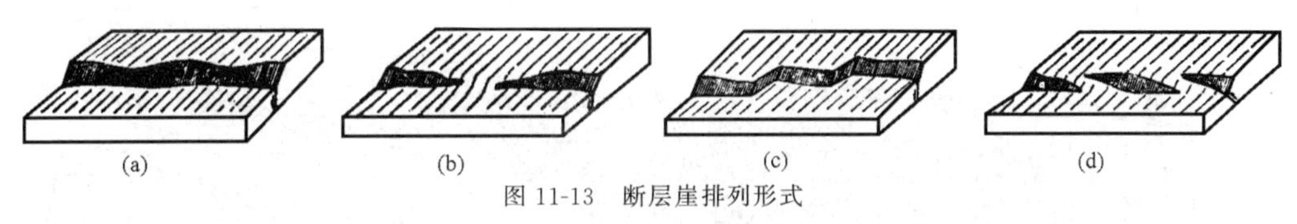

图11-13 断层崖排列形式

(a) 连续直线形分布;(b) 间断分布;(c) 之字形分布;(d) 首尾相接斜列分布

二、断层崖的坡面发育与断层崩积楔

从理论上说,断层崖的坡面倾角和断层倾角应一致。实际上,断层崖的坡面倾角往往比断层倾角要小,或者断层崖的上部倾角比下部倾角小,这些特点和断层崖的坡面发育或断层多次活动有关。断层崖形成初期,断层崖的坡面倾角和断层倾角近似,随着时间的延长,断层崖不断崩塌,坡度渐渐变缓,断层崖坡面倾角就小于断层的倾角。如果断层再次活动,在断层崖的下部又出现新的断层崖,它的坡度比经受过剥蚀的早先形成的断层崖坡度要大。因此,两次断层活动形成的断层崖,其上部坡度小,下部坡度大,坡面有明显的转折。

由于断层崖的崩塌,在断层崖的坡脚,堆积一层崩塌堆积物,其剖面呈楔状,称断层崩积楔。崩积楔的基底是下降块体的顶面,下降块体在下滑过程中,伴随旋转运动,下降块体顶面略向断层面方向倾斜,在坡脚堆积横向崩积楔(图11-14(a));如下降块体顶面向外倾斜,断层处形成三角形裂口,在裂口内堆积竖向崩积楔(图11-14(b));如竖向楔形裂口填满堆积物后,断层崖仍不断崩塌,则形成横向和竖向共生崩积楔(图11-14(c))。当断层崖的坡面达到相对平衡时,崩塌就减弱或停止,再一次发生断层活动,出现新的陡断层崖,坡面又开始崩塌,形成一层新的崩塌堆积物。因此,在断层崖的坡脚,剖面中可以见到多层的崩积楔,每一层崩积楔表明一次断层活动。

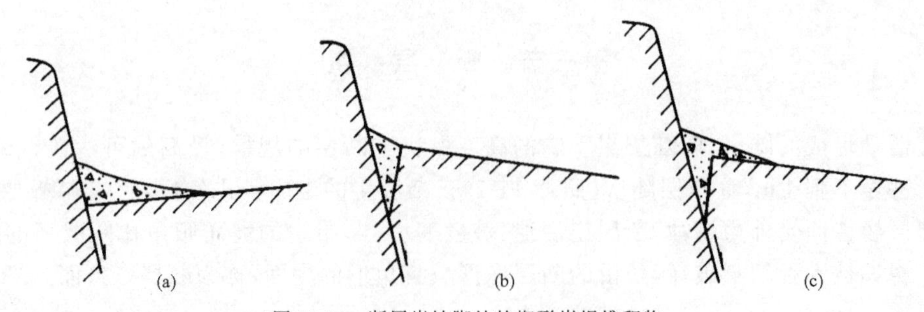

图 11-14 断层崖坡脚处的楔形崩塌堆积物

(a) 横向崩积楔；(b) 竖向崩积楔；(c) 横向-竖向共生崩积楔

三、断层三角面和断层线崖

断层活动形成断层崖后，受横穿断层崖的河流侵蚀，完整的断层崖被切割成许多三角形的断层崖，称断层三角面(图 11-15)。有时断层(正断层或平移断层)直接错断山脊，也能形成断层三角面(照片 11-3)。

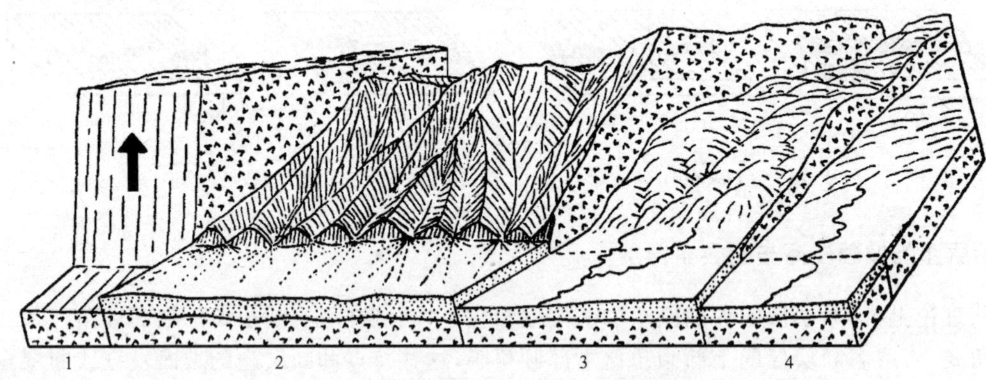

图 11-15 断层崖的演化(根据 W. M. 戴维斯)

1. 断层刚发生，形成高大的断层崖；2. 断块山地被剥蚀降低，断层崖被侵蚀成断层三角面；
3. 三角面进一步降低、后退，形成圆浑的山嘴，山边线已距断层一段距离；
4. 断块山地被夷平，断层三角面消失

断层三角面和断层崖面的坡底线就是断层线，这里能见到断层破碎带。如果组成断层崖和断层三角面的岩石很坚硬，或者断层崖形成的时代很近，断层三角面和断层崖较清晰，坡底线和断层线重合。如果断层崖形成时代久远，在外力长期剥蚀下，断层三角面就成缓缓的山坡，山边线向山地方向后退并和断层线有一定的距离(图 11-15)。

当断层两盘都是由软硬相间的岩层组成，先在上升盘剥蚀，顶部较坚硬的岩层被剥蚀后，出露较软岩层，剥蚀速度加快，上升盘逐渐降低，与下降盘高度相当。如果上升盘仍是较软岩层，剥蚀速度较快，结果上升盘比下降盘还低，这种断层崖叫断层线崖，又称逆向断层线崖(图 11-16C)。逆向断层线崖形成后，下降盘高于上升盘，这时下降盘侵蚀加强，一旦下降盘上的较坚硬岩层被剥蚀后，出露较软岩层，剥蚀速度加快，下降盘又比上升盘低，这种断层崖称顺向断层线崖(图 11-16E)。

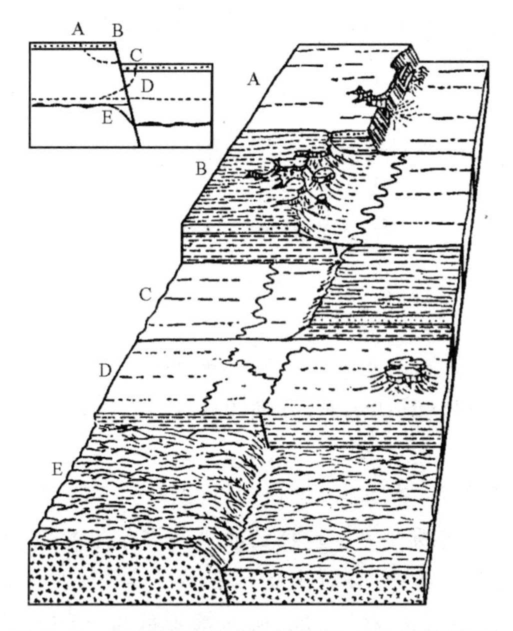

图 11-16 断层线崖的形成发展(根据 A. H. 斯特拉勒)

四、断层崖的活动次数、幅度和时间

1. 断层崖的活动次数

断层崖的多次活动除了断层崖的剖面呈坡折形和在断层崖坡脚处堆积多层崩塌物外,还有一些其他地貌表现。当断层活动地面出现高差后,上升盘形成一些小沟,它们以下降盘地面为侵蚀基准面溯源侵蚀,并形成裂点,从裂点到断层处形成阶地。断层再活动一次,从沟口处再次溯源侵蚀,沟床中出现新裂点和又一级阶地(图 11-17)。因此,根据崩塌堆积物的层数、断层崖的坡度转折次数以及断层上升盘的冲沟裂点、阶地等资料就可确定断层崖的活动次数。

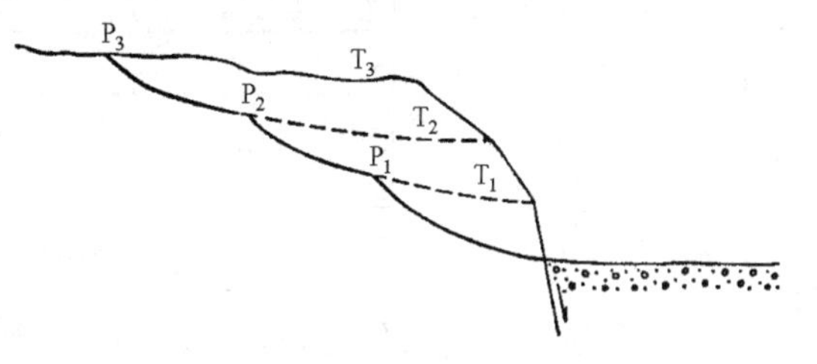

图 11-17 断层多次活动表现的裂点、阶地和断层崖坡度变化的关系

T_1,T_2,T_3—阶地; P_1,P_2 和 P_3—裂点

2. 断层崖的活动幅度

一般来说,断层崖高度就是断层崖的垂直活动幅度。但是,由于外力剥蚀,断层崖的高度在不断降低,尤其是时代久远的断层崖,它的现在高度比原始高度要降低很多,所以断层崖的高度比断层崖垂直活动幅度要小。只有新近形成的断层崖,其高度才能近似地表示断层崖的垂直活动幅度。

断层崖的高度是断层多次活动的积累总量。断层崖附近沟谷的下切深度和断层升降幅度大致相当,因而沟谷中的各级阶地之间的相对高度总和与断层崖高度大致相等,它们可以近似地表示断层活动的幅度。相邻两阶地间的相对高度,可表示断层崖某一次活动的幅度。

3. 断层崖的形成时代

确定断层崖的形成时代有以下几种方法:(1) 采集阶地沉积物中的各种可以测定年代的样品,以测定阶地时代,进而推算断层崖形成时代;(2) 在岩性一致的地区用不同时期的航空照片比较沟谷中同一裂点不同时期的位置，计算裂点溯源侵蚀速度，再量得裂点到断层崖的距离，可以求出每一裂点形成的距今时间，即可得到断层崖活动时间；(3) 定位观测裂点的溯源侵蚀速度和测量裂点到断层崖的距离，也可求出每一裂点形成的距今时间；(4) 根据断层错断古建筑物或已知年代的地质、地貌体来确定断层崖的活动时间。

第四节 断 裂 谷

一、断裂谷的地貌特征

沿断裂破碎带发育的河谷，称断裂谷。断裂谷的走向和平面形状受断层的走向和排列方式控制。断层破碎，易被流水侵蚀，切割较深，两岸陡峭，常呈峡谷，如果断裂带较宽，则成较宽谷地。由于断层活动，断层两盘相对运动形成的地形高差尚未被侵蚀夷平，断裂谷的两岸显得不对称，即一岸高而陡，一岸低而缓，地层也不连续(图 11-18)。断裂谷的平面形状常和断裂带的构造特征有关，在单一方向断裂带中发育的断裂谷多是平直的，在有几个方向断层发育的区域，河谷将随断层走向转弯而弯曲，有时主支流之间显得很不协调。例如雅鲁藏布江东段的大拐弯是沿北东向和北西向的断裂发育而成，流入雅鲁藏布江的一些反向支流，像年楚河、拉萨河等也都是沿断裂发育的。

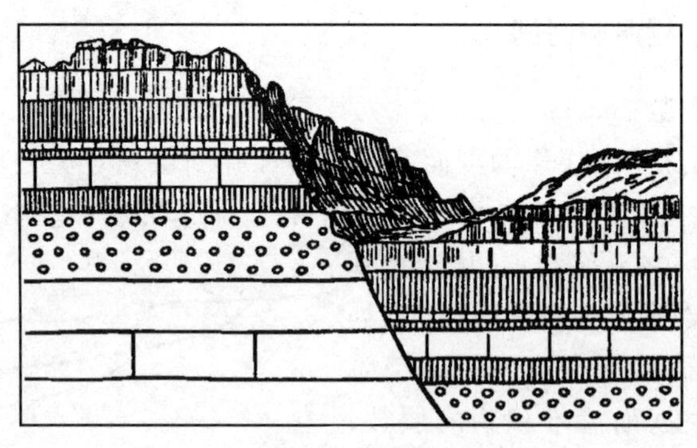

图 11-18 断裂谷

有许多断裂谷一段呈宽谷，一段是峡谷，彼此交替出现，呈宽狭相间的串珠状分布。产生这种现象的原因是断裂带内有横向隆起分布，这些横向隆起都常在河流形成后再次隆升，河流保持原先流路，在隆升区河流下切形成峡谷，在凹陷区形成宽谷。沿南北向断裂带发育的川西安宁河谷，是一条规模较大的断裂谷，沿河屡见峡谷与宽谷交替出现，在冕宁以北的野鸡岭垭口就是一个横向地垒，河流在这里切成峡谷，峡谷顶部有一宽谷，谷底还保存着湖相沉积，高距峡谷底部约 600 m；向南还有大桥峡谷和泸沽峡谷等。

二、断裂谷中的高位古河道

断裂谷形成后，断层再次活动，引起河流改道，使得一些河流重新调整流路，在较高的部位留下一些废弃河道，称高位古河道。雅砻江在甘孜以上是沿北西向断裂发育的一条断裂谷，在甘孜以下突然转向南，从甘孜向东南到鲜水河的侏倭，中间经过一个海拔 3790 m 的东西向分水垭口，即所谓的罗锅梁子。梁子凹地中分布着粒径不大、磨圆度很高的一层砾石，砾石成分主要为花岗岩、石灰岩和石英岩，由黏土和细砂胶结，层理清楚。这个凹地是古雅砻江曾由此分出一股流入鲜水河的河道，后来由于罗锅墚子抬升而被废弃，形成高位古河道(图 11-19)。

川西安宁河谷也有类似现象。西昌附近邛海(湖)南面，有一个东西向的断层崖，高出邛海水面 1500 m，陡崖上方的大菁墚子上有一条向东南延伸的宽谷，宽谷内有上新世到早更新世的棕红色和灰绿色相间的湖相黏土，上覆磨圆度极好的砾石层。很明显，在邛海陷落以前这个宽谷一直向北延续，由于大菁墚子急剧隆起，才使得安宁河与则木河之间断流，形成一个高位古河道。

前面提到的汾河下游峨眉台地上的古河道也是因台地抬升、汾河改道后留下的高位古河道。

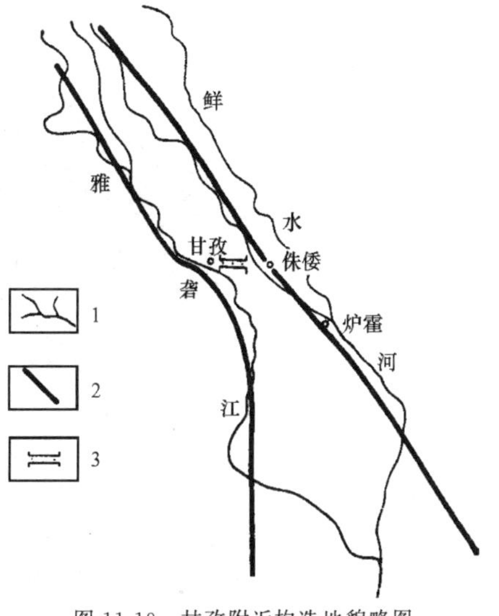

图 11-19　甘孜附近构造地貌略图

1. 河流；2. 活动断层；3. 高位古河道

第五节　断层错断地貌

断层活动可形成许多错断地貌现象(照片 11-4、11-5、11-6)。按断层运动方向，可分成两大类：一类是断层水平运动形成的各种错断地貌，诸如河流通过断层带发生拐弯，冲沟和阶地因断层水平错动而被切断，洪积扇向一侧偏移，山嘴水平错开形成三角面或眉脊，沟谷被错断后，下游受阻形成小湖泊等(图 11-20 和图 11-21)(照片 11-7、11-8、11-9)；另一类是断层垂直运动形成的错断地貌，如前面提到的断层崖、断层三角面、沟谷裂点以及洪积扇、夷平面、阶地错断而发生高差变化(照片 11-10、11-11)。

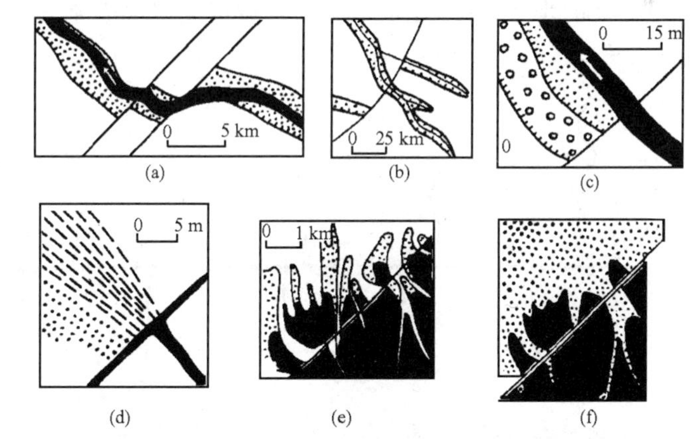

图 11-20　达尔瓦-卡拉库斯基断裂带水平运动形成的各种地貌(根据 B. K. 库切)

(a) 早全新世河谷被断裂水平错开(黑点表示早全新世河流，黑线表示现代河流)；

(b) 冲沟沿断裂错开(黑点表示早全新世冲沟，黑线是现代冲沟)；

(c) 在断层一侧沟谷中的不同时期沉积物发生位移(圆圈表示早全新河流，黑点表示晚全新晚期河流，黑线表示现代河流)；

(d) 晚全新世冲积扇沿断层向一侧偏移；(e) 不同时期的地貌发生错动；

(f) 中更新世的冲沟网和冲积锥复原

图 11-21　日本中央构造线水平活动断层形成的构造地貌(根据松田)

A. 沟状凹地,这是断层线上陷落的长条形凹地; B. 低断层崖,高度不超过 10 m; C. 断层错断了山嘴形成的三角面; D. 小河在断层处发生弯曲; E. 断层池,断层错移小丘,使河流阻塞积水成池; F. 断层陷落地; G. 闭塞丘; H. 断层小隆起; I. 眉状断层崖,断层横切扇形地时,断层崖的高度从扇形地中部向两侧降低; J. 断头河; K. 雁行状裂缝; f,f′. 断层

一、沟谷错断变形

断层水平错动使通过断裂的沟谷向一个方向转弯(图 11-22)。沟谷流向与断层走向之间的夹角,有呈直角的,也有呈锐角的。一般来说,沟谷在断裂的弯曲距离为断层水平错动幅度。由于沟谷的发育时代不同,不同时代发育的沟谷错幅不等,老冲沟时代长,经历断层活动次数多,错幅大;新冲沟形成时间短,经历断层活动次数少,错幅小。有时在一条断裂带上的不同地段,同一时代发育的冲沟错断幅度不等,这表明一条断裂带的不同地段错幅有差异。当一次断层水平错动的幅度超过沟谷宽度时,被错断谷沟的上下游就不相连接,上游段因失去下游河段而成为断尾河,下游段因失去上游源头河段而成为断头河。如果断头河不断溯源侵蚀或断尾河继续向下游伸长将组成新的水系,在断尾河的错断部位可能积水成池,形成断塞塘。

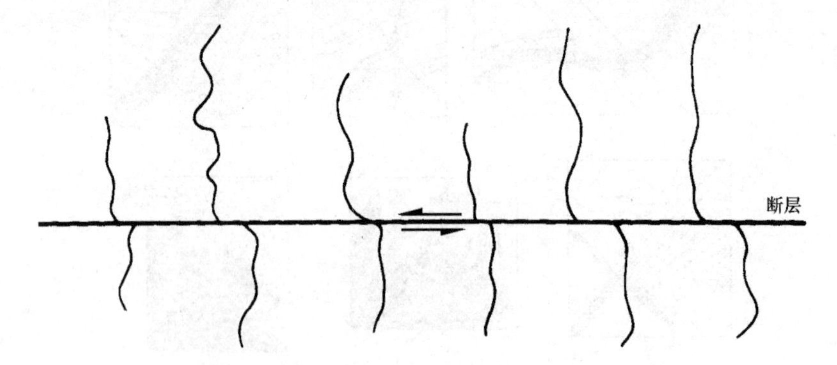

图 11-22　断层水平错断沟谷,使沟谷向一个方向转弯

由于断层的多次活动,常能见到多条被废弃的断头河或断尾河,相邻的两条断头河或断尾河之间的距离表示一次断层水平错动的幅度。青海热水大通河南岸,有几条沟谷穿过北西向左旋断层时,不仅沟谷弯曲,还有三条沟谷被错断而成断头河(图 11-23)。这三条断头河的切割深度和宽度从东南往西北依次增大,距离断层发生前的原河位置分别为 46 m、34 m 和 16 m。这说明断层活动初期,沟谷的规模还较小,随着沟谷进一步发育,断层多次活动错开了不同时

期的沟谷。由此可以认为，断层在近期至少有三次快速水平活动，每次活动幅度分别为 12 m、18 m 和 16 m。测定沟谷中冲积物的年代，可以推算出断层活动的年代及断层每次快速活动的间隔时间。

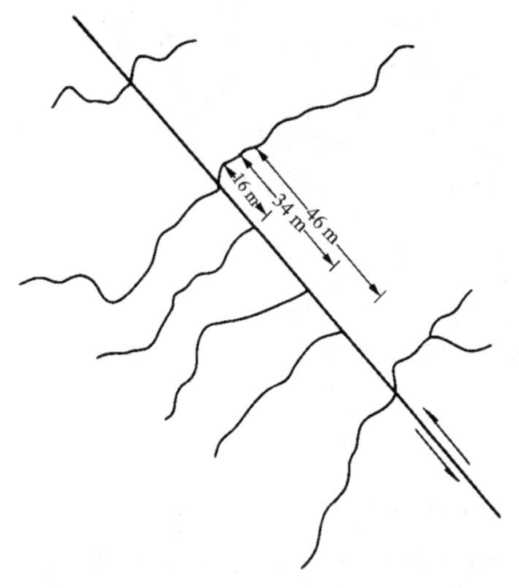

图 11-23　青海热水大通河南岸断层水平活动与沟谷发育

断层活动也常在沟谷横剖面形态上有所反映，山西大同盆地东部的一条近东西向的正断层，南盘下降，北盘上升，断层活动使沟谷在断层南盘因下降形成宽沟，断层北盘上升，沟谷下切侵蚀，则是狭沟。另外，断层的左旋水平运动，使沟谷在断层附近向一个方向偏转(图 11-24)。

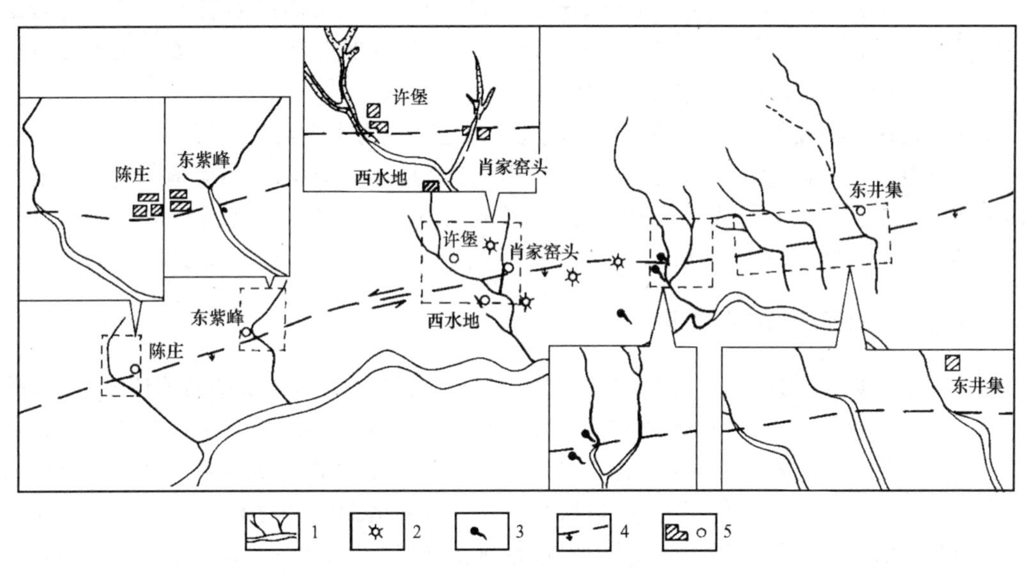

图 11-24　山西大同盆地陈庄-许堡断裂及河流地貌

1. 河道；2. 火山锥；3. 泉水；4. 断裂；5. 村镇

二、河流阶地错断变形

断层错断阶地的实例是屡见不鲜的，它既表现为阶地的垂直位错，也有水平位错

(图 11-25)。在实际工作中,阶地垂直位错较容易鉴别,表现为同一级阶地在断层两盘的高度变化,而水平位错就难以辨认,需要进行阶地填图和地貌年代测定后才能确定。

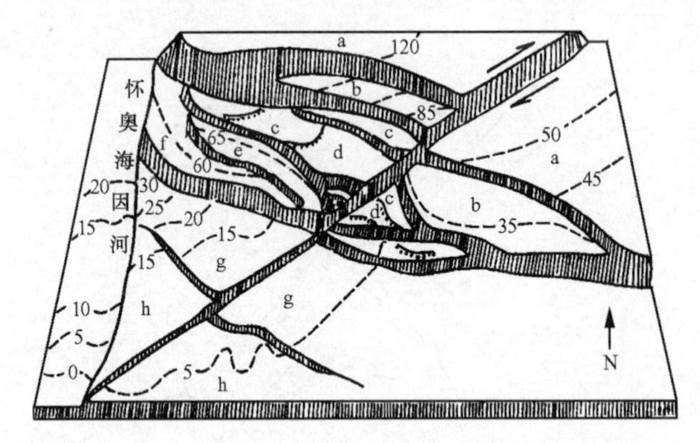

图 11-25 新西兰怀奥海因河阶地错断(根据 G.J.莱森)
a,b,c,d,e,f,g,h 表示不同级阶地

断层垂直错动使阶地高度和级数发生变化,由于断层活动的幅度、时间和次数的不同,河流阶地变形程度也不一样。如断层只有一次活动,在断层活动前形成的阶地将全部错断,而且不同级阶地错幅相同;如断层为多次活动,则各级阶地垂直错断幅度不同,时代越老的阶地错幅越大(照片 11-12)。此外,断层两盘的阶地类型也发生变化,断层上升盘多为基座阶地,下降盘为埋藏阶地或上叠阶地。

断层水平运动使阶地发生水平错位,以接近断层的同一级阶地后缘作为标准来确定错移幅度。河流阶地错断变形可以是断层长期连续蠕动的结果,也可能是断层多次间歇活动或断层一次活动的反映。当断层长期多次水平错动,一方面河流发生弯曲,另一方面阶地发生错断而不连续,老阶地的水平断距比新阶地的要大。

在许多地区,阶地错断既表现为垂直高差变形,也表现为水平错移变形。例如汾河在灵石高地到临汾盆地之间通过什林断层和下团柏断层,多级阶地被错断,同级阶地通过断层不仅呈阶梯下降(图 11-26),而且也表现为水平错位(图 11-27)。从各级阶地被什林断层错断的幅度分析,第四纪期间,断层有多次活动,高阶地的水平错动幅度比垂直错动幅度大 6 倍。

三、山地流水地貌系统的构造变异

山地汇水流域的侵蚀地貌和山前堆积的冲(洪)积扇是一个相互联系的整体,它们构成统一的流水地貌系统。汇水盆地的面积大小、岩石组成、地形坡度、植被疏密和水文状况等决定冲(洪)积扇的发育程度和冲积扇沉积物的沉积结构、岩石成分、粒径大小和磨圆度等。侵蚀区范围大,沟谷较长,则冲积扇规模大,沉积物的分选和砾石磨圆度都比较好;反之,侵蚀区范围小,冲积扇的规模也小,沉积物分选不好,砾石磨圆度也较差。此外,堆积区的沉积物的岩石成分应和侵蚀区的岩性一致。如果在侵蚀区和堆积区之间的断层发生水平运动,断层两盘的同一系统的侵蚀地貌和堆积地貌将形成错位,就可能使不是同一流域系统的地貌连成一体,出现流域侵蚀区面积和冲积扇规模不协调,冲积扇沉积物中的砾石成分和侵蚀区的岩性不一致等现象。

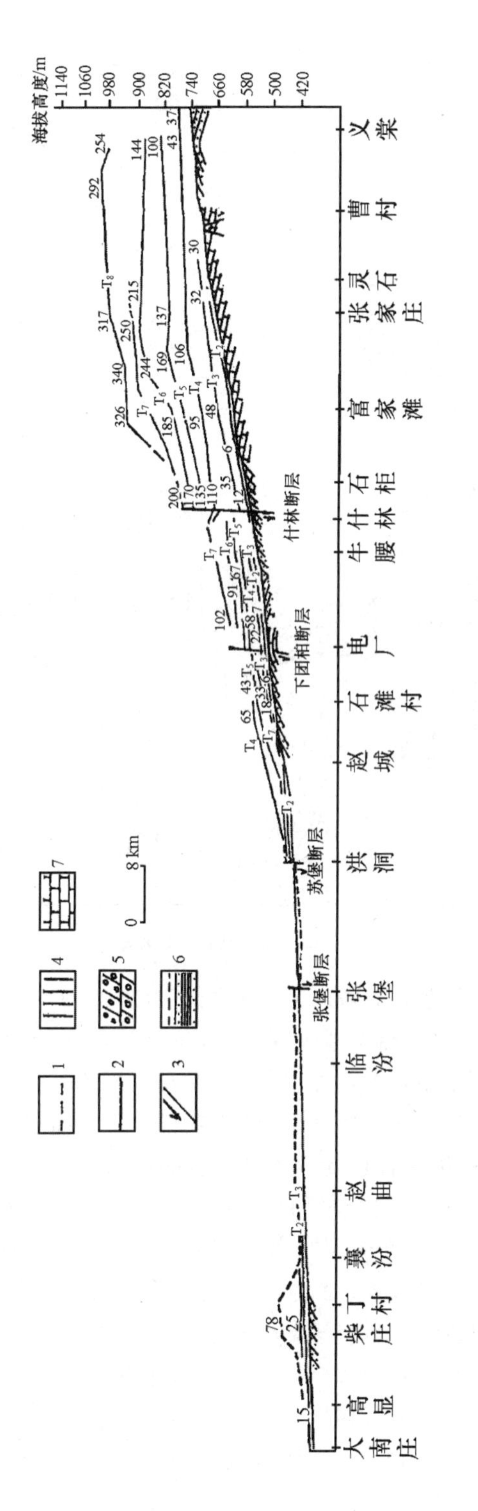

图11-26 山西省汾河阶地被断层垂直错断

1. 中更新世湖相顶面；2. 实测阶地（数字表示海拔高度）；3. 断层；4. 残积粉砂土；5. 冲积洪积砾岩；6. 砂岩夹页岩；7. 灰岩

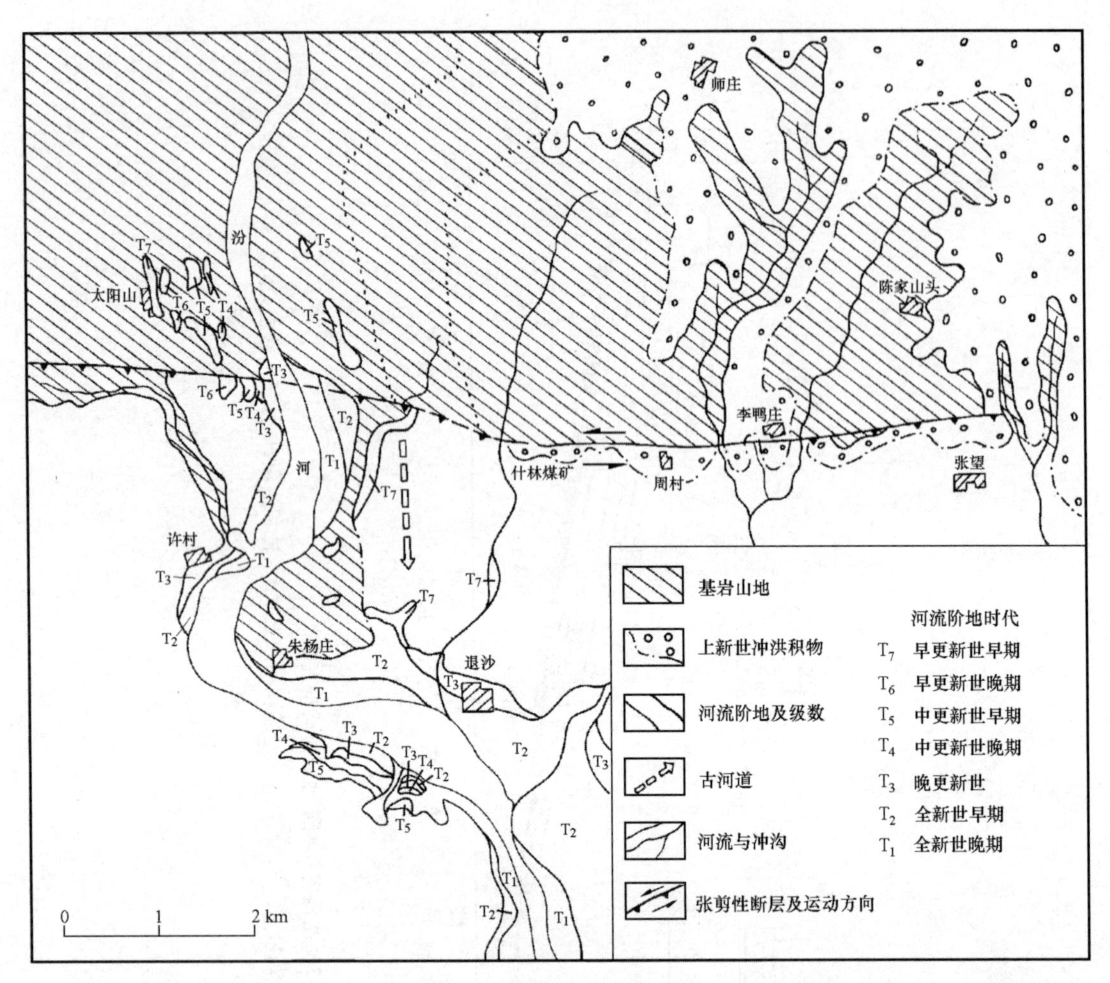

图 11-27 山西霍县什林构造地貌图

山西临汾盆地东缘北北东走向的霍山断层错断了上新世的冲积扇(图 11-28)。在观堆一带,根据断层两侧上新世砾岩的岩性和磨圆度统计,断层东盘 A 点砾岩直接覆盖在片麻岩上,砾岩中约 70%为片麻岩,其他 30%为石英岩等,未见灰岩砾石,砾石磨圆度一般为Ⅱ级以下,这说明上新世时山地侵蚀区广泛分布片麻岩,没有灰岩出露。断层西盘的 B、C 两点上新世砾岩中则有大量竹叶状灰岩、鲕状灰岩和燧石条带灰岩的砾石,灰岩类砾石占 54%,片麻岩和石英岩砾石占 45%。这说明这些含灰岩砾石的上新世砾岩不是本流域系统由上游山地带来的沉积物。根据山地区的岩性比较,在断层东盘南部大约 10 km 的山地才有竹叶状灰岩、鲕状灰岩和石英砂岩等基岩出露。这一现象是断层水平错动将断层西盘含大量灰岩砾石的冲积扇向北错移 10 km 造成流水地貌系统发生变异的结果。

另一实例是祁连山山前地貌的构造变异状况。祁连山北缘的榆木山断裂是一条活动逆断层,走向北西,从祁连山发育的口子河穿越断层从山地向北流入盆地。断层南盘的砾石,其岩性为灰色砂岩、紫色砂岩和凝灰岩等,与山地流域内的岩性一致;在断层北盘的砾石中有大量花岗岩和闪长岩砾石,这些成分的砾石在断层西端 5.1 km 处的洪积扇顶处才能见到。这是因断层右旋使西北端洪积扇错移到此而形成的地貌变异现象。

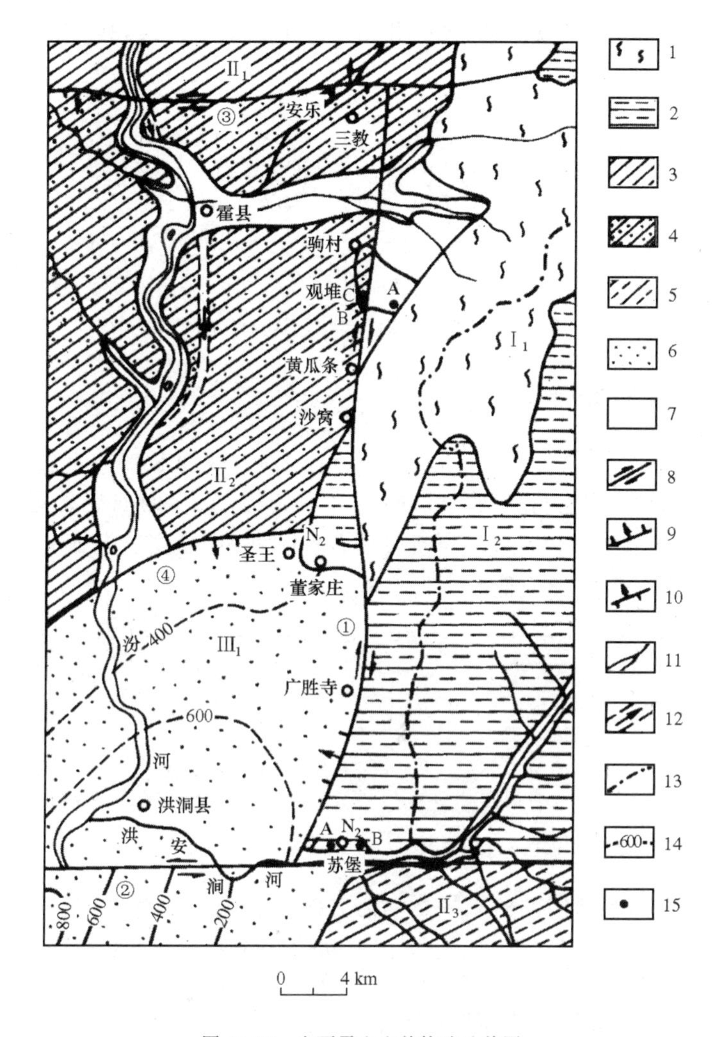

图 11-28　山西霍山山前构造地貌图

1. 片麻岩断块山地；2. 沉积岩断块山地；3. 高拱断台地；4. 低拱断台地；5. 断块台地；6. 断陷沉积盆地；7. 河谷平地；8. 走滑断层；9. 正断层；10. 逆断层；11. 沟谷；12. 古河道；13. 分水岭；14. 第四系等厚线；15. 砾石测量点

第六节　断层水平运动派生的隆起、凹陷和地裂缝

断层水平运动对其邻近区域产生不同应力状态并形成相应的地貌，称为派生构造地貌。派生构造地貌与断层两侧块体的运动方向、断层走向的变化、断层的排列方式以及断层附近的介质条件等有密切关系。断层水平运动派生构造地貌可分为以下几种。

一、断层弯曲段的隆起与凹陷

沿着一条走向弯曲的平移断层的两侧块体发生位移时，由于运动方向不同可出现两种情况：一种是断层呈左旋运动，在断层走向弯曲段处于拉张应力状态，地壳下陷，形成凹地或盆地(图 11-29(a))；另一种是断层呈右旋运动，在断层转弯段处于挤压应力状态，地壳隆起形成高地(图 11-29(b))。当断层连续活动,隆起和凹陷的范围不断扩大,其中心可能发生迁移。

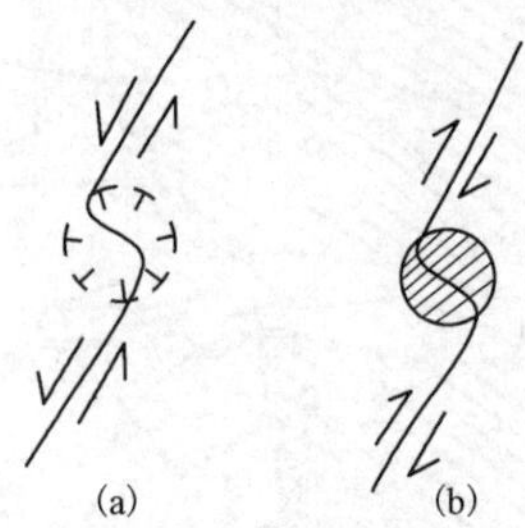

图 11-29 断层弯曲段产生的拉张凹陷(a)和挤压隆起(b)

二、斜列断层首尾相接处的隆起与凹陷

地表的一些断裂呈斜列分布,由于断层运动方向不同,在两断层的首尾相接部位,可产生不同的应力状态。当断层呈左行排列①时,断层为右旋运动,在两断裂首尾相接部位将受挤压,地壳隆起形成高地(图 11-30(a))。当断层呈右行排列时,断层为右旋运动,在两断层首尾相接部位将受拉张,地壳凹陷形成低地(图 11-30(b))。

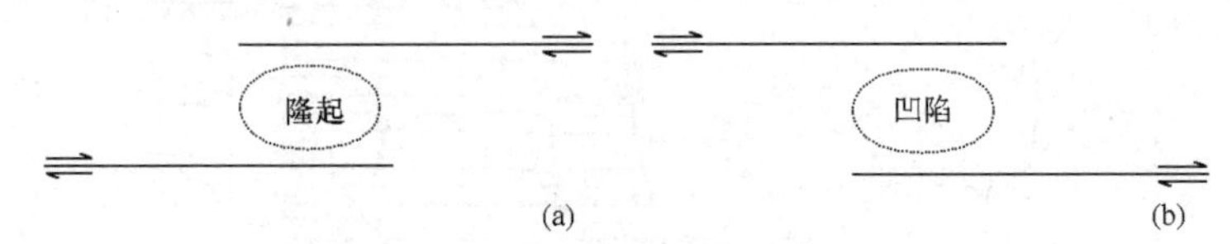

图 11-30 斜列断层首尾相接处的隆起与凹陷

三、断层端点两侧的隆起与凹陷

当断层水平运动时,在断层两侧断块运动前方的断层端点附近,常受挤压而隆起,断块运动后方的端点附近受拉张而凹陷。结果在断层两侧对角处形成两个隆起区和两个凹陷区(图 11-31)。隆起区在地貌上表现为台地或丘陵,凹陷区形成洼地或平原。例如北京南口附近北西向的南口-孙河断裂,北西端和山前断裂相接。由于北西向断裂呈左旋运动,在断层北东盘的西北端点附近,受到挤压应力作用而隆起成台地,在同一盘的断裂另一端点附近,处于拉张应力状态,自古近纪以来一直发生下沉,形成以古城和楼台为中心的凹陷,沉积了厚达 800 m 的松散沉积物。在南口-孙河断裂的西南盘,地面虽被沉积物覆盖,但根据沉积物厚度可以看出,断层西北端点附近受拉张作用而相对下沉,以马池口为中心形成一个沉积凹陷,沉积物厚度达 600 m 以上,断层东南端点受挤压作用而相对隆起,在来广营一带沉积物厚度只有 300 m 左右为一基底隆起(图 11-32)。

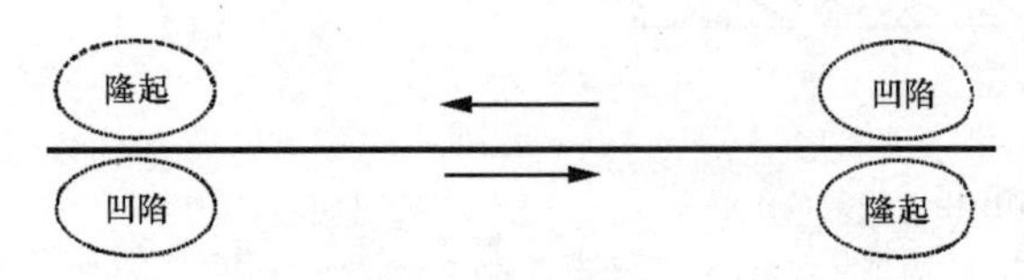

图 11-31 平移断层两端点附近形成的隆起与凹陷

① 沿断裂走向前进,下一断裂出现在右侧称右行(列),在左侧称左行(列)。

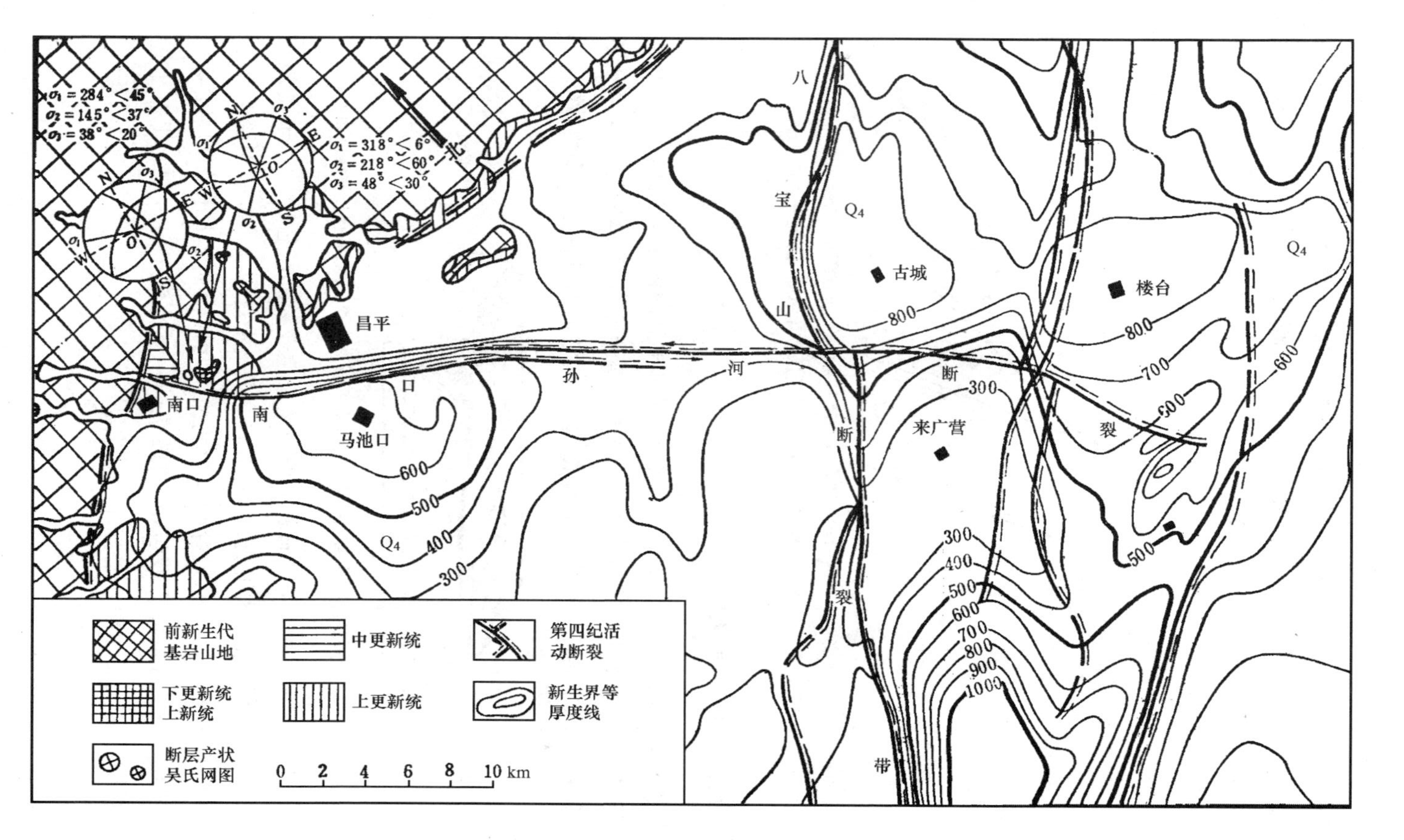

图11-32　北京南口-孙河断层构造地貌图

四、分支断层收敛和撒开部位的隆起与凹陷

一束平移断层,常形成很多分支,有逐渐收敛的,也有逐渐撒开的,它们常是由主断层及其分支断层斜交而成。例如在一个右旋断层体系内,两条右旋断层相围的楔形块体在其运动前方断层收敛,并且每一断层有同时的或间断的运动,断层间的楔形地块将受到挤压并隆起成高地(图 11-33(a))。如果两断层相围的楔形块体在其运动前方断层撒开,则楔形地块受拉张,从而凹陷形成低地(图 11-33(b))。

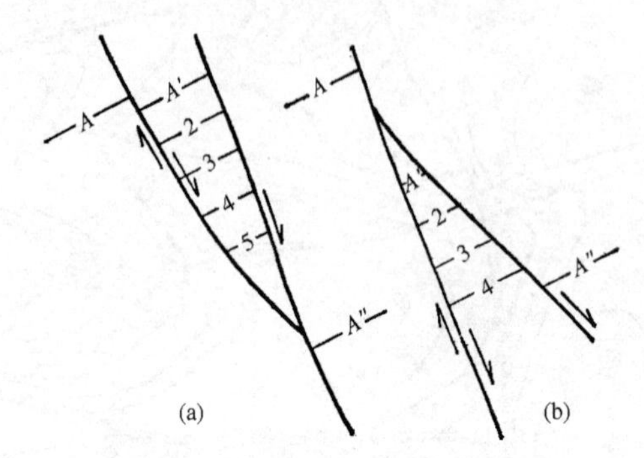

图 11-33　两条斜交断层相围的楔地块形成的隆起与凹陷(根据 J. C. Crowell)

(a) 右旋断层收敛断层楔形地块隆起;(b) 右旋断层撒开断层楔形地块凹临

五、基底断裂活动盖层形成的地裂缝

基底断裂水平运动时,由于盖层的岩性较软,受方向相反的两个力的作用,便形成一些拉张地裂缝和挤压地裂缝。拉张地裂缝有一裂口,呈雁行斜列分布,裂缝的走向与基地断裂走向斜交,挤压裂缝常呈闭口状隆起,与拉张地裂缝相间分布,它们的轴向近于垂直(图 11-34)。

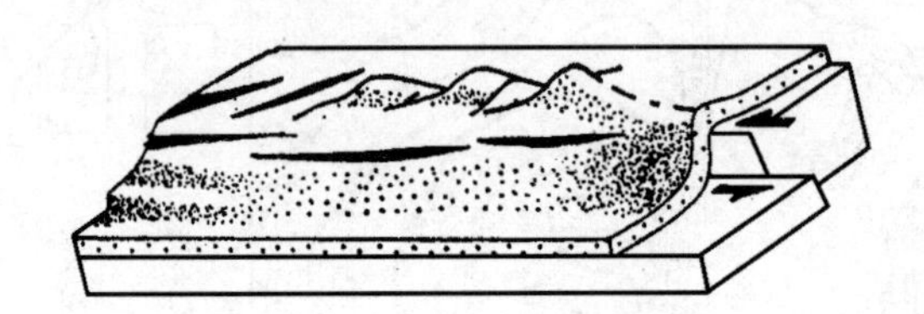

图 11-34　基底断裂水平运动地表覆盖层形成一组拉张裂缝和一组挤压裂缝(根据藤田和夫)

1975 年 2 月 4 日辽宁海城地震时,地表出现一条长达 5.5 km,宽 10～60 m 的地震构造裂缝带,由 300 余条地裂缝以斜列形式组成,总体走向北西(图 11-35)。拉张裂缝为北东向或北东东向的裂口,在两条拉张裂缝之间,发育走向为北西至北西西向的挤压闭口状裂隙,裂隙两侧土层受挤压形成高达 55 cm 的隆起鼓包,有时鼓包的一侧冲覆于另一侧之上。上述地裂缝的排列反映了基底断层呈左旋运动。

照片 11-1　大同盆地六棱山北麓断层错断更新世晚期的火山锥（李有利）

照片 11-2　2008 年 5 月 12 日汶川 8 级地震断层陡坎（李有利）

照片 11-3　断裂横切冰碛物前端及其旁侧的山脊，形成低矮的断层陡坎（中右侧）及较高的三角崖面（左侧）（四川理塘县）（闻学泽）

照片 11-4　断裂斜切高山坡地面，形成断层坡中槽地貌。沿坡地的多条石河在穿越坡中槽时被断层左旋位错数米至数十米不等（平均左旋滑动速率约 3mm/a）（四川康定县）（闻学泽）

照片 11-5　祁连山北麓民乐－大马营断裂错断东大河支流阶地（李有利）

照片 11-6　鲜水河断裂断错洪积扇形成的断层陡坎和线状槽地（四川道孚县）（闻学泽）

照片 11-7　鲜水河断裂左旋滑动形成的“眉脊”式断坎（四川炉霍县）（闻学泽）

照片 11-8　鲜水河断裂断错冰后期河流阶地面，在靠近断层处局部陷落并积水，形成断塞塘地貌（四川道孚县）（闻学泽）

照片 11-9　鲜水河断裂断错洪积扇形成的断层陡坎和断塞塘（四川道孚县）（闻学泽）

照片 11-10　汶川地震断层错断沟谷，河床抬升形成跌水，高 2.6m（汶川县高川乡）（张世民）

照片 11-11　祁连山黑河出山口的第三、四级阶地被断层错断形成高度分别为 4m 和 9m 的断层陡坎（甘肃张掖）（李有利）

照片 11-12　岷江河流阶地被逆断层错断，各级阶地错幅不等表明断层为多期活动断层。2008 年汶川地震，阶地错幅达 3m（北川映秀镇）（张世民）

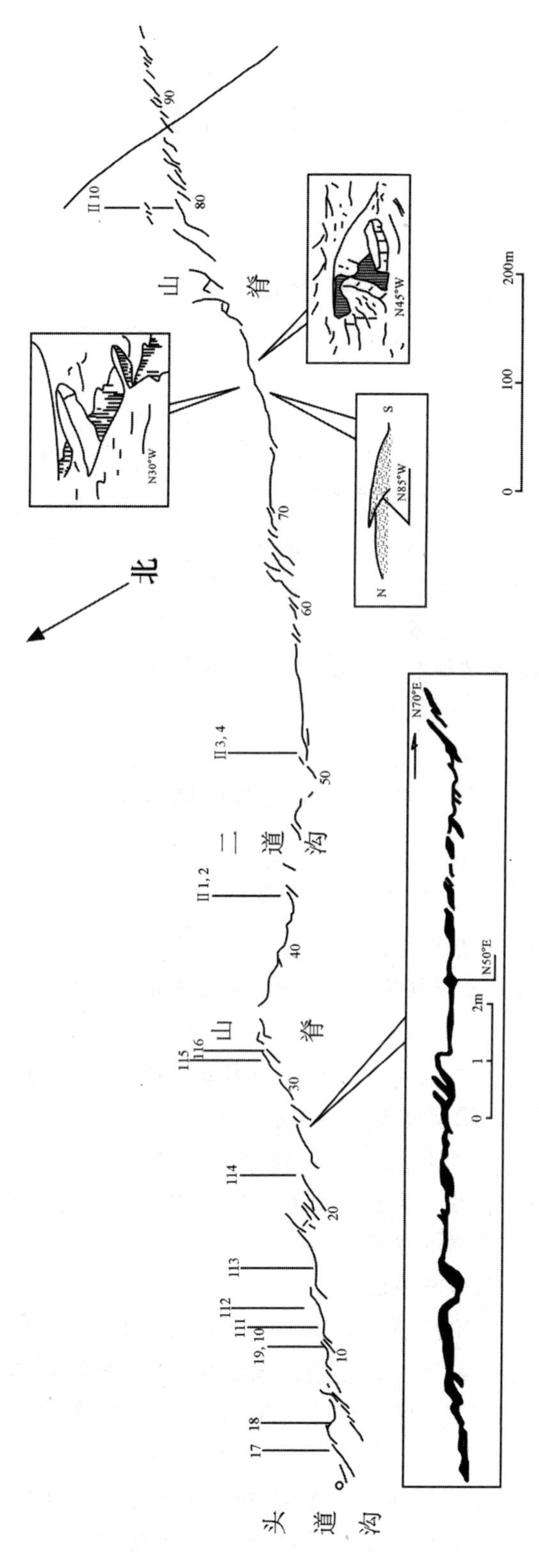

图11-35　海城地震构造断裂带（二道沟段）（根据海城地震工作队）

第十二章　褶曲构造地貌

岩层受力发生弯曲，便形成褶曲。褶曲的隆起部位称背斜构造，凹陷部位称向斜构造，由背斜和向斜形成的地形高低，称为原生褶曲构造地貌；褶曲岩层受外力剥蚀后，破坏地质构造形成的各种地形，称为次生褶曲构造地貌。

原生褶曲构造地貌是新构造活动形成的，又称活动褶曲构造地貌，表现为构造和地貌的同向性，即褶曲隆起或背斜构造在地表表现为正地形，褶曲凹陷或向斜构造表现为负地形。原生褶曲构造地貌还反映构造运动控制地貌的形成与变化，如活动隆起构造形成的各种山地和丘陵（照片12-1），各种地貌面（阶地或夷平面）呈拱曲变形，活动向斜构造常形成盆地或洼地等。不同阶段形成的地貌经历构造活动时间不同，地貌变形的程度也不一致，时代久远形成的地貌变形程度比新近形成的地貌变形程度要大。

次生褶曲构造地貌的形态特征和地质构造有时一致，如背斜山或向斜谷；有时不一致，如向斜山或背斜谷。

第一节　原生褶曲构造地貌

一、活动褶曲构造山地

1. 活动褶曲构造山地的分布与结构

活动褶曲构造山地是在水平挤压力的作用下，地表褶曲隆起形成的山地，新生代构造褶皱带隆起的高山多属于这一类。活动褶曲构造山地常延伸上千千米，它们的排列形式和形成机制与受力方式有很大关系，山体的走向大多与作用力方向垂直，有时在某一段受更强水平推挤力的作用，山地则呈弧形分布，弧顶突出方向表示力的作用方向。活动褶曲构造山地的岩层发生强烈的褶曲变形，在山地内部或山地边缘发育逆断层或逆冲断层，这些断层常伴有水平运动，使山地间和山地两侧块体发生侧向移动。弧形山地的外侧地块，沿断层向弧顶两侧方向移动，弧形山地内侧地块沿断层向弧顶方向移动。

2. 活动褶曲构造山地的形成与发展

活动褶曲构造山地有的是新生代隆起成山的，有的在新生代前就已形成，之后仍在不断隆升。例如青藏高原在新生代早期，由于印度板块向北俯冲，高原隆升，高原北侧和东北侧边缘形成一系列褶曲构造山地，新近纪和第四纪原有山地进一步抬升，而高原南侧形成一些新生山地。

阿尔金山呈北东走向，位于青藏高原北缘，在新构造时期隆升幅度达5000 m以上。根据新生界的分布高程数据，表明山地西段比东段隆升幅度大，两级夷平面也向东倾斜。山地内和山地边缘发育大规模与山地走向一致的左旋平移逆冲断层，许多断层将前新生界逆冲到新近系和第四系之上，沿断裂带有第四纪火山喷发和温泉溢出。山地内的一些盆地也多与断层活动有关，它们的一侧或两侧多是以平移逆冲断层为边界；盆地中的湖泊发育多级围绕湖泊的砂质沿岸堤和湖滨阶地，这是由于山地不断抬升，再加上气候变干、蒸发量增大而导致湖泊退缩所致。

宁夏南部褶曲构造山地由一系列低山和山地间的盆地构成（图 12-1）。由于它们位于青藏高原东北角，在它的东部有鄂尔多斯地块，北部有阿拉善地块作为边界的限制，在青藏高原向北东的挤压作用下，山地平面分布呈弧顶向东北方向突出的弧形。弧形山地的曲率由西南向东北方向增大，山地边缘发育平移逆断层，断层向西南方向倾斜。根据弧形山地的物质组成看，一些新生代沉积已构成山地的一部分，而且有强烈褶皱，说明这些弧形山地形成时代较晚，在古近纪开始隆升，而后又不断抬升才形成今日山地的分布格局。

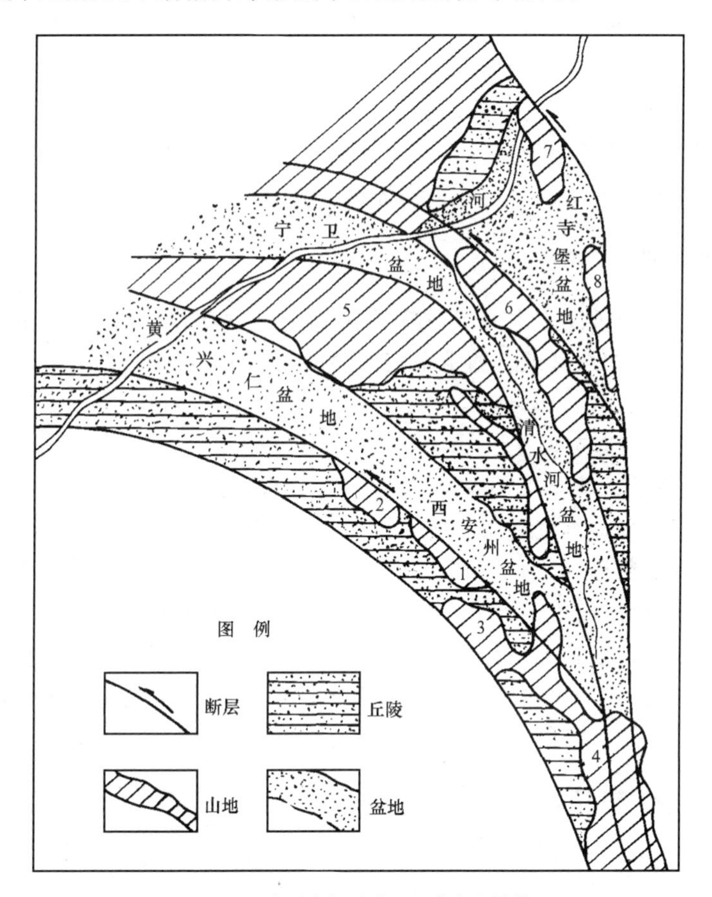

图 12-1　宁夏南部弧形山地分布和结构

1. 南华山；2. 西华山；3. 月亮山；4. 六盘山；5. 香山；6. 烟筒山；7. 牛首山；8. 罗山

3. 活动褶曲构造山地的地貌变形

褶曲构造山地受水平挤压力的作用而不断拱曲上升或沿山地两侧断层整体抬升，使山地夷平面和阶地发生构造变形，同一级夷平面或阶地呈上拱形状或向一个方向倾斜翘起，断裂处的夷平面和阶地则被错断而不连续。活动褶曲构造山地在发育过程中，山体不断向推挤的前方隆起扩展，形成地貌转换带，早期的山麓堆积区抬升成山地的一部分，由山麓堆积地貌转换为侵蚀地貌（照片 12-2），山前洪积扇抬升而受切割解体，洪积扇扇顶向山前更远的地方迁移，形成串珠状的洪积扇(照片 12-3)。活动褶曲构造山地内常有一些山间盆地发育,它们或是因构造挠曲下降而成,或是由断裂作用所致,山间盆地的沉积物随着盆地的不断下陷而加厚和变形。

祁连山位于青藏高原边缘,呈北西走向,延伸 1000 多千米,山地由一系列北西向平行山岭与山间盆地组成,许多山岭和山间盆地的分布都受北西西向或北西向断层控制。山地内发育三级夷平面,最高的第一级夷平面形成于中生代末至古近纪,大约在渐新世至中新世初因山地隆起而解体,构成连续的山峰顶面;第二级夷平面形成于新近纪,其隆起解体的时间在上新世末至更新世初期,表现为和缓的山坡和山地河流谷肩以上的宽谷;第三级夷平面形成于早更新世至中更新世,形成山间盆地的红层顶部侵蚀面或山麓平台面。上述三级夷平面都发生不同程度的构造变形,同一级夷平面在断层处发生高差变化,由于受到山地北缘断层的逆冲翘起而使夷平面向西南方向倾斜。山地内的山间盆地许多是因挤压陷落而成,它们夹在两山岭之间,呈长条形,盆地的两侧以逆断层为界,由于盆地在发育过程中不断受挤压力作用而使盆地内填充的新生代沉积发生褶皱。祁连山的北部山麓在长期挤压力作用下形成地貌转换带,许多以堆积作用为主的下沉地带转变为以侵蚀作用为主的抬升地带,原先的洪积扇被切割形成洪积台地或山前丘陵,洪积扇的扇顶向盆地方向迁移。

二、活动褶曲构造盆地

在挤压力作用下,地表发生褶曲或逆断层,在褶曲向斜部位或沿褶曲逆断层为边界陷落形成的盆地称为活动褶曲构造盆地。通常把由褶曲向斜形成的盆地称挠曲盆地;由褶曲逆断层为边界陷落而成的盆地称拗陷盆地。

1. 褶曲构造盆地的形态特征

褶曲构造盆地多呈长条形,盆地的长轴方向与压力方向垂直。挠曲盆地常是褶曲构造盆地发育的初期阶段,如盆地继续受挤压将发生断裂,盆地进一步加深,宽度缩小形成拗陷盆地。拗陷盆地边界的逆断层可在盆地一侧边缘发育,也可在盆地两对边生成。拗陷盆地边缘地块受力不均匀或者地块物质组成的差异和构造的不同,可使盆地边缘地块发生剪切错开,各部分产生不等量位移,前进速度快的块体向盆地方向突出,速度慢的块体向山地方向凹进,盆地边缘线呈直线转折(图 12-2(a));盆地边缘如呈弧形弯曲,弧顶部位发生张裂,形成三角形的盆地边界线(图 12-2(b))。

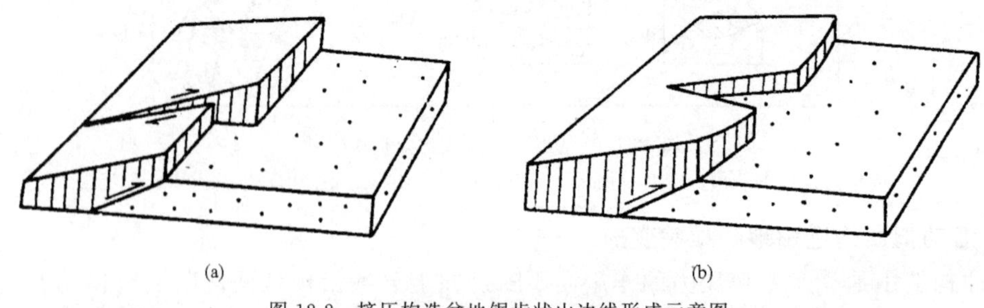

(a) (b)

图 12-2 挤压构造盆地锯齿状山边线形成示意图

(a) 剪切错开;(b) 边缘张裂

2. 褶曲构造盆地的地貌单元和结构

褶曲构造盆地在形成过程中受挤压力作用,在盆地不同部位有的上升,有的下降,因而形成不同地貌单元,即山前拱断隆起台地或低山丘陵、盆地中央拗陷平原、盆地冲断掀斜平原、盆地内背斜隆起低山丘陵和盆地边缘倾斜平原等五个地貌单元,它们大致平行分布(图 12-3)。山前拱断隆起台地和低山丘陵的前缘陡坎由逆断层作用形成,由于逆断层的逆冲,使台地面向山地方向倾斜,台地被沟谷切割形成一些低山丘陵。盆地中央拗陷平原沉积了厚度达千米的松散沉积物,从拗陷边缘洪积相到拗陷中心的河湖相逐渐过渡,在拗陷区地面平坦,河流蜿蜒曲折。盆地中的隆起低山丘陵是一个新生的背斜构造,地貌上呈现一排纵向分布的小丘,隆起的一侧或两侧常有逆断层发育,如隆起的丘陵抬升速度较快,幅度很大,横穿丘陵和低山的河流将发生改道,形成一些废弃的河道;如隆起抬升幅度较小,速度较慢,河流则能沿原来流路下切而成峡谷,其阶地纵剖面线呈上拱形态。在中央拗陷平原和背斜隆起低山丘陵之间是一地貌过渡地带,即冲断掀斜平原,平原基底构造复杂,沉积厚度小,一些断层直达地表,使地形微有起伏。盆地边缘倾斜平原常在隆起丘陵的一侧发育,由单斜构造组成,地貌上表现为缓倾斜平原,随着丘陵的抬升幅度增高和范围扩大,倾斜平原的坡度也相应加大,倾斜平原上发育一些宽浅河道。

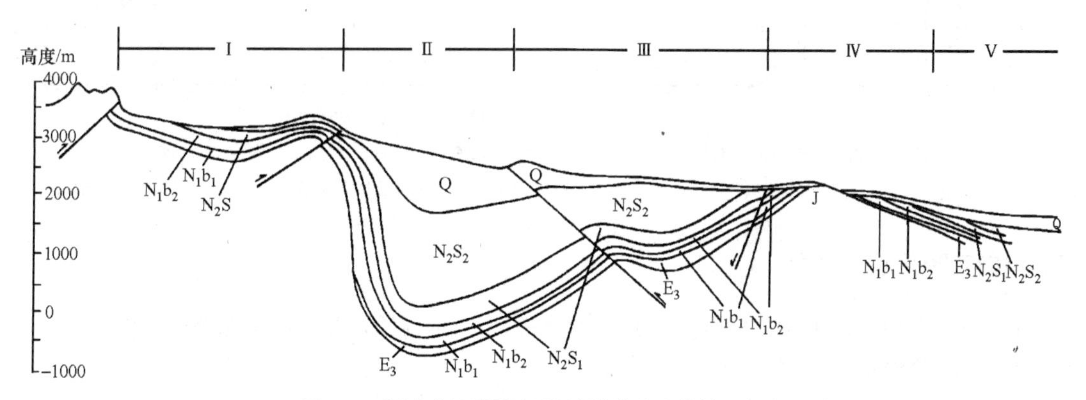

图 12-3　酒泉盆地西部地区沉积结构和地貌剖面略图

Ⅰ. 山前拱断隆起台地和低山丘陵;Ⅱ. 盆地中央拗陷平原;Ⅲ. 盆地北部冲断掀斜平原;Ⅳ. 背斜隆起低山丘陵;Ⅴ. 盆地边缘倾斜平原

3. 褶曲构造盆地之间的横向隆起

褶曲构造盆地间的一些斜列高地,称为横向隆起。横向隆起的形成主要有两种:

(1) 主压应力方向与盆地走向斜交时,盆地边缘的压剪性断层发生错动,使盆地内形成一些与盆地走向呈斜交的背斜,构成盆地的横向隆起。如压应力继续加大,则在横向隆起的两侧发育逆断层,形成断层面向隆起方向倾斜的地垒。

(2) 在盆地的两侧边缘断层发生水平运动,盆地内形成一些与盆地呈斜列分布的菱形块体,由于菱形块体掀斜运动,在块体翘起的一侧成为横向隆起高地。菱形块体在掀斜运动时常伴有旋转,因而在横向隆起侧方发育走滑逆断层。例如河西走廊在北东向的主压应力作用下,北西向的河西挤压盆地的南北边界断层发生左旋走滑运动,盆地内形成北西向的掀斜块体,块体的陷落部分成为盆地,翘起部分成为盆地内的横向隆起(图 12-4)。

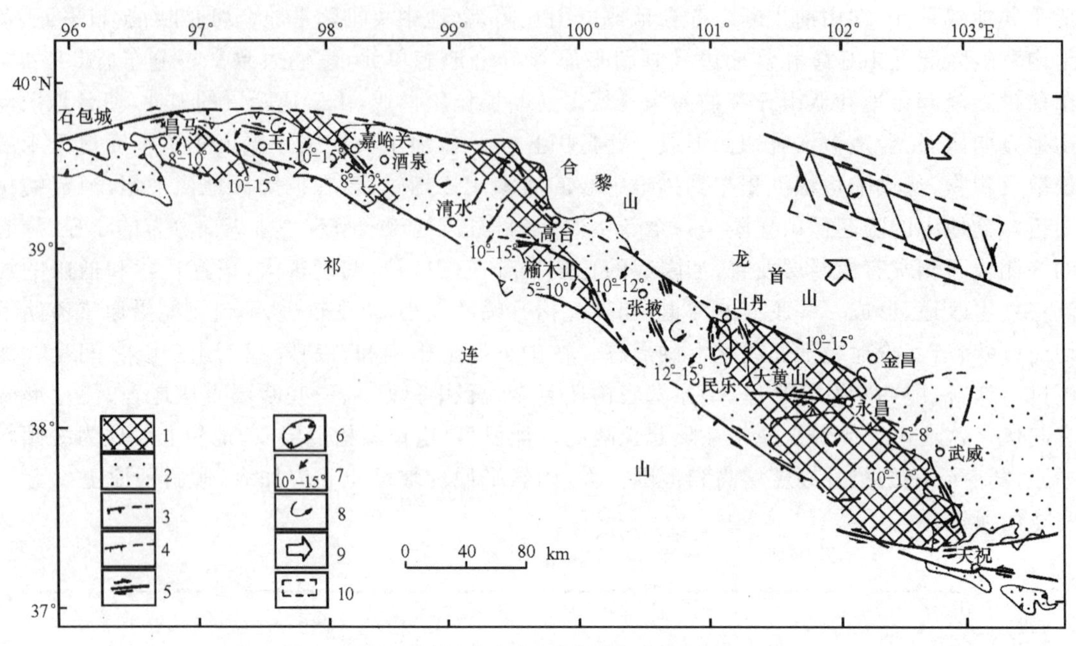

图 12-4　河西走廊块体运动和旋转模式图(根据虢顺民等)

1. 盆地横向隆起；2. 盆地；3. 逆断层；4. 正断层；5. 走滑断层；6. 第四纪盆地；7. 块体倾斜方向和倾斜角；8. 块体旋转方向；9. 区域构造应力场；10. 新构造前的原始块体

三、拱曲升降与阶地变形

褶曲构造山地或一些处于水平挤压应力状态的地区,河流阶地和海岸阶地都可发生拱曲变形。

1. 河流阶地拱曲变形

正常状态下的河流阶地,各级阶地纵向分布大致平行,由于构造拱曲上升运动的影响,阶地纵剖面表现为向上拱起(图 12-5、照片 12-4)。

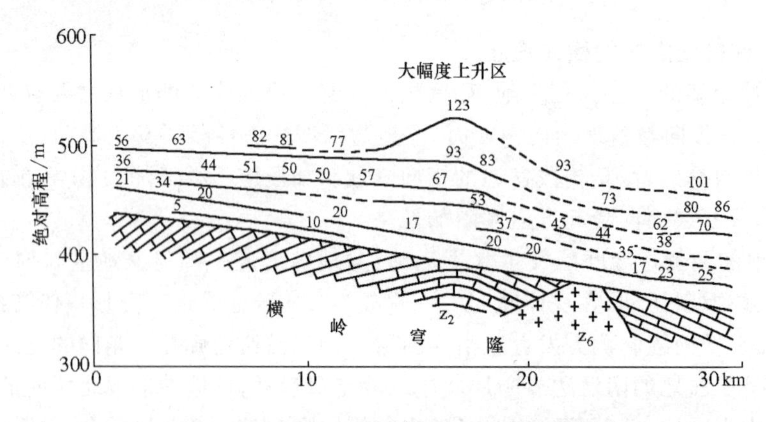

图 12-5　永定河峡谷段幽州附近的河流阶地构造变形

拱曲运动可以发生在阶地形成之后,也可能与阶地同时形成,这将在阶地形态特征上有不同表现。当不同时代的各级阶地拱曲变形程度一致时,说明只发生一次拱曲运动,构造活动的时代是在最新阶地形成时或形成后,各级阶地的变形幅度相等(图 12-6(a))。如果老阶地拱曲变形强，新阶地变形弱，各级阶地从老到新变形逐渐减小，说明在最老阶地形成时到最新阶地形成时的长期过程中，拱曲构造一直在活动(图 12-6(b))。如果老阶地变形强，新阶地变形弱，其中有某两级阶地变形程度相同，说明在拱曲构造长期活动过程中，其中有间断(图 12-6(c))。如果老阶地拱曲变形，新阶地没有变形，说明拱曲构造活动近期停止(图 12-6(d))。

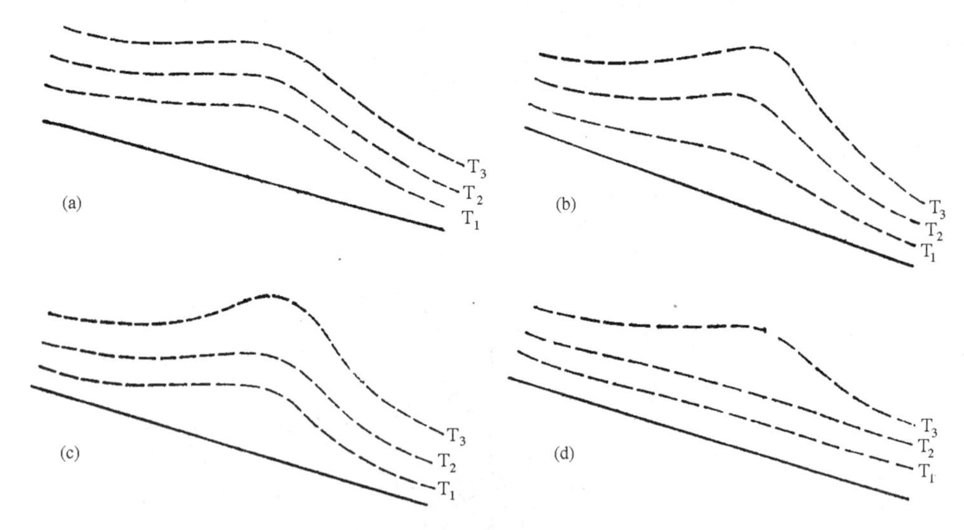

图 12-6　河流阶地拱曲变形的几种模式

在拱曲运动的上升与下降转变处，由于升降区转换部位常有变化，使阶地的高度、级数、类型和结构都有所不同。当一条河流在形成发展中，上游上升，河流下切形成阶地，下游下降，发生堆积，而且升降的转换部位从河流上游向下游方向迁移，这将导致出露的阶地级数从上游向下游逐渐减少，同一级阶地的高度降低，阶地的类型在每一转换点的上游段和下游段将有不同，从上游到下游将由基座阶地依次变为内叠阶地、上叠阶地直至埋藏阶地(图 12-7)。

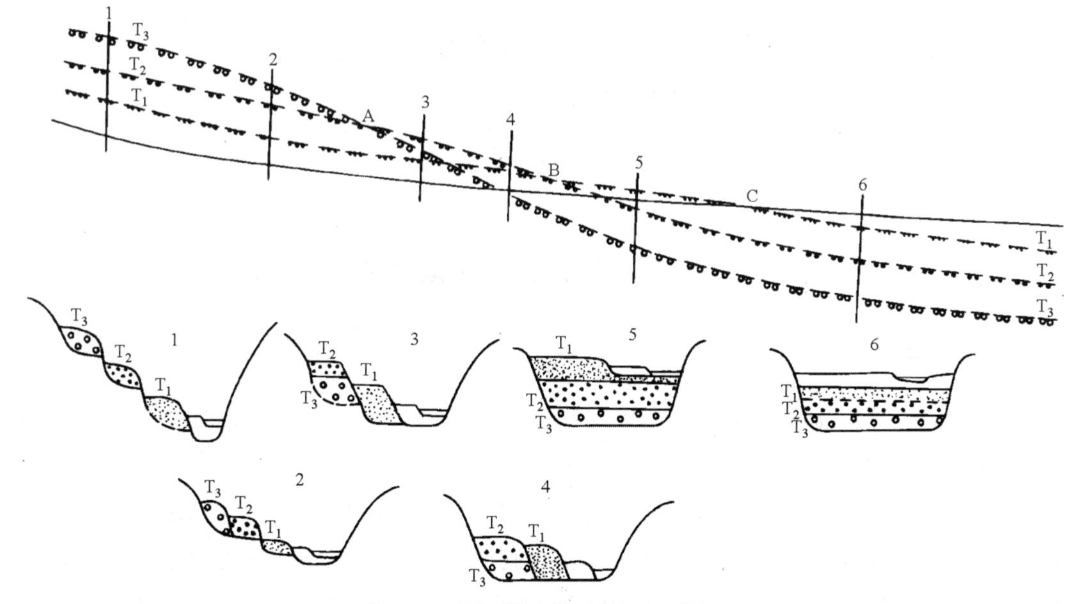

图 12-7　拱曲升降部位迁移与阶地特征

A、B、C 分别为不同时期升降转换点的位置；1～6 分别为阶地剖面位置和阶地类型

2. 海岸阶地的拱曲变形

海岸阶地受褶曲构造的影响,阶地面发生高低变化,形成上拱和下陷。从平面看上拱部位的海岸线向岸外突出,岸外海水也相应变浅,下陷处海岸线则向陆凹进。这种现象在我国台湾的东海岸尤为清楚,如台东山脉东面的同一级海岸阶地,从花莲港到台东港有 6 处褶曲隆起,阶地面向上拱曲,海岸略向海外突出,两隆起之间隔着微微向下挠曲的地段,阶地面向下凹陷,海岸线也微微向陆凹进,海底等深线也随着隆起与凹陷而发生弯曲(图 12-8)。

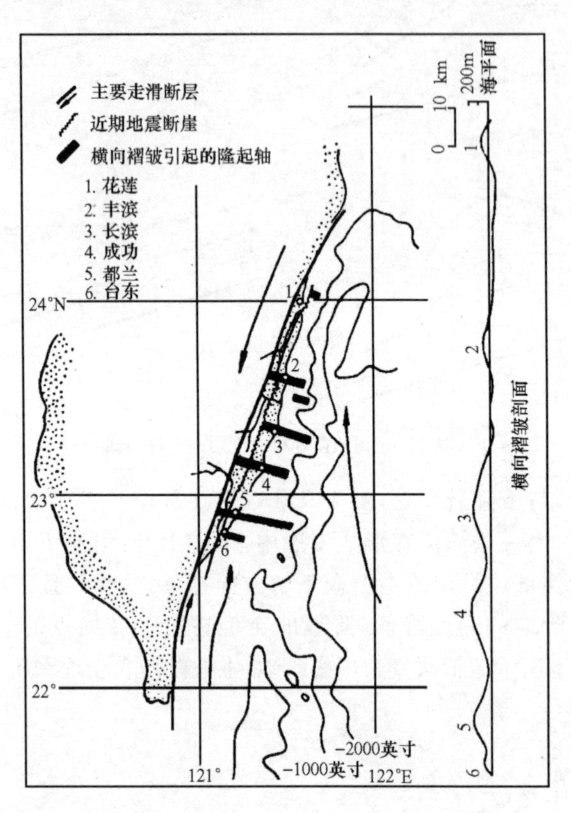

图 12-8 中国台湾东海岸陆上与水下沿走滑断层的近期横向褶曲,剖面图表示花莲与台东之间海岸阶地的横向隆起(根据毕庆昌)

第二节 次生褶曲构造地貌

一、向斜山和背斜谷

褶曲构造的背斜轴部张节理较发育,侵蚀作用较强,发育成谷地,即背斜谷,谷地两侧的向斜则形成山地,即向斜山。地貌形态与构造不一致称为逆地貌。

由于受侵蚀作用的时间短,地貌发育时间较近,构造的地貌形态尚未完全破坏,地貌形态与构造一致,称为顺地貌。逆地貌再经长期剥蚀破坏,有可能使构造与地貌形态一致,称再顺地貌。次生褶曲构造地貌的发育除了时间因素外,还与原始构造产状、软硬岩层厚度和组合情况有关。例如褶曲比较舒缓,起伏较小,而且坚硬岩层较厚,有利于顺地貌的长期存在;反之,褶曲比较陡峭，起伏很大，软岩层较厚，易于发育成逆地貌。如果软硬岩层厚度都很大，就可能产生另一种情况：背斜部分张裂隙较发育，易形成谷地，成逆地貌；向斜部分仍为谷地，为顺地貌。这时顺地貌与逆地貌同时并存，往往是次生褶曲构造地貌发育过程的过渡阶段。

由相互叠加的软硬岩层构成的短轴倾伏褶曲，经外力剥蚀后，硬岩层突起，地貌上往往表现为之字形山脊(图 12-9)。

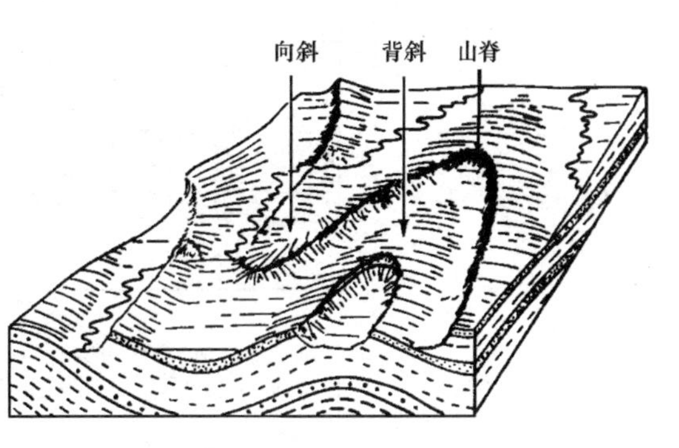

图 12-9　倾伏褶曲构造上的"之"字形山脊(根据 R. 锐次)

二、单面山和猪背脊

背斜构造或向斜构造经长期侵蚀作用或构造作用而遭到破坏，其一翼成为单斜构造。如果单斜构造由于软硬岩层相间排列，就形成单面山和猪背脊。

单面山是沿岩层走向延伸的山岭，两坡不对称，一坡短而陡，一坡长而缓(图 12-10(a))。单面山的一坡与岩层倾向相反，称前坡；与岩层倾向一致的坡，称后坡。前坡较陡峭，常成悬崖峭壁，悬崖的高度与坚硬岩层的厚度成正比；后坡比较平缓，与层面大致相当，是一个长而缓的平整的坡面。

猪背脊是岩层倾斜角度较大的单斜构造地貌。由于岩层斜角大，岩层面所控制的后坡与侵蚀所造成的前坡在坡度和长度上大致相等(图 12-10(b)和(c))。

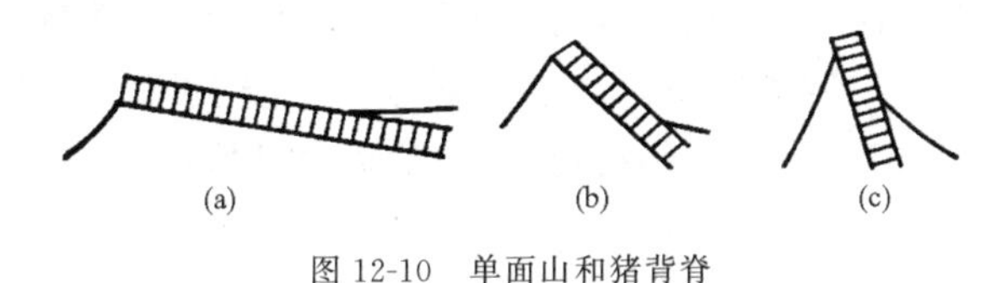

图 12-10　单面山和猪背脊

三、褶曲构造控制的河流发育

在褶曲构造上发育的河流，常受岩层走向和倾向控制，形成不同的河流类型(图 12-11)。例如，顺着岩层倾向发育的河流，称为顺向河。顺向河发育后，地面岩层进一步破坏，出露一些硬度较小的岩层被侵蚀形成一些低地，河流则沿此低地发育，河流流向和岩层走向一致，称为次成河。次成河发育在顺向河之后，一般为顺向河的支流。次成河形成后，其两侧发育的支流，一侧支流是逆着岩层倾向发育的河流，它们的流向与岩层倾向相反，称逆向河，另一侧支流则是顺着新出露的岩层倾向发育的河流，称再顺向河。

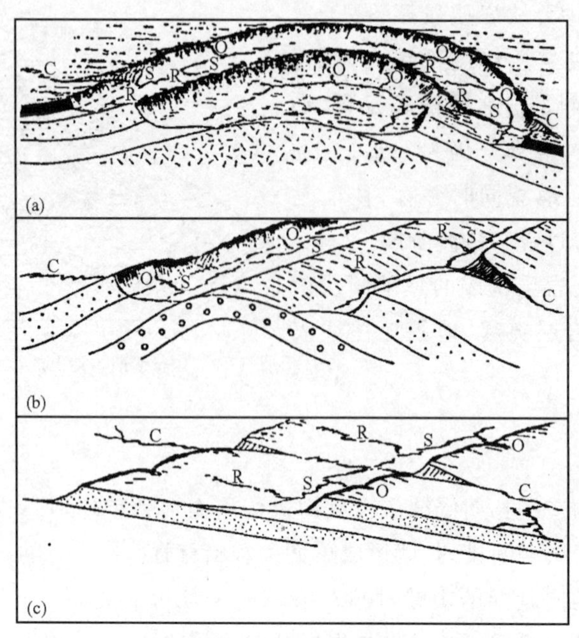

图 12-11　褶曲构造上的河流发育(根据 W. M. 戴维斯)

C. 顺向河；S. 次成河；O. 逆向河；R. 再顺向河

第三节　穹隆构造地貌

穹隆是一个没有明显轴向的背斜隆起,它的平面轮廓呈圆形或椭圆形,长宽比小于 3∶1,组成穹隆构造的地层从中心向四周倾斜。当地壳下部岩浆侵入到上部地层中,或者岩盐成塑性状态侵入到沉积岩中,都能使地壳上部岩层上拱,形成穹隆构造。塑性岩盐侵入到地层中形成的穹隆,又叫盐丘。

一、穹隆构造的地貌发育

规模巨大的穹隆构造常由岩浆侵入沉积岩层而成,其顶部是沉积岩盖层,内核是岩浆岩体。当盖层被剥蚀以后,核心就出露,在穹隆的周围形成单斜山地和各种类型河谷,而在穹隆的中心形成岩浆岩山地(图 12-12)。

上述情况是穹隆构造形成后由外力剥蚀形成的地貌特征。有些穹隆构造是活动的,现今仍在上升,地表表现为隆起高地,常形成放射状水系。如有流经活动穹隆构造上的河流,其河流阶地显示上凸的特征。如果穹隆上升幅度较大,速度较快,还可使流经活动穹隆上的河流发生改道,留下古河道风口,古河道内能保留许多过去河流冲积物。此外,围绕穹隆中心常发育一些活动断裂,流经断裂的河流受其影响而坡度加大,形成河床纵剖面构造变形带。

黑海北部的第聂伯丘陵就是一个活动穹隆,重复水准测量得到地壳上升速率等值线是围绕丘陵中央分布,在隆起中心的上升最大速率为 8 mm/a,从中心向外上升速率逐渐减小。这里的河流从隆起中心流向四周,呈放射状水系,河流纵剖面构造变形带围绕隆起中心分布(图 12-13)。

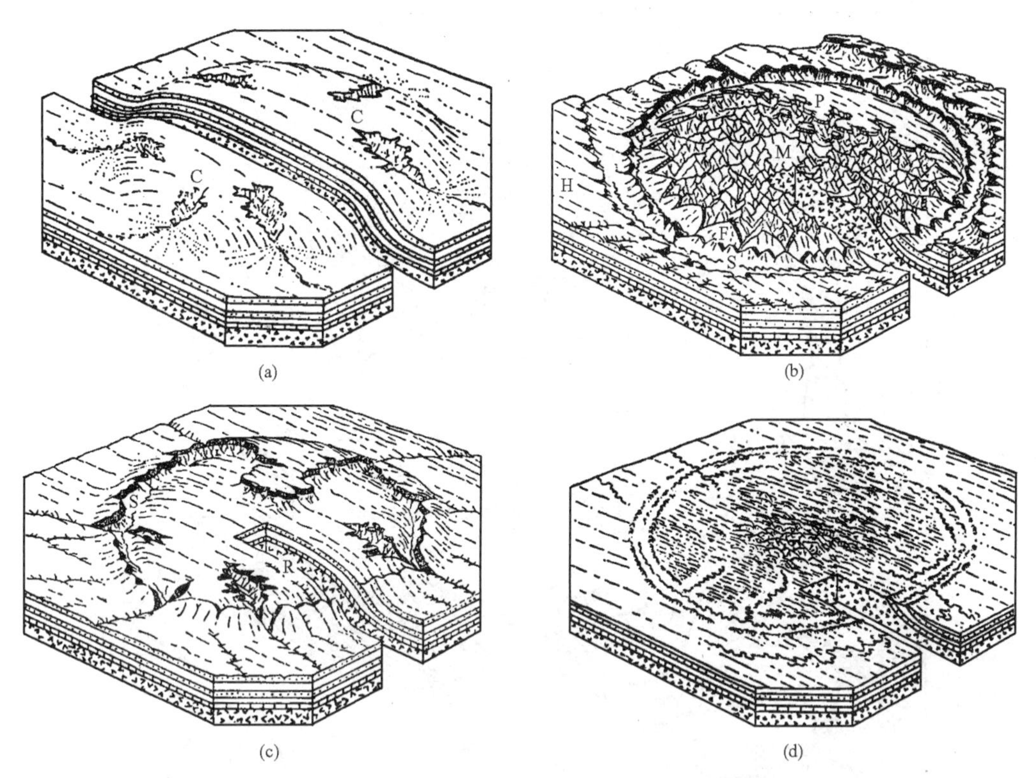

图 12-12 穹隆构造地貌的发育(根据 A. N. 斯特拉勒)
C. 顺向河;S. 次成河;R. 再顺向河;M. 结晶岩山地;P. 穹隆中央高原;
F. 单斜山;H. 穹隆外围的水平岩层

二、盐丘

1. 盐丘的形态和结构

盐丘是由盐体组成核部的穹隆构造。一些盐丘高出周围地面数米至十几米,个别可达 25 m,直径达 1.5 km,平面呈圆形或椭圆形。椭圆形的盐丘,其长轴可达千米,短轴为数百米,坡面比较平缓。盐丘的顶部常发育一些断层和裂隙。在地形上无明显突出的盐丘,它们形成时间较早,近期没有活动,地形上有表现的盐丘大多是近期活动形成的。

盐丘的内核有各种不同形状,有的侧壁向外陡倾,顶部浑圆(图 12-14(b),(d)),有的内核是对称的,周围倾斜的角度大致相等,顶部平坦(图 12-14(a)),还有些内核是不对称的,各边倾斜角度不等,甚至有的侧边向内倾,成蘑菇状(图 12-14(c))。

盐丘内核主要是由岩盐构成,上面有盖岩层,但有些盐丘内核是由黏土层与岩盐交互组成。盐体上的盖岩常由石灰岩、石膏和硬石膏组成,少数盐丘的盖岩层中含有大量硫磺。也有一些盐丘没有盖岩层。

当盐丘核上拱,上覆沉积岩被重力断层折断,这些断层常呈放射状或平行排列(图 12-15)。

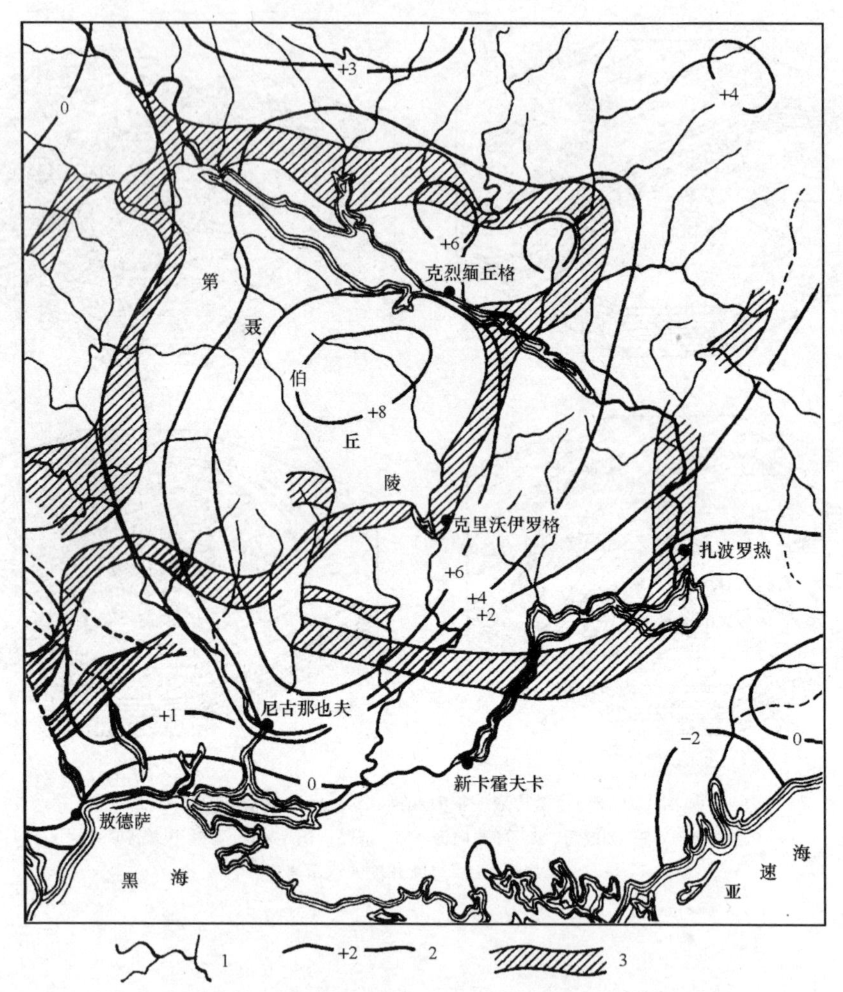

图 12-13 克里沃伊罗格穹隆现代隆升与河流分布(根据 Л. Н. 宾里斯卡雅)

1. 河流；2. 现代地壳运动速度等值线；3. 河床纵剖面变形带

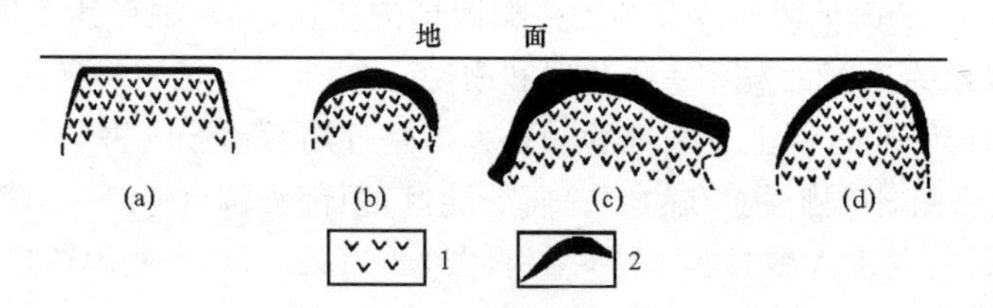

图 12-14 盐丘内部结构(根据 M. P. 毕令斯)

1. 岩盐；2. 盖岩

2. 盐丘的成因

盐丘是由岩盐呈塑性状态侵入其上覆和周围的沉积岩中形成的。岩盐来自下面的早期沉积的某一岩层。岩盐上升可能有两种原因：(1) 由于塑性岩盐的密度比周围沉积岩的密度要小，若原生盐层的顶部有一个小的背斜构造，岩盐就由此上升；(2) 由于构造作用的横向压力的挤压，使塑性岩盐挤入背斜顶部的沉积岩中，形成底辟褶曲。

照片 12-1　天山南麓秋里塔格背斜丘陵（司苏沛）

照片12-2　天山北麓隆起形成的丘陵（新疆独山子）（李有利）

照片 12-3　天山北麓新生代背斜隆起形成低山和丘陵，河流经过低山丘陵区为峡谷，流出低山后发育洪积扇，扇顶向平原方向迁移

照片 12-4　天山北麓独山子背斜活动造成奎屯河阶地拱曲变形（李有利）

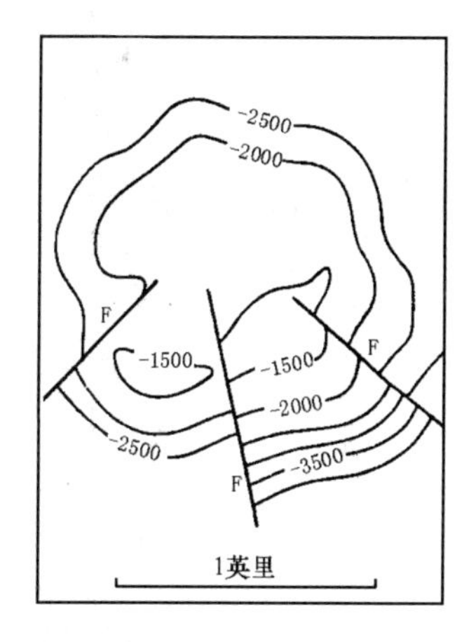

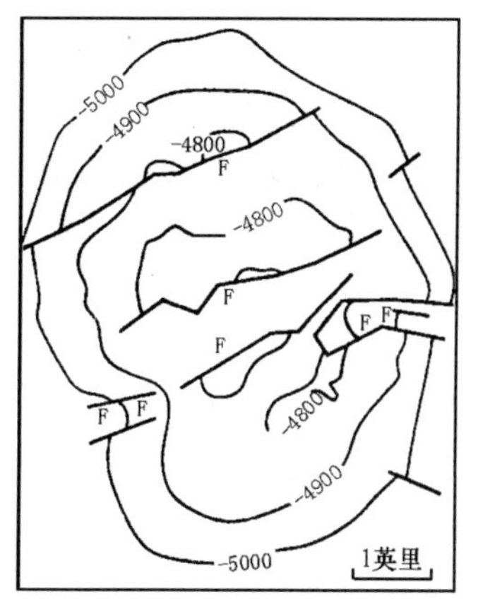

图 12-15　盐丘上的断层(F. 断层,数字单位为英尺)(根据 M. P. 毕令斯)

3. 盐丘的演化

根据盐丘核周围岩层和上覆岩层的变形和地层的角度不整合关系,可以确定盐丘的演化历史。如图 12-16 所示,a 层沉积之后,b 层沉积之前岩盐就有明显隆起,表现为盐体穿过 a 层上拱,并切断沉积地层使 a 层沉积岩倾斜变形,随之进行侵蚀夷平,隆起的部位降低;之后 b 层沉积,盐丘再次上升,使 b 层轻微变形(图 12-16(a))。如果盐丘上拱和沉积物的堆积同时进行,则盐丘顶部的沉积层有弯曲变形,但变形程度较下层小,沉积层厚度变薄(图 12-16(b))。

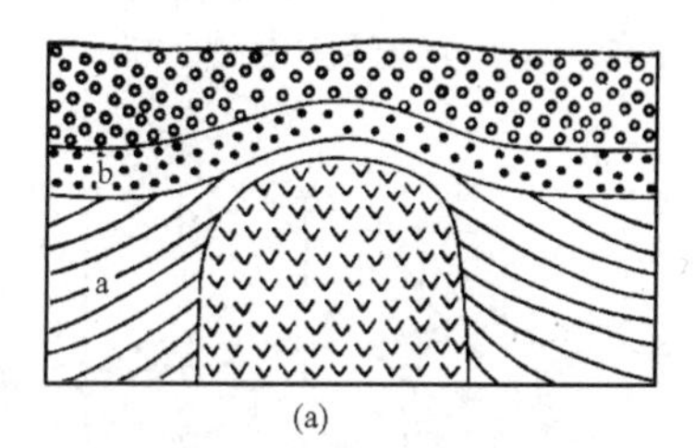

(a)

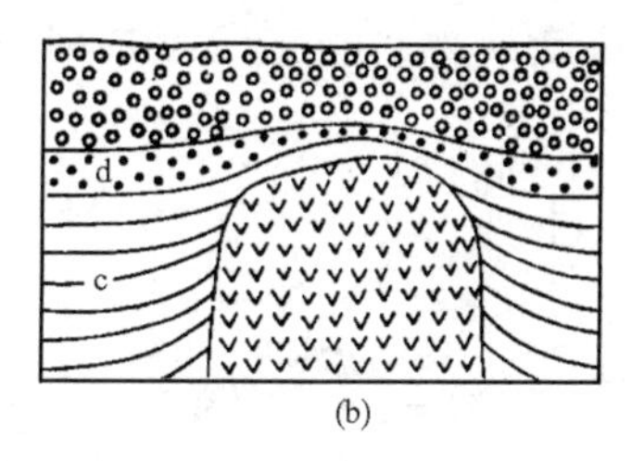

(b)

图 12-16　盐丘活动时代的分析(根据 M. P. 毕令斯)

第十三章　火山和熔岩地貌

第一节　火　　山

火山是由喷发的岩浆和固体碎屑堆积而成的一种地貌形态。

火山喷发时，有大量气体（主要是水蒸汽，还有二氧化碳、氢、氨、硫化氢、二氧化硫、氯氮等）、熔融的岩浆和固体碎屑（火山灰和火山砾等），它们通过火山喉管（火山通道）从地球深部喷发出来（照片 13-1、13-2）。大量碎屑物质随气体喷到空中，再落下堆积成锥形的火山体，称为火山锥；熔融岩浆溢出地面后，顺坡流动，形成缓缓的火山斜坡或微微凸起的熔岩盖和波状起伏的熔岩垄岗（照片 13-3）。火山锥中心有一喷发气体、岩浆和火山碎屑的火山口，它是一圆形洼地。如果火山口遭到侵蚀，或火山再次喷发，火山锥的一侧被破坏成一缺口，平面呈马蹄形。

火山的规模大小不一，规模大的火山相对高度可达 4000～5000 m，火山口的直径为数百米，例如堪察加半岛的克留契夫火山相对高度达 4572 m，火山口的直径为 675 m。一些规模较小的火山，相对高度不及 100 m。火山有时成群分布，称为火山群（图 13-1）。

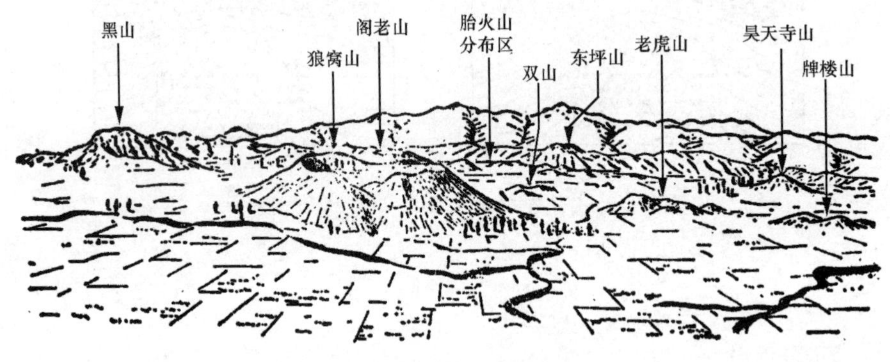

图 13-1　大同火山群（根据孙善平）

一、火山的成因

火山的形成除与地壳深部岩浆活动有关外，还和区域地质构造有关。火山喷发是因地球内部的高温和高压，当上覆岩层发生破裂或地壳背斜升起时，压力就会减小，地下的炽热岩浆将沿压力减小的破裂面或背斜轴部喷出地表，形成火山。

根据岩浆喷发的形式，可分为裂隙式喷发和中心式喷发两种类型。

裂隙式喷发是熔岩经一较窄的裂隙溢出地表。沿裂隙喷发的熔岩，玄武岩占 90%～95%，形成一些巨大的熔岩高原和熔岩锥，如美国西北部的哥伦比亚高原、印度西部高原、南非以及北美大西洋火山区等。这些熔岩高原有数万到十几万平方千米的面积，火山岩的总厚度为 900～3000 m。冰岛拉基火山也是沿裂隙喷发形成的，1783 年喷发时，熔岩从 16 km 长的一段裂隙上的 22 个喷口中喷出，熔岩覆盖面积达 565 km^2。

中心式喷发是气体、固体碎屑和熔融岩浆沿一管道喷出，在地表形成火山锥和火山口。如喷发的碎屑和熔岩较少不能堆积成火山锥，但有火山口。火山再次喷发可破坏原有火山锥，但有一个与火山管道相连的在平面上表现为近似圆形的火山口。中心式喷发比裂隙式喷发更为强烈，常出现在两组断裂交叉部位或在张性活动断裂的转折部位，大同火山群中的火山锥大多分布在北东向或北北东向活动断层上，或在北东向与北西向断层相交部位。

二、火山的结构

火山通常由火山锥、火山口和火山喉管三部分组成。

1. 火山锥

根据火山锥的内部构造和组成物质，可划分为火山碎屑锥、火山熔岩锥、火山混合锥和火山熔岩滴丘。

火山碎屑锥是火山喷发时，固体喷发物（火山灰、火山砂和火山砾）与炽热的气体一起喷出，在空中旋转而逐渐变冷、变硬，从空中降落堆积成碎屑锥。火山碎屑锥呈圆锥形，上部坡度较大，下部较缓。锥顶端有一个火山口或破火山口，由于火山一次次地喷发，火山碎屑锥常由成层的火山碎屑组成（图 13-2(b)）（照片 13-4）。

火山熔岩锥又叫盾形火山，它是坡度很小的熔岩堆积体，由火山口或裂隙喷出的熔岩堆积而成（图 13-2(a)），有时在火山熔岩锥的侧坡上常有许多熔岩从小孔道或者裂缝溢出。夏威夷的冒纳罗亚火山是规模较大的盾形火山，它的底部长约 96 km，宽约 48 km，海拔 4176 m，由火山口喷发，而冰岛的盾形火山则沿裂隙喷发。

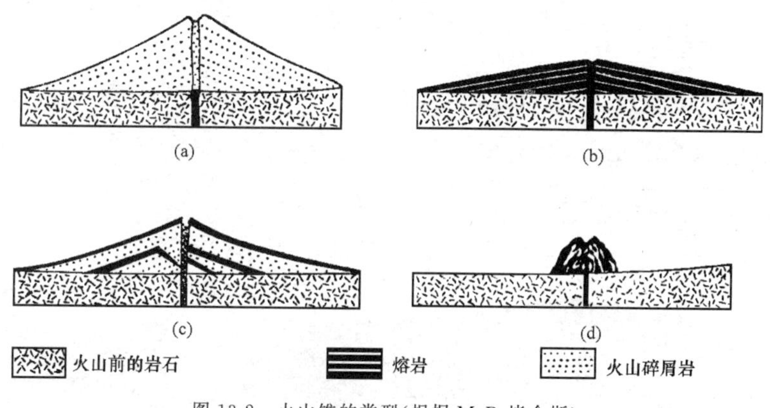

图 13-2 火山锥的类型（根据 M. P. 毕令斯）

(a) 火山碎屑锥；(b) 火山熔岩锥；(c) 火山混合锥；(d) 火山熔岩滴丘

火山混合锥由熔岩和火山碎屑交互成层组成（图 13-2(c)）。大部分熔岩常自火山锥坡上溢出向火山锥的下方流动，形成平缓的火山锥坡，如另一坡无熔岩，全由火山碎屑物组成，则坡度较陡，这时就形成一坡陡一坡缓的不对称火山锥。山西省大同火山群中的许堡火山就是这种类型的火山锥。

火山熔岩滴丘是体积不大、周边较陡的熔岩锥（图 13-2(d)）。它是由于黏性很高的熔岩喷发后，急剧冷却形成的。熔岩滴丘多位于火山口内或火山锥体的喷火口上，内部常见流纹构造。

2. 火山口

火山口是火山锥顶上的凹陷部分，它位于火山喉管上部，平面近圆形，口大底小呈漏斗状。火山口的深度不等，视火山规模而定。

火山口是火山喉管顶部爆破而成。碎屑物被抛到空中后，再落在火山喉管附近几十米至数百米以内，堆起一道环状围堤，中部形成圆形凹坑。如果有岩浆在喉管中上升，便可以熔化它上面的物质，熔岩冷却后，能保持这个凹陷的原形。有些坑状火山口底部为固结的熔岩，坑口常能积水成湖，形成火山口湖，或称天池。我国东北长白山上的白头山天池就是一个火山口湖，它的面积为 9.8 km^2，水面海拔 2155 m，平均水深 204 m，最深达 373 m。

许多大型火山口的一侧常成一缺口，称破火山口。破火山口的成因有以下几种：

(1) 由于火山再次猛烈喷发，崩毁了火山口上的大量岩石形成爆发破火山口。例如日本的盘梯火山，1888 年 7 月 15 日早晨，在 1 分钟时间内连续有近 20 次的爆发，最后一次爆发，引起巨大山崩，席卷 35.2 km^3 的岩石，火山的北侧大部分被崩去，留下一个近 4 km^2 的大围场。

(2) 大量火山物质的急剧喷发，使火山上层失去下伏层的支撑而引起崩塌，形成崩塌破火山口。例如 1883 年印度尼西亚的喀拉喀托火山口在喷发浮石之后 1 小时，火山口就出现大量崩塌而形成破火山口。

(3) 有些火山口经流水侵蚀破坏，形成侵蚀破火山口。当火山位于活动断层上，断层两侧有明显高差，因而火山锥呈不对称状，一坡缓，一坡陡，陡的一坡常被侵蚀形成冲沟，并和火山口相连，平面呈马蹄形。山西大同火山群就有这种类型的火山(图 13-3)。

图 13-3 山西大同火山群中的马蹄形火山(根据王素)

3. 火山喉管

岩浆从地下喷出时的中央通道，称为火山喉管。火山喉管常被熔岩和火山碎屑填充，如果经侵蚀把上层熔岩与火山碎屑岩剥去以后，火山喉管的形状及其填充物就暴露出来。这些火山喉管常位于两条断层的相交部位。有时，当岩浆沿断裂上升接近地面时，气体开始迅速自熔岩中喷出，以至发生爆炸，所以在断裂的局部地段由于熔融、气熔和爆炸而变宽，形成火山喉管。被填充在喉管中的熔岩和火山碎屑由于凝结而成圆柱状的岩体，称为火山颈或火山塞。

三、火山的类型

根据火山喷发的特点和形态特征可划分以下几种类型。

1. 马尔式火山

这是一种只有火山口而没有火山锥的火山。这类火山不多，1882 年日本有一次这种类型火山的喷发，这次喷发只发生一次爆炸，由于气体自地下迸发出来，爆炸作用很强，使直径 200 m 以内的岩石碎块和泥砂冲向高空，没有熔岩和火山灰喷出。马尔式火山在地面大都只留有一种漏斗状的洼地，有时洼地被水填满形成湖泊。这种湖泊在德国埃菲尔区很多，当地人称为马尔，故而把这种类型的火山称为马尔式火山。

这种类型的火山在墨西哥和南非金伯利城也有分布，人们把爆炸火山口叫"金伯利烟筒"。因填满这些烟筒的岩石含金刚石，所以这些烟筒已被挖得很深可供观察。烟筒穿过古老的岩层，烟筒的壁是直立的，并且在很多地方呈光滑的面，烟筒的口呈一圆形，直径超过 100 m。

2. 维苏威式火山

维苏威式火山由玄武岩和火山碎屑物互层构成(图 13-4)。它是由火山强烈喷发时从火山口喷射出来的松散物，在火山口周围堆积起来，形成由一层层火山渣、火山灰和熔岩流互相叠置的火山锥。随着火山的增长，火山口也不断升高，等到火山相对平静时，火山口发生崩塌，于是形成平的火山口底。火山再一次喷发时，在宽广的火山口内，重新又堆积一个新的小火山锥，它的周围是老火山口形成的环形山。环形山和中央新火山锥之间隔着一环形洼地。为了把这种老火山口套着新火山锥和单一的火山锥区别开来，把套有新火山锥的火山称为维苏威复式火山，单一的火山锥称维苏威单式火山。

图 13-4　维苏威式火山的结构(根据 Д. И. 谢尔巴科夫)

3. 夏威夷式火山

夏威夷式火山是一种平缓的穹隆状火山，即盾形火山，它的山坡倾角在 3°～10°之间，全部由熔岩组成，火山顶部是一片平坦的地面，其上有一个宽浅的火山口。这类火山在夏威夷群岛分布最多，故而称夏威夷式火山。

夏威夷式火山喷发时熔融的岩浆从地下溢出，但没有爆炸现象，气体和火山碎屑喷发物也很少。在熔岩喷发之前，岩浆从地壳下部上涌，直到地表从火山口溢出。有时，熔岩表面形成一层薄壳，然后薄壳裂开，熔岩再流出来。

夏威夷式火山还有一种坑状火山口。火山口是四周呈陡峻峭壁的圆形凹陷，其直径自15 m 到1500 m 不等，深达几十米至几百米，有些坑状火山口底部为固结的熔岩。这种圆形坑状口是岩浆沿裂缝上涌顶冲到地表，并熔蚀周壁形成一个岩浆圆柱。之后，圆柱下部岩浆沉降，使圆柱上部崩塌形成坑状火山口。圆形坑口经过多次崩塌而扩大。

四、活火山、休眠火山和死火山

活火山是现代仍在活动的火山，如西西里岛的埃特纳火山、夏威夷岛上的基劳埃阿火山、爪哇岛上的默拉皮火山以及菲律宾、巴布亚新几内亚和新西兰的一些火山都是著名的活火山。活火山呈周期性活动特征，但活动间隔时间长短不一，如爪哇岛的默拉皮火山 20 世纪以来平均间隔两三年就要喷发一次，已有 68 次喷发记录；日本山宅岛火山停止活动 20 年后于 1983 年 10 月 3 日又开始喷发，2002 年 4 月 2 日再次喷发；俄罗斯远东地区堪察加半岛的克留契夫火山，1697 年以来喷发 80 多次，最强烈的是 1994 年 10 月的一次喷发，喷出的火山灰达到火山口上空 20 km。

一些近期没有活动的活火山为休眠火山，例如维苏威火山在公元 1 世纪前没有人把它当做一座活火山，它的山坡很平缓，上面覆盖着黄土，山顶上有一片洼地，牧人常在这里放牧，公元 79 年，这座火山发生了猛烈的爆发，向着海一侧的火山坡在爆发时飞溅出去，繁荣的庞贝城就是在这次火山喷发中被埋没的；我国东北长白山白头山火山也是休眠火山，长白山火山区的火山活动经历从上新世以来的漫长地质时期，白头山火山锥则是晚第四纪形成的，大约 1000 年前的一次火山喷发，导致森林焚毁形成炭化木，公元 1597 年、1668 年和 1702 年还各有一次火山喷发，但最近 300 多年以来没有活动。

从晚更新世以来没有活动的火山，称死火山，山西大同火山的活动时代大约距今 14 万年到 33 万年，说明火山活动虽能延续很长时间，但在相当长的时间已不活动，为死火山。综上所述，通常我们把在第四纪以来已有很长时间没有活动的较古老的火山称死火山；那些在有史以来有活动，近期没有活动，将来可能还会活动的火山叫休眠火山；在近期经常活动的火山叫活火山。

火山生长速度很快。根据观测，维苏威火山的内锥从 1913 年到 1920 年增高了 70 m 以上。墨西哥以西约 320 km 的帕里库廷火山 1934 年 2 月 5 日发生地震，在以后两周内，地震的强度和频度相继增大，2 月 20 日下午 4 点，出现一小裂缝，并有烟灰升起，6 点左右，形成一道由火山灰组成的低堤，2 月 21 日，火山升高达 12 m，2 月 26 日，火山锥高达 150 m，1951 年 8 月，火山口边缘最高点已超出原基底 650 m 左右，直到 1952 年 2 月，帕里库廷火山才停止喷发。

在小安德列斯群岛的马提尼克岛上的培雷火山，1902 年喷发时，先由裂隙喷出大量硫磺气体，爆炸时在火山口顶部的湖及其周围的树林都被摧毁。几天后，又发生了剧烈的爆炸，喷发后在火山口升起了直径达 150 m 熔岩柱。几个月后，熔岩丘的上部又开始形成一个“方尖柱”，高出基底面约 350 m（图 13-5）。

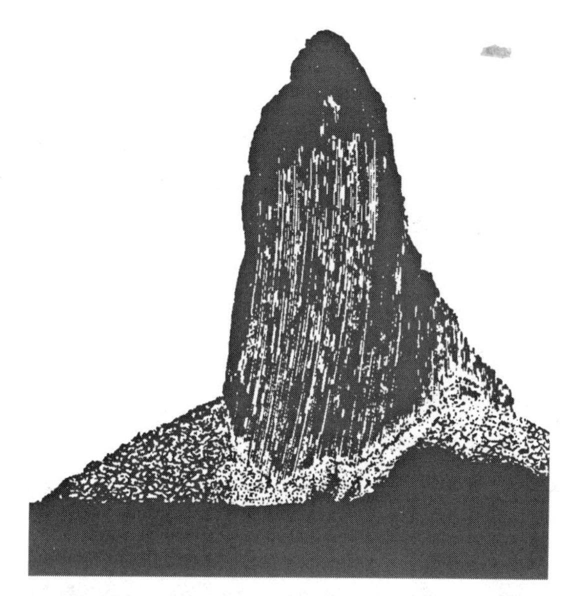

图 13-5 1902 年形成的培雷山的“方尖柱”(针峰)(转引自 M. P. 毕令斯)

除了上面列举的一些陆地上的活火山外,还有一些海底喷发的活火山,它们常形成新的岛屿。例如 1933 年千岛群岛由于火山喷发在亚兰群岛附近形成了一个新的小岛。1796 年白令海中升起的约安博果斯洛夫火山,到 1823 年火山高达 620 m,以后又被海浪冲蚀,1883 年在该岛旧址又升起新的火山岛。2013 年 11 月 20 日,日本小笠原群岛海底火山喷发,在西之岛附近形成一座新的椭圆形火山岛。

火山活动可以在一些海域中形成新的火山岛屿,同时有些地方下降被海水淹没。例如印度尼西亚的拉卡特火山喷发后,喀拉喀托岛大部分沦于海面之下,该岛面积原为 33 km^2,淹没掉 23 km^2,水深达 300 m。

第二节 熔岩地貌

火山喷出的高温熔岩,成分以硅酸盐为主,并含有一些气体,温度高达 1000～1200℃,呈液态在地面流动。熔岩的流动速度与二氧化硅的含量和温度有关,二氧化硅含量低的基性熔岩黏度小,温度高,流速快,酸性熔岩黏度大,温度低而流动慢。熔岩流动速度除与熔岩成分、性质和温度有关外,还受地形的影响,在坡度较陡的斜坡上或沿河谷中流动的熔岩速度较快,最快记录达 45～65 km/h,通常为 15 km/h。熔岩在地表流动一段距离后,所含气体逐渐散失,温度不断降低,流动速度也将不断减慢直至停止,在地表形成各种熔岩地貌。

一、熔岩丘

熔岩丘是由熔岩组成的圆形或椭圆形的小丘,它的高度从几米到十几米,长几十米。椭圆形小丘的下部常有一裂口,熔岩从裂口中流出。熔岩丘是由于地壳下部的熔岩有较大的静压力,熔岩沿裂隙溢出地面冷却而成,或者是封闭熔岩壳下面有许多巨大气泡,由于气体外溢胀起形成的。

二、熔岩垄岗和熔岩盖

熔岩垄岗是熔岩沿地表流动形成长条形的垄岗地形，它的长度和宽度不等。大同火山群的熔岩垄岗长几千米，宽几十米至百米；1178 年在冰岛的斯卡普斯·约库尔火山形成一条长 60～80 km，宽 10～24 km，厚 10～30 m 的熔岩垄岗。熔岩垄岗的横剖面呈凸透镜体状，中部微微高起，向两侧缓倾。许多熔岩垄岗组成微微起伏的熔岩丘陵。熔岩垄岗的下伏地层的表面，常被熔岩烘烤而有热变质现象。由于熔岩的导热率很小，熔岩表面冷却固结后，中心仍然是炽热的岩浆，处于熔融流动状态，使表层固结的岩浆形成皱纹，形似绳状，称为绳状构造(照片 13-5)。皱纹在熔岩表面呈弧形，凸出方向指示熔岩流动的方向。沿裂隙喷出的熔岩流比沿中心喷发的熔岩流能延伸更远，分布面积更大。

在地形平缓的地区，熔岩流从中心向四周流动，成为宽广的熔岩原野，叫熔岩盖。熔岩流经下伏地形陡坎，就形成熔岩瀑布。

三、熔岩隧道

熔岩隧道是在熔岩内形成的窄长通道。当厚层熔岩表层冷却固结，便形成一层硬壳，流动速度减慢乃至停止，熔岩内部尚未固结的液态熔岩仍处在不断流动状态，当无新的熔岩流补充时，熔岩内部便形成空洞，称为熔岩隧道。海口市附近的熔岩隧道，长约 2 km 左右，高 3～5 m，宽 7～8 m(照片 13-6)。

熔岩隧道形成后，常有火山物质经过小裂隙进入隧道，或者在隧道底部沉积了流水带来的沉积物和隧道顶部崩塌的岩块。

四、熔岩堰塞湖

熔岩溢出地表后，常流到河谷内，阻塞河道，形成熔岩堤坝，使河谷积水成湖，称为熔岩堰塞湖。牡丹江上游的镜泊湖是我国最大的熔岩堰塞湖。它由全新世喷发的玄武岩流阻塞牡丹江河谷而成，湖面约 96 km^2，长约 40 km，宽 6 km，水深一般为 10～20 m，最深处达 60 m，湖的北面有两个出口，形成两个高约 20～25 m 的瀑布。黑龙江五大连池市的北部，公元 1719—1721 年火山喷发的熔岩流堵塞河流形成五个串珠状的堰塞湖，称为五大连池。

五、熔岩湖

在火山口洼地中，有液态的熔岩，它的下部和火山管道相连，四周为凝结成固态的熔岩构成堤坝而阻挡其外流，便形成熔岩湖。熔岩湖多由基性玄武岩组成，熔岩湖面时大时小，常有固结的或半固结的熔岩块在湖面浮动。熔岩湖不会长期存在，夏威夷基拉维厄火山和扎伊尔尼腊贡戈火山的熔岩湖自 19 世纪被发现到 1924 年火山强烈活动后就消失，后来虽多次出现，但时间都不长。到 1980 年世界上还有南极的埃里伯斯火山、埃塞俄比亚的埃立塔里亚火山和尼加拉瓜的马萨亚火山等有熔岩湖出现。

照片13-1　1980年5月18日美国圣海伦斯火山喷发（Austin Post）

照片 13-2　台湾大屯火山群中火山口喷出的气体（李有利）

照片 13-3 夏威夷火山喷发及熔岩流（美国地质调查局）

照片 13-4 第四纪火山喷发碎屑（火山砾、火山砂、火山灰）堆积的火山锥（山西大同）（李有利）

照片 13-5　火山熔岩流动时在其表面形成的绳状构造（山西大同）（李有利）

照片 13-6　熔岩隧道（海南省海口市附近）（杨景春）

第十四章　人类活动形成的地貌

人类活动形成的地貌称人为地貌，它包括人类活动直接形成的地貌和人类活动间接形成的地貌。人们早就知道人类活动是一种地貌营力，但早期的地质学家认为人类活动与火山喷发、河流作用、冰川作用等相比微不足道。19世纪末至20世纪初，欧洲移民对北美景观的破坏引起了人们的注意，开展了土壤侵蚀和金矿开采对地貌影响的研究。20世纪30年代美国对沙尘暴引起了重视，并对径流、入渗、淤积和土壤侵蚀等问题进行研究，同时欧洲学者也开始对一些地区的干旱化、沙漠化和土壤侵蚀进行研究。20世纪70年代的环境革命中，进行了一系列人为地貌学的研究，许多地貌学家开始对短时间尺度（人类历史）的地貌系统和地貌过程进行研究。20世纪80年代以来，人为地貌学研究进入了一个新阶段，全球变化，尤其是温室效应对地貌过程的影响受到了充分关注。

人类活动对地貌形态和过程的影响范围非常广泛（表14-1）。人类直接活动进行挖掘和堆积，可以产生特殊的地貌。人类活动也可间接地影响侵蚀与堆积过程，引起地基下沉和触发坡地崩塌等。人类间接活动的结果往往叠加在自然过程所产生的结果之上，常不易识别，再加上人类对地貌过程与现象之间的关系认识不够，有时对地貌和地貌过程微小改变引发的灾难却往往意想不到。

表14-1　人类活动的地貌过程

人类活动直接地貌过程	人类活动间接地貌过程
1. 挖掘过程 筑坝、修建运河和引水渠、修建梯田和道路以及采矿等挖掘和切削直接形成的地貌。 2. 堆积过程 填埋平整土地、填海造陆或围湖造陆、废弃物堆积和填埋、矿渣堆积等形成的地貌	1. 风化作用影响地面侵蚀形成各种侵蚀地貌 2. 人工砍伐植被、地面开挖和火灾引起的地面土壤侵蚀、坡地过程和荒漠化 3. 修建大型水库对地貌的影响 ① 改变河流的侵蚀与堆积作用使河床地貌发生变异 ② 库岸边坡的滑塌 ③ 库区周边小气候改变而使地貌过程发生变化 4. 海岸带地貌过程的改变 ① 海岸带航道整治和陆地入海河流泥沙的开采引起海岸侵蚀与堆积变化 ② 海岸带各种工程建设使冲淤变化而改变海岸形态 5. 各种工程建设和城市化的地貌过程 6. 抽取地下水和废弃坑道使地面沉降

第一节　人类活动直接地貌过程

一、挖掘过程

人类为开采矿产、平整土地或修建道路进行挖掘而改变地貌景观，使地表形成深坑和平地。英国东部的人们为采集石料留下许多深坑，现在这些人工坑积水成湖，大都具有平直的岸线和很陡的岸坡。公元1300年以前，在形成湖泊的地方开挖的土方达到2550万立方米。

露天采矿对地貌的改变和环境破坏非常严重。美国几乎一半的煤炭产量是露天开采的，它给宾夕法尼亚、俄亥俄、西弗吉尼亚、肯塔基、依利诺斯等州带来了特殊的环境问题。世界上最大的矿坑是美国犹他州的宾汉峡谷铜矿坑，它的面积为7.21 km^2，深774 m，共开挖了33.55亿吨矿石和盖层，是修建巴拿马运河开挖土方的7倍。

有些挖掘仅仅是为了景色美观。例如，1676年英国某公园的一座山被削低150 m，许多山丘降低0.6 m，以突出公园主体景观。1720年，另一个公园的一座山丘因阻挡从一座新建的房屋观看一条小溪而被削去10 m。

在缺少可利用土地的地区，常通过平整山丘和取土填海获得土地。在波斯湾的巴林岛上，大部分的沙漠沙被运送到该岛北部的商业和工业区进行填海造陆。

人类的挖掘作用比自然的剥蚀作用强许多倍。混凝土浇灌所需的砂、砾和粉碎岩屑等需求的增长造成人类挖掘量的迅速增加。英国1900年建筑用砂石料的需求是2000万吨，1948年增至5000万吨，1973年猛增到2.76亿吨，按人口的增加速率为每人每年增加0.6～5吨。最近30年来，我国建筑用砂石料的需求迅猛增加，引起山石、河道和海岸砂砾石的大量开采。全世界每年由于开挖而运送的土壤和岩石超过3000亿吨，而每年河流带入海洋的泥沙量只有24亿吨。

筑坝、修建运河、疏浚河道、建设排水和海岸保护工程等都可以产生特殊的挖掘地貌。为了航运和防洪，人类常截弯取直天然河道，使河道长度减小增加了河床坡度和水流速度，洪水侵蚀加深河床，提高了河流的抗洪能力，减少了河道凹岸的漫岸洪水。美国在20世纪30年代开始进行密西西比河的截弯取直工程，到1940年，阿肯色州的阿肯色城的洪水位降低了4 m；到1950年，田纳西州的孟菲斯到路易斯安那州的巴吞鲁日之间的河长因为16处截弯取直而缩短了270 km。我国从20世纪50年代开始曾在长江下游地区进行大规模的人工截弯取直工程，使长江河道缩短了80 km，在一定程度上缓解了长江中下游地区的水灾威胁。

二、堆积过程

人类建造地貌已有很长的历史。英国建造堤坝的历史可以追溯到有历史记载以前；许多世纪以来，荷兰人为保护自己的土地修筑许多海堤，把须德海用堤坝封闭起来。有些人类建造地貌仅仅出于美学的原因，如我国皇家园林中的一些人工假山。

人类废弃物形成了最主要的人工堆积地貌。据估算，截至1976年英国煤田的矿渣体积最少有20亿吨；在中东和其他地区的城市堆弃物逐渐抬高了地面，成了考古学家发掘和研究的重要场所。人类废弃物的增加也影响到海岸带地貌，纽约市倾倒到大西洋的固体废弃物相当于缅因州和北卡罗来纳州之间的所有河流悬移质的总和。

填海造陆和围湖造田也是一种重要的人类建造地貌过程。人口密集地区常位于浩瀚水域附近，全球400万以上人口的城市有3/4位于海滨和湖滨，许多海滨城市通过填海寻求发展空间，湖泊周边地区因围垦使湖泊面积减小甚至消失。1949年以来围垦使鄱阳湖的面积减少了1/3，一些小的湖泊业已消失，增加了耕地的面积，改变了原生地貌形态和格局，但降低了汛期蓄洪能力，常发生洪水灾害。

许多人工挖掘地貌后来被填埋。将英国19世纪中期地形图上的洼坑与现代的洼坑的分布进行比较，可以发现大量洼坑已被人工填充垫平，洼坑的数量密度由每平方千米 121 个降低到 47 个。另外，有些矿坑可形成人工湖，经修整后可以利用。

第二节 人类活动间接地貌过程

一、风化作用

人类活动导致的空气污染，可以影响风化的性质和速率。由于燃烧化石燃料释放大量的二氧化硫气体，在许多工业化地区降水中硫酸的含量明显增加，酸雨与岩石的化学反应加速了岩石的风化，产生的硫酸钙和硫酸镁等盐类晶体又会加速岩石的物理风化（撑胀作用）。由于燃烧化石燃料和破坏植被，空气中二氧化碳的含量增高，二氧化碳与水结合形成碳酸可以溶蚀灰岩、白云岩和大理岩，使一些碳酸盐岩石受到溶蚀风化破坏。

风化作用也会因灌溉引起的地下水位的变化而加速。在巴基斯坦的平原地区，1922 年以来灌溉造成地下水上升了大约 6 m，导致蒸发和盐碱化增强。在毛细上升带以上，蒸发作用形成盐类矿物加速了岩石风化，致使该地区的一些著名文化考古遗址以灾难性的速率遭受破坏。

将岩石由一种环境搬运到另一种环境会引起风化速率的增加，纽约公园的古埃及方尖碑就是一个典型例子。该碑在公元前 1500 年立在开罗对岸的尼罗河边，公元前 500 年遭波斯侵略者毁坏，后来其下部被尼罗河冲积物掩埋。1880 年方尖碑被运到纽约后，风化剥落明显加强，铭文在 10 年内就变得模糊不清。这是湿润环境中水分的参与、冻裂和水合作用增强所致。

二、土壤侵蚀

人类活动是导致土壤侵蚀的重要原因。工程建设、城市化、战争、采矿和其他人类活动对土壤侵蚀有显著的影响，但引起土壤侵蚀的主要原因是破坏植被和耕地面积的扩大。据估计，美国农田土壤侵蚀速率大约是 30 t/(km^2 · a)，比土壤形成的速率快 8 倍。美国地表径流每年携带 400 万吨泥沙进入河流，其中 3/4 来源于农田，其余的 1/4 来源于风蚀，后者是形成 20 世纪 30 年代沙尘暴的原因。

我国黄土高原，由于近代人类对土地的滥垦、滥牧、滥伐等不合理利用，造成大量土壤侵蚀（表 14-2）。

表 14-2 黄土高原土壤侵蚀（罗来兴，1955）

地　　区	时　　间	地面平均侵蚀厚度/(cm/a)
陕北靖边县红柳河	1823—1953 年	0.74
陕北子洲县清涧河	1862—1953 年	0.62
陕北延川、清涧之间的井沟	1939—1952 年	0.85
陕北绥德韭园沟	1931—1939 年	1.13
	1941—1946 年	0.95
陇东西峰镇南小河	1953—	0.98

植被可以削弱溅蚀、减小径流和抵抗流水侵蚀，从而保护其下的土壤，因此，当植被遭到破坏后，土壤侵蚀速率将会升高。例如，美国科罗拉多最近 100 年的土壤侵蚀速率为 1.8 mm/a，而在这以前的 300 年中，侵蚀速率只有 0.2～0.5 mm/a，在 20 世纪内侵蚀速率增加了大约

6倍。这个速率的大幅度上升是一个世纪以前该地区大量开展养牛业的结果。根据热带非洲的三种主要土地利用类型——林地、农田和闲置土地侵蚀速率资料的比较,耕地和闲置土地的土壤侵蚀速率明显大于林地,而且其降雨转化成径流的比率也较大。

我国南方花岗岩地区,因植被遭到严重破坏,造成大量水土流失,形成崩岗地形。大多数崩岗都是近几十年因砍伐林木造成的,对土地资源破坏十分严重,地面切割破碎,土壤层侵蚀殆尽,耕地受到破坏,而沟谷和河塘水库中则形成大量泥沙堆积,对灌溉、排涝、发电和航运等造成不利影响。

破坏植被引起的土壤侵蚀不仅以广泛的地表剥蚀的方式出现,而且也会以坡地过程,如泥石流、滑坡和崩塌等方式进行。通常,汇水盆地中森林被砍伐的比例越大,沉积物的来源就越多。美国森林的砍伐面积每增加20%,沉积物的来源量将增加一倍。

与植被变化有关的风蚀作用造成土壤侵蚀的典型例子是美国20世纪30年代发生的沙尘暴现象。在第一次世界大战期间,成千上万的拖拉机进入美国大平原地区进行耕作,小麦的种植面积增加了一倍,仅堪萨斯州,小麦种植面积由1910年不到200万公顷增加到了1919年的500万公顷。大面积草地的开垦使土壤变得脆弱和易受侵蚀,连续的高温和干旱减少了植被覆盖,使土壤十分干燥而易于遭受风蚀,形成了所谓的黑色风暴。1934年5月,由加拿大到得克萨斯,从蒙特那到俄亥俄,富含尘埃的奇异乌云遮天蔽日,覆盖350万平方千米的天空,持续了整整4天,将3亿吨的粉尘搬运了2400 km,不仅在白宫总统的办公桌上,而且在大西洋距海岸480 km的轮船甲板上也都落下了粉尘。粉尘造成鸡鹅因窒息而飞翔,有些地方白昼变成了黑夜。2000年发生在我国北方的多次沙尘暴也与气候干旱、人类活动引起的植被破坏和过度开垦有关。

火灾破坏植被造成土地暴露也会增加土壤侵蚀,尤其在火灾发生后不久,会引起高速土壤侵蚀。澳大利亚一个流域的高山火灾造成了河流水量以及悬移质的明显增加,火灾后总沉积物的搬运量增加了1000倍。在美国亚利桑那州的浓密常绿阔叶灌丛区的实验研究表明,某流域在火灾之前侵蚀的速率为43 $t/(km^2 \cdot a)$,在火灾后达到了$(5\sim15)\times10^4 t/(km^2 \cdot a)$。据研究,该地区土壤中有一个不透水层,由土壤颗粒和从灌丛与枯枝落叶中淋溶的疏水物质构成,常位于土壤剖面的上部。当灌丛燃烧时,高温造成疏水物质蒸馏,并向土壤剖面的下部迁移。该过程导致不透水层以上的透水层厚度增加,使土壤表层易受侵蚀,尤其在较陡的坡度上,可以引起严重的地表侵蚀。

城市化也可以造成侵蚀速率的明显变化。在城市建设阶段,由于地面大面积裸露以及车辆和挖掘对地面的扰动,常发生很高的侵蚀速率。据研究,建设区一年的侵蚀量相当于该区未建设前几十年的自然和农业引起的侵蚀量。在美国马里兰州,建设时期的侵蚀速率为$5.5\times10^4 t/(km^2 \cdot a)$,而有森林覆盖的地方为$80\sim200 t/(km^2 \cdot a)$,农田为$400 t/(km^2 \cdot a)$。在英国的德文郡,流经建设场地的河流的含沙量是未受干扰河流的2～10倍,有时达到100倍。在美国的弗吉尼亚州,建设地区的侵蚀速率是农田的10倍、草地的200倍、林地的2000倍。在建设期间,一些技术可以减少沉积物的流失,包括挖掘沉积池、在裸露土地上种草或将地面覆盖等。当对地面工程建设完成后,路面得到了铺设,花园和草地得到了耕种,侵蚀速率会明显降低。

三、坡地过程

坡地过程包括滑坡、崩塌、泥石流以及土屑蠕动等地貌过程。人类活动引起坡地过程的例子很多，例如修建道路时，坡脚物质常常被切割，造成坡地失稳而发生滑坡和崩塌；切割的物质堆到下方的斜坡上以增加路面的宽度，但降水渗入其中和路面载荷常常容易造成松散堆积物滑坡与崩塌。新建水库蓄水后，由于水位上涨，浸润库岸边坡使其失稳而发生滑坡和塌岸。

人工引起的坡地过程常常会带来灾害。由于土地资源紧缺，原来不适合建设的地方也通过一些工程措施进行开发，在一些山区道路建设和山区城市化常发生人为坡地过程造成灾害。随着工程技术的发展，人类改造坡地的能力在增大；同时，经人类改造的坡地发生灾难性的坡地过程的危险也在增加。因此人类采取一系列措施来控制和防治灾害的发生。

有些坡地过程是由于人类堆积岩土形成不稳定的坡面而发生向下运动造成的。1966 年威尔士南部的一个高约 180 m 的煤矿废渣堆发生泥石流，冲毁了一所学校，夺取了 150 多人的生命。

1963 年发生在意大利某水库的滑坡与人类活动也有关系，水库的修建，提高了地下水位，降低了水库岸边坡地的稳定性，使 2.4 亿立方米的岩体滑入水库，引起水位快速上升而发生溃坝，形成洪水，使 2600 人丧生。我国长江三峡库区蓄水后至 2008 年共发生岸坡滑塌 100 多次，虽没有造成人员伤亡和财产重大损失，但对长江航道构成严重影响。

一些长期的人类活动，包括破坏植被和农业活动对坡地过程的影响也很重要。苏格兰高地的大多数泥石流发生在过去的 250 年，强烈的燃烧和放牧是造成这些泥石流的原因。

四、河流过程

河流汇水盆地内的城市化会引起河流洪水的强度和频率增加，在松散沉积物中的河流会侵蚀河岸而展宽，并引起河岸崩塌和建筑物基础遭受破坏。

抗洪工程和灌溉工程造成的水量减小对河道形态的变化影响很大。美国南北普拉特河的洪峰流量比建坝前减小了 10%～30%，河道明显变窄，河型发生改变。北普拉特河 1890 年在怀俄明州和内布拉斯加州边界的宽度为 762～1219 m，现在已经减小到 60 m；南普拉特河在与北普拉特河交汇处上游 89 km 处的边界宽度在 1897 年为 792 m，但到了 1959 年已经变窄到 60 m。两条河流形成较窄而相对固定的河道，代替原来宽阔的辫状河道，并且新河道比老河道弯曲度增加。

修建大坝引起河流泥沙量的变化可以造成上游河道的加积和下游河道的下切（图 14-1）。我国黄河三门峡水库自 1960 年 9 月建成以来，出现了库区严重淤积、库容大量减少、库区淤积上延、潼关至龙门段河床淤积抬高、黄河倒灌渭河而使土壤盐渍化以及渭河下游洪灾发生的概率增加等一系列问题。一些水坝下游河流下切速率的数据表明，自从大坝合龙后，在几十年中河道的下切可以达到数米（表 14-3）。观测表明，随着时间推移河流下切的速率逐渐减小，这是由于河流下切导致了大坝附近河床的平坦化，河床坡度小到河流的能量不足以有效地搬运泥沙；其次，大坝减小了洪峰和河水搬运泥沙的能力，河流只能搬运较小颗粒的物质，细粒物质被搬运后留下的粗粒蚀余堆积构成保护层，阻止河流进一步下切，河床下切将向下游方向迁移。根据长江水利委员会对三峡水库以下河床下切状况进行估算，最初 20 年内，上游松磁口至太平口段局部河床下切最大冲刷深度可达 2.0 m；20 年后下游太平口至藕池口受冲刷，河床冲深约 3.4 m；到 40 年左右，藕池口以下至城陵矶的河床冲深可达 5.3 m。

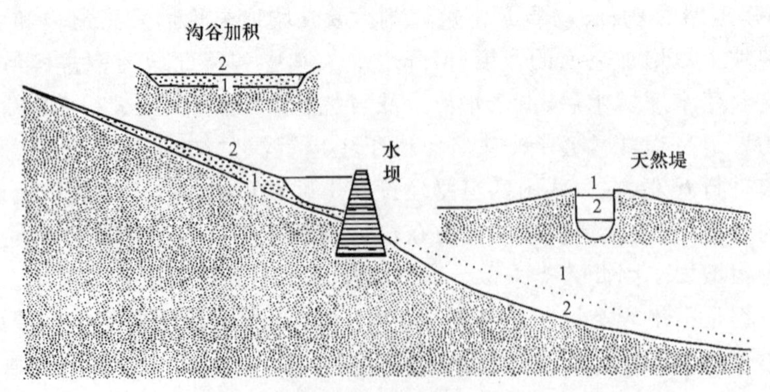

图 14-1　水库大坝对河流上游和下游的不同影响(Strahler and Strahler, 1973)
1. 水库修建前的河床位置；2. 水库修建后的河床位置

表 14-3　一些水坝下游河床的下切侵蚀量(Galay, 1983)

河　流	水　坝	下切量/m	距离/km	时间/a
南加拿大河(美国)	肯超斯坝	3.1	30	10
中卢普河(美国)	楣尔本坝	2.3	8	11
科罗拉多河(美国)	胡佛坝	7.1	111	14
科罗拉多河(美国)	戴维斯坝	6.1	52	30
瑞德河(美国)	邓尼森坝	2.0	2.8	3
柴也尼河(美国)	安哥斯图那坝	1.5	8	16
萨拉赤河(奥地利)	里臣浩坝	3.1	9	21
南萨斯喀彻温河(加拿大)	达芬贝克坝	2.4	8	12
黄河(中国)	三门峡坝	4.0	68	4

土地利用的变化和土壤保护措施也可以引起河道形态的变化。图 14-2 是美国佐治亚盆地 1700 年以来人类活动对河流影响的示意图。砍伐树木开垦农田引起坡地的侵蚀，导致大量泥沙被搬运到河道和冲积平原沉积(图 14-2(b))。这种引起强烈坡地侵蚀和河道平原堆积一直持续至 20 世纪初。随后，在坡地上恢复植被、修建水库和农田面积的减少等措施引起了河道的变化，流水不再搬运大量泥沙，河流开始侵蚀下切，河床降低了大约 3～4 m(图 14-2(c))。

沿着河道生长的植被的变化与河道的加速沉积作用有关。美国南部盐雪松(Salt Cedar)的种植，引起了冲积平原的加积。得克萨斯州的布腊索斯河因植被阻挡而发生沉积，引起河道萎缩，增加了洪泛区的面积，1941—1979 年之间，该河流的宽度由 157 m 减小到 67 m，加积量达 5.5 m。

由各种自然和人类的变化造成河床下切的原因复杂多样(表 14-4)，可以分为向下游发展的河床切割和向上游发展的河床切割两种情况。

表 14-4　引起河床切割的原因(Galay,1983)

类　型	主要成因	人工与自然过程
向下游发展	河床物质和水量减少	修建大坝，河床物质被侵蚀，河床物质分异，土地利用的改变
	水量增加	水流的改变，罕见洪水
	河床物质粒级降低	
	其他	湖泊消亡与河流出现，永冻土消融
向上游发展	侵蚀基准降低	湖面降低，主河面降低，河床物质被侵蚀
	河长缩短	截弯取直，河道整治，河流袭夺，侵蚀基准水平方向迁移
	控制点消失	自然侵蚀，大坝废除

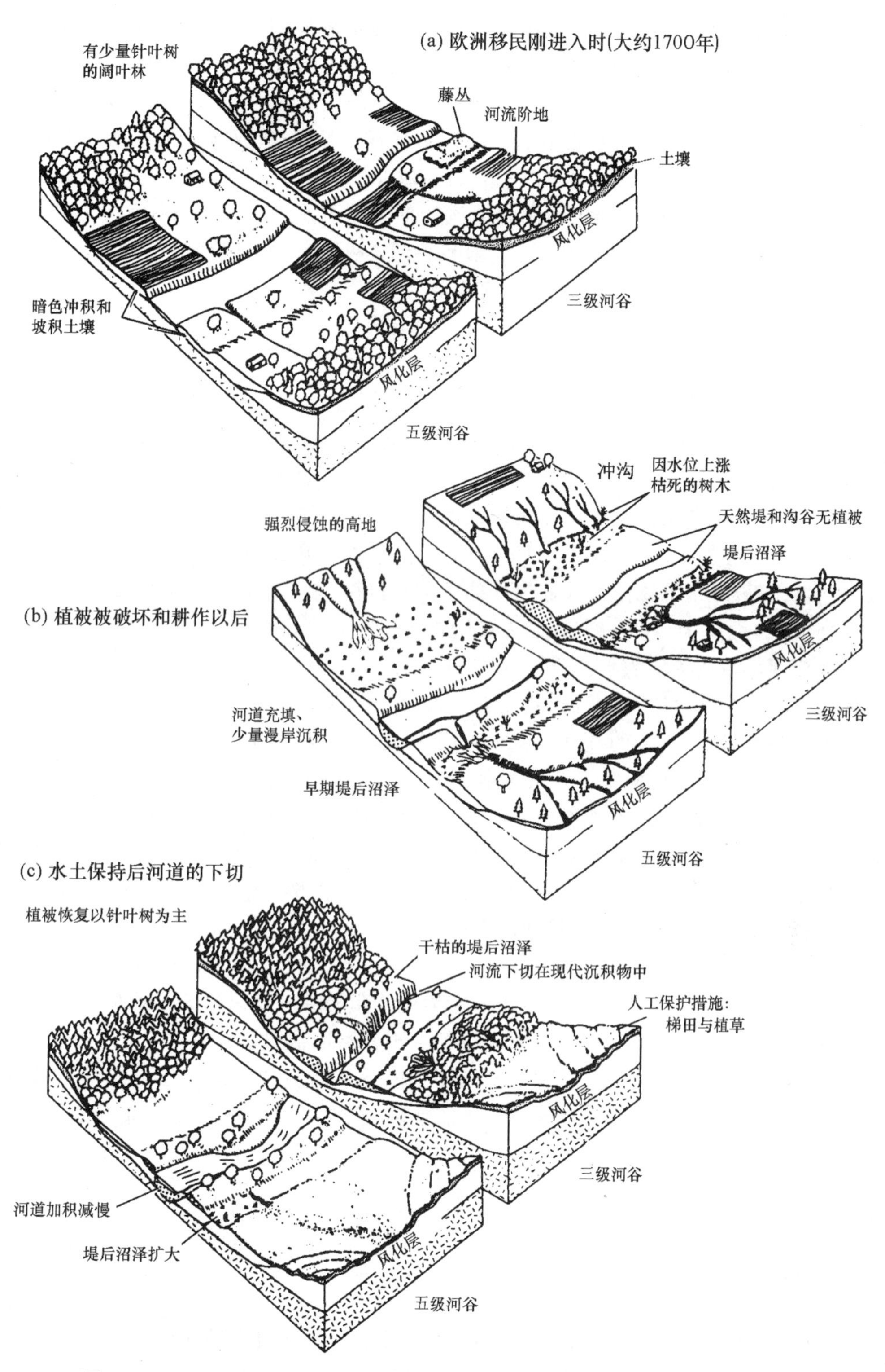

图 14-2　1700—1970 年间由于土地利用的变化而引起的美国佐治亚盆地地貌景观的变化

（Trimble，1974）

人类活动引起加速沉积作用，将采矿废渣和其他废弃物排入河道造成的沉积物的来源增加。G. K. 吉尔伯特(1917)证明加利福尼亚州内华达山脉中的金矿开采为河流增加了很多泥沙，形成大约 8.46 亿立方米的淤积物，不仅增高了河床的高度，改变了河床的形态，造成了洪泛区面积的扩大，而且河流携带大量泥沙进入旧金山河口海湾，造成海湾的淤浅。同样，在威斯康星州冲积平原进行的详细钻探研究表明，自从农业发展以来，冲积平原上的堆积速率达到 0.85 cm/a。河床和冲积平原的加积作用使河流的低阶地遭受洪水侵袭的频率和强度明显增加。另外，越来越多的证据表明，在德国、法国和英国，铜器和铁器时代的粉砂质的河谷填充物是由于早期农业活动造成坡地侵蚀加强的结果。

五、风沙过程

中纬度海岸带沙丘的复活问题早就引起了人们的注意。丹麦在 1539 年的一个法案中，对破坏海岸沙生植物而引起流沙侵入的人给予罚款。通过植树来固定沙丘在日本始于 17 世纪，在法国西南部从 1717—1865 年用植树的方法使 81 000 公顷活动沙地固定。

开垦、火灾和放牧影响了宽旷草原边缘的沙丘地。在英国东部，曾经有马车道路被沙丘阻塞和村庄被沙丘掩埋的记录。黄河禹门口南的东岸，一些本来已经固定了的沙丘，由于在丘前洼地栽种苹果树，破坏了下风向沙丘迎风面的植被，造成了原来固定沙丘的活化。在沙丘两翼缓坡处，已成材的刺槐树，树根处表土已被侵蚀，一些顺沙丘伸展的树根已高出沙丘表面 0.3 m，该沙丘顶部生成了新的小沙丘，高度大于 1 m。

在亚热带和热带沙漠边缘的沙丘复活常是人为沙漠化的结果。人口的增加和放养动物给有限的植被资源带来了强大的压力，当地表植被破坏减少，沙丘的活动性将增强，形成于 18 000 a B. P. 干旱时期的已固定沙丘发生活化。

目前，固化沙丘和减少风沙吹蚀的办法是增加植被覆盖。用来控制沙丘的植物必须能够抵抗根系剥露、焚烧、风蚀以及土壤严重缺水的条件，因此，固沙植物必须具有很强的生长能力和深广的根系，以及在幼苗阶段具有很快的生长速率。当然，在幼苗早期生长阶段，还需要防风栏、沙坑和覆盖物的保护，以及施加复合肥料。

在沙漠地区，人类有时用固化沙丘表面的方法来保护居民点、铁路、管道、工厂和农田，用重油和饱和盐水形成防风壳来固定流沙。利用障碍物阻挡和改变风沙的运动被证明是很有效的办法，银川附近沙坡头一带利用沙障固定流沙保护铁路取得很好效果。

在温带地区，海岸沙丘除通过植树、种草固化外，建立防沙栏固定沙丘也获得了成功。这些沙栏大约 1.0～1.5 m 高，具有 25%～50%的空隙，它们对固定许多新生成的沙丘很有效。定期设置新的防风栏可以固化大的沙丘。

六、海岸过程

海岸带人口密集，工业、交通和旅游业发达，人类活动打破了自然界的平衡，造成海岸的严重侵蚀和堆积。

良好的海滩是保护海岸的最好屏障，海滩物质被侵蚀将造成海蚀崖的加速后退。开采海滩沉积中有价值的矿物和砂砾，经常会引起海岸带的侵蚀。1887 年，为建设普利茅斯造船厂，在英格兰普利茅斯附近的海滩开采了 66 万吨卵石，造成海滩下降 4 m，波浪作用加强，引起海蚀崖在 1907 到 1957 年间后退 6 m。

山东半岛蓬莱海域 2 m 深处有一水下浅滩，它是全新世以来形成的落潮流三角洲边缘的浅滩边缘坝。该坝使北北东方向的波浪 31％在浅滩上破碎，能量衰减 77.8％，对沿岸的村庄、道路、农田起到了保护作用，蓬莱县西庄 1500 年建村以来，从未受到海浪威胁。为整治航道，自 1985 年开挖水下浅滩沙以来，至 1990 年浅滩水深加大到 2.6～3.1 m，个别地方深达 4 m，使水下浅滩失去防浪作用，1990 年 1 月 29—30 日和 2 月 23—24 日两次大风浪，造成岸线后退 20 m，冲毁民房 24 间和农田 300 多亩，直接经济损失 600 多万元。

某一处的海岸保护往往在另一处产生海滩侵蚀。例如防波堤的修建常常有利于海滩的形成，但是，有些建筑有时候使一些海岸段发生侵蚀。英国南部的一个海湾在修建了一个防波堤后，随着时间推移，在迎着沿岸流方向的一侧海滩向外增长，而防波堤后的海滩发生后退(图 14-3)。

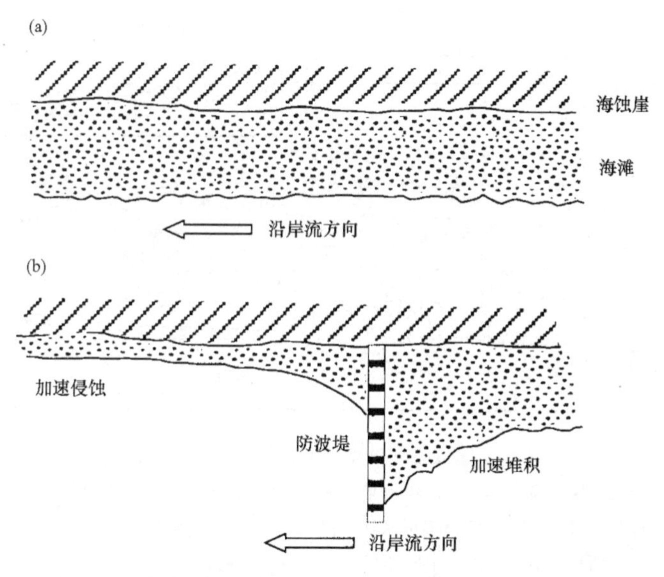

图 14-3　防波堤的修建对海岸带沉积物的影响(Goudie，1986)

美国俄勒冈州海岸从 1904 年以来，沙嘴遭受侵蚀变窄，1955 年沙嘴侵蚀成一缺口，由于防波堤的阻挡，至 1971 年，缺口封闭(图 14-4(a))。另一实例是美国加利福尼亚州的圣巴巴那和圣蒙尼卡两处海岸修建防波堤后，使沿岸流搬运能力减弱而发生堆积，海岸不断向海方向增长(图 14-4(b)、(c))。在印度东南的马德拉斯，一个建于 1875 年的 1000 m 长的挡水坝，在它的遮蔽区(北侧)是港口，至 1912 年在挡水坝南侧形成了超过 100 万平方米的新陆地，而在挡水坝北侧 5 km 长的海岸遭受了侵蚀(图 14-4(d))。1990 年在秦皇岛海岸修建亚运会帆船比赛码头后，改变了海岸带泥沙的侵蚀、搬运与堆积状况，造成码头西侧发生堆积，海岸线向海增长近 100 m。

现代海滩的砂卵石多是在海面比今天低 40～120 m 的末次冰期强盛期陆地上的堆积物。冰后期海面快速上升，直到 6000 a P. B.，泥沙发生向岸搬运并与现代海滩结合。此后，除有过几米的波动外，全球海面保持相对稳定，很少有远滨物质被搬运到海滩。因此，许多侵蚀保护措施需要进行海滩补偿，即通过人工增加合适的沉积物来保护海滩免遭侵蚀，或者使用多种多样的导沙技术将人工建筑堆积侧的泥沙疏导到遭受侵蚀的一侧。

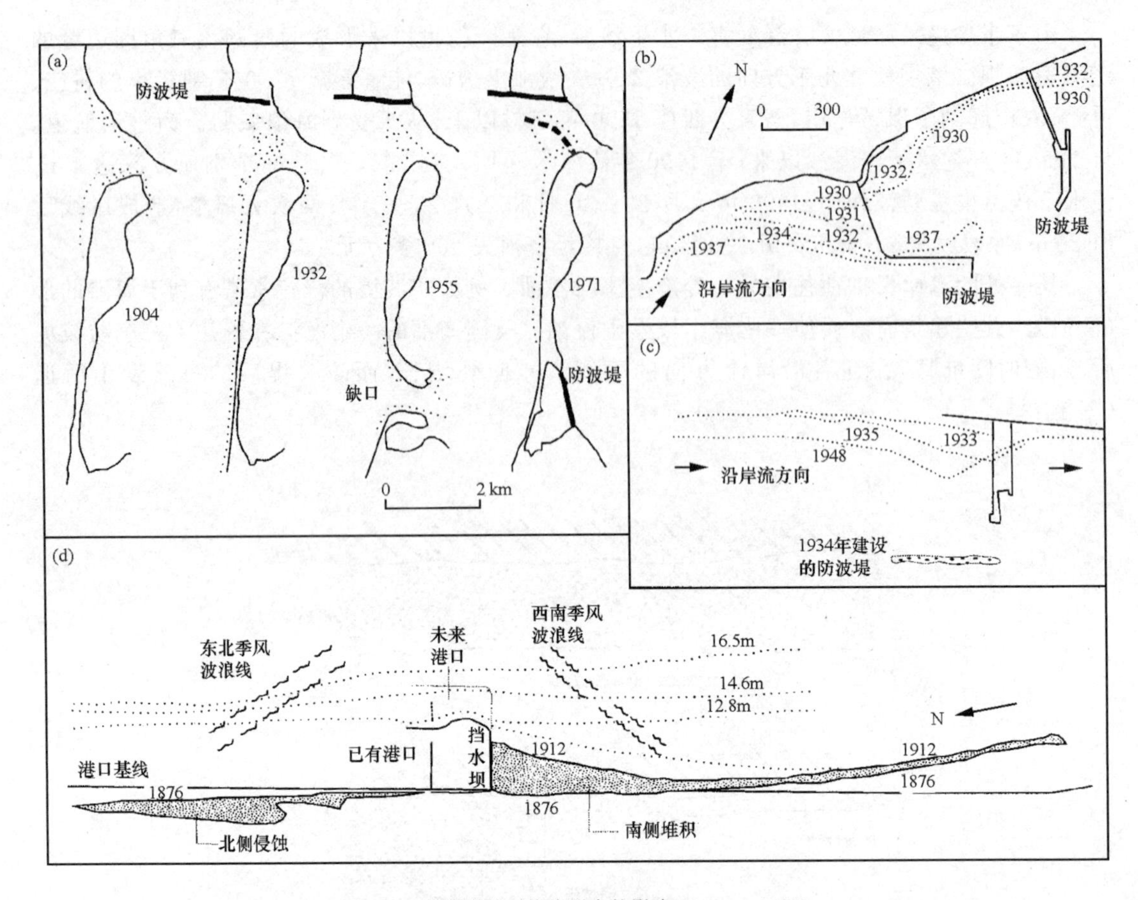

图 14-4 海岸设施对海岸形态的影响(Komar，1976)

(a) 美国俄勒冈州海岸建设防波堤后某沙嘴遭受侵蚀的情况，粗断线为新建防波堤；

(b) 美国加利福尼亚州圣巴巴那挡水坝对侵蚀与沉积的影响；

(c) 美国加利福尼亚州圣蒙尼卡防波堤背后的沉积作用；

(d) 印度马德拉斯港口挡水坝对侵蚀与沉积作用的影响。

在有些地方，河流搬运大量泥沙进入海岸带，以沿岸流的方式进行搬运，河流泥沙量的变化将引起附近海滩泥沙的收支平衡。当河流汇入海洋的泥沙增加时，海岸将会发生堆积，而当修建水库等造成泥沙来源减少时，海岸将会发生侵蚀。例如尼罗河阿斯旺水库大坝修建后的不良后果之一就是尼罗河三角洲部分在迅速发生后退，尼罗河的罗塞塔河口在 1898—1954 年间后退了 1.6 km。许多海岸的沉积物来源不足，造成了海岸的侵蚀，一些沙坝的海洋侧遭受侵蚀而发生崩塌。如果这种现象继续发生，一些湖泊将转化为海湾，盐水将侵入位置较低的农田，淡水含水层咸化，将使土壤盐渍化。

我国秦皇岛市附近的海岸也有类似现象发生。由于修建水库和开采河道砂石，造成了入海泥沙补给减少，引起了海滩侵蚀加强，海滩变窄，海滩沙变粗，20 世纪 40 年代修建的位于海岸上的碉堡没入海水之中，远离今天海岸线 60 余米。

过去 100 多年来美国得克萨斯州海岸带侵蚀的土地是堆积土地的 4 倍，其主要原因是河流带入墨西哥海湾泥沙的减少，引起了海岸发生侵蚀后退。1717 年以来在密西西比河上修建了一系列河道的整治工程，增加了河流流速，减少了在河岸沼泽和决口扇上的沉积作用，改变了沼泽地的盐度状况，引起了海岸沼泽和沙岛侵蚀，沉积速率明显降低。

海岸带植被改变也会引起海岸带侵蚀。在中美洲受热带风暴影响的海岸，低沙岛上密集的天然灌木对波浪起阻挡作用，极端暴风雨时搬运的珊瑚碎块、卵石和砂因被阻挡而发生堆积。由于在许多岛屿上天然植被被人工种植的椰树所替代，破坏了植被对地表的保护作用，使黏土质的地面暴露并遭受剥蚀和切割，加上椰树根系密集但很浅，很容易受潮水的侵蚀而暴露。因此，一次暴风雨之后，在种植椰树的地方，侵蚀造成的地面垂直降低 0.9～2.1 m；而在天然植被生长的地方地面却增高 0.3～1.5 m。

人工挖掘海岸沙丘也可以加速海岸侵蚀。靠海侧的沙丘是抵御波浪侵蚀的天然屏障，一旦它们遭受破坏，将会引起海岸的侵蚀。在英国东部的很多海岸沙丘保存良好的地方，沙丘有效地抵挡了 1952 年的暴风雨和巨浪袭击。但是，并不是所有的沙丘固化和建筑设施都具有良好的效果，美国北卡罗来纳州的海岸（图 14-5），障蔽岛系统遭受周期性的强烈暴风雨的威胁，暴风雨时波浪能量的大部分消耗在相对宽广的海滩上（图 14-5(a)），海水可以在沙丘之间（没有形成连续的沙丘链）越过沙岛。为防止海浪的侵蚀，1936—1940 年沿着海岸修建了长 1000 km 的防风沙栏，并大面积种植了草和树，形成了大型人工沙丘（图 14-5(b)）。改造后的障蔽岛海滩的宽度只有 30 m，远不及未改造前 140 m 宽的海滩。海滩的变窄，加上永久人工沙丘建筑，形成陡的海岸纵剖面，反而提高了波浪扰动性和侵蚀能力。另外，过去巨浪注入沙岛后部潟湖的水很容易通过沙丘间的低地流回海洋；现在，由于人工沙丘链的存在，潟湖中的水不易泄出，造成周围广大地区多次遭受洪水淹没。

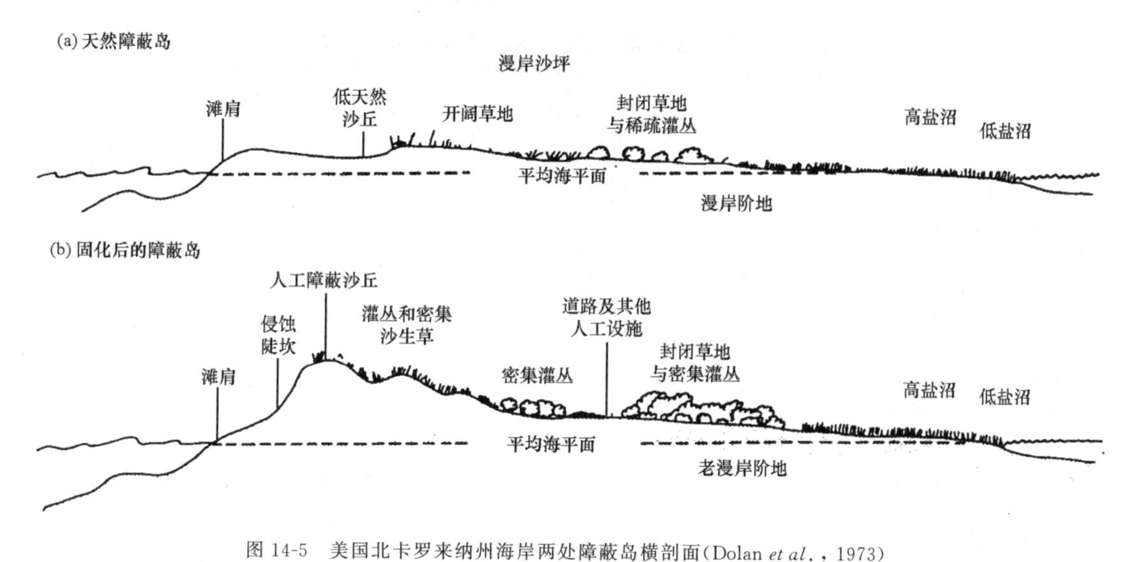

图 14-5　美国北卡罗来纳州海岸两处障蔽岛横剖面（Dolan *et al.*，1973）
(a) 典型的自然剖面；(b) 人工固化后的剖面

七、地基沉陷

在很多情况下，人类活动可以引起地基沉陷，例如，抽取地下石油、天然气和地下水、地下采矿、溶解地下的可溶盐类物质、破坏永冻土的热平衡以及排水和灌溉等都可以造成地基沉陷。

采矿抽水常常在灰岩地区形成严重和特殊的崩塌沉陷。例如，南非的金矿开采需要抽取大量的地下水，造成当地的地下水位下降了300多米，引起地下洞穴顶板变干收缩而发生很多塌陷，其中有一个直径55 m、深30 m的塌陷坑，夺取了29人的生命。在美国亚拉巴马州的灰岩地区抽取地下水造成同样严重后果，1900年以来共形成了大约4000个塌陷或相关的形态。

灰岩地区由于地下水的增多而造成崩塌，这种现象经常发生在水库区，如土耳其中部水库的沉陷就是这种原因造成的。

地基沉陷也可以因易溶岩层的溶解加速。例如，1893年在美国新墨西哥州皮考河上建成了马克米兰大坝，由于水库下面含石膏的岩层发生溶解而崩塌，水库建成12年后所有蓄水从溶洞中流失。

石油开采引起的地基沉陷在有些地区越来越严重。例如在美国洛杉矶，1928—1971年威明顿油田的开采造成了9.3 m的地基沉陷；英哥乌德油田在1917—1963年间发生了2.9 m的地基沉陷。沿着加利福尼亚海岸带发生的土地淹没也是因开采石油使地基沉陷而引起的。类似的地基沉陷在委内瑞拉和其他一些地区也有报道。

抽取地下水造成的地基沉陷广泛存在(表14-5)，地基沉陷已成为一个严重的问题。1960年，东京地区仅有35.2 km^2的地面位于海面以下，1974年增加到67.6 km^2，使150万人口受到洪水的威胁。我国不少城市也因过度抽取地下水而发生地基沉陷或地表形成裂缝。天津市1959—1982年累计最大沉陷2.3 m，沉降速率为10 cm/a；上海市区的沉降量达2 m以上，20世纪50年代后期沉陷最严重，平均速率达到11 cm/a，沉降中心(普陀区)达115 cm/a；常州、苏州和无锡的沉陷也很明显，沉降速率为1.4～3.8 cm/a，南通市的沉降速率为5 cm/a。

表14-5 地下水抽取引起的地基沉陷量和沉降速率

位 置	沉陷量/m	沉降速率/($mm \cdot a^{-1}$)
伦敦(英国)	0.06～0.08(1865—1931)	0.91～1.21
萨凡纳(美国)	0.1(1918—1955)	2.7
墨西哥城(墨西哥)	7.5	250～300
休斯敦和加尔沃斯顿(美国)	1.52(1943—1964)	60～76
东京(日本)	4(1892—1972)	500
亚利桑那州中南部(美国)	2.9(1934—1977)	96
曼谷(泰国)	0.5	100
天津(中国)	2.3	100
上海(中国)	2	110
常州、苏州和无锡(中国)	—	14～38
南通(中国)		50
西安(中国)		50～176

采矿引起的地基沉陷早为人知。矿区地基沉陷受矿层厚度、埋深、开采面积、采后回填的程度、地质构造和采矿方法的影响，通常沉陷幅度小于开采矿层的厚度，并随矿层深度的增加而减小。此外，盖层的崩塌形成岩石堆的体积要大于原始的天然岩石的体积。因此，深部沉陷造成地表沉陷幅度大约只是地下采空矿层厚度的1/3。与采矿有关的地基沉陷可以破坏地表的水系，造成沉陷区被水淹没形成湖泊。在英格兰西北部某地盐矿区，由于盐矿开采和盐矿的高可溶性，形成了很多沉陷湖泊。在加拿大温得瑟开采石盐形成了一个直径150 m、深8 m的沉陷湖泊。

有些沉陷是由于湿陷作用形成的。干燥未固结的沉积物具有一定的强度可以承受一定的压力，但当这些沉积物充分湿润时，沉积物颗粒间的结合强度将减小，引起地基沉陷。北京市朝阳区大望桥因地铁施工使污水管线断裂，引起土质湿润沉陷，造成直径 400 mm 的自来水管折裂，土层发生大面积沉陷，使近百平方米的路面下沉 10 余米深。

在永冻土地区，地基沉陷与热喀斯特发育有关。热喀斯特的发育主要是由于永冻土的热平衡的破坏和活动层厚度的增加引起的。多年冻土有一定厚度的活动层以及活动层下为永冻土。如果地表活动层开挖而厚度减小，活动层下部的永冻土将向下融化，将造成地面沉陷。引起热喀斯特地面沉降的关键是活动层状态及其热平衡的变化。地表植被遭受破坏将导致活动层增厚造成地基沉陷，在永冻土上建设供暖建筑、在活动层土中铺设油气、排污和排水管道也会发生类似的地基沉陷。

总之，人类影响地基沉陷是一种显著的地貌过程，造成包括大坝破坏、建筑裂缝、公路和铁路沉陷、井下套管断裂、运河与沟渠变形、桥梁倾斜、盐水侵入和洪水等灾害。据估计，全球每年造成的损失超过数十亿美元。

第十五章　地貌灾害及其评价

地貌学实际应用的重要方面之一是进行地貌灾害评价与预防。地貌灾害是指自然或人为引起的破坏地貌稳定性而给人类的生命财产带来灾难和损失的地貌过程和现象。它的含义很广，甚至包括那些非常缓慢，只有经数千年的积累效应才可能会威胁地貌稳定性的现象。地貌灾害主要由预测地貌的变化来进行评价。

第一节　影响地貌灾害的因素

地貌变化受构造运动、岩性、气候、水文和人类活动等因素控制。现代侵蚀速率、地貌演变趋势及其对环境响应的方式是预测未来地貌变化的依据。断层活动造成构造抬升或下降引起地形起伏变化，侵蚀基准面的变化引起的侵蚀速率的变化也可以引起地形起伏的改变。气候变化可以改变地貌过程（如由流水过程到冰川过程），也可影响侵蚀速率。人类活动造成的土地利用变化或植被破坏对河流系统有显著影响。因此，构造运动、气候变化和人类活动是影响地貌稳定性的重要因素。

气候变化、构造运动和人类活动对河流水量、含沙量和基准面等的影响，用“＋”“－”和“0”分别表示增加、减少和无变化（表 15-1）。气候变化使流域内径流量和含沙量发生变化，基准面受湖泊水量的变化以及海面升降的影响。构造活动可以造成地貌抬升或降低，如果构造活动发生在河流下游，将引起基准面的变化；如果构造活动发生在上游，将引起地形起伏度和含沙量的变化。人类活动也会引起河流水量、含沙量和基准面变化。根据这些变化可以有效地预测地貌过程，从而进行地貌灾害评价与防治。

表 15-1　气候变化、构造运动和人类活动对河流水量、含沙量和基准面的影响

（根据 Chorley *et al*.，1984 改编）

			水量	含沙量	基准面	
					湖泊	海洋
气候变化	干旱变为半干旱		＋	＋	＋	0
	半干旱变为半湿润		＋	－	＋	0
	半湿润变为湿润		＋	－	＋	0
	无冰川变为有冰川		＋	＋	＋	－
	季节性由不明显变为明显		＋	＋	0	0
构造运动	上游	抬升	0	＋	0	0
		下降	0	－	0	0
	下游	抬升	0	0	＋	＋
		下降	0	0	－	－
人类活动	土地利用增加		＋	＋	0	0
	修建水坝	上游	＋	＋	＋	0
		下游	－	－	－	0
	河道疏浚	上游	＋	＋	0	0
		下游	0	0	－	0

河流系统不同部位的地貌灾害随时间、水量、含沙量和基准面的变化而不同(表 15-2)。地貌灾害根据受影响的地貌(河网、坡地、河道、平原)和灾害的结果(侵蚀、堆积、河型格局变化)来分类。不同的灾害在 0.1 万年、1 万年和 10 万年三个时间尺度对地表、浅地下和深地下废物堆放地点的灾害风险不同。在 0.1 万年和 1 万年时间尺度,只在地表和浅地下废物堆放地点存在风险,而在 10 万年时间尺度地表浅地下和深地下废物堆放地点都存在风险。

表 15-2　影响地貌灾害的变量和有关的风险(Chorley *et al.*, 1984)

地貌灾害	变量							风险					
		水量		含沙量		基准面		0.1 万年		1 万年		10 万年	
	时间	+	−	+	−	+	−	地表	浅地下	地表	浅地下	浅地下	深地下
1. 河网													
(1) 侵蚀													
a. 回春		×			×		×	×	×	×	×	×	×
b. 扩张		×			×		×	×	×	×	×	×	
(2) 堆积													
a. 沟谷填充				×		×		×		×			
(3) 格局改变													
a. 袭夺	×			×		×	×	×	×	×	×	×	×
2. 坡地													
(1) 侵蚀													
a. 剥蚀-后退	×	×			×		×	×		×		×	
b. 下切		×			×		×	×		×		×	
c. 重力崩塌和滑坡	×	×			×		×	×		×		×	
3. 河道													
(1) 侵蚀													
a. 下切		×			×		×	×	×	×	×	×	×
b. 裂点形成与迁移	×	×			×		×	×	×	×	×	×	
c. 河岸侵蚀	×	×		×	×	×	×	×		×			
(2) 堆积													
a. 加积			×	×		×		×		×			
b. 回填			×	×		×		×		×			
c. 天然堤堆积				×				×		×			
(3) 平面形态变化													
a. 曲流生长与迁移	×							×		×			
b. 滩坝形成与迁移	×			×				×		×			
c. 截弯取直	×	×		×		×	×	×		×			
d. 溃决		×		×		×		×	×	×	×	×	
(4) 河型改变													
a. 顺直变弯曲		×		×			×	×		×			
b. 顺直变辫状			×	×		×	×	×		×			
c. 辫状变弯曲		×			×		×	×		×			
d. 辫状变顺直			×		×		×	×		×			
e. 弯曲变顺直		×		×		×	×	×		×			
f. 弯曲变辫状			×	×		×		×		×			
4. 山麓与海岸平原													
(1) 侵蚀													
a. 下切		×			×		×	×	×	×	×	×	×
(2) 堆积													
a. 加积			×	×		×		×		×			
b. 伸展堆积	×						×	×		×			
(3) 平面形态改变													
a. 格局的发育		×			×		×	×	×	×	×	×	
b. 溃决	×	×		×		×		×		×			

灾害发生的潜在危险地点随时间长短不同而有不同。在河网和坡地区,对0.1万年和1万年时间尺度,地表仅受28种灾害中的7种影响。随后,谷坡后退累积影响增加,对地表浅层地下点的危害加强。在10万年时间尺度,所有坡地灾害都将非常危险。快速抬升或侵蚀基准面下降将引起河道的快速下切,从而使浅层点和深层点都遭到破坏。总之,地点的安全性取决于河流系统的位置,最好选择在基准面的变化影响不到的地方。谨慎选择的地表点可以有上千年的安全性,浅层地点将具有上万年的安全性,深地点可在百万年中不受地貌灾害的影响。

第二节 河流地貌灾害评价

河流地貌随时间因径流、输沙量和基准面变化而发生变化。河流地貌灾害评价主要研究地貌灾害类型和过程(表15-3),并将如何影响地貌的稳定性。一个地区的地质背景、气候和地貌历史可对长时间尺度河流地貌灾害评价,但短时间尺度河流地貌灾害评价更为重要。

表15-3 河流地貌灾害类型与过程

河流地貌灾害类型	河流地貌灾害过程
1. 河流下切侵蚀灾害	
局部下切侵蚀	裂点溯源侵蚀
全程下切侵蚀	河床加深,比降增大
2. 河流侧方侵蚀灾害	
河床塌岸、岸坡后退使耕地和建筑物破坏	曲流的形成与发展,滩坝迁移,曲流颈变窄,河道截弯取直
3. 河流平面格局改变,破坏耕地和水利灌溉设施	河流袭夺和改道,河床淤积
4. 河流堆积灾害	
河道加积影响航道	心滩堆积
山地沟谷堆积形成泥石流	谷沟碎屑物堆积
天然堤决口形成泛滥平原、进一步荒漠化	平原河流决口扇堆积
河间地洪水灾害	河间地积水洼地

识别灾害和评价潜在危险性有两种方法:一是地貌历史方法,即利用地貌演化历史的信息来推断未来变化,二是根据场地的特殊条件对地貌灾害进行评价。地貌灾害中河流灾害最为重要。

历史资料可以用来鉴别潜在地貌灾害及其危险性。卫星影像航空相片、地形图、野外调查记录、工程设计资料、河流调查资料、水文站记录数据以及对当地居民的访问等可以提供有价值的信息。

比较一系列不同时间的卫星照片航空相片,尤其是枯水季节拍摄的航空照片,可以得到河道形态的变化范围,计量河岸和坡地的侵蚀量,河道宽度随时间的变化还可以提供河岸遭受侵蚀的速度。

早期地图和前人野外调查的记录以及不同时期地图与最近的地图进行对比,可以提供河道变化的许多信息。重复测量的河道横剖面可以为评价河道稳定性提供重要资料。

河流作用使桥梁和河道工程毁坏事件可以提供河流变化的线索。桥面高出河道的高度在桥梁设计书中都有记载,测量今天桥面距河面的高度可以得到河道淤高和冲刷的数据。水文站记录可以给出水面随时间的变化情况。例如,俄罗斯勒拿河上某水文站的记录表明同流量水位在逐渐降低(图15-1),代表该河流在该时间段内下切侵蚀。

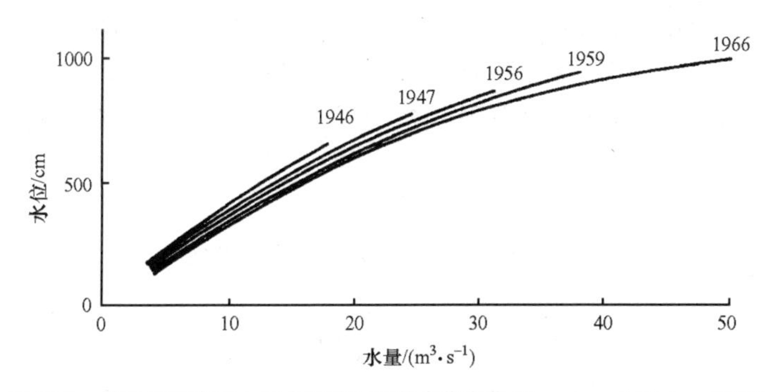

图 15-1 俄罗斯勒拿河上某水文站记录的水位变化(Borsuk and Chalov,1973)

研究冲积平原上植被的分布,可以确定河道变化的速率。有人曾用树木年代学方法研究美国小密苏里河迁移的情况(图 15-2)。根据小密苏里河河道演变以及河谷树龄等值线,可以看出有两个废弃的曲流,废弃曲流内生长的树木已有 10～20 年的树龄,上游的曲流在 1948 年以前发生截弯取直。

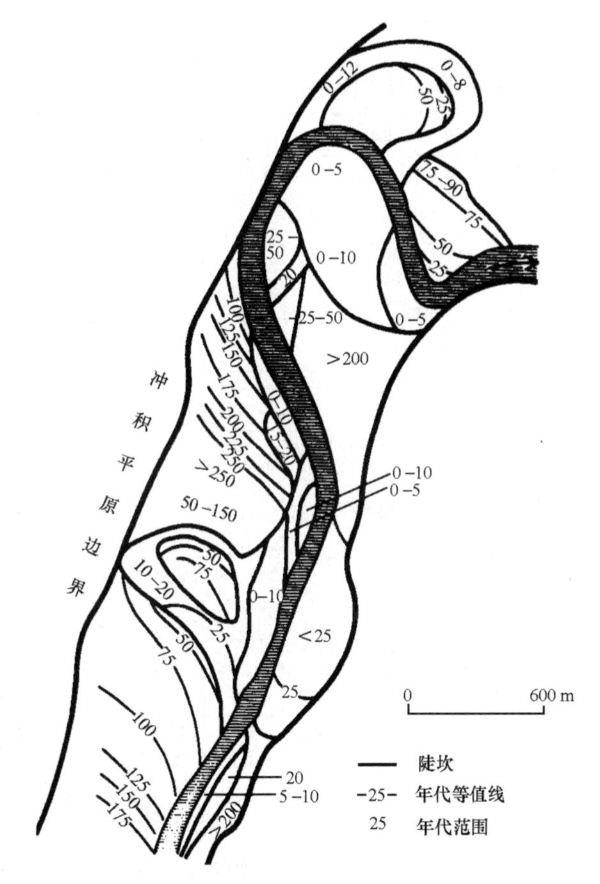

图 15-2 美国小密苏里河河漫滩上的树龄等值线和河道演变图(Everitt,1968)

研究河道和谷坡迁移也可以对关键河段进行长时间现场测量。这需要花费大量的时间和精力,但测量资料对河流灾害的评价很重要。

总之,系列地图和相片的对比和对植被分布的研究在分析地貌变化中非常有用,这些方法可以提供地貌横向和纵向变化的历史和趋势，但是，加积和切割引起的微小和缓慢地变化只有通过揭示河床高度变化来研究，这时横剖面和水文站记录数据非常重要。同样的方法可以应用于其他较缓慢的过程，如河网的回春和扩张、河谷的充填和水系袭夺，以及岸坡遭受切割引起的崩塌与滑坡等。

第三节 坡地地貌灾害评价

坡地地貌灾害是坡地失稳形成滑坡和崩塌造成的灾害。卫星相片或航空相片和野外调查是评价坡地稳定性的方法(表 15-4)。表中 1～7 所列的各项特征是坡地不稳定的表现，其中特征 8～15 则是崩塌和滑坡曾经发生过的证据。坡脚侵蚀是坡地失稳的最重要因素。当河流侧蚀迁移，河流坡地的稳定性降低，最终将会引发地貌灾害，因此河流侧蚀引起侵蚀的潜在危险必须给以足够重视。虽然缓慢渐进的移动可能不会马上引起快速坡地物质运动，但移动积累到一定程度则会对坡地产生大规模的破坏作用。此外，坡地上的雨水渗漏或在坡脚部位进行人工开挖，都可使坡地失去稳定而滑塌，造成一些灾害。对于近期即将发生的山崩、滑坡和泥石流可用无人机进行监测。

表 15-4 坡地稳定性评价(Chorley *et al.*, 1984)

	特 征	成 因	破坏严重性	需要分析的信息
1	历史时期坡面高度、建筑物和古迹的高度发生变化	坡地蠕动	取决于蠕动速度，运动的速度较慢破坏较微	运动的速率和总量
2	道路、管线和建筑等不断需要维修	多成因，因地而异	取决于滑坡的强度；快速运动，破坏强	运动的原因；破裂面的位置
3	平行坡面出现张裂缝	坡地旋转或破裂，潜在滑坡	危险的破裂；严重性取决于规模	坡面和地下剖面情况
4	垂直物体发生倾斜	坡地蠕动	运动的速度慢破坏小	坡地物质性质
5	树干发生弯曲	坡地蠕动	运动速度慢破坏小	坡地物质性质
6	道路、围栏或其他线状物体的弯曲或倾斜	指示相对坡地运动；潜在滑坡	取决于规模	运动的原因；坡地条件
7	张节理控制的岩块	因水、冰或风化引起的潜在崩塌	因地而异	岩石抗风化的能力；节理的格局、间距和产状
8	陡坎地形	旋转或块状破裂	取决于滑坡块体的规模和陡坎的年龄；老的长满植被的陡坎代表坡地稳定	坡面几何形态和地下条件
9	围椅状(扇状)地形(由一系列陡坎构成)	旋转破裂；坡脚侵蚀引起的破裂	破裂将向上方发展；严重性决定于坡地高度	地下基本条件；坡脚侵蚀和河网条件
10	坡面上植被快速变化	古老的旋转破裂；河网格局的变化	一般情况下危险性低；破裂可以因建筑而引起	取决于潜在的变化和建设
11	坡地呈舌状、丘状地形	蠕动	破坏小；随运动速率而增加	坡地物质性质
12	缺少植被的长条状孤立地区	崩塌、岩石滑坡、泥流	破坏小；临近地区有破裂的可能性	地下剖面和物质性质
13	坡地上生长同年龄的年轻植被	过去大型的块体运动，如泥流、滑坡等	如果滑坡现在稳定，危险程度低；建设可能引发未来的块体运动	物质类型，泥流的规模和成因

（续表）

	特　征	成　因	破坏严重性	需要分析的信息
14	具有新鲜土壤和稀少植被的陡坡	风化层中逐渐发生的破裂	与坡地的高度成正比	地下基本条件
15	新鲜的未风化的陡崖面	风化造成岩块崩落	一般破坏小；取决于潜在破裂的规模	岩石抗风化的能力；节理的格局、间距和产状
16	坡面上的渗漏	高地下水位	破坏由小到大，取决于坡地条件	地下水面的位置；土壤剖面和渗透性
17	坡地或坡脚的潮湿地	高的地下水位和排水条件差	破坏由小到大；取决于坡地条件	地下水面的位置；土壤剖面和渗透性
18	河道的非正常废弃	管状侵蚀	可以影响较大的区域	土壤类型；水源

虽然表 15-4 包括了坡地地貌灾害评价的很多方面，但它只是坡地破坏特征的一般情况。每种坡地灾害都有其特殊之处，因此必须给予特殊对待。另外，表中只给了一些指示坡地存在潜在不稳定性的特征和过去曾经发生过坡地运动的证据，这些特征和证据可用作预测坡地破坏的标志，这些标志的重要性因评价地点的实际情况而异。

定量评价地貌灾害，需收集和综合分析相关资料。这些资料包括：① 位置、地形、地质、土壤的相关研究报告和特殊的土地利用和河流调查图件；② 航空相片和卫星影像；③ 水文资料，包括水位、水量、含沙量、波浪频率和强度资料；④ 气象资料，包括降雨、降雪、风力、温度和光照数；⑤ 与研究地点有关的所有灾害和土地利用研究报告。根据上述资料的分析设计野外考察地点，航空相片和地图有助于确定研究地点的地貌类型，遥感方法对有关流域进行研究，以确定灾害的性质。最后建立坡地地貌灾害综合指标体系并进行数值判别（表 15-5），将滑坡和崩塌形成过程中的各因子作用特征和程度分为 3 个一级因子，11 个二级因子和 35 个三级因子。在 3 个一级因子中，内部条件因子作用影响最大，外部因子次之，斜坡变形现状因子最小，按各因子的作用程度大小赋予相应数值。根据黄金分割原理，若内部条件因子赋予数值 10，则外部条件因子为 6.18，斜坡变形现状因子为 3.82。用同一方法再将二级因子和三级因子赋予相应数值。将三级因子中的地貌灾害等级相应数值之和除以判别因子总数值 20，即得到斜坡地貌灾害危险度。如危险度为 1～0.65 表示极危险斜坡，0.45～0.65 为危险斜坡，0.25～0.45 为较稳定斜坡，0～0.25 为稳定斜坡。

表 15-5　坡地地貌灾害判别指标体系（唐邦兴，2011）

	一级因子	二级因子		三级因子
坡地地貌灾害判别因子	内部条件（10）	地形（4.47）	坡度（2.235）	极陡坡（2.235） 陡坡（1.38） 缓坡（0.85） 缓倾平地（0～0.53）
			坡高（2.235）	极高坡（2.235） 高坡（1.38） 中坡（0.85） 低坡（0～0.53）

（续表）

<table>
<tr><th></th><th>一级因子</th><th colspan="2">二级因子</th><th>三级因子</th></tr>
<tr><td rowspan="9">坡地地貌灾害判别因子</td><td rowspan="5">内部条件
(10)</td><td rowspan="2">地层岩性(2.76)</td><td>类型(1.71)</td><td>极易滑地层(1.71)
易滑地层(1.06)
偶滑地层(0.65)</td></tr>
<tr><td>风化程度(1.05)</td><td>强风化(1.05)
中强风化(0.65)
中弱风化(0.40)
弱风化(0.24)</td></tr>
<tr><td colspan="2">坡体结构(1.71)</td><td>完善优势面(1.71)
较完善优势面(1.06)
缺少优势面(0～0.65)</td></tr>
<tr><td rowspan="2">地形(1.06)</td><td>横向(0.53)</td><td>凸形(0.53)
凹形(0.33)
平直形(0.20)</td></tr>
<tr><td>纵向(0.53)</td><td>外凸形(0.53)
直线形(0.33)
内凹形(0.20)</td></tr>
<tr><td rowspan="3">外部条件
(6.18)</td><td colspan="2">河流冲刷坡脚(2.06)</td><td>强冲蚀岸坡(2.06)
中强冲蚀岸坡(1.27)
弱冲蚀岸坡(0.7)</td></tr>
<tr><td colspan="2">人工开挖坡脚(2.06)</td><td>强开挖作用(2.06)
弱开挖作用(1.27)</td></tr>
<tr><td colspan="2">斜坡水分作用(2.06)</td><td>强渗水作用(2.06)
弱渗水作用(1.27)
无渗水作用(0)</td></tr>
<tr><td colspan="3">斜坡变形现状(3.82)</td><td>强变形(3.82)
中强变形(2.36)
弱变形(1.45)</td></tr>
</table>

第四节 泥石流灾害评价

泥石流是山区常见的一种地貌灾害，它具有突发性，常造成人民生命财产和自然资源的很大损失。因此，泥石流危险性评价极为重要。泥石流危险性评价包括沟谷暴雨泥石流危险度判定、沟谷暴雨泥石流危险范围预测和泥石流危险区划三部分。

一、泥石流危险度判定

泥石流危险度是指泥石流发生区域内的人民生命财产和自然资源遭受损害的可能性大小。可能性的最小概率为0%，最大概率为100%，危险度的数值在0～1之间。泥石流危险度是由泥石流各危险因子综合判定。泥石流的危险因子有：一次泥石流的最大冲出量(L_1)、泥石流发生频率(L_2)、流域面积(S_1)、主沟长度(S_2)、流域最大相对高差(S_3)、流域切割密度(S_6)、主沟床弯曲系数(主沟实际长度与其直线长度之比)(S_7)、泥沙补给段长度比(泥沙沿途补给累计长度与主沟长度比)(S_9)、24小时最大降雨量(S_{10})、流域内人口密度(S_{14})。由于各因子对泥石流危险度的影响不同，各因子的权重亦有不同(表15-6)，其中一次泥石流的最大冲出量和泥石流发生频率是主要因子，权重占47.06%，其余8个因子占52.94%。由于因子的规模不同，可以划分为不同等级并相应赋予一定数值(表15-7)。将各泥石流危险因子的赋值与其权重乘积相加，其和即为泥石流的危险度(Rd)。

$$\begin{aligned}Rd = & 0.2353GL_1 + 0.2353GL_2 + 0.1176GS_1 + 0.0882GS_2 + 0.0735GS_3 + 0.1029GS_6 \\ & + 0.0147GS_7 + 0.0588GS_9 + 0.0441GS_{10} + 0.0294GS_{14}\end{aligned}$$

若泥石流危险度 Rd≥8.5，为极度危险，能发生巨大规模和极高频率的泥石流，可能造成重大灾难和严重危害，各种建筑物尽可能绕避，建立预警系统，采取必要的工程和生物综合治理。Rd=0.6～0.85，为高危险度，潜在破坏力大，能够发生规模较大和高频率的泥石流，造成严重灾害，应加强预报措施和生物、工程综合治理。Rd=0.35～0.60，具有中度危险，能发生中等规模泥石流，较少造成重大灾害和严重危害。Rd<0.35，轻度危险，能发生小规模和低频率泥石流或山洪，一般不会造成重大灾害，应加强水土保持，保护生态环境，必要时辅以一定工程措施。

表 15-6　危险因子的权数与权重(根据刘希林，唐川，1995)

危险因子	S_7	S_{14}	S_{10}	S_9	S_3	S_2	S_6	S_1	L_1	L_2
权数	1	2	3	4	5	6	7	8	16	16
权重	0.0147	0.0294	0.0441	0.0588	0.0735	0.0882	0.1029	0.1176	0.2353	0.2353

表 15-7　泥石流危险因子等级及其赋值(1994)(根据刘希林，唐川，1995)

L_1 GL_1	≤1 0	(1)[①]～5 0.2	(5)～10 0.4	(10)～50 0.6	(50)～(100) 0.8	≥100 1	10^4 m³
L_2 GL_2	≤5 0	(5)～10 0.2	(10)～20 0.4	(20)～50 0.6	(50)～(100) 0.8	≥100 1	%
S_1 GS_1	≥50 或≤0.5 0	(0.5)～2 0.2	(2)～5 0.4	(5)～10 0.6	(10)～30 0.8	(30)～(50) 1	km²
S_2 GS_2	≤0.5 0	(0.5)～1 0.2	(1)～2 0.4	(2)～5 0.6	(5)～(10) 0.8	≥10 1	km
S_3 GS_3	≤0.2 0	(0.2)～0.5 0.2	(0.5)～0.7 0.4	(0.7)～1.0 0.6	(1.0)～(1.5) 0.8	≥1.5 1	km
S_6 GS_6	≤2 0	(2)～5 0.2	(5)～10 0.4	(10)～15 0.6	(15)～(20) 0.8	≥20 1	km/km²
S_7 GS_7	≤1.1 0	(1.1)～1.2 0.2	(1.2)～1.3 0.4	(1.3)～1.4 0.6	(1.4)～1.5 0.8	≥1.5 1	
S_9 GS_9	≤0.1 0	(0.1)～0.2 0.2	(0.2)～0.3 0.4	(0.3)～0.4 0.6	(0.4)～(0.6) 0.8	≥0.6 1	
S_{10} GS_{10}	≤50 0	(50)～75 0.2	(75)～100 0.4	(100)～125 0.6	(125)～(150) 0.8	≥150 1	mm
S_{14} GS_{14}	≤20 0	(20)～50 0.2	(50)～100 0.4	(100)～150 0.6	(150)～(200) 0.8	≥200 1	人数/km²

①　(　)表示不包括其内的数值。

二、泥石流危险范围预测

泥石流危险范围是指可能遭遇到泥石流损害的区域。广义泥石流范围包括泥石流形成区、搬运区和堆积区，狭义泥石流危险范围仅指泥石流堆积区。通常泥石流危险范围是指狭义泥石流危险范围。

根据试验得到：① 一次泥石流堆积面积(a)和最大堆积长度(l)与一次松散固体物质(可

能)最大补给量(v)、堆积区坡度(G)成正比,与泥石流容重(r_c)的自然对数成反比;② 一次泥石流最大堆积宽度(b)与最大补给量(v)成正比,与堆积区坡度(G)成反比;③ 一次泥石流最大堆积厚度(d)与泥石流堆积幅角(R)成正比,与堆积区坡度(G)成反比。由此可得到一次泥石流危险范围预测方程:

$$a = 0.4935\ l^2$$
$$l = 2.5748(v \cdot G \cdot r_c / \ln r_c)^{1/2}$$
$$d = 0.254(v \cdot r_c / (G^2 \ln r_c))^{1/3}$$

泥石流的最大危险范围预测方程为

$$S = 0.6667L \cdot B - 0.0833B^2 \cdot \sin R / (1 - \cos R)$$

式中

$$L = 0.8061 + 0.0015A + 0.000033W$$
$$B = 0.5452 + 0.0034D + 0.000031W$$
$$R = 47.8296 - 1.3085D + 8.8876H$$

式中 S 为泥石流最大危险范围(km^2),L 为泥石流堆积长度(km),B 为泥石流最大堆积宽度(km),R 为泥石流堆积幅角(°),A 为流域面积(km^2),W 为松散固体物质储量($\times 10^4\ m^3$),D 为主沟长度(km),H 为流域最大相对高差(km)。

三、泥石流危险区划

根据区域泥石流危险度划分出各区域泥石流危险等级,进行泥石流危险性评价和区域泥石流预测。泥石流危险性区划可选择与地质、地貌、水文、气象、植被和人类活动等有关的 8 项指标:① 泥石流沟分布密度(y),即单位面积内泥石流沟的条数(条/($10^3\ km^2$));② 洪灾发生频率(x_8),在日降雨量≥50 mm 或连续 3 日降雨量≥平均日降水量的 24~30 倍的条件下,可能发生洪水灾害,在统计期限内,洪水灾害发生的次数与洪水灾害可能发生次数之比,即洪水发生频率,可用百分比表示;③ 岩石风化程度系数(x_1),即风化岩石单轴干抗压强度除以新鲜岩石单轴干抗压强度,用小数表示;④ 月降雨量变差系数(x_9),即降雨量在年内各月分配情况,用小数表示;⑤ 断裂带密度(x_3),即单位面积内断裂带的总长度(km/($10^3\ km^2$));⑥ 年内≥25 mm 大雨日数(x_{11});⑦ ≥25°坡耕地面积百分比(x_{16});⑧ ≥25°坡地面积百分比(x_6)。

上述 8 项指标对泥石流危险性影响的程度不同,因而需确定 8 项定量指标的权重(表 15-8)。

表 15-8 定量指标的权重(根据刘希林,唐川,1995)

定量指标	x_6	x_{16}	x_{11}	x_3	x_9	x_1	x_8	y
权数	1	2	3	4	5	6	7	14
权重	0.0238	0.0476	0.0714	0.0952	0.1191	0.1429	0.1667	0.3333

根据下式计算区域泥石流危险度(R_i)

$$R_i = 0.3333y + 0.1429x_1 + 0.0952x_3 + 0.0238x_6 + 0.1667x_8 + 0.1191x_9 + 0.0714x_{11} + 0.0476x_{16}$$

根据泥石流危险区划分等级标准，确定每个区域的泥石流危险等级和防治措施(表 15-9)。

表 15-9 泥石流危险区划和防治措施(根据刘希林，唐川，1995)

泥石流危险度	泥石流危险等级	防治原则	防治对策	投资决策
0.8334～1	Ⅰ级危险区	可考虑放弃工程治理	以保护人身安全为首要任务，尽可能减少灾害损失	不宜投资
(0.6666)～(0.8334)	Ⅱ级危险区	防为主，治为辅	区内部分重点泥石流可实施生物和土建工程综合治理，其他泥石流沟以生物防治和临时预报措施为宜	不宜投资建设国防工业基地、能源基地、交通干线和大型工矿企业
(0.4999)～0.6666	Ⅲ级危险区	防、治并重	区域内主要泥石流沟需要综合治理，同时加强监测预报和预警避难措施，确保危害对象安全	工矿企业、公共交通、通讯线路和其他公益措施应精选精建，同时配合适当防护工程
(0.3333)～0.4999	Ⅳ级危险区	治为主，防为辅	实施生物和土建工程综合治理即可基本抑制泥石流灾害的发生，同时加强防治工程的检查监督和泥石流发展趋势的检测预报	可投资区，但对受泥石流威胁的重点项目和场所应建有适当防护工程
(0.1666)～0.3333	Ⅴ级危险区	防为主，治为辅	加强水土保持，搞好群策群防，注意防止产生新的泥石流灾害	安全投资区
0～0.1666	无危险区	不需治理	继续维护良好的生态环境，保持人与自然的协调发展和良性循环	最佳投资区

注：( )表示不包括其内的数值。

第五节 活动构造地貌灾害评价

活动构造地貌是地壳活动形成的地表形态。它们是地壳活动过程中新形成的地貌，或是地壳活动使地表已有地貌形态发生变形或错位所形成的地貌。

活动构造地貌形成时代较新，有些目前仍在发展，这对工程建设常带来危害，所以必须研究活动构造地貌的分布规律和成因，为城市建设提出合理规划方案，为大工程建设寻找地基稳定区域。另外，活动构造地貌记录了地壳近期活动的历史，研究活动构造地貌的发育，有助于了解晚更新世以来的地壳活动特征，进一步认识地壳活动规律，为地震预报和防震抗震提供科学依据。

一、活动构造地貌的性状评价

1. 活动断层的地貌评述

活动断层在最近地质时代仍在活动，有明显的地貌表现，所以根据断层的地貌特征分析，可以看出活动断层的分布状况。

断层垂直活动在地表直接形成的地貌形态，如断层陡坎、断层谷和断层裂点等；断层水平运动使沟谷错断弯曲或形成断塞塘，错断山嘴形成断层眉脊。这些断层构造地貌与活动断层分布一致，从而可以确定断层分布位置，并说明断层活动时代很新，甚至仍在继续活动。

断层构造地貌形成后，经过外力作用而遭到破坏所表现的地貌特征，如断层崖经外力侵蚀而成断层三角面，由断层作用形成河床裂点经溯源侵蚀距断层有一定距离等。这类断层构造地貌指示活动断层的存在，并表示断层活动已有一段时间。

在水平活动断层两侧，受一定的边界约束，受力状态将会不同，因而在断层两侧不同部位形成不同的构造地貌单元。如果断层的两侧水平运动，在地块运动的前方，靠近断层端点附近受到挤压，形成隆起台地或高地；在地块运动方向的后方，靠近端点附近受到拉张，形成凹陷或断陷洼地。根据这些地貌分布状况和成因，可以判断断层的位置和运动方式。

2. 断层活动位移量的地貌测定

断层活动位移量可以从错断地貌体的距离量得。如果断层多次活动，不同时代地貌体的错距就不一样，时代愈老的地貌体错距愈大，测量不同时代的地貌错距，可求得断层每次活动的位移量。例如在危地马拉的莫塔瓜断层把埃尔坦伯尔河河流阶地错断，从阶地的水平错断幅度看，时代愈老的阶地水平错位幅度愈大(图 15-3)。这里有六级阶地，第三级阶地(T_3)水平错位 23.7 m，第四级阶地(T_4)水平错距 31 m，第五级阶地(T_5)水平错距 52.2 m，第六级阶地(T_6)水平错距 58.3 m。根据^{14}C 年代测定，阶地年龄最早不超过 4 万年。从各级阶地水平错断的幅度看，至少可以分出断层 4 次活动，最近的一次断层活动是在第三级阶地形成后断层位移 23.7 m，往前的三次断层活动是第四级阶地形成到第三级阶地形成期间断层位移 31 m－23.7 m＝7.3 m，第五级阶地到第四级阶地形成期间断层位移 52.2 m－31 m＝21.2 m，第六级阶地到第五级阶地形成期间断层位移 58.3 m－52.2 m＝6.1 m。

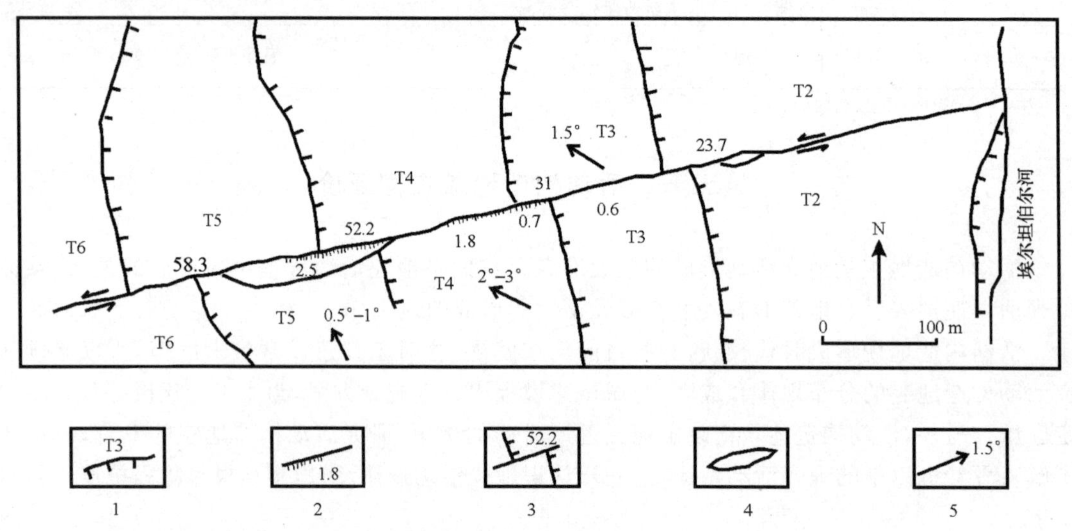

图 15-3 莫塔瓜断层活动与河流阶地变形错动(根据 D. P. Schwastz)

1. 阶地陡坎，数字表示阶地级别；2. 断层陡坎，数字表示下降盘垂直位移量(单位为 m)；3. 断层线，数字表示断层左旋位移量(单位为 m)；4. 陷落水塘；5. 阶地面倾斜坡度

断层活动还常使河流发生弯曲和错位，不同时代发育的河流被断层错开的幅度不同，也可得到不同阶段的断层位移量。

3. 关于断层活动方式的地貌响应模式的评估

断层活动有的呈长期连续蠕动形式，有的呈短促间歇突发形式。突发性的断层活动能产生地震，蠕动虽不能形成地震，但由于地表变形，也使建筑物遭到破坏。在工程建设中，不论是什么形式的断层活动都应进行评价，采取有效预防措施。

根据活动断层两盘的地貌进行对比分析，不仅能得到断层活动次数和幅度，还可分析断层活动方式。如各级阶地错断的幅度，由老到新依次变小，而且每相邻两级阶地的错距差又很小，这反映断层是连续活动的。如各级阶地错距差较大，而某相邻两级阶地的错距相等，这表示断层是间歇性活动的。

如果能取得各阶地的年代数据，则可推算不同阶段的断层活动速率。用断层活动速率来评估不同时期断层活动状况。

4. 活动断层两侧块体的地貌变形特征分析

断层活动时，断层两侧地块产生相对运动，接近断层带愈近的区域变形愈明显，离断层愈远变形愈小直至完全消失，因而断层活动有一变形的宽度。工程建筑物不仅要避开断层，还要远离断层一段距离，要建在断层活动影响范围以外的区域。断层活动影响范围的宽度常通过构造地貌的研究来确定。断层活动对沟谷的变形最明显，尤其是断层水平运动直接在沟谷的形式上有所反映。例如一些沟谷在通过断层带时，向同一方向转弯，在断层带附近变形幅度最大，远离断层带变形幅度逐渐变小，测量断层两侧沟谷的变形宽度，亦可得到断层活动的影响范围。

二、活动构造地貌研究与工程地基稳定性

大工程地基稳定性是工程建设中的一项重要研究课题。核电站的厂址选择需要研究断层活动问题，根据美国核规范委员会和国际原子能机构规定，断层在最近 3.5 万年有过一次活动，或者在最近 50 万年中有多次活动的叫活动断层。这种断层近期都可能活动，对工程建设有很大的危害，所以核电站的厂址选择必须要避开活动断层。水坝的坝址也需避开活动断层，或者在设计时考虑到断层活动强度，以采取必要的措施。1936 年美国加利福尼亚州修建的科约特水坝，水坝的地基有一断层穿过，1886 年该断层曾发生过一次活动，并形成一次地震，在勘测和设计时考虑到上述断层可能出现的活动情况并进行评估。又如在日本新干线通过神户市的六甲山地的地方，有新神户火车站的站房。在这里靠山的一侧是花岗岩，靠海的一侧分布着松散的洪积物，它们的上面覆盖着 5 m 厚的冲积物，花岗岩和洪积物的接触面是一条活动断层，从 1 万年的沉积物变形特征可知断层错动的规模在 70 cm 以上。这里要架设高架桥，考虑到高架桥的有效使用年限内断层位移约 5 cm，为了防止断层活动对高架桥的破坏，将地基划分为若干块，并考虑到应力作用来修正断层产生的位移，才可以架设高架桥。

由此可见，在修建大工程时，必须了解工程区一定范围的活动断层的分布状况，工程建筑物有效期内断层位移幅度、断层活动时对断层两侧影响范围和断层活动方式(蠕动型的或突发型的)的评估。

三、活动构造地貌研究与城市规划

构造活动形成地表变形，使建筑物产生倾斜和破裂，在城市规划和建设中常遇到有关活动构造问题。例如日本关东平原是大城市和大工业集中的地区，该区中部和东部有一些活动褶皱和活动断层，给城市建设和工厂设施带来一些威胁。我国的一些大城市，由于活动构造的影响使城市建设受到很大危害，1976 年唐山大地震时通过唐山市区形成一条长达 11 km 的地震断裂带，各种建筑物遭到严重破坏，断层穿过的街道被水平错位达 1.5 m，垂直错距为 0.2～0.5 m。此外，最近几十年我国北方许多地方出现地裂缝，有些地裂缝正好通过大城市区，从 1959 年以来，西安市区陆续出现了五条北东东方向的地裂缝，经过 20 多年的活动，一些建筑物被破坏，道路变形，给水管道破裂，给西安市人民的生活和生产带来一些困难和危害，城市建设受到影响。山西大同市和榆次市也相继出现地裂缝，城市建筑物受到一些损坏。

地裂缝成因可归为三大类：一类是与构造活动直接有关，一类是与地下水开采有关，一类

是被填充的老地裂缝再次受雨水浸湿沉陷而成。通过研究，弄清成因以后，才能采取有效对策。

构造成因的地裂缝，其走向与区域构造线的方向一致，地裂缝直接位于断层带上，在地表呈雁行排列且与区域新构造应力场相一致。城市规划时，必须要考虑到活动构造的影响，进行构造地貌研究，查明活动断层的分布和活动特征等，一些大型建筑物应避开活动断裂通过的区域。此外，另一些地裂缝虽不是构造活动形成的，但对城市建筑物也产生严重危害，需要查明地裂缝成因，采取不同措施。

四、活动构造地貌研究与地震复发周期的估算

在地震研究中，要求对过去地震复发周期给予评价，才能满足于地震预报和防震抗震工作的要求。地震复发周期也是断层重复活动周期，研究过去地震复发周期可根据沉积物变形来确定，也可根据构造地貌研究来估算。

在穿过一条断裂带的沟谷，由于断裂多次活动，不同时代发育的沟谷错距不一，时代愈老的沟谷，错距愈大。测定不同时代发育沟谷的错距和年龄，能得到不同时期的断层错动幅度和速率从而推算地震复发周期。运用这种方法估算 1920 年海原地震断裂带的 8.5 级地震，其复发周期为 1000 a 左右。

估算地震复发周期还可用另一种构造地貌方法。当断层垂直活动时，形成断层陡坎。在断层陡坎一侧的上升盘，常发育一些小冲沟，它们以下降盘的地面为侵蚀基准面并溯源侵蚀，形成裂点。断层再次活动，从沟口开始，再下切溯源侵蚀，又形成一级裂点。因此，当断层多次活动，沟床中就能形成多级裂点。如果我们统计大量沟谷裂点，并排除非构造因素的影响，则沟谷中的裂点数常表示断层活动次数，两裂点之间的距离可反映两次断层活动间隔时间的长短。另外，当裂点溯源后退时，在裂点的下游段常能形成阶地，断层陡坎附近的阶地面之间的相对高度可以近似地表示断层每次活动的幅度。

断层陡坎坡面在坡面流水作用和重力作用下，其坡面将随时间推移而不断变缓，断层陡坎形成后，断层陡坎剥蚀下来的物质堆积在断层陡坎的坡麓，形成一层崩积楔。当断层再次活动时，断层陡坎下部新出现一段坡面，结果在断层陡坎坡面上将出现坡度转折，断层陡坎的坡麓又堆积一层崩积楔。因此，断层陡坎坡面坡度转折次数和崩积楔的层数也可表示断层垂直活动次数。从理论上说，裂点数目、阶地级数、断层陡坎坡度转折次数和崩积楔的层数都应相等，但是由于外力作用和岩性条件等因素的影响，它们并不完全一致。这就需要进行详细对比和研究。

曾用上述方法对宁夏贺兰山山前全新世断层活动状况进行研究。根据 45 条冲沟中的裂点数目比较，分出 8 组裂点，其中苏峪口一带洪积扇上小冲沟中有 7 组裂点，红果子沟附近冲沟中只有 3 组裂点。各处裂点数目不一致可能和断层各段活动程度不同有关。当每次断层活动时，垂直位移明显的地段，上升盘冲沟中就出现裂点，垂直位移不明显的地段，冲沟的沟床上就不会形成裂点。冲沟中有 4 级阶地，它们可以和裂点 8,7,4,5 相接，断层陡坎坡度有 3 次转折变化，开挖出的崩积楔比较清楚的可以见到三层。从这些资料中可以看出，贺兰山山前断层全新世以来可以追溯出 8 次明显活动，其中苏峪口一带有 7 次在地貌上有表现，红果子沟只有 3 次在地貌上有反映。

关于断层活动的年代也可用构造地貌分析方法来估算。在贺兰山山前断层上升盘上的冲

沟中,测量到距断层陡坎最远的一个裂点是 143 m,这表明贺兰山山前断层全新世活动至今,冲沟已溯源侵蚀达 143 m。如果能找到溯源侵蚀速度就可以估算出裂点后退 143 m 所需要的时间,即洪积扇上最早断层活动距今的时间。断层最近一次活动把距今约 400 年的长城错断,这次断层活动形成的裂点距断层陡坎约 5～6 m。400 年来,本区只发生过一次大地震,即 1739 年平罗 8 级大震,长城错断和这次大地震有关。我们用 1739 年作为断层最近一次活动时间,推算出冲沟裂点溯源侵蚀平均速度为 2.25 cm/a,则溯源侵蚀 143 m 所需要的时间为 6355 年,即断层早期活动的距今年代。由于 5000 年以来中国气候有变干的趋势,这将影响降雨量的变化,从而使溯源侵蚀速度有减小的可能,所以用上述断层年代比实际数可能偏大一些。根据裂点之间距离,估算平罗 8.0 级地震复发周期为 800～1000 年。

主要参考文献

[1] 北京大学，等. 地貌学. 北京：人民教育出版社，1979.
[2] 杨景春. 地貌学教程. 北京：高等教育出版社，1985.
[3] O.K. 列昂杰夫，等. 普通地貌学(中译本). 北京：高等教育出版社，1983.
[4] 任美锷. 台维斯地貌学论文集. 北京：科学出版社，1958.
[5] 沈玉昌，龚国元. 河流地貌学概论. 北京：科学出版社，1986.
[6] 倪晋仁，马蔼乃. 河流动力地貌学. 北京：北京大学出版社，1998.
[7] 任美锷，等. 岩溶学概论. 北京：商务印书馆，1983.
[8] 袁道先. 中国岩溶学. 北京：地质出版社，1994.
[9] 中国科学院地质研究所. 中国岩溶研究. 北京：科学出版社，1979.
[10] 朱诚. 现代冰缘地貌研究. 南京：江苏科学技术出版社，1994.
[11] 施雅风，崔之久，苏珍. 中国第四纪冰川与环境变化. 石家庄：河北科学技术出版社，2006.
[12] 中国科学院青藏高原综合科学考察队. 西藏冰川. 北京：科学出版社，1986.
[13] R.A. 拜格诺. 风沙和荒漠沙丘物理学(中译本). 北京：科学出版社，1959.
[14] 吴正等. 风沙地貌与治沙工程学. 北京：科学出版社，2003.
[15] 刘东生，等. 黄土与环境. 北京：科学出版社，1985.
[16] 王颖，朱大奎. 海岸地貌学. 北京：高等教育出版社，1994.
[17] 曾昭璇，等. 中国珊瑚礁地貌研究. 广州：广东人民出版社，1997.
[18] 王乃樑，等. 山西地堑系新生代沉积与构造地貌. 北京：科学出版社，1996.
[19] 杨景春，等. 中国地貌特征与演化. 北京：海洋出版社，1993.
[20] 杨景春，李有利. 活动构造地貌学. 北京：北京大学出版社，2011.
[21] 刘希林，唐川. 泥石流危险性评价. 北京：科学出版社，1995.
[22] Bird E C F. Coastal Geomorphology. Chichester: John Wiley & Sons, 2000.
[23] Bloom A L. Geomorphology, Upper Saddle River. N.J. and Prentice Hall, 1998.
[24] Burbank D W and Anderson R S. Tectonic Geomorphology. Blackwell Science, 2012.
[25] Chorley R J, Schumm S A, Sugden D E. Geomorphology. Cambridge University Press, 1984.
[26] Cooke R U, Warren A, Goudie A. Desert Geomorphology. UCL Press, 1993.
[27] Derbyshire E D. Geomorphology and Climate. Wiley, 1976.
[28] Easterbrook D J. Surface Processes and Landforms. Prentice-Hall, 1999.
[29] Flint R F. Glacial and Quaternary Geology. Wiley, 1971.
[30] Goude A. The Human Impact on the Natural Environment. Basil Blackwell Ltd., 1986.
[31] Huggett R J. Fundamentals of Geomorphology. Routledge, 2011.
[32] Leopold L B, Wolman M G, Miller J P. Fluvial Processes in Geomorphology. Dover Publications, 1995.
[33] Sweeting M M. Karst Geomorphology. Academic Press, 1981.
[34] Vestappen H T. Applied Geomorphology. Elsevier, 1983.
[35] Anderson R S. and Anderson S P. Geomorphology. The Mechanics and Chemistry of landforms, Cambridge Universitg Press 2011.